教育部高等学校制药工程专业教学指导分委员会推荐教材

制药设备与工程设计

第二版

朱宏吉　张明贤 ◎ 编著

U0201799

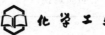

化学工业出版社

·北京·

本书在第一版基础上修订。根据近年的教学实践，对课程结构作了优化与整合，调整了部分章节的体系和内容，对新型制药设备作了适当补充，进一步强调了设备的选型问题。第 3 章新增"常用药品包装材料"一节。全书为 25 章，包括绪论，工程力学基础，工程材料，机械传动与常用机构，粉碎与分级、均化设备，混合与制粒设备，流体输送机械，换热设备，反应设备，机械分离设备，萃取与浸出设备，膜分离设备，蒸发与结晶设备，蒸馏与吸收设备，干燥设备，制药用水生产设备，灭菌设备，口服固体制剂生产专用设备，液体灭菌制剂生产专用设备，药用包装设备，制药工程设计，工艺设计与设备选型，车间布置与管路设计，洁净厂房设计，清洁生产与末端治理技术等内容。将 GMP 规范贯穿整个教学中，反映制药工程专业的发展前沿。

　　本书可作为制药工程、药物制剂和药剂学专业的本科教材，也可作为相关专业的科研人员、制药企业工程技术人员的参考资料。

图书在版编目(CIP)数据

制药设备与工程设计/朱宏吉，张明贤编著．—2 版．
北京：化学工业出版社，2011.6（2024.9 重印）
教育部高等学校制药工程专业推荐教材
ISBN 978-7-122-11025-1

Ⅰ．制…　Ⅱ．①朱…②张…　Ⅲ．①制药工业-化工设
备-高等学校-教材②制药工业-工艺设计-高等学校-教材
Ⅳ．TQ460

中国版本图书馆 CIP 数据核字（2011）第 067182 号

责任编辑：徐雅妮　何　丽　杜进祥　　　　　文字编辑：丁建华
责任校对：徐贞珍　　　　　　　　　　　　　装帧设计：关　飞

出版发行：化学工业出版社（北京市东城区青年湖南街 13 号　邮政编码 100011）
印　　装：大厂聚鑫印刷有限责任公司
787mm×1092mm　1/16　印张 22½　字数 598 千字　　2024 年 9 月北京第 2 版第 15 次印刷

购书咨询：010-64518888　　售后服务：010-64518899
网　　址：http://www.cip.com.cn
凡购买本书，如有缺损质量问题，本社销售中心负责调换。

定　　价：59.00 元　　　　　　　　　　　　　　　　版权所有　违者必究

前　言

《制药设备与工程设计》自 2004 年 7 月出版以来，深受高校师生及工程技术人员的欢迎。本书是教育部高等学校制药工程专业教学指导分委员会推荐的制药工程专业系列教材之一。本次改版是根据制药工业发展现状与趋势，结合天津大学等高校在制药工程专业的多年教学实践进行的。本次修订内容主要如下。

① 按国家或部委颁布的最新标准、规范进行更新。

② 对内容进行了重构。根据现有本科生教学大纲及学时的要求，调整了部分章节的体系和内容，结合我国制药企业现状，对近年来发展迅猛的新型设备进行了适当的增补，进一步强调了设备选型问题。

③ 增加了应用实例，便于学生理解，加强知识向能力的转化。还增加了部分综合性强或有灵活性的思考题，引导学生通过查阅文献以及用所掌握的基本理论和基本方法去解决实际问题。

另外，本版教材为方便教学，配备了教学电子课件，欢迎用书教师和学校向化学工业出版社咨询索取。

本次全面修订与增补工作主要由近年来从事该课程教学的教师朱宏吉、李霞等完成。中国医药集团武汉医药设计院的注册化工工程师张高峰、工程师杜君虎为本书的第 21 章至第 24 章做了修订，他们为本书中涉及的新标准、新规范内容进行了审核并提供了大量的素材。新增的第 3 章中的"常用药品包装材料"一节由张明贤编写。

本次教材修订的出版与化学工业出版社的支持分不开，兄弟院校的授课教师提供了许多宝贵意见，天津大学博士生李少白为本书的修订提供了部分素材，硕士生李焕东、胡宗福、任晓越、张华、刘家亨为本书的修订做了大量的具体工作，在此一并致谢。

由于编者的水平所限，不妥之处难免，恳请读者批评指正。

编　者
2011 年 4 月

前　言

第一版前言

医药作为按国际标准划分的 15 类国际化产品,是世界贸易增长最快的 5 类产品之一,同时也是高技术、高投入、高效益、高风险的产业。因此,医药工业也成为世界医药经济强国激烈竞争的焦点,是社会发展的重要领域。在我国国民经济的各个领域中,医药工业起着不可低估的作用和影响。而医药工业的发展是与制药装备和制药工程的水平紧密相关的。目前我国医药企业制药工程概念薄弱,工艺比较陈旧,造成产品的技术含量低、质量差。其原因主要是我国的制药工业规模化生产程度和工程技术水平低,且制药装备(特别是制剂机械)的发展滞后于制药工业。

药品生产企业为进行生产所采用的各种机器设备统称为制药设备,其中包括制药专用设备和非制药专用的其他设备。制药工程设计是对化学原料药、生物药、中药、制剂药和药用包装材料的生产厂或生产车间根据各类产品的特点进行合理的工程设计。

全书共 25 章。首先介绍了制药设备的概念及 GMP(《药品生产质量管理规范》)对制药装备的要求,在拓宽基础和够用为度的前提下,介绍了工程力学、工程材料和机械设计的基础知识;第二部分讨论了化学原料药、生物药、中药等原料药生产设备的原理、结构、特点和应用,侧重于设备的比较和选型,并且力求反映生物制药和中药现代化生产的关键技术和设备,介绍了超临界流体萃取设备、膜分离设备、分子蒸馏设备、超微粉碎设备、喷雾干燥设备、冷冻干燥设备、微波真空干燥与微波萃取设备等;第三部分介绍了药物制剂、包装等专用设备的工作原理和基本构造;第四部分介绍制药工程设计、洁净厂房设计和清洁生产与末端治理技术,以培养学生的工程观念、树立环境保护意识。

在编写过程中,进行了课程结构的优化与整合,将工程力学、工程材料、机械设计、化学原料药生产设备、生物制药设备、中药提取设备、制剂专用机械、制药工程设计、洁净车间设计和清洁生产与末端治理技术等内容进行了综合、分析、提炼、优化与重组,将 GMP贯穿到整个教学过程中,并力求反映制药工业制药设备的发展前沿。

本书第 1 章、第 4~6 章、第 12 章、第 14~25 章、附录 1 及附录 2 由北京联合大学生物化学工程学院张明贤编写,第 2 章、第 3 章、第 7~10 章由天津大学朱宏吉编写,第 11章、第 13 章由张明贤、朱宏吉共同编写。

由于时间仓促、水平有限,会存在不少问题和疏漏,尤其是新技术在制药工业中的应用,恳请有关专家和读者批评指正。

编　者
2004 年 4 月

目 录

第1章 绪 论

1.1 制药设备的分类

药品生产企业为进行生产所采用的各种机器设备统属于制药设备的范畴,其中包括制药设备和非制药专用的其他设备。制药设备的生产制造从属性上应属于机械工业的子行业之一,为区别制药设备的生产制造和其他机械的生产制造,从行业角度将完成制药工艺的生产设备统称为制药设备。

国家、行业标准按制药设备产品的基本属性,将制药设备分为以下8大类。

① 原料药机械及设备 实现生物、化学物质转化,利用动、植、矿物制取医药原料的工艺设备及机械。

② 制剂机械 将药物制成各种剂型的机械与设备。

③ 药用粉碎机械 用于药物粉碎(含研磨)并符合药品生产要求的机器。

④ 饮片机械 对天然药用动物、植物、矿物进行选、洗、润、切、烘、炒、锻等方法制取中药饮片的机械。

⑤ 制药用水设备 采用各种方法制取制药用水的设备。

⑥ 药品包装机械 完成药品包装过程以及与包装过程相关的机械与设备。

⑦ 药物检测设备 检测各种药物制品或半成品质量的仪器与设备。

⑧ 其他制药机械及设备 执行非主要制药工序的有关机械与设备。

其中制剂机械按剂型分为14类。

① 片剂机械 将原料药与辅料经混合、造粒、压片、包衣等工序制成各种形状片剂的机械与设备。

② 水针剂机械 将药液制作成安瓿针剂的机械与设备。

③ 抗生素粉、水针剂机械 将粉末药物或药液制作成玻璃瓶抗生素粉、水针剂的机械与设备。

④ 输液剂机械 将药液制作成大剂量注射剂的机械与设备。

⑤ 硬胶囊剂机械 将药物充填于空心胶囊内制作成硬胶囊制剂的机械与设备。

⑥ 软胶囊(丸)剂机械 将药液先裹于明胶膜内的制剂机械与设备。

⑦ 丸剂机械 将药物细粉或浸膏与赋形剂混合,制成丸剂的机械与设备。

⑧ 软膏剂机械 将药物与基质混匀,配制成软膏,定量灌装于软管内的制剂机械与设备。

⑨ 栓剂机械 将药物与基质混合,制成栓剂的机械与设备。

⑩ 口服液剂机械 将药液制成口服液剂的机械与设备。

⑪ 药膜剂机械 将药物浸渗或分散于多聚物薄膜内的制剂机械与设备。

⑫ 气雾剂机械 将药液和抛射剂灌注于耐压容器中,制作成药物以雾状喷出的制剂机械与设备。

⑬ 滴眼剂机械 将药液制作成滴眼药剂的机械与设备。

⑭ 酊水、糖浆剂机械 将药液制作成配水、糖浆剂的机械与设备。

制药设备的详细分类见附录。

1.2　GMP 与制药设备

制药设备与医药工业生产有着十分密切的联系，制药机械既是药品生产的手段，同时又是不可忽略的污染因素之一。制药设备在药品生产中是保证药品质量的关键手段，没有品质精良的制药设备，要生产高质量的药品是不可能的。生产任何一种剂型的药品，都需要有一个完整的能完成特定工艺要求的设备系统来执行。在很多情况下，这个系统是由具备各种功能的单台机器组合而成的，其中任何一台设备发生故障，就会影响整个系统的正常运行。

《药品生产质量管理规范》（以下简称 GMP）起源于国外，是由于 20 世纪 60 年代一起重大的药物灾难性事件作为"催生剂"而诞生的。70 年代欧美国家一些药品生产企业注射剂感染引发的事故促使其发展。随着现代科学技术的不断进步，药品生产过程的验证技术也得到发展，这就使得 GMP 随着质量管理科学理论在现代化药品生产企业中的实践而不断完善。

在国际上，GMP 已成为药品生产和质量管理的基本准则。它是一套系统的、科学的管理制度。实施 GMP，是在药品生产的全过程中实施科学的全面管理和严密的监控，以获得预期的质量，可以防止生产过程中药品的污染、混药和错药，保证药品质量的不断提高。中国从 1996 年开始组织药品 GMP 认证和达标工作。国家药品监督管理局把实施 GMP 作为药品监督管理的重要措施和手段。在 1999 年正式颁布了我国的 GMP，并于 1999 年 7 月 1 日起施行。GMP 的推行极大地促进了国内制药工业的发展。

国家食品药品监督管理局于 2011 年 2 月 12 日对外发布《药品生产质量管理规范（2010年修订）》（简称新版药品 GMP），于 2011 年 3 月 1 日起正式施行。新版药品 GMP 共 14 章、313 条，强调"软硬件并重"的原则，达到了与世界卫生组织药品 GMP 的一致性。自 2011年 3 月 1 日起，新建药品生产企业、药品生产企业新建（改、扩建）车间应符合新版药品GMP 的要求。现有药品生产企业将给予不超过 5 年的过渡期，并依据产品风险程度，按类别分阶段达到新版药品 GMP 的要求。

世界卫生组织（WHO）和美国食品和药品管理局（FDA）的 GMP、CGMP（原料药）及我国现行的 GMP 文本都为设备设立相应独立的章节，概括了设计、制造、安装、维修、使用等，其原则性很强。如我国 GMP 对直接参与药品生产的制药设备作了指导性的规定，设备的设计、选型、安装应符合生产要求，易于清洗、消毒和灭菌，便于生产操作和维修、保养，并能防止差错和减少污染。药品生产企业除要求制药设备厂生产、销售的设备应符合GMP 规定外，并要求有第三方权威机构见证的材料。

GMP 对制药设备有如下要求：
① 有与生产相适应的设备能力和最经济、合理、安全的生产运行；
② 有满足制药工艺所要求的完善功能及多种适应性；
③ 能保证药品加工中品质的一致性；
④ 易于操作和维修；
⑤ 易于设备内外的清洗；
⑥ 各种接口符合协调、配套、组合的要求；
⑦ 易安装，且易于移动、有利组合的可能；
⑧ 进行设备验证（包括型式、结构、性能等）。

制药工艺的复杂性决定了设备功能的多样化，制药设备的优劣也主要反映在能否满足使用和洁净环境的适用性上，一般应符合以下几方面要求。

1.2.1　功能的设计及要求

功能是指制药设备在指定的使用和环境条件下，完成基本工艺动作的机电运动功能和操作中使药物及工作室区不被污染等辅助功能。随着高新技术的发展、交叉领域新技术渗入，先进的原理、机构、控制方法及检测手段的应用，使制药设备的功能不断充实和完善，但药品生产对设备的要求越来越苛刻，常规的设计已不能满足制药中洁净、清洗、不污染的要求，因而必须考虑改进或增加制药生产所需的功能。

(1) 净化功能　洁净是 GMP 的要点之一，对设备来讲包含两层意思，即设备自身不对环境形成污染以及不对药物产生污染。要达到这一标准就须在药品加工中，凡对药物暴露的、室区一般洁净度达不到或有人机污染可能的，原则上均应在设备上设计有净化功能。

不同的设备，要求的这一功能形式也不尽相同，如热风循环干燥的设备，气流污染是最明显的，因此需考虑其循环空气的净化；洗瓶、洗橡胶塞等应考虑工艺用水的洁净度；粉碎、制粒、包衣、压片等粉体机械，应考虑其散尘的控制；灌装设备的防尘需采取特殊的净化方法和装置，并应尽可能考虑在密闭的设备中生产。像一步制粒机将原来多台设备、敞口生产的多道工序合并在一个密闭的内循环的容器内完成，就是制药过程与净化需求相结合的例子；又如压片机、包衣锅采用密闭性的结构，不让粉尘散发出来，也是这类例子。

(2) 清洗功能　目前设备多用人工清洗，能在线清洗的不多，人工清洗在克服了物料间交叉污染的同时，常常容易带来新的污染，加上设备结构因素，使之不易清洗，这样的事例在生产中有较多的反映。随着对药品纯度和有效性的重视，设备就地清洗（CIP）功能，将成为清洗技术的发展方向。在生产中因物料变更、换批的设备，需采取容易清洗、拆装方便的机构，所以 GMP 极其重视对制药系统的中间设备、中间环节的清洗及监测，强调对设备清洁的验证。

(3) 在线监测与控制功能　在线监测与控制功能主要指设备具有分析、处理系统，能自动完成几个工步或工序工作的功能，这也是设备连线、联动操作和控制的前提。GMP 要求药品的生产应有连续性，且工序传输的时间最短。针对一些自动化水平不高、分散操作、靠经验操作的人机参与比例大的设备，如何降低传输周转间隔，减少人与药物的接触及缩短药物暴露时间，应成为设备设计及设备改进中重要的指导思想。实践证明，在制药工艺流程中，设备的协调连线与在线控制功能是最有成效的。

设备的在线控制功能取决于机、电、仪一体化技术的运用，随着工业 PC 机、计量、显示、分析仪器的设计应用，多机控制、随机监测、即时分析、数据显示、记忆打印、程序控制、自动报警等新功能的开发使得在线控制技术得以推广。

(4) 安全保护功能　药物有热敏、吸湿、挥发、反应等不同性质，不注意这些特性就容易造成药物品质的改变。因此产生了诸如防尘、防水、防过热、防爆、防渗入、防静电、防过载等保护功能，并且有些还要考虑在非常情况下的保护，像高速运转设备的"紧急制动"；高压设备的"安全阀"；粉体动轴密封不得向药物方面泄漏的结构；以及无瓶止灌、自动废弃、卡阻停机、异物剔除等。以往的产品设计中较多注意对主要功能的开发，保护功能相对比较薄弱。应用仪器、仪表、电脑技术来实现设备操作中预警、显示、处理等来代替人工和靠经验的操作，可完善设备的自动操作、自动保护功能，提高产品档次。

1.2.2　结构设计要求

设备的结构具有不变性，设备结构（整体或局部）不合理、不适用，一旦投入使用，要改变是很困难的。故在设备结构设计中要注意以下几点：

① 在药物生产和清洗的有关设备中，其结构要素是很主要的方面。制药设备几乎都与药物有直接、间接的接触，粉体、液体、颗粒、膏体等性状多样，在药物制备中其设备结构应有利于上述物料的流动、移位、反应、交换及清洗等。实践证明设备内的凸凹、槽、台、棱角等是最不利物料清除及清洗的，因此要求这些部位的结构要素应尽可能采用大的圆角、斜面、锥角等，以免挂带和阻滞物料，这对固定的、回转的容器及制药机械上的盛料、输料机构具有良好的自卸性和易清洗性是极为重要的。另外，与药物有关的设备内表面及设备内工作的零件表面（如搅拌桨等）上，尽可能不设计有台、沟，避免采用螺栓连接的结构。

② 制药设备中一些非主要部分结构的设计比较容易被轻视，这恰恰是需要注意的环节。如某种安瓿瓶的隧道干燥箱，结构上未考虑排玻屑，矩形箱底的四角聚积了大量玻屑，与循环气流形成污染，为此要采用大修方式才能得以清除。

③ 与药物接触部分的构件，均应具有不附着物料的高光洁度。抛光处理是有效的工艺手段。制药设备中有很多的零部件是采用抛光处理的，随着单面、双面不锈钢抛光板的应用，抛光的物件主要为不锈钢板材、铸件、焊件等。在制造中抛光不到位是经常发生的，故要求外部轮廓结构应力求简洁，使连续回转体易于抛光到位。

④ 润滑是机械运动所必需的，在制药设备中有相当一部分属台面运动方式。动杆动轴集中、结构复杂，又都与药品生产有关，且设备还有清洗的特定要求。无论何种情况下润滑剂、清洗剂都不得与药物相接触，包括不得有掉入、渗入等的可能性。解决措施大致有两种：一是采用对药物的阻隔；二是对润滑部分的阻隔，以保证在润滑、清洗中的油品、清洗水不与药物原料、中间体、药品成品相接触。

⑤ 制药设备在使用中会有不同程度的尘、热、废气、水、汽等产生，对药品生产构成威胁。要消除它，主要应从设备本身加以解决。每类设备所产生污染的情况不同，治理的方案和结构要求也不同。散尘在粉体机械中是最多见的，像粉碎、混合、制粒、压片、包衣、筛分、干燥等工序，对散尘的设备应有捕尘机构；散热散湿的应有排气通风装置；散热的应有保温结构。当设备具有防尘、水、汽、热、油、噪声、振动等功能，无论是单台运转还是移动、组合、联动都能符合使用的要求。

1.2.3　材料选用

GMP 规定制造设备的材料不得对药品性质、纯度、质量产生影响，其所用材料需具有安全性、辨别性及使用强度。因而在材料选用中应考虑与药物等介质接触时，在腐蚀性、气味性的环境条件下不发生反应、不释放微粒、不易附着或吸湿的性质，无论是金属材料还是非金属材料均应具有这些性质。

(1) 金属材料　凡与药物及腐蚀性介质接触的及潮湿环境下工作的设备，均应选用低含碳量的不锈钢材料、钛及钛复合材料，或铁基涂覆耐腐蚀、耐热、耐磨等涂层的材料制造。非上述使用的部位可选用其他金属材料，原则上用这些材料制造的零部件均应作表面处理，其次需注意的是同一部位（部件）所用材料的一致性，不应出现不锈钢件配用普通螺栓的情况。

(2) 非金属材料　在制药设备中普遍使用非金属材料，像保温材料、密封材料、过滤材料、工程塑料及垫圈等橡胶制品。选用这类材料的原则是无毒性、不污染，即不应是松散状的、掉渣、掉毛。特殊用途的还应结合所用材料的耐热、耐油、不吸附、不吸湿等性质考虑，密封填料和过滤材料尤应注意卫生性能的要求。

1.2.4　外观设计及要求

制药设备使用中牵涉品种、换批，且很频繁，为避免物料的交叉污染、成分改变和发生反应，清除设备内外部的粉尘、清洗黏附物等操作与检查是必不可少且极为严格的。GMP要求设备外形整洁就是为达到易清洁彻底而规定的。

① 强调对凸凹形体的简化，这是对设备整体以及必须暴露的局部来讲的，也包括某些直观可见的零件。在 GMP 观点下，进行形体的简化可使设备常规设计中的凸凹、槽、台变得平整简洁，减少死角，可最大限度地减少藏尘积污，易于清洗。

② 对与药品生产操作无直接关系的机构，应尽可能设计成内置、内藏式。如传动等部分即可内置。

③ 包覆式结构是制药设备中最多见的，也是最简便的手段。将复杂的机体、本体、管线、装置用板材包覆起来，以达到简洁的目的。但不能忽视包覆层的其他作用，如有的应有防水密封作用，有的要有散热通风需开设百叶窗，有的要考虑拆卸以便检修。采用包覆结构时应全面考虑操作、维修及上述的功能要求。

1.2.5 设备接口问题

在 GMP 系统中，设备与厂房设施、设备与设备、设备与使用管理之间都存在互相影响与衔接的问题，即接口关系。设备的接口主要是指设备与相关设备、设备与配套工程方面的，这种关系对设备本身乃至一个系统都有着连带影响。

① 接口就设备本身来讲，有进口、出口之分，进口指进入设备中工作介质（蒸汽、压缩空气、原料、水等）的连接装置及材料、物料、传送、输入端的结合部；出口则指设备使用中所排废水、汽、尘等及传送部分的输出端。一些生产实例表明，接口问题对设备的使用以及系统的影响程度是不应低估的。如设备气动系统气动阀前无压缩气过滤装置，阀被不洁气体、污物堵塞产生设备控制故障；纯水输水管系中有非卫生的管道泵造成水质下降；多效蒸馏水机排弃水出口安装成非直排结构致使容器气堵；以及传送设备、器具不统一、不配套等都反应在接口问题上，所以接口的标准化及系统化配套设计是设备正常使用和生产协调的关键。

② 特别强调制药工艺的连续性，要求缩短药物、药品暴露的时间，减小被污染的概率，制药设备连线、联动就成为其发展的趋向，因此设备与相关设备无论连线、可组合或单独使用的，都应把相互接口的通入、排出、流转性能作为一个问题。在非连续、不具备连线设备居多的情况下，单元操作较为普遍，从而致使药物要随工艺多次传送，洗好的瓶要放着待用、灌装时要人工振动，污染因素就增大。

③ 设备与工程配套设施的接口问题比较复杂，设备安装能否符合 GMP 要求，与厂房设施、工程设计很有关系。通常工程设计中设备选型在前，故设备的接口又决定着配套设施，这就要求设备接口及工艺连线设备要标准化。

1.2.6 设备 GMP 验证

GMP 始终把药品生产验证作为重要的工作内容，无论什么验证，设备都无一例外地成为验证过程中主要受检的硬件，如对灭菌设备型式结构的认定，包括灭菌釜内热分布的测量及热穿透的性能试验。因此新型的灭菌釜都留有验证孔口。

GMP 明确规定：药品生产企业对制药设备应进行产品和工艺验证。药厂新购进的设备未经过及未通过验证的不能投入使用，因此制药设备的验证是强制性的。GMP 又对药品生产设备作了专门的规定，特别强调了对设备的验证，其中规定"设备更新时应定期进行维修、保养和验证，其安装、维修、保养的操作不得影响产品的质量；设备更新时应予以验证，确认对药品质量无影响时方能使用"。对药品生产企业而言，制药设备的安装、使用、维修都必须贯彻执行 GMP 的要求，且按 GMP 要求来检查、验证各项工作。新版 GMP 认证条款颁布后，制药设备的验证将更加重视对设备参数的分析。

验证对设备的基本要求是：

① 有与生产相适应的设备能力；
② 有满足制药工艺的完善功能及多种适用性；
③ 保证药品加工中品质的一致性；
④ 易于操作和维修；
⑤ 易于设备内外的清洗；
⑥ 各种接口符合协调配套要求；
⑦ 易安装、易移动，有组合的可能。

总之，从国际 GMP 动态看，今后制药专用设备的密闭性、自动化、微机控制是设备 GMP 的主要方向。在 GMP 的要求下，制药设备的设计也正在朝自动化、一体化方向发展。

思 考 题

1-1 按照 GB/T 15692 的规定，制药设备分为哪几类？
1-2 按照 GB/T 15692 的规定，制剂机械分为哪 14 类？
1-3 GMP 对制药设备有哪些要求？
1-4 举例论述制药设备的发展状况及趋势？

第2章　工程力学基础

生产中使用的任何机器或设备的构件，都应该满足适用、安全和经济三个基本要求。任何机器或设备在工作时，都要受到各种各样外力的作用，而机器或设备的构件在外力作用下都要产生一定程度的变形。如果构件材料选择不当或尺寸设计不合理，则在外力的作用下是不安全的，如构件可能产生过大的变形，使设备不能正常工作；也可能使构件发生破坏，从而使整个设备毁坏；有的构件当外力达到某一定值时，也可能突然失去原来的形状，而使设备毁坏。因此，为了使机器或设备能安全而正常地工作，在设计时必须使构件满足以下三方面的要求：

① 要有足够的强度，以保证构件在外力作用下不致破坏；

② 要有足够的刚度，以保证在外力作用下构件的变形应在工程允许的范围以内；

③ 要有足够的稳定性，以保证构件在外力作用下不致突然失去原来的形状。

工程力学的任务就是研究构件在外力作用下变形和破坏的规律，为设计构件选择适当材料和尺寸，以保证能够达到强度、刚度和稳定性的要求。

2.1　物体的受力分析及其平衡条件

2.1.1　力的概念及其基本性质

2.1.1.1　力的概念

物体与物体之间的相互作用会引起物体运动状态改变，也会引起物体变形，其程度都与物体间相互作用的强弱有关。为了度量物体间相互作用所产生的效果，就把这种物体间的相互作用称为力。力使物体运动状态发生改变，称它是力的外效应；而力使物体发生变形，则被称为是力的内效应。

单个力作用于物体时，既会引起物体运动状态改变，又会引起物体变形。两个或两个以上的力作用于同一物体时，则有可能不改变物体的运动状态而只引起物体变形。当出现这种情况时，称物体处于平衡。这表明作用于该物体上的几个力的外效应彼此抵消。

对力的概念的理解应注意两点：①力是物体之间的相互作用，离开了物体，力是不能存在的；②力既然是物体之间的相互作用，因此，力总是成对地出现于物体之间。相互作用的方式可以是直接接触，如人推小车；也可以不直接接触而相互吸引或排斥，如地球对物体的引力（即重力）。因此，在分析力时，必须明确以哪一个物体为研究对象，分析其他物体对该物体的作用。

实践证明，对物体作用的效果取决于以下三个要素：①力的大小；②力的方向；③力的作用点。其中任何一个有了改变，力的作用效果也必然改变。力的大小表明物体间机械作用的强烈程度。

力有集中力和分布力之分。按照国际单位制，集中力的单位用"牛顿"（N），"千牛顿"（kN）；分布力的单位是"牛顿/米²"（N/m^2）或牛顿/米（N/m）。

力是矢量，用黑体字表示，例如 F。在图示中通常用带箭头的线段来表示力。线段的长度表示力的大小，箭头所指的方向表示力的方向，线段的起点或终点画在力的作用点上，如图 2-1 中作用于小车上的重力 **P** 与拉力 **T**。

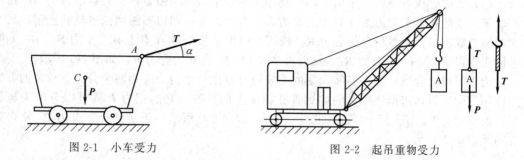

図 2-1　小车受力　　　　　　　图 2-2　起吊重物受力

2.1.1.2　力的基本性质

（1）作用与反作用定律　物体间的作用是相互的。作用与反作用定律反映了两个物体之间相互作用力的客观规律。如图 2-2 所示，起吊重物时，重物对钢丝绳的作用力 **T** 与绳对重物的反作用力 **T** 是同时产生的，并且大小相等、方向相反、作用在同一条直线上。力既然是两个物体之间的相互作用，所以就两个物体来看，作用力与反作用力必然永远是同时产生、同时消失，而且一旦产生，它们的大小必相等，方向必相反，且作用线必相同。这就是力的作用与反作用定律。成对出现的这两个力分别作用在两个物体上，因而它们对各自物体的作用效应不能相互抵消。

（2）二力平衡定律　任何事物的运动是绝对的，静止是相对的、暂时的、有条件的。在力学分析中，把物体相对于地球表面处于静止或匀速直线运动称为平衡状态。当物体上只作用有两个外力而处于平衡时，这两个外力一定是大小相等，方向相反，并且作用在同一直线上。

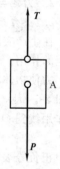

仍以起吊重物为例，重物 A 受两个力作用，向下的重力 **P** 和向上的拉力 **T**，它们的方向相反，沿同一直线，如图 2-3 所示。当物体停止在半空中或做匀速直线运动时，这时物体处于平衡，即 **T**＝**P**。由此可以知道，作用于同一物体上的两个力处于平衡时，这两个力总是大小相等、方向相反、并且作用在同一直线上。这就是二力平衡定律。

应当注意，在分析物体受力时，不要把二力平衡与作用反作用混淆起来，前者是同一物体上的两个力的作用，后者是分别作用在两个物体上的两个力。它们的效果不能互相抵消。

图 2-3　起吊重物受力分析

（3）力的平行四边形法则　力的平行四边形法则反映同一物体上力的合成与分解的基本规则。作用在同一物体上的相交的两个力，可以合成为一个合力，合力的大小和方向由以这两个力的大小为边长所构成的平行四边形的对角线确定，即

$$R=F_1+F_2 \tag{2-1}$$

这个规则叫做力的平行四边形法则，如图 2-4 所示。

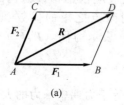　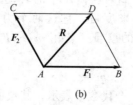　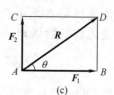

　　（a）　　　　　　　　（b）　　　　　　　　（c）

图 2-4　力的平行四边形法则

　　从力的平行四边形法则中不难看出，一般情况下，合力的大小不等于两个分力大小的代数和。它可以大于分力。也可以小于分力，有时合力还可以等于零。

　　（4）力的合成与分解　作用于同一物体上的若干个力叫做力系。力系中各个力的作用线汇交于一点的叫做汇交力系。对于汇交力系求合力，平行四边形法则依然能够适用，只要依次两两合成就可以求得最后的合力 **R**。现假设作用于某物体 A 点上有三个力 F_1、F_2 与 F_3，可以先求得 F_1 与 F_2 的合力 R_1，然后再将 R_1 与 F_3 合成为合力 **R**，如图 2-5 所示。

　　力不但可以合成，根据实际问题的需要还可以把一个力分解为两个分力。分解的方法仍是应用力的平行四边形法则。例如搁置在斜面上的重物，它的重力 **P** 就可以分解为与斜面平行的下滑力 P_x 与垂直于斜面的正压力 P_y，如图 2-6 所示。正是这个下滑力 P_x 使得物体有向下滑动的趋势。

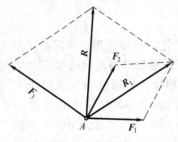
图 2-5　力的合成

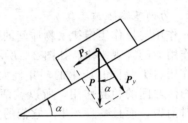
图 2-6　力的分解

2.1.2　力矩与力偶

2.1.2.1　力矩的概念

　　在生产实践中，人们利用了各式各样的杠杆，如撬杠、秤等，这些不同的杠杆都利用了力矩的作用。由实践经验知道，用扳手拧螺母时，扳手和螺母一起绕螺栓的中心线转动。因此，力使物体转动的效果，不仅取决于力的大小，而且与力的作用线到 O 点的距离 d 有关，如图 2-7 所示。力矩定义为力矢的模与力臂的乘积，是一个代数量。O 点叫做力矩中心；力的作用线到 O 点的垂直距离 d 叫做力臂，力矩可以用下式表示

$$M_o(F) = \pm F \cdot d \tag{2-2}$$

式中正负号表示力矩转动的方向，一般规定：逆时针转动的力矩取正号，顺时针转动的力矩取负号。

　　显然力的大小等于零或力的作用线通过力矩中心（力臂等于零），则力矩为零，这时不能使物体绕 O 点转动。如果物体上有若干个力，当这些力对力矩中心的力矩代数和等于零，即 $\sum M_o(F) = 0$ 时，原来静止的物体，就不会绕力矩中心转动。

2.1.2.2　力偶的概念

　　力偶就是受到大小相等、方向相反、互相平行的两个力的作用，它对物体产生的是纯转动效应（即不需要固定转轴或支点等辅助条件）。例如，用丝锥攻螺纹（图 2-8），用手指旋开水龙头等均是常见的力偶实例。力偶记为 (F, F')。力偶中二力之间相距的垂直距离（图 2-8 中 l）称为力偶臂。力偶对物体产生的转动效应应该用构成力偶的两个力对力偶作用平面内任一点之矩代数和来度量，称这两个力对某点之矩的代数和为力偶矩。所以力偶矩是力偶对物体转动效应的度量。若用 $m(F, F')$ 表示力偶 (F, F') 的力偶矩，则有

$$m = \pm F \cdot l \tag{2-3}$$

因此力偶矩和力矩一样，也可以用一个代数量表示，其数值等于力偶中一力的大小与力偶臂的乘积，正负号则分别表示力偶的两种相反转向，若规定逆时针转向为正，则顺时针为负。

这是人为规定的，作与上述相反的规定也可以。

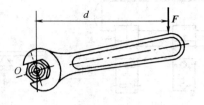

图 2-7　力矩示意图

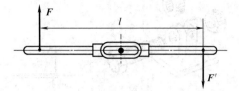

图 2-8　力偶示意图

2.1.3　物体的受力分析及受力图

物体的受力分析，就是具体分析某一物体上受到哪些力的作用，这些力的大小、方向、位置如何？再根据平衡条件由已知外力求出未知外力。

已知外力主要指作用在物体上的主动力，按其作用方式有体积力和表面力两种。体积力是连续分布在物体内各点处的力，如均质物体的重力，单位是 N/m^3 或 kN/m^3；表面力常是在接触面上连续分布的力，如内压容器的压力等，单位是 N/m^2 或 kN/m^2；如果被研究物体的横向尺寸远较长度为小，则度量其体积力和表面力大小均用线分布力表示，单位是 N/m 或 kN/m。两个直接接触的物体在很小的接触面上互相作用的分布力，可以简化为作用在一点上的集中力，如化工管道对托架的作用力，单位是 kN 或 N。

未知外力主要指约束反力。

2.1.3.1　约束和约束反力

如果物体只受主动力作用，而且能够在空间沿任何方向完全自由地运动，则称该物体为自由体。如果物体的运动在某些方向上受到了限制而不能完全自由地运动，那么该物体就称为非自由体。限制非自由体运动的物体叫约束。例如轴只能在轴承孔内转动，不能沿轴孔径向移动，于是轴就是非自由体，而轴承就是轴的约束；塔设备被地脚螺栓固定在基础上，任何方向都不能移动，地脚螺栓就是塔的约束；重物被吊索限制使重物不能掉下来等。可以看到，无论是轴承、基础、还是吊索，它们的共同特点是直接和物体接触，并限制物体在某些方向的运动。

当非自由体的运动受到它的"约束"限制时，在非自由体与其约束之间就要产生相互作用的力，这时约束作用于非自由体上的力就称为该约束的约束反力。当一个非自由体同时受到几个约束的作用时，那么该非自由体就会同时受到几个约束反力的作用。如果这个非自由体处于平衡，那么这几个约束反力对该非自由体所产生的联合效应必正好抵消主动力对该物体所产生的外效应。所以约束反力的方向，必定与该约束限制的运动方向相反。应用这个原则，可以确定约束反力的方向或作用线的位置。至于约束反力的大小，则需要用平衡条件求出。

工程中的各种约束，可以归纳为以下几种基本形式。

① 柔性约束　这类约束是由柔性物体如绳索、链条、皮带、钢丝绳等所构成。

② 光滑接触面约束　这类约束是由光滑支承面如滑槽、导轨等所构成。支承面与被约束物体之间的摩擦力很小，可以略去不计。

③ 铰链约束　圆柱形铰链约束是由两个端部带有圆孔的构件用一销钉联接而成的。常见的有固定铰链支座约束和活动铰链支座约束，如图 2-9、图 2-10 所示。

④ 固定端约束　这类约束是限制被约束物体既不能移动，又不能转动，被约束的一端完全固定。如悬臂式管道托架，一端插入墙内，另一端为自由端，墙对托架也起到固定端约束的作用，如图 2-11 所示。

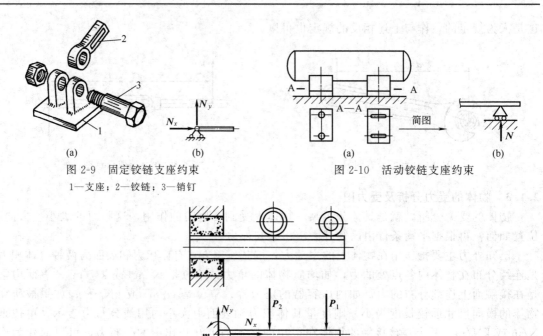

图 2-9　固定铰链支座约束

1—支座；2—铰链；3—销钉

图 2-10　活动铰链支座约束

图 2-11　固定端约束的托架

2.1.3.2　受力图

为了清晰地分析与表示构件的受力情况，需要将研究的构件（研究对象）从与它发生联系的周围物体中分离出来，把作用于其上的全部外力（包括已知的主动力和未知的约束反力）都表示出来。这样作成的表示物体受力情况的简图称为受力图。

例如图 2-12(a) 所示为焊接在钢柱上的三角形钢结构管道支架，上面铺设三根管道，结

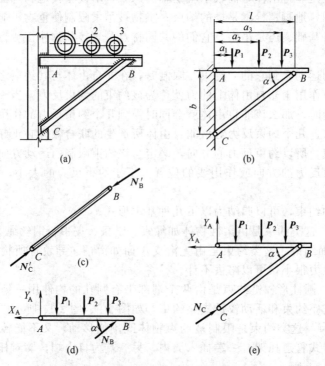

图 2-12　三角形钢结构管道支架受力分析

构简图、*BC* 杆的受力图、*AB* 杆的受力图分别见图 2-12(b)、图 2-12(c) 和图 2-12(d)，若以整体为研究对象，画出来的受力图如图 2-12(e) 所示。

2.2　直杆的拉伸与压缩

2.2.1　杆

要使一个构件设计得既满足强度、刚度和稳定等方面的要求，又使它的尺寸小，重量轻，结构形状合理，就必须既能正确地分析和计算构件的变形和内力，又了解和掌握构件材料的力学性质，使材料能够在安全使用的前提下发挥最大的潜力。

在工程实际中，构件的形状是很多的，如果构件的长度比横向尺寸大得多，这样的构件称为杆件。杆件的各个横截面形心的连线称为轴线。如果杆的轴线是直线，而且各横截面都相等，称为等截面直杆 [图 2-13(a)]。除此以外还有变截面直杆、等截面曲杆 [图 2-13(b)、图 2-13(c)] 等。如果构件的厚度比它的长和宽两个方向的尺寸小得多，这样的构件称为薄板或壳 [图 2-13(d)、图 2-13(e)]，例如锅炉和化工容器等。

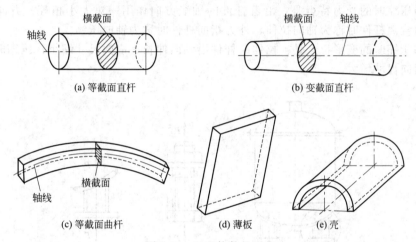

图 2-13　工程构件的形状

当载荷以不同的方式作用在杆件上时，杆件将产生不同的变形；杆件的基本变形形式有以下几种（表 2-1）。

表 2-1　杆件的基本变形形式

基本变形形式	变形简图	实　例
拉伸		连接容器法兰用的螺栓
压缩		容器的立式支腿
弯曲		各种机器的传动轴、受水平风载的塔体
剪切		悬挂式支座与筒体间的焊缝、键、销等
扭转		搅拌器的轴

① 拉伸　当杆件受到作用线与杆的轴线重合的大小相等、方向相反的两个拉力作用时，杆件将产生沿轴线方向的伸长。这种变形称为拉伸变形。

② 压缩　当杆件受到作用线与杆的轴线重合的大小相等、方向相反的两个压力作用时，杆件将产生沿轴线方向的缩短。这种变形称为压缩变形。

③ 弯曲　当杆件受到与杆轴垂直的力作用（或受到在通过杆轴的平面内的力偶作用）时，杆的轴线将变成曲线。这种变形称为弯曲变形。

④ 剪切　当杆件受到作用线与杆的轴线垂直，而又相距很近的大小相等、方向相反的两个力作用时，杆上两个力中间的部分，各个截面将互相错开。这种变形称为剪切变形。

⑤ 扭转　当杆件受到在垂直于杆轴平面内的大小相等、转向相反的两个力偶作用时，杆件表面的纵线（原来平行于轴线的纵向直线）扭歪成螺旋线。这种变形称为扭转变形。

复杂的变形可以看成是以上几种基本变形的组合。

以下几节主要讨论基本变形的强度问题。本节首先讨论直杆的拉伸与压缩。

工程实际中直杆拉伸和压缩的实例是很多的。例如起吊设备时的绳索和连接容器［图2-14(a)］法兰用的螺栓［图2-14(b)］，它们所受的作用力都是拉伸的实例；容器的立式支腿［图2-14(c)］和千斤顶的螺杆，则是受压缩的构件。

拉伸和压缩时的受力特点是：沿着杆件的轴线方向作用一对大小相等、方向相反的外力。当外力背离杆件时称为轴向拉伸，外力指向杆件时称为轴向压缩。

拉伸和压缩时的变形特点是：拉伸时杆件沿轴向伸长，横向尺寸缩小；压缩时杆件沿轴向缩短，横向尺寸增大。

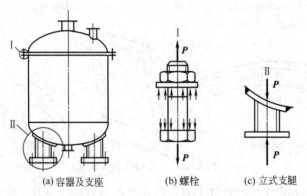

(a) 容器及支座　　(b) 螺栓　　(c) 立式支腿

图 2-14　拉伸和压缩实例

2.2.2　应力和应变

(1) 应力　受外力作用后物体内部相互作用力的情况要发生变化，同时物体要产生变形，这种由外力引起的物体内部相互作用力的变化量称为附加内力，简称内力。实践证明，用相同材料制成的粗细不同的杆件，在相同的拉力作用下，细杆比粗杆易断。因此，杆件的变形及破坏不仅与内力有关，而且与杆件的横截面大小及在截面上的分布情况有关。

杆件受拉伸时的内力在横截面上是均匀分布的，它的方向与横截面垂直。这些均匀分布的内力的合力为 N。如横截面面积为 A，则作用在单位横截面面积上的内力的大小为：

$$\sigma = \frac{N}{A} \tag{2-4}$$

式中，σ 称为截面上的正应力，方向垂直横截面。

应力的单位在国际单位制中是 N/m^2（牛顿/米^2），称帕斯卡（简称帕，用 Pa 表示）。应力是单位面积上的内力，它的大小可以表示内力分布的密集程度。用相同材料制成的粗细不同的杆件，在相等的拉力作用下，细杆易断，就是因为横截面上的正应力较大的缘故。

式(2-4)是根据杆件受拉伸时推得的,但在杆件受压缩时也能适用。杆件受拉时的正应力称为拉应力,为正值;受压时的正应力称为压应力,为负值。

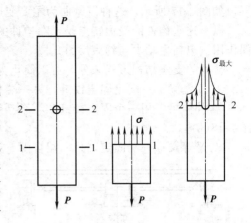

另外,当横截面尺寸有急剧改变时,则在截面突变附近局部范围内,应力数值也急剧增大,离开这个区域稍远,应力即大为降低并趋于均匀,如图 2-15 所示。这种在截面突变处应力局部增大的现象称为应力集中。由于应力集中,零件容易从最大应力处开始发生破坏,在设计时必须采取某些补救措施。例如容器开孔以后,要采取开孔补强的措施。

图 2-15　截面突变处应力局部增大

(2) 应变　杆件在拉伸或压缩时,其长度将发生改变。如图 2-16 中,杆件原长为 L,受轴向拉伸后其长度变为 $L+\Delta L$,ΔL 称为绝对伸长。实验表明,用同样材料制成的杆件,其变形量与应力的大小及杆件原长有关。截面积相同、受力相等的条件下,杆件越长,绝对伸长越多。为了确切地表示变形程度,引入单位长度上的伸长量:

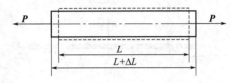

图 2-16　受轴向拉伸变形

$$\varepsilon=\frac{\Delta L}{L} \tag{2-5}$$

式中,ε 称为线应变,简称应变,它是一个没有单位的量。

2.2.3　拉伸和压缩的强度条件

如果直杆受到的是简单拉伸作用,其轴力 N 将等于外力 P,应力计算公式,式(2-4)也可以写成用外力表达的形式。

$$\sigma=\frac{P}{A} \tag{2-6}$$

随着外力 P 增大,杆内应力值跟着增加,从保证杆的安全工作出发,对杆的工作应力应规定一个最高的允许值,这个允许值是建立在材料力学性能基础之上的,称为材料的许用应力,用 $[\sigma]$ 表示。

为了保证拉(压)杆的正常工作,必须使其最大工作应力不超过材料在拉伸(压缩)时的许用应力,即

$$\sigma\leqslant[\sigma] \tag{2-7}$$

或

$$\frac{N}{A}\leqslant[\sigma] \tag{2-8}$$

式(2-7)和式(2-8)都称作受拉伸(压缩)直杆的强度条件。意思就是保证杆在强度上安全工作所必须满足的条件。

2.3　直梁的弯曲

2.3.1　梁

在工程实际中承受弯曲的构件很多,如桥式吊车起吊重物时,吊车梁就会发生弯曲变

形，如图 2-17 所示。这种以弯曲为主要变形的构件在工程上通称为梁。

以上这些构件的受力特点是：在构件的纵向对称平面内，受到垂直于梁的轴线的力或力偶作用（包括主动力与约束反力）。

从梁的支座结构形式来分，可以简化为以下几种。

① 简支梁　一端是固定铰链，另一端是活动铰链［见图 2-18(a)］。

② 外伸梁　用一个固定铰链和一个活动铰链支承，但有一端或两端伸出支座以外［见图 2-18(b)］。

③ 悬臂梁　一端固定，另一端自由［见图 2-18(c)］。

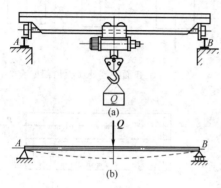

图 2-17　桥式吊车

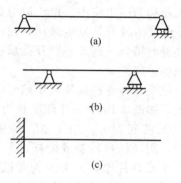

图 2-18　梁的三种力学模型

2.3.2　弯曲应力

作用在梁上的载荷，通过梁把力传递给支座，使支座产生与外载相抗衡的支座反力。在载荷传递的过程中，力所经过的梁的各个横截面都将产生相应的内力。

以图 2-19 所示横梁为例，P 代表对称作用在梁上的设备重量，支座反力 $R_A = R_B = P$。假想切开 1-1 截面，取其左边一段，在这段梁上只作用有一个向上的外力 R_A［见图 2-19(b)］，这段梁单受这一外力作用不可能平衡，所以从这段梁事实上是处于平衡这一点出发，在假想切开的截面 1-1 的左侧，必作用有一个与截面平行的力 Q_1，它的指向与 R_A 相反，大小与 R_A 相等。同时在这个截面上还必定作用着一个力矩为 $M_1 = R_A \cdot x_1$ 的内力偶，这个力偶作用在梁的纵向对称平面内。切下来的 1-1 截面左边这段梁就是在外力 R_A，内力 Q_1 和力矩为 M_1 的内力偶作用下处于平衡。这里的内力 Q_1 叫梁在该截面上的剪力，M_1 叫梁在该截面上的弯矩。剪

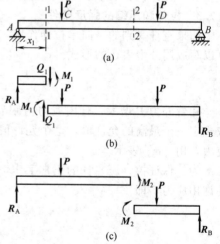

图 2-19　横梁上的内力

力和弯矩都是成对出现的，1-1 截面的右侧作用给左侧一个向下的剪力 Q_1，截面左侧同时作用给截面右侧一个向上的剪力，这两个剪力一个向下，一个向上，可看成是一个，用 Q_1 表示。同样，内力矩 M_1 在同一个截面内也认为只有一个。

在所举的这个例子中，由于作用在梁上的载荷是对称的，所以 $R_A = R_B = P$，因此在 CD 段内任取一横截面 2-2 时，会发现，在这个截面上将只作用弯矩 M_2，而没剪力［图 2-19(c)］。可见在梁的各横截面上作用着的剪力和弯矩并不都相同，梁的 CD 段属于纯弯曲、AC 和 DB 段属于剪切弯曲。

梁弯曲时横截面上的最大正应力的公式为：

$$\sigma_{\max} = \frac{M}{W_z} \qquad (2\text{-}9)$$

式中，W_z 为梁的抗弯截面模量，单位为 $\mathrm{m^3}$，它是与截面尺寸和形状有关的一个几何量。

梁截面上的弯矩 M 是随截面位置而变化的。因此，在进行梁的强度计算时，应使在危险截面上——即最大弯矩截面上的最大正应力不超过材料的弯曲许用应力 $[\sigma]$，即梁的弯曲强度条件为：

$$\sigma_{\max} = \frac{M_{\max}}{W_z} \leqslant [\sigma] \qquad (2\text{-}10)$$

2.4　剪切

2.4.1　剪切变形的概念

剪切也是杆件基本变形中的一种形式。例如图 2-20 中用螺栓联接两块钢板，当钢板受到 P 力作用后，螺栓上也受到大小相等、方向相反、彼此平行且相距很近的两个力 P 的作用，如图 2-20(b) 所示。若 P 力增大，则在 $m\text{-}n$ 截面上，螺栓上部对其下部将沿外力 P 作用方向发生错动，两力作用线间的小矩形，将变成平行四边形，如图 2-20(c) 所示。若 P 力继续增大，螺栓可能沿 $m\text{-}n$ 面被剪断。螺栓的这种受力形式称剪切，它所发生的错动称为剪切变形。

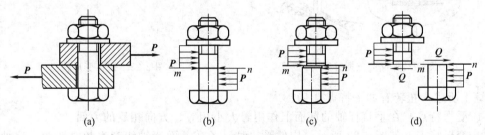

图 2-20　螺栓受力分析

综上所述，剪切有如下特点。

① 受力特点　在构件上作用大小相等、方向相反、相距很近的两个力 P。

② 变形特点　在两力之间的截面上，构件上部对其下部将沿外力作用方向发生错动；在剪断前，两力作用线间的小矩形变成平行四边形。

2.4.2　剪力、剪应力与剪切强度条件

构件承受剪切作用时（图 2-20），在两个外力作用线之间的各个截面上，也将产生内力，它平行于横截面，称为剪力 Q。

按剪应力在受剪切截面上是均匀分布的假设，剪应力的计算公式为：

$$\tau = \frac{Q}{A} \qquad (2\text{-}11)$$

式中，τ 为剪应力，常用单位为 MPa；A 为受剪切的面积，$\mathrm{mm^2}$；Q 为受剪面上的剪力，N。

为了使受剪切构件能安全可靠地工作，必须保证剪应力不超过材料的许用剪应力 $[\tau]$，其强度条件为：

$$\tau = \frac{Q}{A} \leqslant [\tau] \qquad (2\text{-}12)$$

2.5 圆轴的扭转

2.5.1 扭转的特点

圆轴扭转变形是常见的变形之一。例如反应釜中的搅拌轴，如图 2-21 所示，轴的上端受到由减速机输出的转动力偶矩 m_C，下端搅拌桨上受到物料的阻力形成的阻力偶矩 m_A，当轴匀速转动时，这两个力偶矩大小相等、方向相反、都作用在与轴线垂直的平面内。搅拌轴的这种受力形式，也是扭转。

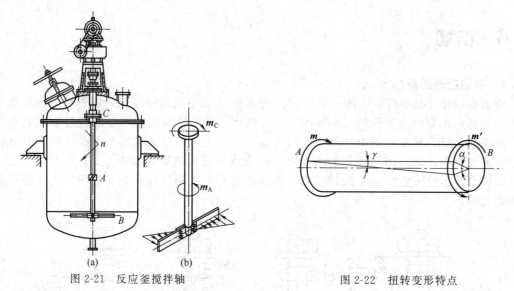

图 2-21 反应釜搅拌轴   图 2-22 扭转变形特点

综上所述，扭转有如下特点。

① 受力特点 在垂直杆轴的截面上作用着大小相等、方向相反的力偶。

② 变形特点 如图 2-22 所示，构件受扭时，各横截面绕轴线产生相对转动，这种变形称为扭转变形。φ 角是 B 端面相对于 A 端面的转角。称为扭转角。

工程上，将以扭转变形为主要变形的构件通称为轴。

2.5.2 扭转应力和强度条件

扭转轴表面的最大剪应力为：

$$\tau = \frac{M}{W_p} \tag{2-13}$$

式中，W_p 为抗扭截面模量，它也是与截面尺寸和形状有关的一个几何量。

当轴的危险截面上的最大剪应力不超过材料的扭转许用剪应力 $[\tau]$ 时，轴就能安全正常地工作，故轴扭转的强度条件为：

$$\tau_{max} = \frac{M_T}{W_p} \leqslant [\tau] \tag{2-14}$$

式中，M_T 是危险截面的扭矩。

2.6 压杆的稳定

在研究杆件的压缩时，都认为杆件只要满足强度条件就能保持正常工作。这对短而粗的压杆是正确的；但对于长而细的压杆，除了满足强度条件外，还要满足稳定条件，压杆才能保持正常工作。为了说明稳定问题，研究长细的直杆，在它的两端，沿着杆的轴线施加逐渐增加的压力 P（见图 2-23）。当压力很小时，直杆还保持着直线形状。这时如果以一个很小的横向力 ΔT 作用于杆的中部，ΔT 就会使杆发生微小的弯曲变形［见图 2-23(a)］。不过，这种弯曲只是暂时的，当这个横向力 ΔT 撤去后，杆件就会恢复其原有的直线形状。这就说明压杆在这时还有保持其原始直线形状的能力，即杆件这时的直线形状是稳定的。

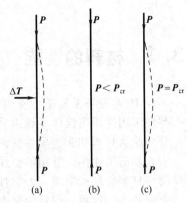

图 2-23　压杆失稳模型

但是，当作用在杆上的轴向压力 P 超过某一限度时，情况就不同了。这时只要轻轻地用 ΔT 推一下，杆件就将立刻弯曲到一个新的平衡位置［见图 2-23(c)］，或者由于弯得太厉害而发生折断。这就说明压杆在这时已经丧失保持其原始直线形状的能力，即杆件这时的直线形状是不稳定的。并且，通过计算可以知道这时杆内的应力远远低于材料的极限应力，甚至低于许用压缩应力，也就是说细长压杆的破坏并不是强度不足而引起的。

在工程实际中，压杆一般不是绝对笔直的，它的轴线可能有些弯曲；而且作用在杆上的压力也不是正好沿着杆的轴线，压力可能有些偏心，因此，即使没有横向力 ΔT 的作用，当长细杆所受压力达到某个限度时，它就会突然变弯而丧失其工作能力。这种现象称为丧失稳定性，简称失稳。失稳现象是突然发生的，事前并无迹象，所以它会给工程结构造成严重的事故。

杆件所受压力逐渐增加到某个限度时，压杆将由稳定状态转化为不稳定状态。这个压力的限度称为临界力 P_{cr}。它是压杆保持直线稳定形状时所能承受的最大压力。

计算细长压杆临界压力的公式为

$$P_{cr} = \frac{\pi^2 E J_z}{(\mu l)^2} \tag{2-15}$$

式中，E 为材料的弹性模量；J_z 为压杆横截面的轴惯性矩；l 为压杆长度；μ 为压杆的长度系数，与杆端的约束情况有关。

思　考　题

2-1　怎样正确理解"力"的概念？哪些因素完全决定了力的作用效果？

2-2　如果作用在物体上的两个力分别作用在两点，怎样求它们的合力？什么情况下合力的大小就等于分力大小的代数和？合力是否必须大于每一个分力？

2-3　什么是自由体？非自由体？约束？什么是载荷？约束反力？

2-4　什么是固定端约束？固定端约束限制物体什么运动？

2-5　什么是应力？杆件受拉压时横截面上是什么样的应力？

2-6　杆件受拉压时的强度条件是什么？

2-7　什么是悬臂梁？简支梁？外伸梁？

2-8　剪切有哪些特点？举几种受剪的构件

2-9　轴扭转时的受力特点是什么？

2-10　什么是压杆的稳定状态？什么是压杆的失稳状态？为什么要研究压杆的稳定问题？

第3章 工程材料

3.1 材料的性能

GMP对设备及管道材质的要求是：①凡是水、气系统中的管道、管件、过滤器、喷针等都应采用优质奥氏体不锈钢材料；②选用其他材料必须耐腐蚀、不生锈。通常，设备材料可分为金属材料和非金属材料两大类。

在制药工业中，常用的金属材料有碳钢、铸铁、不锈钢、铝、铅和铜等，其中碳钢和铸铁具有许多良好的物理、力学性能，且价格便宜、产量大，所以被大量用于制造各种设备。然而制药生产过程一般较为复杂，操作条件（如温度、压力等）都不尽相同，使用的介质种类较多，且大多具有腐蚀性，故设备材料应能够满足各种不同的要求。此外，随着生产技术的发展，新工艺的实现与过程的强化，对设备材料的要求更加苛刻了。因此，需要不断改进现有的金属材料，研制强度高、耐腐蚀性能优良的新钢种、新材料用于生产实践。

用来制作设备的另一类材料是非金属材料。非金属材料的耐腐蚀性能在很多场合下优于金属材料，且原料来源广泛，容易生产，价格低廉，故深受欢迎。此外，采用非金属材料能节约大量金属材料，尤其是贵重金属。在制药厂，已愈来愈多地采用耐腐蚀性能较好的非金属材料来制造诸如反应器、塔器、热交换器、泵、阀门及管道等。

材料的性能包括材料的力学性能、物理性能、化学性能和加工性能等。

3.1.1 力学性能

力学性能是指材料在外力作用下抵抗变形或破坏的能力，有强度、硬度、弹性、塑性、韧性等。这些性能是进行设备材料选择及计算时决定许用应力的依据。

（1）强度 材料的强度是指材料抵抗外加载荷而不致失效破坏的能力。按所抵抗外力作用的形式可分为：抵抗外力的静强度；抵抗冲击外力的冲击强度；抵抗交变外力的疲劳强度。按环境温度可分为常温下抵抗外力的常温强度；高温或低温下抵抗外力的高温强度或低温强度等。材料在常温下的强度指标有屈服强度和抗拉（压）强度。

如图3-1所示，屈服强度 σ_s 表示材料抵抗开始产生大量塑性变形的应力。抗拉强度 σ_b 则表示材料抵抗外力而不致断裂的最大应力。在工程上，不仅需要材料的屈服强度高，而且

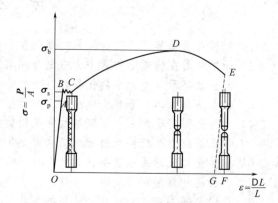

图 3-1 拉伸应力-应变曲线

还需要考虑屈服强度与抗拉强度的比值（屈强比），根据不同的设备要求，其比值应适当。用屈强比较小的材料制造的零件，具有较高的安全可靠性。因为在工作时，万一超载，也能由于塑性变形使金属的强度提高而不致立刻断裂。但如果屈强比太低，则材料强度的利用率

会降低。因此，过大、过小的屈强比都是不适宜的。

操作温度对力学性能有影响。通常随着温度升高，金属的强度降低而塑性增加。金属材料在高温长期工作时，在一定应力下，会随着时间的延长，缓慢并且不断地发生塑性变化，称为"蠕变"现象。例如，高温高压蒸汽管道，虽然其承受的应力远小于工作温度下材料的屈服点，但在长期的使用中则会产生缓慢而连续的变形使管径日趋增大，最后可能导致破裂。

对于长期承受交变应力作用的金属材料，还要考虑"疲劳破坏"。所谓"疲劳破坏"是指金属材料在小于屈服强度极限的循环载荷长期作用下发生破坏的现象。疲劳断裂与静载荷下断裂不同，无论在静载荷下显示脆性或韧性的材料，在疲劳断裂时，都不产生明显的塑性变形，断裂是突然发生的，因此具有很大的危险性，常常造成严重的事故。

（2）硬度　硬度是指固体材料对外界物体机械作用（如压陷、刻划）的局部抵抗能力。它是由采用不同的试验方法来表征不同的抗力。硬度不是独立的基本性能，而是反映材料弹性、强度与塑性等的综合性能指标。一般情况下，硬度高的材料强度高，耐磨性能较好，但切削加工性能较差。在工程技术中应用最多的是压入硬度，常用的指标有布氏硬度（HB）、洛氏硬度（HRC、HRB）和维氏硬度（HV）等。所得到的硬度值的大小实质上是表示金属表面抵抗压入物体（钢球或锥体）所引起局部塑性变形的抗力大小。

（3）塑性　材料的塑性是指材料受力时，当应力超过屈服点后，能产生显著的变形而不即行断裂的性质。塑性指标在设备设计中具有重要意义，有良好的塑性才能进行成型加工，如弯卷和冲压等；良好的塑性性能可使设备在使用中产生塑性变形而避免发生突然的断裂。但过高的塑性常常会导致强度降低。

（4）冲击韧性　对于承受波动或冲击载荷的零件及在低温条件下使用的设备，其材料性能仅考虑以上几种指标是不够的，必须考虑抗冲击性能。材料的抗冲击能力常以使其破坏所消耗的功或吸收的能除以试件的截面面积来衡量，称为材料的冲击韧度，以 α_k 表示，单位 J/cm^2。

韧性可理解为材料在外加动载荷突然袭击时的一种及时并迅速塑性变形的能力。韧性高的材料一般都有较高的塑性指标，但塑性指标较高的材料，却不一定具有较高的韧性，原因是在静载下能够缓慢塑性变形的材料，在动载下不一定能迅速地塑性变形。

3.1.2　物理性能

金属材料的物理性能有密度、熔点、比热容、热导率、线膨胀系数（线胀系数）、导电性、磁性、弹性模量与泊松比等。

密度是计算设备重量的常数。熔点低的金属和合金，其铸造和焊接加工都较容易，常用于制造熔断器等零件；熔点高的合金则可用于制造要求耐高温的零件。金属及合金受热时，一般都会有不同程度的体积膨胀，因此双金属材料的焊接，要考虑它们的线膨胀系数是否接近，否则会因膨胀量不等而使容器或零件变形或损坏。有些设备的衬里及其组合件的线膨胀系数应和基本材料相同，以免受热后因膨胀量不同而松动或破坏。几种常用金属的物理性能列于表 3-1。

3.1.3　化学性能

化学性能是指材料在所处介质中的化学稳定性，即材料是否会与周围介质发生化学或电化学作用而引起腐蚀。金属的化学性能指标主要有耐腐蚀性和抗氧化性。

（1）耐腐蚀性　金属和合金对周围介质，如大气、水汽、各种电解液侵蚀的抵抗能力叫做耐腐蚀性。制药生产中所涉及的物料，常会有腐蚀性。材料的耐蚀性不强，必将影响设备使用寿命，还会影响产品质量。常用金属材料在酸碱盐类介质中的耐腐蚀性见表 3-2。

表 3-1　几种常用金属的物理性能

金属	密度/g·cm⁻³	熔点/℃	比热容/J·g⁻¹·K⁻¹	热导率/W·m⁻¹·K⁻¹	线胀系数 $\alpha/10^{-6}$℃⁻¹	电阻率/μΩ·cm	弹性模量/GPa	泊松比
灰铸铁	7.05~7.30	1200	265~605	41.7~52.2	10.0~12.5	67~180	113~157	0.23~0.27
高硅铸铁	6.9	1220	—	52	4.7	63	140~154	
碳钢及低合金钢	7.85	1400~1500	480	48	10.6~12.2	11~13	196~206	0.24~0.28
镍铬钢	7.9	1400	510	24.5	14.5	73	206	0.25~0.30
铜	8.93	1084.9	386	398	16.7	16.73	128	0.31~0.34
钛	4.507	1688±10	522.3	11.4	10.2	420	106	0.32~0.42
铝	2.7	660.4	900	247	23.6	26.55	62	0.32~0.36
铅	11.34	327.4	128.7	34	29.3	206.43	15~18	0.42
镍	8.902	1453	471	82.9	13.3	68.44	207	0.27~0.29

表 3-2　常用金属材料在酸碱盐类介质中的耐腐蚀性

材料	硝酸 /%	硝酸 /℃	硫酸 /%	硫酸 /℃	盐酸 /%	盐酸 /℃	氢氧化钠 /%	氢氧化钠 /℃	硫酸铵 /%	硫酸铵 /℃	硫化氢 /%	硫化氢 /℃	尿素 /%	尿素 /℃	氨 /%	氨 /℃
灰铸铁	×	×	70~100 (80~100)	20 (70)	×	×	(任)	(480)	×	×	—	—	—	—	—	—
高硅铸铁 Si-15	≥40 <40	≤沸 <70	50~100	<120	(<35)	(30)	(34)	(100)	耐	耐	潮湿	100	耐	耐	(25)	(沸)
碳钢	×	×	70~100 (80~100)	20 (70)	×	×	≤35 ≥70 100	120 260 480	—	—	80	120	×	×	—	—
18-8 型不锈钢	<50 (60~80) 95	沸 (沸) 40	80~100 (<10)	<40 (<40)			≤70 (熔体)	100 (320)	(饱)	(250)	—	—			溶液 与 气体	100
铝	(80~95) >95	(30) 60	×	×	×	×			10	20	—	—			气	300
铜	×	×	<50 (80~100)	60 (20)	(<27)	(55)	50	35	(10)	(40)	—	—	×	×	×	×
铅			<60 (<90)	<80 (90)	×	×			(浓)	(100)	干燥气	20	—	—	气	300
钛	任	沸	5	35	<10	<40	10	沸	—	—	—	—	耐	耐	—	—

注：表中数据及文字为材料耐腐蚀的一般条件，其中：带"（　）"者为尚耐蚀，"×"为不耐蚀，"任"为任意浓度，"沸"为沸点温度，"饱"为饱和温度，"熔体"为熔融体，"—"为无数据。

（2）抗氧化性　在高温下，钢铁不仅与自由氧发生氧化腐蚀，使钢铁表面形成结构疏松容易剥落的 FeO 氧化皮；还会与水蒸气、二氧化碳、二氧化硫等气体产生高温氧化与脱碳作用，使钢的力学性能下降，特别是降低了材料的表面硬度和抗疲劳强度。因此，高温设备必须选用耐热材料。

3.1.4　加工工艺性能

金属和合金的加工工艺性能是指可铸造性能、可锻造性能、可焊性能和可切削加工性能等。这些性能直接影响设备和零部件的制造工艺方法和质量。

（1）可铸性　主要是指液体金属的流动性和凝固过程中的收缩和偏析倾向（合金凝固时化学成分的不均匀析出叫偏析）。流动性好的金属能充满铸型，故能浇铸较薄的与形状复杂的铸件。铸造时，熔渣与气体较易上浮，铸件不易形成夹渣与气孔，且收缩小。铸件中不易出现缩孔、裂纹、变形等缺陷，偏析小，铸件各部位成分较均匀。这些都使铸件质量有所提高。合金钢与高碳钢比低碳钢偏析倾向大，因此，铸造后要用热处理方法消除偏析。常用金属材料中，灰铸铁和锡青铜铸造性能较好。

（2）可锻性　是指金属承受压力加工（锻造）而变形的能力。塑性好的材料，锻压所需外力小，可锻性好。低碳钢的可锻性比中碳钢及高碳钢好；碳钢比合金钢可锻性好。铸铁是脆性材料，目前，尚不能锻压加工。

（3）焊接性　能用焊接方法使两块金属牢固地联接，且不发生裂纹，具有与母体材料相当的强度，这种能熔焊的性能称焊接性。焊接性好的材料易于用一般焊接方法与工艺进行焊接，不易形成裂纹、气孔、夹渣等缺陷，焊接接头强度与母材相当。低碳钢具有优良的焊接性，而铸铁、铝合金等焊接性较差。

（4）可切削加工性　是指金属是否易于切削。切削性好的材料，刀具寿命长，切屑易于折断脱落，切削后表面光洁。灰铸铁（特别是 HT150、HT200）、碳钢都具有较好的切削性。

3.2　金属材料

3.2.1　碳钢和铸铁

碳钢和铸铁是工程应用最广泛、最重要的金属材料。它们是由 95% 以上的铁和 0.05%～4% 的碳及 1% 左右的杂质元素所组成的合金，称"铁碳合金"。一般含碳量在 0.02%～2% 者称为钢，大于 2% 者称为铸铁。当含碳量小于 0.02% 时，称纯铁（工业纯铁）；含碳量大于 4.3% 的铸铁极脆，二者的工程应用价值都很小。

由于碳钢和铸铁具有优良的力学性能，资源丰富，与其他金属相比其价格又较便宜，而且还可以通过采用各种防腐措施，如衬里、涂料、电化学保护等来防止介质对金属的腐蚀，故在制药工业中，选用金属材料时首先要考虑用碳钢或铸铁，只有当它们不适用时，才考虑选用其他金属材料。

3.2.1.1　碳钢

（1）碳钢的耐腐蚀性能　碳钢在大气和水中易生锈，在很多介质中的耐蚀性也不好。但它对诸多环境，如碱性溶液、各类气体、液态金属、有机液体等的耐蚀性良好；在中性溶液中，其耐腐蚀性随含氧量而定，即在无氧或低氧的静止液中，腐蚀很轻微，在高氧和搅拌情况下，腐蚀可增大几十倍，但当氧化能力达到使金属钝化的程度时，腐蚀状况又大大下降；在还原性酸中，腐蚀很快，但在强氧化性酸如浓硫酸中，由于产生钝化膜，腐蚀又大大减轻；在碱性溶液中，生成了保护膜，腐蚀性很小；在酸和碱中，腐蚀均匀，但在中性溶液中可能产生孔蚀。

（2）分类与编号　根据实际生产和应用的需要，可将碳钢进行分类和编号。分类方法有多种，如按用途可分为建筑及工程用钢、结构钢、弹簧钢、轴承钢、工具钢和特殊性能钢（如不锈钢、耐热钢等）；按含碳量分为低碳钢、中碳钢和高碳钢；按脱氧方式分镇静钢和沸腾钢；按品质可分普通钢、优质钢和高级优质钢等。

① 普通碳素钢　普通碳素钢钢号冠以"Q"，代表钢材屈服强度，后面的数字表示屈服强度数值（MPa）。如 Q235 钢，其屈服强度值为 235MPa。必要时钢号后面可标出表示质量等级和冶炼时脱氧方法的符号。质量等级符号分为 A，B，C，D。脱氧方法符号分为 F，b，Z，TZ。脱氧方法符号 F 是指只用弱脱氧剂 Mn 脱氧，脱氧不完全的沸腾钢。这种钢在钢液往钢锭中浇注后，钢液在锭模中发生自脱氧反应，钢液中放出大量 CO 气体，出现"沸腾"

现象，故称为沸腾钢；若在熔炼过程中加入硅、铝等强氧化剂，钢液完全脱氧，则称镇静钢，以 Z 表示，一般情况 Z 省略不标；脱氧情况介于以上二者之间时，称半镇静钢，用符号 b；采用特殊脱氧工艺冶炼时脱氧完全，称特殊镇静钢，以符号 TZ 表示。化工压力容器用钢一般选用镇静钢。

普通碳素钢有 Q195，Q215，Q235，Q255 及 Q275 五个钢种。各个钢种的质量等级可参见 GB 700—88。其中屈服强度为 235MPa 的 Q235-A 有良好的塑性、韧性及加工工艺性，价格比较便宜，在化工设备制造中应用极为广泛。Q235-A 板材用作常温低压设备的壳体和零部件，Q235-A 棒材和型钢用作螺栓、螺母、支架、垫片、轴套等零部件，还可制作阀门、管件等。

② 优质碳素钢　优质钢含硫、磷有害杂质元素较少，其冶炼工艺严格，钢材组织均匀，表面质量高，同时保证钢材的化学成分和力学性能，但成本较高。

优质碳素钢的编号仅用两位数字表示，钢号顺序为 08，10，15，20，25，30，35，40，45，50，…，80 等。钢号数字表示钢中平均含碳量的万分之几。如 45 号钢表示钢中含碳量平均为 0.45%（0.42%～0.50%）。

依据含碳量的不同，可分为优质低碳钢（含碳量小于等于 0.25%），如 08，10，15，20，25；优质中碳钢（含碳量 0.3%～0.6%），如 30，35，40，45，50 与 55；优质高碳钢（含碳量大于＞0.6%），如 60，65，70，80。优质低碳钢的强度较低，但塑性好，焊接性能好，在化工设备制造中常用作热交换器列管、设备接管、法兰的垫片包皮（08、10）。优质中碳钢的强度较高、韧性较好，但焊接性能较差，不适宜做化工设备的壳体。但可作为换热设备管板，强度要求较高的螺栓螺母等。45 号钢常用作化工设备中的传动轴（搅拌轴）。优质高碳钢的强度与硬度均较高。60、65 号钢主要用来制造弹簧，70、80 号钢用来制造钢丝绳等。

③ 高级优质钢　高级优质钢比优质钢中含硫、磷量还少（均＜0.03%）。它的表示方法是在优质钢号后面加一个 A 字，如 20A。

(3) 碳钢的品种及规格　碳钢的品种有钢板、钢管、型钢、铸钢和锻钢等。

① 钢板　钢板分薄钢板和厚钢板两大类。薄钢板厚度有 0.2～4mm 的冷轧与热轧两种，厚钢板为热轧。例如，压力容器主要用热轧厚钢板制造。依据钢板厚度的不同，厚度间隔也不同。钢板厚度在 4～6mm 时，其厚度间隔为 0.5mm；厚度在 6～30mm 时，间隔为 1mm；厚度在 30～60mm 时，间隔为 2mm。

② 钢管　钢管有无缝钢管和有缝钢管两类。无缝钢管有冷轧和热轧，冷轧无缝钢管外径和壁厚的尺寸精度均较热轧为高。另外，还有专门用途的无缝钢管，如热交换器用钢管、石油裂化用无缝管、锅炉用无缝管等。有缝管、水煤气管，分镀锌（白铁管）和不镀锌（黑铁管）两种。

③ 型钢　型钢主要有圆钢、方钢、扁钢、角钢（等边与不等边）、工字钢和槽钢。各种型钢的尺寸和技术参数可参阅有关标准。圆钢与方钢主要用来制造各类轴件；扁钢常用作各种桨叶；角钢、工字钢及槽钢可做各种设备的支架、塔盘支承及各种加强结构。

④ 铸钢和锻钢　铸钢用 ZG 表示，牌号有 ZG25、ZG35 等，用于制造各种承受重载荷的复杂零件，如泵壳、阀门、泵叶轮等。锻钢有 08，10，15，…，50 等牌号。制药化工容器用锻件一般采用 20、25 等材料，用以制作管板、法兰、顶盖等。

3.2.1.2　铸铁

工业上常用的铸铁，其含碳量（质量分数）一般在 2% 以上，并含有 S、P、Si、Mn 等杂质。铸铁是脆性材料，抗拉强度较低，但具有良好的铸造性、耐磨性、减振性及切削加工性。在一些介质（浓硫酸、醋酸、盐溶液、有机溶剂等）中具有相当好的耐腐蚀性能。铸铁生产成本低廉，因此在工业中得到普遍应用。

铸铁可分为灰铸铁、可锻铸铁、球墨铸铁和特殊性能铸铁等。

（1）灰铸铁　灰铸铁中的碳大部或全部以自由状态的片状石墨形式存在，断面呈暗灰色，一般含碳量在 2.7%～4.0%。灰铸铁的抗压强度较大，抗拉强度很低，冲击韧性低，不适于制造承受弯曲、拉伸、剪切和冲击载荷的零件。但它的耐磨性、耐蚀性较好，与其他钢材相比，有优良的铸造性、减振性能，较小的缺口敏感性和良好的可加工性，可制造承受压应力及要求消振、耐磨的零件，如支架、阀体、泵体（机座、管路附件等）。

（2）球墨铸铁　球墨铸铁简称球铁，是大体上为球状的石墨颗粒，分布在以铁为主要成分的金属基体中而构成的铸铁材料。

球墨铸铁在强度、塑性和韧性方面大大超过灰铸铁，甚至接近钢材。在酸性介质中，球墨铸铁耐蚀性较差，但在其他介质中耐腐蚀性比灰铸铁好。它的价格低于钢。由于它兼有普通铸铁与钢的优点，从而成为一种新型结构材料。过去用碳钢和合金钢制造的重要零件，如曲轴、连杆、主轴、中压阀门等，目前不少改用球墨铸铁。

（3）高硅铸铁　高硅铸铁是特殊性能铸铁中的一种，是往灰铸铁或球墨铸铁中加入一定量的合金元素硅等熔炼而成的。高硅铸铁具有很高的耐蚀性能，且随含硅量的增加耐蚀性能增加。高硅铸铁强度低、脆性大及内应力形成倾向大，在铸造加工、运输、安装及使用过程中若处之不当容易发生脆裂。高硅铸铁热导率小，线膨胀系数大，故不适于制造温差较大的设备，否则容易产生裂纹。它常用于制作各种耐酸泵、冷却排管和热交换器等。

（4）高镍铸铁　高镍铸铁也是特殊性能铸铁中的一种，其含镍量为 14%～32%。其韧性、延展性、抗拉强度较普通铸铁大大提高，耐腐蚀性能，特别是耐碱性也有所提高。随着含镍量的增高，耐温程度也提高。另外，含铜高的高镍铸铁对硫酸的耐腐蚀性较好。高镍铸铁主要用作泵、阀、过滤板和反应釜等。

3.2.2　奥氏体不锈钢

以铬镍为主要合金元素的奥氏体不锈钢是应用最为广泛的一类不锈钢。此类钢包含 Cr18Ni8 系不锈钢以及在此基础上发展起来的含铬镍更高，并含钼、硅、铜等合金元素的奥氏体类不锈钢。这类钢的特点是，具有优异的综合性能，包括优良的力学性能，冷、热加工和成型性，可焊性和在许多介质中的良好耐蚀性，是目前用来制造各种贮槽、塔器、反应釜、阀件等设备的最广泛的一类不锈钢材。

铬镍不锈钢除具有氧化铬薄膜的保护作用外，还因镍能使钢形成单一奥氏体组织而得到强化，使得在很多介质中比铬不锈钢更具耐蚀性。如对浓度 65% 以下、温度低于 70℃或浓度 60% 以下、温度低于 100℃的硝酸，以及对苛性碱（熔融碱除外）、硫酸盐、硝酸盐、硫化氢、醋酸等都很耐蚀。但对还原性介质如盐酸、稀硫酸则是不耐蚀的。在含氯离子的溶液中，有发生晶间腐蚀的倾向，严重时往往引起钢板穿孔腐蚀。

所谓晶间腐蚀是在 400～800℃的温度范围内，碳从奥氏体中以碳化铬（$Cr_{23}C_6$）形式沿晶界析出，使晶界附近的合金元素（铬与镍）含铬量降低到耐腐蚀所需的最低含量（12%）以下，腐蚀就在此贫铬区产生。这种沿晶界的腐蚀称为晶间腐蚀。发生晶间腐蚀后，钢材会变得脆、强度很低，破坏无可挽回。为了防止晶间腐蚀，可采取以下几种方法。

① 在钢中加入与碳亲合力比铬更强的钛、铌等元素，以形成稳定的 TiC、NbC 等，将碳固定在这些化合物中，可大大减少产生晶间腐蚀的倾向。如 0Cr18Ni10Ti、0Cr18Ni11Nb 等钢种，它们具有较高的抗晶间腐蚀能力。

② 减少不锈钢中的含碳量以防止产生晶间腐蚀。当钢中的含碳量降低后，铬的析出也将减少，如 0Cr18Ni9 钢。当含碳量＜0.02% 时，即使在缓冷条件下，也不会析出碳化铬，

这就是所谓的超低碳不锈钢，如00Cr19Ni10。超低碳不锈钢冶炼困难、价格很高。

③ 对某些焊接件可重新进行热处理，使碳、铬再固溶于奥氏体中。

另外，为了提高对氯离子 Cl⁻ 的耐蚀能力，可在铬镍不锈钢中加入合金元素 Mo。如 1Cr18Ni12Mo3Ti。同时加入 Mo、Cu 元素，则在室温、50％以下的硫酸中也具有较高的耐蚀性，也可提高在低浓度盐酸中的抗腐蚀性，如 0Cr18Ni18Mo2Cu2Ti。

奥氏体类不锈钢的品种很多，以 0Cr18Ni9 为代表的普通型奥氏体不锈钢用量最大。我国原以 1Cr18Ni9Ti 为主，近几年正逐步被低碳或超低碳的 0Cr18Ni9 或 00Cr18Ni10 所取代。奥氏体不锈钢产品以板材、带材为主。它在医药、石油、化工、食品、制糖、酿酒、油脂及印染工业中得到广泛应用，使用范围在 $-196 \sim 600^{\circ}C$。

由于钢含镍量高，因而价格较高。为节约镍并使钢中仍具有奥氏体组织，以用容易得到的锰和氮代替不锈钢中的镍，发展出了铬锰镍氮系和铬锰氮系不锈钢。例如 Cr18Mn8Ni5、Cr18Mn10Ni5Mo3N 等。

3.2.3　有色金属材料

铁以外的金属称非铁金属，也称有色金属。有色金属及其合金的种类很多，常用的有铝、铜、铅、钛等。

在制药生产中，由于腐蚀、低温、高温等特殊工艺条件，有些设备及其零部件常采用有色金属及其合金。

有色金属有很多优越的特殊性能，例如良好的导电性，导热性，密度小，熔点高，有低温韧性，在空气、海水以及一些酸、碱介质中耐腐蚀等，但有色金属价格比较昂贵。

常用有色金属及合金的代号见表 3-3。

表 3-3　常用有色金属及合金的代号

名称	铜	黄铜	青铜	铝	铅	铸造合金	轴承合金
汉语拼音代号	T	H	Q	L	Pb	Z	Ch

3.3　非金属材料

非金属材料具有优良的耐腐蚀性，原料来源丰富，品种多样，适合于因地制宜，就地取材，是一种有着广阔发展前途的化工材料。

非金属材料的种类很多，按其性质可分为无机非金属材料和有机非金属材料两大类；按使用方法又可分为结构材料、衬里材料、胶凝材料、涂料及浸渍材料等。本节主要介绍药厂常用的几种非金属材料，如玻璃钢、塑料、不透性石墨、耐酸搪瓷、陶瓷、玻璃、橡胶衬里、辉绿岩铸石、涂料等。

当然，非金属材料还存在一些不足之处，如多数材料的物理、力学性能较差，热导率（导热系数）较小，热稳定性与耐热性较差，某些材料的加工制造比较困难等。

3.3.1　无机非金属材料

（1）化工陶瓷　化工陶瓷具有良好的耐腐蚀性，足够的不透性、耐热性和一定的机械强度。它的主要原料是黏土、瘠性材料和助熔剂。用水混合后经过干燥和高温焙烧，形成表面光滑、断面像细密石质的材料。陶瓷导热性差，热膨胀系数较大，受撞击或温差急变而易破裂。

化工陶瓷产品有：塔、贮槽、容器、泵、阀门、旋塞、反应器、搅拌器和管道、管件等。

（2）化工搪瓷　化工搪瓷由含硅量高的瓷釉通过 900℃ 左右的高温煅烧，使瓷釉密着在金属表面。化工搪瓷具有优良的耐腐蚀性能、力学性能和电绝缘性能，但易碎裂。

搪瓷的热导率不到钢的 1/4，热膨胀系数大。故搪瓷设备不能直接用火焰加热，以免损坏搪瓷表面，可以用蒸汽或油浴缓慢加热。使用温度为 $-30 \sim 270℃$。

目前我国生产的搪瓷设备有反应釜、贮罐、换热器、蒸发器、塔和阀门等。

（3）辉绿岩铸石　辉绿岩铸石是用辉绿岩熔融后制成，可制成板、砖等材料作为设备衬里，也可做管材。铸石除对氢氟酸和熔融碱不耐腐蚀外，对各种酸、碱、盐都具有良好的耐腐蚀性能。

（4）玻璃　常用硼玻璃（耐热玻璃）或高铝玻璃，它们有好的热稳定性和耐腐蚀性，可用来做管道或管件，也可以做容器、反应器、泵、热交换器、隔膜阀等。

玻璃虽然有耐腐蚀性、清洁、透明、阻力小、价格低等特点，但质脆、耐温度急变性差，不耐冲击和振动。目前已成功采用在金属管内衬玻璃或用玻璃钢加强玻璃管道，来弥补其不足。

3.3.2　有机非金属材料

3.3.2.1　工程塑料

塑料是用高分子合成树脂为主要原料，在一定温度、压力条件下塑制成的型材或产品（泵、阀等）的总称。在工业生产中广泛应用的塑料即为"工程塑料"。

塑料的主要成分是树脂，它是决定塑料性质的主要因素。除树脂外，为了满足各种应用领域的要求，往往加入添加剂以改善产品性能。一般添加剂有：

填料，主要起增强作用，提高塑料的力学性能；

增塑剂，降低材料的脆性和硬度，提高树脂的可塑性与柔软性；

润滑剂，防止塑料在成型过程中粘在模具或其他设备上；

稳定剂，延缓材料的老化，延长塑料的使用寿命；

固化剂，加快固化速度，使固化后的树脂具有良好的机械强度。

塑料的品种很多，根据受热后的变化和性能的不同，可分为热塑料和热固性两大类。

热塑性材料是由可以经受反复受热软化（或熔化）和冷却凝固的树脂为基本成分制成的塑料，它的特点是遇热软化或熔融，冷却后又变硬，这一过程可反复多次。典型产品有聚氯乙烯、聚乙烯等。热固性塑料是由经加热转化（或熔化）和冷却凝固后变成不熔状态的树脂为基本成分制成的，它的特点是在一定温度下，经过一定时间的加热或加入固化剂即可固化，质地坚硬，既不溶于溶剂，也不能用加热的方法使之再软化，典型的产品有酚醛树脂、氨基树脂等。

由于工程塑料一般具有良好的耐腐蚀性能、一定的机械强度、良好的加工性能和电绝缘性能，价格较低，因此应用广泛。

（1）硬聚氯乙烯（PVC）塑料　硬聚氯乙烯塑料具有良好的耐腐蚀性能，除强氧化性酸（浓硫酸、发烟硫酸）、芳香族及含氟的碳氢化合物和有机溶剂外，对一般的酸、碱介质都是稳定的。它有一定的机械强度，加工成型方便，焊接性能较好等特点。但它的热导率小，耐热性能差。使用温度为 $-10 \sim +55℃$。当温度在 $60 \sim 90℃$ 时，强度显著下降。

硬聚氯乙烯广泛地用于制造各种化工设备，如塔、贮罐、容器、尾气烟囱、离心泵、通风机、管道、管件、阀门等。目前许多工厂成功地用硬聚氯乙烯来代替不锈钢、铜、铝、铅等金属材料作耐腐蚀设备与零件，所以它是一种很有发展前途的耐腐蚀材料。

（2）聚乙烯（PE）塑料　聚乙烯是由乙烯聚合制得的热塑性树脂。有优良的电绝缘性、防水性和化学稳定性。在室温下，除硝酸外，对各种酸、碱、盐溶液均稳定，对氢氟酸特别稳定。

高密度聚乙烯又称低压聚乙烯，可做管道、管件、阀门、泵等，也可以做设备衬里。

（3）耐酸酚醛塑料（PF）　耐酸酚醛塑料是以酚醛树脂为基本成分，以耐酸材料（石棉、石墨、玻璃纤维等）做填料的一种热固性塑料，它有良好的耐腐蚀性和耐热性。能耐多种酸、盐和有机溶剂的腐蚀。

耐酸酚醛塑料可做成管道、阀门、泵、塔节、容器、贮罐、搅拌器等，也可用做设备衬里。目前在氯碱、染料、农药等工业中应用较多。使用温度为 $-30 \sim +130℃$。这种塑料性质较脆、冲击韧性较低。在使用过程中设备出现裂缝或孔洞，可用酚醛胶泥修补。

（4）聚四氟乙烯（PTFE）塑料　聚四氟乙烯塑料具有优异的耐腐蚀性，能耐强腐蚀性介质（硝酸、浓硫酸、王水、盐酸、苛性碱等）腐蚀。耐腐蚀性甚至超过贵重金属金和银，有塑料王之称。

聚四氟乙烯在工业上常用来做耐腐蚀、耐高温的密封元件及高温管道。由于聚四氟乙烯有良好的自润滑性，还可以用作无油润滑压缩机的活塞环。它有突出的耐热和耐寒性，使用温度范围为 $-200 \sim 250℃$。

（5）玻璃钢　玻璃钢又称玻璃纤维增强塑料。它用合成树脂为黏结剂，以玻璃纤维为增强材料，按一定成型方法制成。玻璃钢具有优良的耐腐蚀性能和良好的工艺性能，强度高，是一种新型的非金属材料，可做容器、贮罐、塔、鼓风机、槽车、搅拌器、泵、管道、阀门等，应用越来越广泛。

玻璃钢根据所用的树脂不同而差异很大。目前应用在化工防腐方面的有：环氧玻璃钢（常用）、酚醛玻璃钢（耐酸性好）、呋喃玻璃钢（耐腐蚀性好）、聚酯玻璃钢（施工方便）等。

3.3.2.2　涂料

涂料是一种高分子胶体的混合物溶液，涂在物体表面，能形成一层附着牢固的涂膜，用来保护物体免遭大气腐蚀及酸、碱等介质的腐蚀。大多数情况下用于涂刷设备、管道的外表面，也常用于设备内壁的防腐涂层。

采用防腐涂层的特点是：品种多、选择范围广、适应性强、使用方便、价格低、适于现场施工等。但是，由于涂层较薄，在有冲击、腐蚀作用以及强腐蚀介质的情况下，涂层容易脱落，使得涂料在设备内壁面的应用受到了限制。

常用的防腐涂料有：防锈漆、底漆、大漆、酚醛树脂漆、环氧树脂漆以及某些塑料涂料，如聚乙烯涂料、聚氯乙烯涂料等。

涂料常采用静电喷涂方法喷涂在工件表面上。这种方法是借助于高压电场的作用，使喷枪喷出的漆雾化并带电，通过静电引力而沉积在带异电的工件表面上。该方法涂料利用率高，容易进行机械化、自动化的大型生产，减少溶剂和涂料的挥发和飞溅，涂膜质量稳定。缺点是因工件形状不同、电场强弱不同造成涂层不够均匀，流平性差。

3.3.2.3　不透性石墨

不透性石墨是由各种树脂浸渍石墨消除孔隙后得到的。它的优点是：具有较高的化学稳定性和良好的导热性，热膨胀系数小，耐温度急变性好；不污染介质，能保证产品纯度；加工性能良好。但它的缺点是：机械强度较低、性脆。

不透性石墨的耐腐蚀性主要决定于浸渍树脂的耐腐蚀性。由于其耐腐蚀性强和导热性好，常被用来作腐蚀性强介质的换热器，如氯碱生产中应用的换热器和盐酸合成炉，也可以制作泵、管道和用作机械密封中的密封环及压力容器用的安全爆破片等。

3.4　设备材料的选择

合理选择和正确使用材料对设计和制造制药生产设备是十分重要的。这不仅要从设备结构、制造工艺、使用条件和寿命等方面考虑，而且还要从设备工作条件下材料的耐腐蚀性能、物理性能、力学性能及材料价格与来源、供应等方面综合考虑。制药设备的选材应在满足力学性能基础上，满足耐腐蚀性的要求。材料耐腐蚀性可查腐蚀数据手册，根据设备所处的介质、浓度、温度等条件选出适当的材料。

此外，在满足设备使用性能前提下，选用材料应注意其经济性。如碳钢与普通低合金钢的价格比较低廉，在满足设备耐腐蚀性能和力学性能条件下应优先选用；对于腐蚀性介质，应当尽可能采用各种节镍无镍不锈钢。同时，还应考虑国家生产与供应情况，因地制宜选取，品种应尽量少而集中，以便于采购与管理。

3.5　常用药品包装材料

药品包装系指选用适宜的材料和容器，利用一定的技术对药物制剂的成品即药品进行分（灌）、封、装、贴签等加工过程的总称。对药品进行包装，就是为了对药品在运输、贮存、管理和使用过程中提供保护、分类和说明。

药品包装是药品生产的继续，是药品生产过程的后一部分或最后一道工序，对绝大多数药品来说，只有进行了包装，药品生产过程才算完成；但药品包装的功能作用还要延续到流通过程，直至使用过程结束。药品包装对维护产品质量、减少损耗、美化商品和提高服务质量等都有重要作用。

药品包装按其在流通过程中的作用可以分为内包装和外包装两大类。内包装系指直接与药品接触的包装，是将药品装入包装材料（如安瓿、注射剂瓶、输液瓶、铝箔等）的过程，内包装应能保证药品在生产、运输、贮存及使用过程中的质量，并便于临床使用。外包装系指内包装以外的包装，是将已完成内包装的药品装入箱中或其他袋、桶和罐等容器的过程，外包装应根据内包装的包装形式、材料特性，选用不易破损的包装，以保证药品在运输、贮存、使用过程中的安全。本节所述药品包装一般指内包装，即直接接触药品的包装。

常见的药品包装材料和容器按所使用的成分主要有：塑料、玻璃、橡胶、金属及上述组分的组合材料。当然，陶瓷、木制品、纸制品也是包装材料，但在现代药品的包装中，纸制品等一般不直接接触药品（除非门诊调剂分装固体制剂或中药饮片包装）。

新型药品包装材料如收缩包装膜、真空充气包装膜、塑料制安瓿、多层非 PVC 输液共挤膜（袋）、蒸煮袋、冷冲压成型材料等的出现，促进了药品包装新技术及其工艺的创新发展。同时，现代包装作业，常伴随着生产的机械化、自动化和包装设计追求造型、追求印刷效果，也极大地促进了药品包装技术、包装机械、包装装潢设计等的创新发展，也就是促进医药包装工业的创新发展。

3.5.1　药品包装材料的性能要求

（1）物理性能　药品包装材料的一般物理性能主要包括密度、吸湿性、阻隔性、导热性、耐热性和耐寒性等。

密度是表示和评价一些药品包装材料的重要参数，它不但有助于判断这些药品包装材料的紧密度和多孔性，而且对生产时的投料量、价格性能比都非常重要。现代社会要求药品包装材料应具有价格性能比优、密度小、质轻、易流通等特点。

吸湿性是指药品包装材料在一定的温度和湿度条件下，从空气中吸收或放出水分的性能。具有吸湿性的药品包装材料在潮湿的环境中能吸收空气中的水分而增加其含水量；在干燥的环境中则会放出水分而减少其含水量。药品包装材料吸湿性的大小，对所包装的药物影响很大。吸湿率及含水量对保障药品质量、控制水分，具有重要的作用。

阻隔性是指药品包装材料对气体（如氧气、二氧化碳、氮气）和水汽的阻隔性能，当然也包括对紫外线与温热的阻隔性能，能起到防湿、遮光（可视）、保香、防气的作用。与阻隔性相反的是透气性和透水性，是指能被空气或水透过的性能。不同的药品包装材料对阻隔性能的要求不完全相同。阻隔性能主要取决于药品包装材料结构的紧密程度，材料的紧密程度愈好，阻隔性能就愈好，反之亦然。

导热性是指药品包装材料对热量的传递性能。由于配方或结构的差别，各种药品包装材料的导热性能也千差万别。金属材料的导热性好，陶瓷的导热性较差。

耐热性和耐寒性是指药品包装材料耐受温度变化而不致失效的性能。耐热性的大小取决于材料的配比和结构的均匀性。一般说来，对于耐热性晶体结构的药品包装材料大于非晶体结构的药品包装材料；无机材料大于有机材料；金属材料耐热性最好，玻璃材料次之，塑料最低。熔点愈高，耐热性愈好。药品包装材料有时又需在低温或冷冻条件下使用，则要求其具有耐寒性，即在低温下保持韧性，脆化倾向小。

（2）力学性能　药品包装材料的力学性能，主要有弹性、强度、塑性、韧性和脆性等。

弹性主要表现为药品包装材料的缓冲防震性能。

药品包装材料的强度可分为抗拉性、抗裂性、抗压性、抗跌落性等。用于不同场合及范围的药品包装材料，其承受外力的形式不同，其耐冲击、耐针刺、耐曲折、耐磨损的要求也不同。因此，强度指标对于不同的药品包装材料具有重要的意义。

塑性是指药品包装材料在外力的作用下发生形变，移去外力后不能恢复原来形状的性质。药品包装材料受外力作用拉长或变形的量愈大，且没有破裂现象，说明该种药包材的塑性良好。

（3）加工（成型）性能要求　根据药品包装材料使用对象的需要，需加工成不同形状的容器，因此，加工（成型）性能的好坏，对该产品的推广使用会产生较大的影响，对不同的药品包装材料和不同的加工（成型）工艺有不同的加工性能的要求。

（4）化学性能　化学稳定性是指药品包装材料在外界环境的影响下，不易发生化学作用（如老化、锈蚀等）的性能。

老化是指高分子材料在可见光、空气及高温的作用下，分子结构受到破坏，物理力学性能急剧变化的现象。塑料的老化会造成高分子结构的主链断裂，相对分子质量降低，材料变软、发黏、力学性能变差。为了加强药品包装材料的防老化性能，一般是在材料的制造过程中，添加防老剂。

锈蚀是指金属表面受周围电介质腐蚀的现象。为提高金属材料的抗锈蚀的性能，可采取使用金属合金、电镀、涂防锈油、采用气相防锈或表面涂保护剂等方法。抗锈蚀主要要求药用金属包装材料要有耐酸、耐碱、耐水、耐腐蚀性气体等，使药用金属包装材料不易与上述物质发生化学变化。

（5）生物安全性　生物安全性是指药品包装材料必须无毒（不含或不溶出有害物质、与药物接触不产生有害物质）、无菌或卫生（即微生物限度控制在合理的范围内）、无放射性等。也就是说，药品包装材料必须对人体不产生伤害、对药品无污染和影响，充分体现材料的生物惰性功能。

（6）具有一定的防伪功能和美观性　为防止假冒伪劣药品、保证药品的纯正，药品包装材料应具有一定的防伪能力,患者通过包装材料可以方便地辨别药品的真假。包装材料的美观在一定程度上会促进药品的销售,同时还能使患者心情愉快,有助于身体健康的好转和恢复,因此药品包装材料需有较好的印刷和装饰性能。

(7) 成本低廉、方便临床使用且不影响环境　药品包装材料应选择原料来源广泛、价格低廉且具有良好加工性能的材料,以降低药品包装的成本,从而降低药品的价格;还要能够方便临床使用,以利于提高医务人员的工作效率;丢弃后不会对环境造成影响,能自然分解,易于回收。

3.5.2　常用药品包装材料及应用

(1) 塑料　塑料具有质轻、透明、有韧性、易加工、成本低廉、耐碰撞、不易破碎等优点,能够做成各种规格和形状的塑料瓶和塑料袋,还能与多种包装材料复合制成高性能的复合包装材料,因而被广泛用来包装药品。

① 聚乙烯。具有无毒、卫生、价廉的特点,有良好的柔韧性,透明性随分子量的不同而各异,有很好的防潮能力,易于加工成型,有优良的热封合性和热黏合性能,耐寒性强;但气密性不良,印刷性能差,强度和耐热性不高,容易受光和热的作用而降解,一般需加入抗氧剂,常用的抗氧剂为丁基羟基甲苯或双月桂酸硫代二丙酸酯。

② 聚丙烯。外观与聚乙烯相似,但比聚乙烯更轻更透明,无味、无毒,防潮能力好,可防止异味透过,耐热性高,在 135℃ 的蒸汽中消毒 100h 不被破坏;其缺点是耐老化性差,印刷性能不好,不适宜在低温下使用,气密性也不良。

③ 聚酯。PET 由于其透明性好、强度高、尺寸稳定性优异、气密性好且无味无毒,常用来代替玻璃容器和金属容器及片剂、胶囊剂等固体制剂的包装;PET 经双向拉伸后形成 BOPET,常用于包装中药饮片;另外,由于具有优良的防止异味透过性和防潮性,可作为多层复合膜中的阻隔层以保证药品在有效期内不变质,不受光线照射而裂解,如 PET/PE 复合膜等。PET 的缺点是在热水中煮沸易降解,不能经受高温蒸汽消毒,且易带静电,不能热封。

④ 聚偏二氯乙烯。PVDC 的透明性好,印刷性和热封性能优异,对水蒸气、气体、气味的透过率极低,具有优良的防潮性、气密性和保香性,是性能极佳的高阻隔性材料。它的缺点是耐老化性差,容易受热、紫外线的影响而分解出氯化氢气体,其残余的单体也有毒性,因而用做药品包装材料时应严格控制其质量;另外,由于其价格昂贵,在医药包装中主要与 PE、PP 等制成复合薄膜用作冲剂和散剂等的包装袋,以充分发挥其阻隔性好的优点。

⑤ 聚萘二甲酸乙二醇酯。PEN 透明性、阻隔性好,力学性能优良,玻璃化转变温度高达 121℃,结晶速度较慢,易制成透明厚壁耐热瓶。由于 PEN 的价格较高,通常采用 PEN 与 PET 共混,以降低成本,其气密性和保质期与玻璃瓶相当。PEN 有较强的耐紫外线照射的特性,所以药品的成分不因光线照射而发生变化,常用于口服液、糖浆等的热封装。

⑥ 聚氯乙烯。PVC 防潮性、抗水性和气密性良好,可以热封,并具有优良的印刷性能,在药品包装中,硬质 PVC 主要用于制作周转箱、瓶等;软质 PVC 主要用于制作薄膜、袋等。近年来随着药品包装质量和档次的提高,为半硬质 PVC 片材开辟了新的应用空间,目前大量的 PVC 片材被用作片剂、胶囊剂的铝塑泡罩包装的泡罩材料。

⑦ 聚苯乙烯。是一种无毒无味、类似于玻璃状、无色透明的材料,着色和印刷性好,吸水率低,具有较好的尺寸稳定性、刚性而无延展性,主要用来制做药品的小型包装容器。其缺点是耐冲击强度低,防潮性、耐热性差。

用于药品包装的塑料还有乙烯-醋酸乙烯共聚物、聚酰胺、聚四氟乙烯、聚碳酸酯、醋酸纤维素、聚氨酯等。

(2) 玻璃　由于化学性质较为稳定、阻隔性好、价廉、美观且便于消毒,能起到保护药品的作用，玻璃被大量应用于制作药品的包装容器，主要应用于输液瓶、抗生素粉针剂瓶、口服液瓶、水针剂包装等方面。玻璃的主要缺点是易破碎且密度大，不便携带；与水、碱性物质长期接触或刷洗、加热灭菌，会使其内壁表面发毛或透明度降低，并且能使玻璃水解，释放出的物质直接影响药物的稳定性、pH 值和透明度。

（3）金属　药品包装中应用最多的金属材料为铝材，该材料质地美观，具有优良的金属光泽，有极佳的防潮能力及气体阻隔性，印刷适性好，无磁性，无回弹性，易开封，导热性大，耐热耐寒性好，不易生锈，氧化物无毒，遮光，加工性能优良，经处理的铝箔有很好的延展性，易于与纸、塑料等复合制成综合性能优异的包装材料。其主要的应用形式有：铝塑泡罩包装、双铝箔包装、铝箔与塑料复合制成袋式包装、冷冲压成型包装和粉针剂包装的铝盖等。另外还有用锡、涂塑料的锡、镀锡的铅等金属制成的金属软管。

（4）橡胶　橡胶具有很好的弹性，遇外力变形后能迅速恢复，易于清洗，因此在药品包装瓶中大多采用橡胶垫片、橡胶垫圈或橡胶塞，所用橡胶主要有天然橡胶和丁基橡胶，其中天然橡胶已基本淘汰，目前我国正大力推广使用丁基橡胶。丁基橡胶气密性优良，耐热性、耐臭氧氧化性能也很突出，能长期暴露于阳光和空气中而不易损坏，最高使用温度可达200℃，耐化学腐蚀性好，耐酸、碱和极性溶剂，已越来越多地应用于抗生素粉剂包装。需要指出的是在使用丁基橡胶过程中要注意药物的相容性。

思　考　题

3-1　设备材料有哪些基本性能？制药生产中设备对材料有哪些基本要求？
3-2　什么是金属的化学性能？
3-3　碳钢和铸铁在成分上有何区别？各有何特点？
3-4　含碳量对碳钢的力学性能有何影响？
3-5　什么是奥氏体不锈钢？不锈钢为什么含碳量都很低？
3-6　什么是晶间腐蚀？铬镍不锈钢为什么加 Ti 或 Nb 后能防止晶间腐蚀？
3-7　制药工业设备中常用的金属材料和非金属材料有哪些？各有何特性？
3-8　举例说明在进行制药设备设计时如何选择耐腐蚀性材料？
3-9　药品包装材料有哪些性能要求？
3-10　常用药品包装材料有哪些？

第4章 机械传动与常用机构

在制药生产中，广泛使用各种机器，如粉碎机、压片机、灌封机、包装机等。一台完整的机器一般由动力部分、执行部分和传动部分所组成。

动力部分为机器提供动力源，应用最多的是交流电动机，其转速约为 3000r/min、1500r/min、1000r/min、750r/min 等几种。而各种机器工作需要的转速是多种多样的，其运动形式也有旋转式、往复式等多种。

执行部分是直接完成生产所需的工艺动作的部分，它的结构形式完全取决于机械本身的用途（例如压片机中的转盘及冲模）。一部机器可能有一个执行部分或多个执行部分。

传动部分是将动力部分的功率和运动传递到执行部分的中间环节。例如把旋转运动变为直线运动，把连续运动变为间歇运动，把高转速变为低转速，把小转矩变为大转矩等。

按工作原理可将传动分为机械传动、液力传动、电力传动和磁力传动等。其中机械传动最为常见。按照传动原理，机械传动可分为摩擦传动、啮合传动和推动三大类。

摩擦传动是依靠构件接触面的摩擦力来传递动力和运动的，如带传动、摩擦轮传动。

啮合传动是依靠构件间的相互啮合来传递动力和运动的，如齿轮传动、蜗杆传动、链传动等。

推动系统主要是螺旋推动机构、连杆机构、凸轮机构及组合机构（齿轮-连杆、齿轮-凸轮、液压连杆机构等）。

4.1 带传动

带传动是由主动轮 1、从动轮 2 和张紧在两轮上的环形传动带 3 所组成（见图 4-1）。由于张紧，静止时带已受到预拉力，并使带与带轮的接触面间产生压力。当主动轮回转时靠带与带轮接触面间的摩擦力带动从动轮回转。这样，主动轴的运动和扭矩就通过带传给从动轴。

按截面形状，传动带可分为平带、V 形带（又称三角带）、圆形带等类型，如图 4-2 所示。普通 V 形带的工作面是两侧面，与平带相比，由于截面的楔形效应，其摩擦力较大，所以能传递较大的功率。普通 V 形带无接头，传动平稳，应用最广泛。

带传动有以下特点：

① 由于带具有弹性与挠性，故可缓和冲击与振动，运转平稳，噪声小；

② 可用于两轴中心距较大的传动；

③ 由于它是靠摩擦力来传递运动的，当机器过载时，带在带轮上打滑，故能防止机器其他零件的破坏；

④ 结构简单，便于维修；

⑤ 带传动在正常工作时有滑动现象，它不

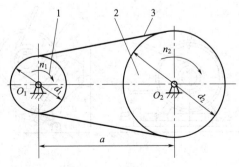

图 4-1 带传动组成

1—主动轮；2—从动轮；3—传动带

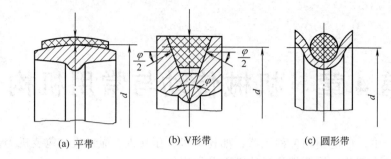

（a）平带　　　　　　（b）V 形带　　　　　　（c）圆形带

图 4-2　带的类型

能保证准确的传动比。另外，由于带摩擦起电，不宜用在有爆炸危险的地方；

⑥ 带传动的效率较低（与齿轮传动比较），约为 $87\% \sim 98\%$。

通常 V 形带用于功率小于 100kW、带速 5～30m/s、传动比 $i \leqslant 7$（少数可达 10）且传动比要求不十分准确的中小功率传动。

4.1.1　带传动的失效形式

① 打滑　由于过载，带在带轮上打滑而不能正常转动。

② 带的疲劳破坏　带在变应力状态下工作，当应力循环次数达到一定值时，带将发生疲劳破坏，如脱层、撕裂和拉断。

4.1.2　V 形带的布置、使用和维修

为便于装拆环状 V 形带，带轮宜悬臂装在轴端上。在水平或近似水平的传动中，应使带的紧边在下，松边在上。

为了延长带的使用寿命，确保带传动的正常运行，必须正确使用和维修。

① 两带轮轴线必须平行，轮槽应对正，否则将加剧带的磨损，甚至使带脱落。安装时先缩小中心距，然后套上 V 形带，再作调整，不得硬撬。

② 严防带与矿物油、酸、碱等介质接触，以免变质。也不宜在阳光下曝晒。

③ 多根带的传动，坏了少数几根，不要用新带补上，以免新旧带并用，长短不一，受载不均匀而加速新带损坏。这时可用未损坏的旧带补全或全部换新。

④ 为确保安全，传动装置须设防护罩。

⑤ 带工作一段时间后，会因变形伸长，导致张紧力逐渐减小，严重时出现打滑。因此，要重新张紧带，调整带的初拉力。图 4-3 所示为常见的张紧装置，图 4-3（a）和图 4-3（b）所示为设有调整螺栓，可随时调整电动机的位置；图 4-3（c）所示的结构，是靠电动机和机架重力的自动张紧装置；图 4-3（d）所示为带轮中心距固定，利用张紧轮调紧。

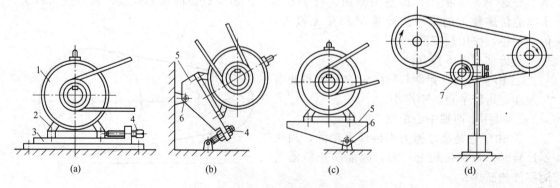

（a）　　　　　　（b）　　　　　　（c）　　　　　　（d）

图 4-3　带传动的张紧装置

1—电动机；2—固定螺栓；3—导轨；4—调整螺栓；5—摆动机座；6—小轴；7—张紧轮

4.1.3 同步齿形带传动

同步齿形带是以钢丝为强力层，外面覆聚氨酯或橡胶，带的工作面制成齿形（图4-4）。带轮轮面也制成相应的齿形，靠带齿与轮齿啮合实现传动。由于带与轮无相对滑动，能保持两轮的圆周速度同步，故称为同步齿形带传动。它有如下特点：

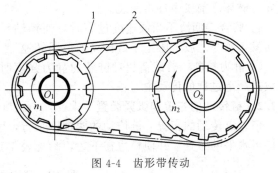

图 4-4 齿形带传动
1—节线；2—节圆

① 平均传动比准确；

② 带的初拉力较小，轴和轴承上所受的载荷较小；

③ 由于带薄而轻，强力层强度高，故带速可达 40m/s，传动比可达 10，结构紧凑，传递功率可达 200kW，因而应用日益广泛；

④ 效率较高，约为 0.98；

⑤ 带及带轮价格较高，对制造安装要求高。

同步齿形带常用于要求传动比准确的中小功率传动中，其传动能力取决于带的强度。

4.2 链传动

链传动由主动链轮、从动链轮和与它们相啮合的链条所组成（图4-5）。链传动是以链条作为中间挠性件，靠链与链轮轮齿的啮合来传递运动和动力的。它适用于中心距较大、要求平均传动比准确或工作条件恶劣（如温度高、有油污、淋水等）的场合。

链传动的特点如下：

① 啮合传动与带传动相比，摩擦损耗小，效率高，结构紧凑，承载能力大，且能保持准确的平均传动比；

② 因有链条作中间挠性构件，与齿轮传动相比，具有能吸振缓冲并能适用于较大中心距传动；

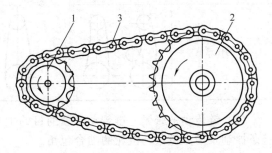

图 4-5 链传动
1—主动链轮；2—从动链轮；3—链条

③ 传递运动的速度不宜过高，只能在中、低速下工作，瞬时传动比不均匀，有冲击噪声。

通常，链传动的传动比 $i \leqslant 8$；中心距 $a \leqslant 5 \sim 6$m；传递功率 $P \leqslant 100$kW；圆周速度 $v \leqslant 15$m/s；传动效率约为，闭式 $\eta = 0.95 \sim 0.98$，开式 $\eta = 0.9 \sim 0.93$。

4.2.1 链传动的失效形式

链轮比链条的强度高、工作寿命长，故设计时主要应考虑链条的失效。链传动的主要失效形式有以下几种。

① 链条疲劳损坏　在链传动中，链条两边拉力不相等。在变载荷作用下，经过一定应力循环次数，链板将产生疲劳损坏，如发生疲劳断裂，滚子表面发生疲劳点蚀。在正常润滑条件下，疲劳破坏常是限定链传动承载能力的主要因素。

② 链条铰链磨损　润滑密封不良时，极易引起铰链磨损，铰链磨损后链节变长，容易引起跳齿或脱链。从而降低链条的使用寿命。

③ 多次冲击破坏　受重复冲击载荷或反复启动、制动和反转时，滚子套筒和销轴可能在疲劳破坏之前发生冲击断裂。

④ 胶合　润滑不当或速度过高时，使销轴和套筒之间的润滑油膜受到破坏，以致工作表面发生胶合。胶合限定了链传动的极限转速。

⑤ 静力拉断　若载荷超过链条的静力强度时，链条就被拉断。这种拉断常发生于低速重载或严重过载的传动中。

4.2.2　链传动的布置和张紧装置

(1) 链传动的布置　链传动的两轴应平行，两链轮应位于同一平面内。一般宜采用水平或接近水平的布置，并使松边在下边，参见表 4-1。

表 4-1　链传动的布置

传动参数	正确布置	不正确布置	说　明
$i>2$ $a=(30\sim50)p$			两轮轴线在同一水平面,紧边在上、下均不影响工作
$i>2$ $a<30p$			两轮轴线不在同一水平面,松边应在下面,否则松边下垂量增大后,链条易与链轮卡死
$i<1.5$ $a>60p$			两轮轴线在同一水平面,松边应在下面,否则下垂量增大后,松边会与紧边相碰,需经常调整中心距
i,a 为任意值			两轮轴线在同一铅垂面内,下垂量增大,会减少下链轮有效啮合轮齿数,降低传动能力,为此应采用:中心距可调;张紧装置;上下两轮错开,使其不在同一铅垂面内

(2) 链传动的张紧　链传动张紧的目的主要是避免垂度过大时啮合不良,同时也可减小链条振动及增大链条与链轮的啮合包角。

张紧方法很多:① 增大两轮中心距;②用张紧装置张紧,如图 4-6 所示,张紧轮直径稍小于小链轮直径,并置于松边靠近小链轮。

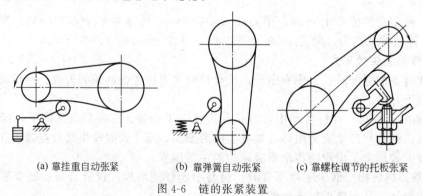

(a) 靠挂重自动张紧　　(b) 靠弹簧自动张紧　　(c) 靠螺栓调节的托板张紧

图 4-6　链的张紧装置

4.3　齿轮传动

　　齿轮传动是应用最广泛的传动机构之一。齿轮传动的主要优点是：适用的圆周速度和功率范围广；效率较高，一般 $\eta=0.94\sim0.99$；传动比准确；寿命较长；工作可靠性较高；可实现平行轴、任意角相交轴和任意角交错轴之间的传动。齿轮传动的主要缺点是：要求较高的制造和安装精度，成本较高；不适宜远距离两轴之间的传动。

　　齿轮传动的类型很多，最常见的是：两轴线相互平行的圆柱齿轮传动，两轴线相交的圆锥齿轮传动，两轴线交错在空间既不平行也不相交的螺旋齿轮传动。齿轮机构的类型见表 4-2。

表 4-2　齿轮机构的类型

平面齿轮机构	传递平行轴运动的外啮合齿轮机构		
	直齿	斜齿	人字齿
	传递平行轴运动的内啮合齿轮机构		齿轮齿条机构

空间齿轮机构	传递相交轴运动的外啮合圆锥齿轮机构		
	直齿	斜齿	曲齿
	传递交错轴运动的外啮合齿轮机构		
	斜齿		涡轮蜗杆

圆柱齿轮传动又可分为直齿圆柱齿轮传动。斜齿圆柱齿轮传动和人字齿圆柱齿轮传动。按照轮齿排列在圆柱体的外表面、内表面或平面上，它又可分为外啮合齿轮传动、内啮合齿轮传动和齿轮齿条传动。

此外，按照齿轮传动的工作条件又分为开式传动和闭式传动。

对齿轮传动的基本要求是其瞬时角速度之比（传动比）必须保持恒定，否则，当主动轮以等角速度回转时，由于从动轮角速度的变化，而产生惯性力。这种惯性力不仅影响齿轮的寿命，而且还引起机器的振动和噪声，影响其传动质量。

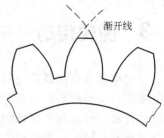

图 4-7　渐开线齿廓

为满足上述要求，通常采用渐开线齿廓、摆线齿廓和圆弧齿廓等，其中渐开线齿廓应用最广。渐开线齿轮轮齿两侧的齿廓就是由两段对称的渐开线组成的，如图 4-7 所示。

4.3.1　直齿圆柱齿轮

（1）直齿圆柱齿轮各部分的名称及符号　图 4-8 示出直齿圆柱齿轮的一角，从中可看出其各部分的名称及符号。过齿轮各轮齿顶端的圆称为齿顶圆，其直径用 d_a 表示。过齿轮各齿槽底部的圆称为齿根圆，其直径用 d_f 表示。沿齿轮轴线量得齿轮的宽度称为齿宽，用 b 表示。在任意圆周上轮齿两侧间的弧长称为齿厚，用 s_r 表示。在任意圆周上相邻两齿空间部分的弧长称为齿槽宽，用 e_r 表示。

对标准齿轮来说，齿厚与齿槽宽相等的那个圆称为分度圆，分度圆直径用 d 表示。分度圆上的齿厚和齿槽宽分别用 s 和 e 表示，$s=e$。相邻两齿在分度圆上对应点间的弧长称为周节或齿距，用 p 表示，$p=s+e$。

（2）直齿圆柱齿轮的模数　分度圆上的周节 p 对 π 的比值称为模数，用 m（mm）表示，即

$$m=\frac{p}{\pi}$$

模数是齿轮几何尺寸计算的基础。显然，m 越大，则 p 越大，轮齿就越大，轮齿的抗弯曲能力也越高，所以模数 m 又是轮齿抗弯能力的重要标志。图 4-9 所示为不同模数的齿形。

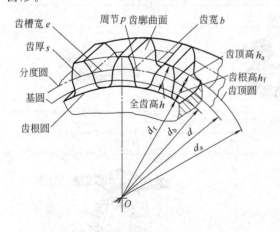

图 4-8　齿轮各部分名称及符号

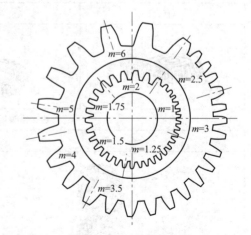

图 4-9　不同模数的齿形

4.3.2　齿轮轮齿的失效形式

齿轮最重要的部分为轮齿。它的失效形式主要有以下几种。

（1）轮齿折断　因为轮齿受力时齿根弯曲应力最大，而且有应力集中，因此，轮齿折断一般发生在齿根部分。

若轮齿单侧工作时，根部弯曲应力一侧为拉伸，另一侧为压缩，轮齿脱离啮合后，弯曲应力为零。因此，在载荷的多次重复作用下，弯曲应力超过弯曲持久极限时，齿根部分将产生疲劳裂纹。裂纹的逐渐扩展，最终将引起断齿，这种折断称为疲劳折断。

轮齿因短时过载或冲击过载而引起的突然折断，称为过载折断。用淬火钢或铸铁等脆性材料制成的齿轮，容易发生这种断齿。

（2）齿面磨损　齿面磨损主要是由于灰砂、硬屑粒等进入齿面间而引起的磨粒性磨损；其次是因齿面互相摩擦而产生的跑合性磨损。磨损后齿廓失去正确形状（图 4-10），使运转中产生冲击和噪声。磨粒性磨损在开式传动中是难以避免的。采用闭式传动，降低齿面粗糙度和保持良好的润滑可以防止或减轻这种磨损。

（3）齿面点蚀　轮齿工作时，其工作表面产生的接触压应力由零增加到一最大值，即齿面接触应力是按脉动循环变化的。在过高的接触应力的多次重复作用下，齿面表层就会产生细微的疲劳裂纹，裂纹的蔓延扩展使齿面的金属微粒剥落下来而形成凹坑，即疲劳点蚀，继续发展以致轮齿啮合情况恶化而报废。实践表明，疲劳点蚀首先出现在齿根表面靠近节线处（图 4-11）。齿面抗点蚀能力主要与齿面硬度有关，齿面硬度越高，抗点蚀能力也越强。

软齿面（HBS≤350）的闭式齿轮传动常因齿面点蚀而失效。在开式传动中，由于齿面磨损较快，点蚀还来不及出现或扩展即被磨掉，所以一般看不到点蚀现象。

可以通过对齿面接触疲劳强度的计算，以便采取措施以避免齿面的点蚀；也可以通过提高齿面硬度和光洁度，提高润滑油黏度并加入添加剂、减小动载荷等措施提高齿面接触强度。

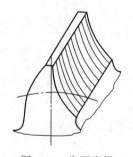
图 4-10　齿面磨损

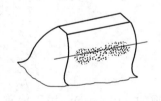
图 4-11　轮齿齿面点蚀

图 4-12　齿面胶合

（4）齿面胶合　在高速重载传动中，常因啮合温度升高而引起润滑失效，致使两齿面金属直接接触并相互粘连。当两齿面相对运动时，较软的齿面沿滑动方向被撕裂出现沟纹（图 4-12），这种现象称为胶合。在低速重载传动中，由于齿面间不易形成润滑油膜也可能产生胶合破坏。

提高齿面硬度和降低齿面粗糙度能增强抗胶合能力。低速传动采用黏度较大的润滑油；高速传动采用含抗胶合添加剂的润滑油，对于抗胶合也很有效。

4.3.3　齿轮材料

选择齿轮材料，应使轮齿表面有足够的硬度和良好的耐磨性，以提高其抗磨损、点蚀和抗胶合的能力。齿芯要有足够的强度和韧性，以确保轮齿有足够的抗弯强度和抗冲击能力，防止轮齿折断。适当选择配对齿轮的材料、硬度，可提高其抗胶合能力。此外，对齿轮材料还要求有良好的加工工艺性、热处理性和经济性。

齿轮材料常用的有各种牌号的优质碳素钢、合金结构钢，这些钢材可以通过各种热处理方式获得所需的综合性能。常用的是锻钢，其次是铸钢、铸铁，在特殊情况下采用有色金属、粉末冶金制品及工程塑料。

4.3.4 齿轮的结构

直径较小的钢质齿轮，当齿根圆直径与轴径接近时，可以将齿轮和轴做成整体的，称为齿轮轴（图 4-13）。如果齿轮的直径大得多，则应把齿轮和轴分开来制造。

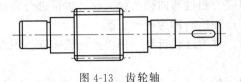

图 4-13 齿轮轴

顶圆直径 $d_a \leqslant 500\text{mm}$ 的齿轮可以是锻造的或铸造的。锻造齿轮也常采用图 4-14（a）所示的辐板式结构，辐板上开孔的数目按结构尺寸大小及需要而定。直径较小的齿轮可做成实心的，如图 4-14（b）所示。铸造齿轮也常采用辐板式结构。顶圆直径 $d_a \geqslant 400\text{mm}$ 的齿轮常用铸铁或铸钢铸成，并常采用图 4-14（c）所示的轮辐式结构。

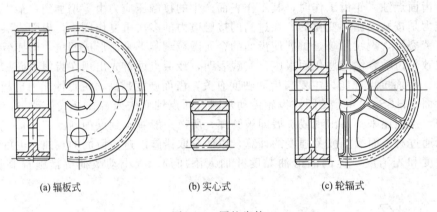

(a) 辐板式　　　　　(b) 实心式　　　　　(c) 轮辐式

图 4-14 圆柱齿轮

4.4 蜗杆传动

蜗杆传动是由蜗杆和涡轮组成的（图 4-15），用于传递交错轴之间的运动和动力，通常两轴交错角为 $90°$。在一般蜗杆传动中，都是以蜗杆为主动件。

从外形上看，蜗杆类似螺栓，涡轮则很像斜齿圆柱齿轮。工作时，涡轮轮齿沿着蜗杆的螺旋面作滑动和滚动。为了改善轮齿的接触情况，将涡轮沿齿宽方向做成圆弧形，使之将蜗杆部分包住。这样蜗杆涡轮啮合时是线接触，而不是点接触。

蜗杆传动具有以下特点。

① 传动比大，且准确。通常称蜗杆的螺旋线数为螺杆的头数，若蜗杆头数为 z_1，涡轮齿数为 z_2，则蜗杆传动的传动比为

$$i = \frac{\omega_1}{\omega_2} = \frac{z_2}{z_1}$$

通常蜗杆头数很少（$z_1 = 1 \sim 4$），涡轮齿数很多（$z_2 = 30 \sim 80$），所以蜗杆传动可获得很大的传动比而使机构比较紧凑。单级蜗杆传动的传动比 $i \leqslant 100 \sim 300$；传递动力时常用 $i = 5 \sim 83$。

② 传动平稳、无噪声。因蜗杆与涡轮齿的啮合是连续的，

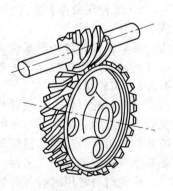

图 4-15 蜗杆传动

同时啮合的齿对较多。

③ 可以实现自锁。

④ 传动效率比较低。

⑤ 因啮合处有较大的滑动速度，会产生较严重的摩擦磨损，引起发热，使润滑情况恶化，所以涡轮一般常用青铜等贵重金属制造。

由于普通蜗杆传动效率较低，所以一般只适用于传递功率值在 50～60kW 以下的场合。

4.5　平面连杆机构

从制造、加工的角度看，任何机械都是由若干单独加工制造的单元体——零件组装而成。但是从机械实现预期运动和功能的角度来看，并不是每个零件都独立起作用。每一个独立影响机械功能并能独立运动的单元体称为构件。构件可以是一个独立运动的零件，但有时为了结构和工艺上的需要，常将几个零件刚性地联接在一起组成构件。

机构都是由构件组合而成的，其中每个构件都以一定的方式至少与另一个构件相连接，这种联接既使两个构件直接接触，又使两构件能产生一定的相对运动。每两个构件间的这种直接接触所形成的可动连接称为运动副。

构成运动副的两个构件间的接触不外乎点、线、面 3 种形式。面与面相接触的运动副在承受载荷方面与点、线相接触的运动副相比，其接触部分的压强较低，故面接触的运动副称为低副，而点、线接触的运动副称为高副，高副比低副易磨损。

构成运动副的两构件之间的相对运动，若为平面运动则称为平面运动副，若为空间运动则称为空间运动副。两构件之间只作相对转动的运动副称为转动副或回转副，两构件之间只作相对移动的运动副，则称为移动副。

连杆机构是由若干刚性构件用低副联接所组成。在连杆机构中，若各运动构件均在相互平行的平面内运动，则称为平面连杆机构；若各运动构件不都在相互平行的平面内运动，则称为空间连杆机构。由于平面连杆机构较空间连杆机构应用更为广泛，故本节着重介绍平面连杆机构。

在平面连杆机构中，结构最简单且应用最广泛的是由 4 个构件所组成的平面四杆机构，其他多杆机构均可以看成是在此基础上依次增加杆组而组成。

4.5.1　平面四杆机构的基本形式

所有运动副均为转动副的四杆机构称为铰链四杆机构，如图 4-16 所示，它是平面四杆机构的基本形式。在此机构中，构件 4 为机架，直接与机架相连的构件 1，3 称为连架杆，不直接与机架相连的构件 2 称为连杆。能做整周回转的连架杆称为曲柄，如构件 1；仅能在某一角度范围内往复摆动的连架杆称为摇杆，如构件 3。如果以转动副相连的两构件能作整周相对转动，则称此转动副为整转副，如转动副 A，B；不能作整周相对转动的称为摆转副，如转动副 C，D。

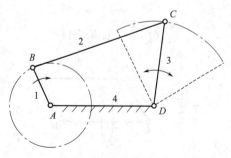

图 4-16　铰链四杆机构

在铰链四杆机构中，按连架杆能否作整周转动，可将四杆机构分为 3 种基本形式。

（1）曲柄摇杆机构　在铰链四杆机构中，若两连架杆中有一个为曲柄，另一个为摇杆，则称为曲柄摇杆机构。图 4-17 所示的颚式粉碎机构，图 4-18 所示的搅拌器机构均为曲柄摇

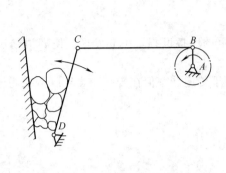

<table>
</table>

图 4-17　颚式粉碎机构　　　　　　　图 4-18　搅拌器机构

杆机构的应用实例。

　　（2）双曲柄机构　在图 4-19 所示的铰链四杆机构中，两连架杆均为曲柄，称为双曲柄机构。这种机构的传动特点是当主动曲柄连续等速转动时，从动曲柄一般作不等速转动。图 4-20 所示为惯性筛机构，它利用双曲柄机构 ABCD 中的从动曲柄 3 的变速回转，使筛子 6 具有所需的加速度，从而达到筛分物料的目的。

　　在双曲柄机构中，若两对边构件长度相等且平行，则称为平行四边形机构，如图 4-21 所示。这种机构的传动特点是主动曲柄和从动曲柄均以相同角速度转动，连杆作平动。图 4-22 所示的机车车轮联动机构就是平行四边形机构的应用实例。

　　（3）双摇杆机构　在铰链四杆机构中，若两连架杆均为摇杆，则称为双摇杆机构。图 4-23 所示的鹤式起重机中的四杆机构 ABCD 即为双摇杆机构，当主动摇杆 AB 摆动时，从动摇杆 CD 也随之摆动，位于连杆 BC 延长线上的重物悬挂点 E 将沿近似水平直线移动。

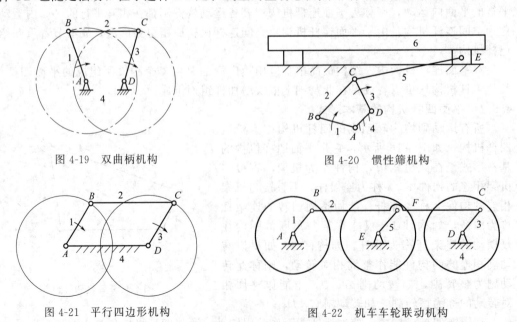

图 4-19　双曲柄机构　　　　　　　图 4-20　惯性筛机构

图 4-21　平行四边形机构　　　　　图 4-22　机车车轮联动机构

4.5.2　平面四杆机构的演化

　　除了上述三种铰链四杆机构外，在工程实际中还广泛应用着其他类型的四杆机构。这些

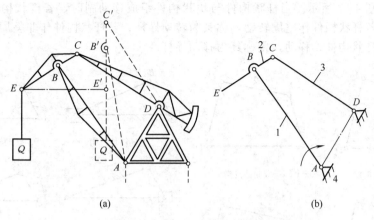

图 4-23　鹤式起重机机构及其运动简图

四杆机构都可以看作是由铰链四杆机构通过下述不同方法演化而来的。

（1）转动副转化成移动副　在图 4-24(a) 所示的曲柄摇杆机构中，当曲柄 1 转动时，摇杆 3 上 C 点的轨迹是圆弧 mm，当摇杆长度愈长时，曲线 mm 愈平直。当摇杆为无限长时，mm 将成为一条直线，这时可以把摇杆做成滑块，转动副 D 将演化成移动副，这种机构称为曲柄滑块机构，如图 4-24(b) 所示。滑块移动导路到曲柄回转中心 A 之间的距离 e 称为偏距。如果 e 不为零，称为偏置曲柄滑块机构；如果 e 等于零，称为对心曲柄滑块机构，如图 4-24(c) 所示。图 4-25 所示的药厂常用的自动送盒机构就是曲柄滑块机构。

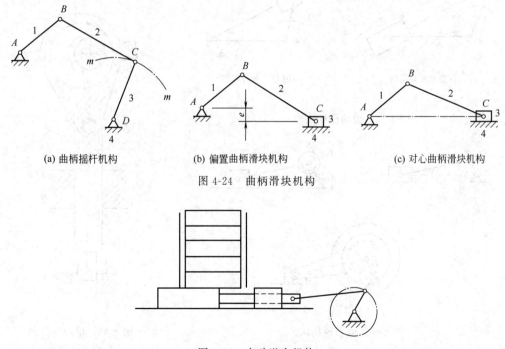

(a) 曲柄摇杆机构　　　(b) 偏置曲柄滑块机构　　　(c) 对心曲柄滑块机构

图 4-24　曲柄滑块机构

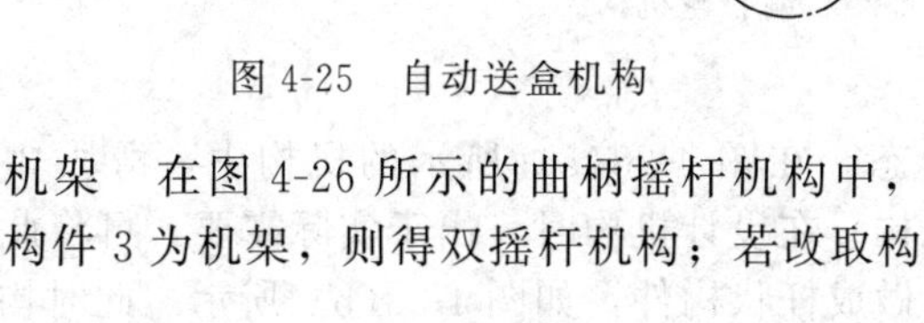

图 4-25　自动送盒机构

（2）选取不同构件为机架　在图 4-26 所示的曲柄摇杆机构中，若改取构件 1 为机架，则得双曲柄机构；若改取构件 3 为机架，则得双摇杆机构；若改取构件 2 为机架，则得另一个曲柄摇杆机构。

同理，当在曲柄滑块机构中固定不同构件为机架时，便可以得到具有一个移动副的几种四杆机构，如图 4-27 所示。当杆状构件与块状构件组成移动副时，若杆状构件为机架，则称其为导路；若杆状构件作整周转动，称其为转动导杆；若杆状构件作非整周转动，称其为摆动导杆；若杆状构件作移动，则称其为移动导杆。

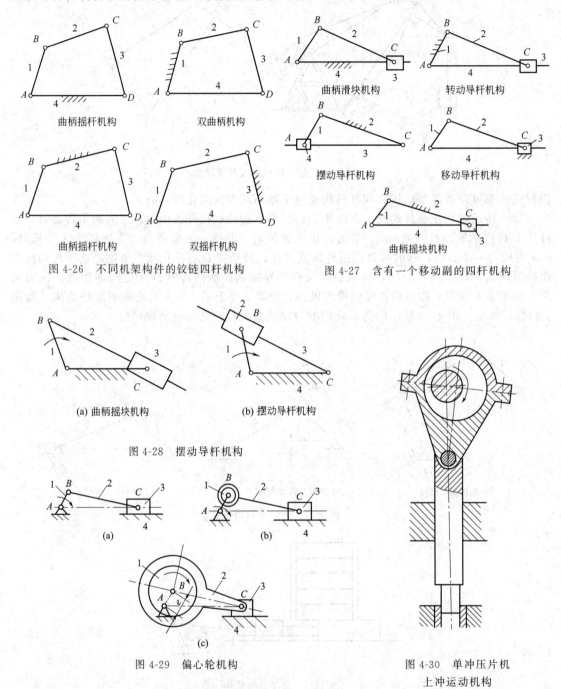

图 4-26　不同机架构件的铰链四杆机构

图 4-27　含有一个移动副的四杆机构

图 4-28　摆动导杆机构

图 4-29　偏心轮机构

图 4-30　单冲压片机上冲运动机构

（3）变换构件的形态　在图 4-28（a）所示的机构中，滑块 3 绕 C 点作定轴往复摆动，此机构称为曲柄摇块机构。在设计机构时，出于实际需要，可将此机构中的杆状构件 2 做成块状，而将块状构件 3 做成杆状构件，如图 4-28（b）所示。此时构件 3 为摆动导杆，故称此机构为摆动导杆机构。

（4）扩大转动副的尺寸　当曲柄滑块机构的曲柄较短时，如图 4-29(a) 所示，往往出于工艺、结构及强度等方面的需要，而将回转副 B 的曲柄销半径扩大，见图 4-29(b)，到超过曲柄长度使曲柄 1 成为绕 A 点转动的偏心轮，这样形成的机构即称为偏心轮机构，如图 4-29(c) 所示，其回转轴心与几何中心间的距离，称为偏心距（即曲柄的杆长）。

偏心轮机构不仅结构简单，而且增大了轴颈尺寸，提高了偏心轮轴颈的强度和刚度，所以它广泛用于承受较大冲击载荷或曲柄长度受到限制的机构中。如图 4-30 所示即为偏心轮机构在单冲压片机上的应用——上冲运动机构。

4.5.3　平面连杆机构的特点

平面连杆机构具有以下传动特点。

① 连杆机构中构件间以低副相连，低副两元素为面接触，在承受同样载荷的条件下压强较低，因而可用来传递较大的动力。又由于低副元素的几何形状比较简单（如平面、圆柱面），故容易加工。

② 构件运动形式具有多样性。连杆机构中既有绕定轴转动的曲柄、绕定轴往复摆动的摇杆，又有作平面一般运动的连杆、作往复直线移动的滑块等，利用连杆机构可以获得各种形式的运动，这在工程实际中具有重要价值。

③ 在主动件运动规律不变的情况下，要改变连杆机构各构件的相对尺寸，就可以使从动件实现不同的运动规律和运动要求。

④ 连杆曲线具有多样性。连杆机构中的连杆，可以看作是在所有方向上无限扩展的一个平面，该平面称为连杆平面。在机构的运动过程中，固接在连杆平面上的各点，将描绘出各种不同形状的曲线，这些曲线称为连杆曲线，如图 4-31 所示。连杆上点的位置不同，曲线形状不同；改变各构件的相对尺寸，曲线形状也随之变化。这些千变万化、丰富多彩的曲线，可用来满足不同轨迹的设计要求，在机械工程中得到广泛应用。

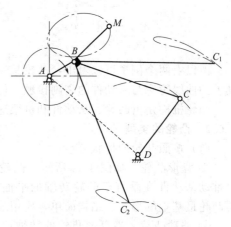

图 4-31　连杆曲线

⑤ 在连杆机构的运动过程中，一些构件（如连杆）的质心在作变速运动，由此产生的惯性力不好平衡，因而会增加机构的动载荷，使机构产生强迫振动。所以连杆机构一般不适于用在高速场合。

⑥ 连杆机构中运动的传递要经过中间构件，而各构件的尺寸不可能做得绝对准确，再加上运动副间的间隙，故运动传递的累积误差比较大。

4.6　凸轮机构

4.6.1　凸轮机构的组成

凸轮机构是由具有曲线轮廓或凹槽的构件，通过高副接触带动从动件实现预期运动规律的一种高副机构。它广泛地应用于各种机械，特别是自动机械、自动控制装置和装配生产线中。图 4-32 所示为内燃机的配气机构。图中具有曲线轮廓的构件 1 叫做凸轮，当它做等速转动时，其曲线轮廓通过与气阀 2 的平底接触，使气阀有规律地开启和闭合。

图 4-33 所示为自动机床的进刀机构。图中具有曲线凹槽的构件 1 叫做凸轮，当它作等

速回转时，其上曲线凹槽的侧面推动从动件 2 绕 O 点作往复摆动，通过扇形齿轮和固结在刀架 3 上的齿条，控制刀架作进刀和退刀运动。刀架的运动规律则取决于凸轮 1 上曲线凹槽的形状。

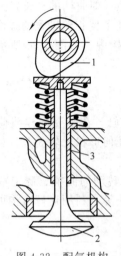

图 4-32　配气机构
1—凸轮；2—气阀；3—套筒

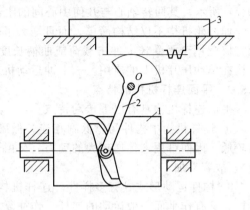

图 4-33　进刀机构
1—凸轮；2—从动件；3—刀架

　　由以上两个例子可以看出：凸轮是一个具有曲线轮廓或凹槽的构件，当它运动时，通过其上的曲线轮廓与从动件的高副接触，使从动件获得预期的运动。

　　凸轮机构是由凸轮、从动件和机架这三个基本构件所组成的一种高副机构。

4.6.2　凸轮的类型

　　(1) 按照凸轮的形状分

　　① 盘形凸轮　如图 4-32 所示，凸轮呈盘状，又称为平板凸轮。当其绕固定轴转动时，可推动从动件在垂直于凸轮转轴的平面内运动。它是凸轮最基本的形式，结构简单，应用最广。

　　② 移动凸轮　当盘形凸轮的转轴位于无穷远处时，就演化成了如图 4-34 所示的凸轮，这种凸轮称为移动凸轮（或楔形凸轮）。凸轮呈板状，它相对于机架作直线移动。

　　③ 圆柱凸轮　如图 4-33 所示，凸轮的轮廓曲线做在圆柱体上。它可以看作是把上述移动凸轮卷成圆柱体演化而成的。

　　(2) 按照从动件的形状分

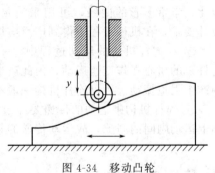

图 4-34　移动凸轮

　　① 尖端从动件　如图 4-35(a) 所示。从动件的尖端能够与任意复杂的凸轮轮廓保持接触，从而使从动件实现任意的运动规律。这种从动件结构最简单，但尖端处易磨损，故只适用于速度较低和传力不大的场合。

　　② 曲面从动件　为了克服尖端从动件的缺点，可以把从动件的端部做成曲面形状，如图 4-35(b) 所示，称为曲面从动件。这种结构形式的从动件在生产中应用较多。

　　③ 滚子从动件　无论是尖端从动件还是曲面从动件，凸轮与从动件之间的摩擦均为滑动摩擦。为了减小摩擦磨损，可以在从动件端部安装一个滚轮，如图 4-35(c) 所示。这样一来，就把从动件与凸轮之间的滑动摩擦变成了滚动摩擦，因此摩擦磨损较小，可用来传递较大的动力，故这种形式的从动件应用很广。

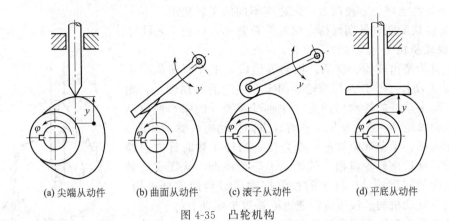

(a) 尖端从动件　　(b) 曲面从动件　　(c) 滚子从动件　　　(d) 平底从动件

图 4-35　凸轮机构

④ 平底从动件　如图 4-35(d) 所示。从动件与凸轮轮廓之间为线接触，接触处易形成油膜，润滑状况好。此外，在不计摩擦时，凸轮对从动件的作用力始终垂直于从动件的平底，故受力平稳，传动效率高，常用于高速场合。其缺点是与之配合的凸轮轮廓必须全部为外凸形状。

4.6.3　凸轮机构的特点

凸轮机构只具有很少几个活动部件，并且占据的空间较少，是一种结构十分简单、紧凑的机构。凸轮机构最吸引人的特征是其多用性和灵活性，从动件的运动规律取决于凸轮轮廓曲线的形状，只要适当地设计凸轮的轮廓曲线，就可以使从动件获得各种预期的运动规律。通过设计凸轮轮廓线，可以很容易地实现几乎任意要求的从动件的运动规律，是这种机构的最大优点。

凸轮机构的缺点在于：凸轮廓线与从动件之间是点或线接触的高副，易于磨损，故多用在传力不太大的场合。

4.7　间歇运动机构

在许多自动或半自动机械中，常常需要某些机构在原动件做连续运动时，从动件做周期性的运动和停歇，即间歇运动。这样可以对正在生产中的产品在不同工位上同时实现不同的加工或其他的操作，当被加工的产品依次经过所有的工位后，也就完成了几个相应工序的工作，从而使工艺操作时间最大限度地重叠，缩短了总的加工时间，提高了整机的生产效率。

间歇运动在形式上可分为间歇转位运动（分度运动）和直线间歇进给运动两类；根据运动过程中停歇时间的规律，间歇运动又可分为周期性和非周期性两类。常用的间歇运动机构有：棘轮机构、槽轮机构、不完全齿轮机构、星轮机构、曲柄导杆机构等。

除了上述机构外，还有气动、液压步进机构等。近年来也出现了微电脑控制与机械机构相配合的机电一体化机构，以实现更为复杂的间歇运动。

间歇运动机构应满足如下要求。

① 停歇位置准确可靠。主要通过一定型式的定位机构来保证。

② 换位迅速平稳。生产中的换位一般是在空行程的辅助操作时间内进行，换位迅速有利于提高生产效率。换位平稳是要尽量减小从动件运动开始和终了时的加速度，降低惯性冲击和噪声。换位平稳是换位迅速的必要条件。

③ 调节性能好。方便调节，以适应不同的工艺要求。

④ 定位精度能够长期保持，结构简单紧凑，制造工艺性好。

4.7.1 棘轮机构

棘轮机构是由棘轮、棘爪、机架等组成，工作原理如图 4-36 所示，主动杆 1 空套在与棘轮 3 固定在一起的从动轴上，驱动棘爪 2 与主动杆的转动副相连，并通过弹簧 5 的张力使驱动棘爪 2 压向棘轮 3。当主动杆 1 逆时针方向摆动时，驱动棘爪 2 插入棘轮齿槽，推动棘轮转过一个角度。当杆 1 顺时针方向摆动时，棘爪被拉出棘轮齿槽，棘轮处于静止状态，从而实现棘轮 3 作单向的间歇转动。杆 1 的往复摆动可以利用连杆机构、凸轮机构、气动机构、液压机构或电磁铁等来驱动。

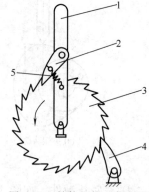

图 4-36 棘轮机构工作原理
1—主动杆；2—棘爪；3—棘轮；
4—止动爪；5—弹簧

棘轮机构主要用于将周期性的往复运动转换为棘轮的单向间歇转动，也常用于防逆转装置。

棘轮机构的特点是结构简单，制造容易，便于实现调节，但精度低，工作时噪声和冲击大，磨损快。因此，该机构多用于运动速度和精度不高，传递动力不大的分度、计数、供料和制动等场合。

根据棘轮机构的主动件与从动件传递运动的方式，棘轮机构的种类划分如下。

① 齿式棘轮机构 该机构依靠啮合传动，运动可靠，棘轮转角只能作有级调节，机构噪声较大，承载能力受齿的弯曲与挤压强度的限制。

② 摩擦棘轮机构 该机构依靠摩擦力传动，运动不准确，棘轮转角可无级调节，噪声较小，承载能力受工件接触面强度的限制，结构比齿式复杂，尺寸较大。

齿式棘轮机构为棘轮机构的主要形式，从齿的分布上又可分为外齿式、内齿式和端齿式三种形式，其结构形式如图 4-37 所示。

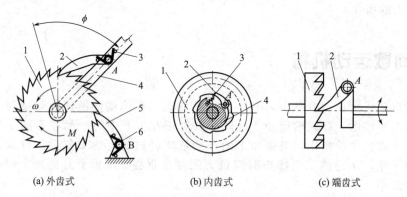

(a) 外齿式　　　　　　(b) 内齿式　　　　　　(c) 端齿式

图 4-37 齿式棘轮机构的结构形式
1—棘轮；2—棘爪；3,6—压紧弹簧；4—摆杆；5—止回棘爪

摩擦棘轮机构利用摩擦力的作用，使棘爪（或滚子）在主动件和棘轮之间形成单向楔紧，从而使主动件做摆动运动时棘轮输出间歇转位运动。

图 4-38 所示即为一摩擦棘轮机构的结构示意图。当外圈 1 逆时针转动时或星轮 2 顺时针转动时，在摩擦力作用下使滚柱 3 楔紧在外圈和星轮面之间，从而带动星轮 2 一起转动；运动相反时，滚子松开，外圈和星轮呈脱离状态。这种间歇机构可任意调节外圈 1 的摆角，从而实现无级变更星轮 2 每次转角的大小。如果改星轮 2 为主动件，由星轮的一端从蜗杆涡轮传动系统输入动力，则外圈 1 将随之低速转动。倘若此时再从外圈的另一端直接输入驱使外圈高速转动的动力，外圈就会高速转动。而此时星轮仍

受蜗杆涡轮的转动而低速转动。如此外圈的转速超越了星轮的转速，星轮和外圈的运动互不干扰，外圈转动时不必断开蜗杆涡轮系统，所以转换速度极为方便。因此，这种间歇机构又称超越离合器。

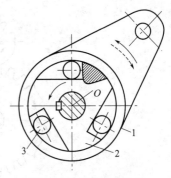

图 4-38　摩擦棘轮机构
1—外圈；2—星轮；3—滚柱

4.7.2　槽轮机构

槽轮机构有外啮合［见图 4-39(a)］和内啮合［见图 4-39(b)］两种。槽轮机构是由带圆盘销的拨盘（或曲柄）和具有径向槽的槽轮 2 和机架所组成。当主动拨盘作等速连续转动时，从动槽轮作反向（外啮合时）或同向（内啮合时）的单向周期性间歇转动。

现以外啮合槽轮为例，说明其工作原理如下：当主动拨盘上的圆销未进入槽轮的径向槽时，槽轮的内凹锁住弧 efg 被拨盘的外凸锁住弧 abc 卡住，所以槽轮静止不动。当圆销 A 开始进入槽轮的径向槽时，内、外锁住弧在图示的相对位置，此时已不起锁住作用，圆销 A 驱使槽轮沿相反方向转动。当圆销 A 开始脱出槽轮的径向槽时，槽轮的另一内凹锁住弧又被主动拨盘的外凸锁住弧卡住，使槽轮又静止不动，直到圆销 A 再次进入槽轮的另一径向槽时，又重复以上循环。就这样完成了将主动拨盘的连续转动变换为槽轮的周期性单向间歇转动。

槽轮转动时的转动角度取决于槽轮上的槽数，槽数越多，转角越小。但槽轮的槽数越少，槽轮的角速度及角加速度越大，引起的冲击，振动亦越大，因此通常槽轮的槽数取 4～8。

槽轮机构具有结构简单，工作可靠，转位迅速及工作效率高等优点，其缺点是制造装配精度要求较高，且转角大小不能调节。

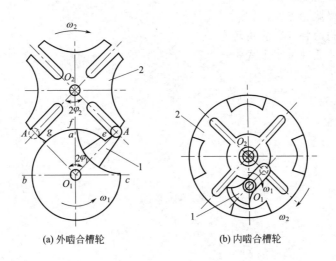

(a) 外啮合槽轮　　　　　　　　(b) 内啮合槽轮

图 4-39　槽轮机构
1—转臂；2—槽轮

4.7.3　不完全齿轮机构

不完全齿轮机构也称欠齿轮机构。它是由切去部分齿的主动齿轮与全齿或非全齿的从动齿轮啮合而构成。其步进运动原理是利用主动齿轮的欠齿部分与从动齿轮脱开啮合，使从动齿轮及其所带动的从动部件停止不动并锁紧定位。不完全齿轮机构可分为外啮合式不完全齿轮机构和内啮合式不完全齿轮机构两类基本形式，如图 4-40 所示。

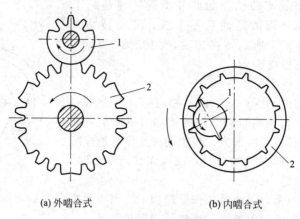

(a) 外啮合式　　　　　　(b) 内啮合式

图 4-40　不完全齿轮机构
1—主动轮；2—从动轮

思 考 题

4-1　试比较说明链传动与带传动的特点。

4-2　齿轮传动有什么特点？

4-3　简述齿轮传动的主要类型。

4-4　轮齿的主要失效形式有哪几种？

4-5　蜗杆传动有哪些特点？

4-6　连杆机构有哪些优缺点？

4-7　凸轮机构有哪些特点？

4-8　试述棘轮机构的特点和应用场合。

4-9　槽轮机构有哪几种基本形式？

第5章 粉碎与分级、均化设备

5.1 粉碎设备

固体物料在外力的作用下，克服物料的内聚力，使大颗粒破碎成小颗粒的过程称为粉碎。粉碎操作是药物的原材料处理及后处理技术中的重要环节，粉碎技术直接关系到产品的质量和应用性能。产品颗粒尺寸的变化，将会影响药品的时效性和即效性。

粉碎的目的如下。

① 降低固体药物的粒径，增大表面积。增大与液体分散媒体的接触面，可以加快药物的溶出速度，提高药物利用率。

② 原、辅料经粉碎后，大颗粒物料破裂成细粉状态，便于使几种不同的固体物料混合均匀，提高主药在颗粒中的分散均匀性，提高着色剂或其他辅料成分的分散性。

物料粉碎由破碎机和粉磨机来完成。固体物料的粉碎效果常以破碎比来表示。破碎比定义为粉碎前后固体物料的颗粒直径之比值：

$$i = \frac{D}{d}$$

式中，D 为粉碎前固体物料的颗粒直径；d 为粉碎后固体物料的颗粒直径。

通常所说的破碎比系指平均破碎比，即粉碎前后物料颗粒直径的平均比值及粒度变化程度，并能近似地反映出机械的作业情况。为了简易地表示和比较各种粉碎机械的这一主要特征，也可用破碎机的最大进料口宽度与最大出料口宽度的比值作为该破碎机的破碎比，称为公称破碎比。破碎机的平均破碎比一般都较公称破碎比低，这一点在破碎机选型时应特别注意。

每一种粉碎机械所能达到的破碎比有一定的限度，破碎机的破碎比在 3～30 之间，粉磨机的破碎比可达 40～450 或更大。

破碎比和单位电耗（粉碎单位质量产品的能量消耗）是粉碎机械的基本技术经济指标。单位电耗用以判别粉碎机械的动力消耗是否经济，破碎比用来说明粉碎过程的特征及鉴定粉碎质量，两台粉碎机械的单位电耗即使相同，但破碎比不同，则这两台粉碎机械的经济效果还是不一样的。一般来说，粉碎比大的机械工作效率较高。因此要鉴定粉碎机械的工作效率，应同时考虑其单位电耗及破碎比的大小。

在实际生产应用中，要求破碎比往往比较大，而粉碎机的破碎比不能达到。例如要将 400mm 的大块固体物料破碎至 0.4mm 以下的粒径，其总的破碎比为 1000，这一破碎过程不是一台破碎机或粉磨机能够完成的，而需要将此物料经过几次破碎和磨碎来达到最终粒度。

连续使用几台粉碎机的破碎过程称为多段破碎，破碎机串联的台数叫破碎段数。这时原料尺寸与最终破碎产品尺寸之比为总破碎比，总破碎比等于各段破碎比的乘积。

5.1.1 粉碎机械的选型

5.1.1.1 粉碎机理

固体物质分子间具有很高的凝聚力，当粉碎机械施于被粉碎物料的作用力等于或超过其凝聚力时，物料便被粉碎。施力种类有压缩、冲击、剪切、弯曲和摩擦等（见图5-1）。一般来说，粗碎和中碎的施力种类以压缩和冲击力为主；对于超细粉碎过程除上述两种力外，主要应为摩擦力和剪切力。对脆性材料施以压缩力和冲击力为佳，而韧性材料应施加剪切力或快速冲击力为好。

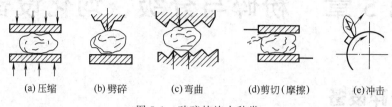

(a) 压缩　　　(b) 劈碎　　　(c) 弯曲　　　(d)剪切（摩擦）　　　(e)冲击

图 5-1　破碎的施力种类

5.1.1.2　粉碎机械的分类

工业上使用的粉碎机种类很多，通常按施加的挤压、剪切、切断、冲击和研磨等破碎力进行分类；也可按粉碎机作用件的运动方式分为旋转、振动、搅拌、滚动式以及由流体引起的加速等；按操作方式有干磨、湿磨、间歇和连续操作。实际应用时，常按破碎机、磨碎机和超细粉碎机三大类来分类。破碎机包括粗碎、中碎和细碎，粉碎后的颗粒达到数厘米至数毫米以下；磨碎机包括粗磨和细磨，粉碎后的颗粒度达到数百微米至数十微米以下；超细粉碎机能将 1mm 以下的颗粒粉碎至数微米以下。

5.1.1.3　粉碎机械选用原则

① 掌握物料性质和对粉碎的要求　包括粉碎物料的原始形状、大小、硬度、韧脆性、可磨性和磨蚀性等有关数据。同时对粉碎产品的粒度大小及分布，对粉碎机的生产速率、预期产量、能量消耗、磨损程度及占地面积等要求有全面的了解。

② 合理设计和选择粉碎流程和粉碎机械　如采用粉碎级数、开式或闭式、干法或湿法等，根据要求对粉碎机械正确选型是完成粉碎操作的重要环节。例如处理磨蚀性很大的物料不宜采用高速冲击的磨机，以免采用昂贵的耐磨材料；而对于处理非磨蚀性很大的物料、粉碎粒径要求又不是特别细（如大于 $100\mu m$）时，就不必采用能耗较高的气流磨，而选用能耗较低的机械磨，若能再配置高效分级器，则不仅可避免过粉碎且可提高产量。

③ 周密的系统设计　一个完善的粉碎工序设计必须对整套工程进行系统考虑。除了粉碎机主体结构外，其他配套设施如给料装置及计量、分级装置、粉尘及产品收集、计量包装、消声措施等都必须充分注意。特别应指出的是，粉碎作业往往是工厂产生粉尘的污染源，如有可能，整个系统最好在微负压下操作。

5.1.2　锤式粉碎机

5.1.2.1　工作原理及类型

如图 5-2 所示，锤式粉碎机由一个固定的外齿盘和一个高速旋转的内盘组成，内盘的周围安有若干个 T 形活动锤。当物料进入粉碎室后，既受到 T 形活动锤的撞击、剪切，又受到外固定齿盘的剪切，加之物料之间相互碰撞，颗粒逐渐变小，最后物料小颗粒在气流推挤下，通过筛孔进入存粉袋。筛网孔径的大小决定滤出细度，可以根据需要调换筛网。锤式粉碎机的优点在于物料中若混有难以破碎的物品时，活动锤头可避让，即以柔克刚，经多次撞击剪切后，可将物料

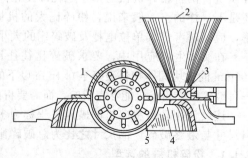

图 5-2　锤式粉碎机

1—T 形锤子；2—加料斗；3—螺旋加料器；
4—产品排出口；5—筛板

颗粒变小。

锤式粉碎机类型很多，按结构特征可分类如下：按转子数目，分为单转子锤式粉碎机和双转子锤式粉碎机；按转子回转方向，分为可逆式（转子可朝两个方向旋转）和不可逆式两类；按锤子排数，分为单排式（锤子安装在同一回转平面上）和多排式（锤子分布在几个回转平面上）；按锤子在转子上的连接方式，分为固定锤式和活动锤式。固定锤式主要用于软质物料的细碎和粉磨。

锤式粉碎机的规格是以锤子外缘直径 ϕ 及转子工作长度 L 表示。图 5-3 是 $\phi1600\text{mm}\times$ 1600mm 单转子不可逆式锤式粉碎机，由传动部件、转子、轴承、筛条和机壳等组成。圆盘装在主轴上，共有 11 个圆盘，两个圆盘之间用轴套分隔和定位，销轴（共 4 根）穿过轴套，轴套上装有锤子，每个圆周方向有 4 个锤子，锤子在轴套上可自由摆动。锤子以铰链方式装在销轴上，在高速旋转时向外张开，一旦遇到非破碎物，锤子可以往后退缩，起保险作用，非破碎物被锤子排至筛条末端，定期由特设的孔中排出。

锤子是粉碎机的主要工作构件，又是主要磨损件，通常用高锰钢或其他合金钢如 30CrNiMoRe 等制造。由于锤子前端磨损较快，通常设计时考虑锤头磨损后应能够上下调头或前后调头，或头部采用堆焊耐磨金属的结构。

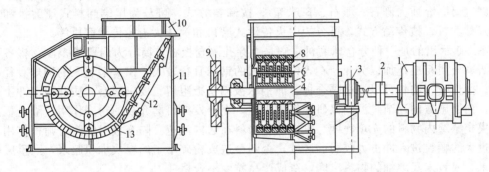

图 5-3 $\phi1600\text{mm}\times1600\text{mm}$ 单转子不可逆式锤式粉碎机

1—电动机；2—联轴器；3—轴承；4—主轴；5—圆盘；6—销轴；7—轴套；8—锤子；
9—飞轮；10—进料口；11—机壳；12—衬板；13—筛板

5.1.2.2 锤式粉碎机的应用

锤式粉碎机的特点是破碎比大（$i=10\sim50$），单位产品的能量消耗低，体积紧凑，构造简单，并有很高的生产能力等。由于锤子在工作中遭到磨损，使间隙增大，必须经常对筛条或研磨板进行调节，以保证破碎产品粒度不变。为了易于进一步筛分，一般粒度以 $30\sim200$ 目为宜。

锤式破粉机广泛用于粉碎各种中硬度以下、且磨蚀性弱的物料。锤式粉碎机由于具有一定的混匀和自行清理作用，能够粉碎含有水分及油质的有机物。这种粉碎机适用于药剂、染料、化妆品、糖、碳块等多种非耐磨性物料的粉碎。

5.1.3 球磨机

5.1.3.1 工作原理及类型

球磨机是装有研磨介质的密闭圆筒，在传动装置带动下产生回转运动，物料在筒内受到研磨及冲击作用而粉碎。研磨介质在筒内的运动状态对磨碎效果有很大影响，可能出现如图 5-4 所示的三种情况。其中，图 5-4（a）表示转速太快，由于离心力作用，研磨介质与物料黏附在筒体上一道旋转，称为"离心状态"，研磨介质对物料起不到冲击和研磨作用。图 5-4（b）表示转速太慢，研磨介质和物料因摩擦力被筒体带到等于摩擦角的高度时就下滑，称为"泻落状态"，对物料虽有研磨作用，但因高度不够，冲击作用小，粉磨效率不佳。图 5-

4(c) 所示为抛落状态,由于转速适中,研磨介质提升到一定高度后抛落,研磨介质对物料不仅有较大的研磨作用,也有较强的冲击力,所以有较好的磨碎效果。

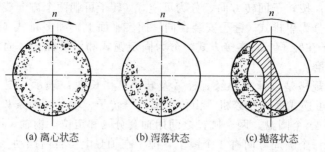

(a) 离心状态　　　(b) 泻落状态　　　(c) 抛落状态

图 5-4　筒体转速与研磨介质运动的关系

球磨机种类较多。按操作状态,可分为干法球磨机或湿法球磨机,间隙球磨机或连续球磨机;按筒体长径比,分为短球磨机($L/D<2$)、中长球磨机($L/D\approx3$)和长球磨机(又称为管磨机,$L/D>4$);按磨仓内装入的研磨介质种类,分为球磨机(研磨介质为钢球或钢段)、棒磨机(具有 2~4 个仓,第 1 仓研磨介质为圆柱形钢棒,其余各仓填装钢球或钢段)、砾石磨(研磨介质为砾石、卵石、瓷球等);按卸料方式,可分为尾端卸料式球磨机和中央卸料式球磨机;按传动方式,可分为中央传动式磨机和筒体大齿轮传动磨机等。

图 5-5 示出的是一种分仓球磨机,它是由穿孔隔仓板将转筒分为两段或多段,将各种大小的研磨介质粗略地加以分开。在入口端装入的钢球直径较大,出口端装入的钢球直径相对较小。操作时,物料可以通过隔仓板,但钢球被隔仓板阻留。要求研磨介质开始以冲击作用为主,向磨尾方向逐渐过渡到以研磨作用为主,充分发挥研磨介质的粉磨作用。隔仓板的箅板孔决定了磨内物料的充填程度,也控制了物料在磨内流速。隔仓板对物料有筛析作用,可防止过大的颗粒进入冲击力较弱的区域,否则会造成粉碎不了的料块堆积起来,严重影响粉磨效果,或者未经磨细的物料出磨,造成产品粒度不合格。

除上述分仓结构外,也可制成如图 5-6 所示的圆锥转筒球磨机。

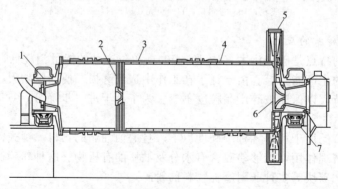

图 5-5　分仓球磨机
1—中空轴;2—中间隔仓板;3—筒体;4—衬板;5—大齿轮;6—出口格子板;7—轴承

5.1.3.2　球磨机的应用

球磨机是粉磨中应用广泛的细磨机械,其优点为:适应性强,生产能力大,能满足工业大生产需要;粉碎比大,粉碎物细度可根据需要进行调整;既可干法也可湿法作业,亦可将干燥和磨粉操作同时进行,对混合物的磨粉还有均化作用;系统封闭,可达到无菌要求;结构简单,运行可靠,易于维修。缺点是:工作效率低、单位产量能耗大;机体笨重,噪声较大;转速一般为 15~30r/min 左右,需配置大型昂贵的减速装置。

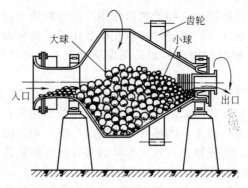

图 5-6 圆锥转筒球磨机

球磨机广泛应用于结晶性药物（朱砂、硫酸铜等）、易融化的树脂（松香等）、树胶（桃胶等）、非组织的脆性药物（儿茶等）等的粉磨。由于封闭操作，球磨机可用于对具有刺激性的药物（如蟾酥）的粉碎，可防止粉尘飞扬；对具有较大吸湿性浸膏（如大黄浸膏）可防止吸潮；对挥发性药物及其他细料药（如麝香、犀角等）也适用；对与铁易起反应的药物可用瓷制球磨机进行粉碎。

5.1.4 振动磨

5.1.4.1 工作原理及类型

振动磨是一种利用振动原理来进行固体物料粉磨的设备，能有效地进行细磨和超细磨。振动磨是由槽形或圆筒形磨体及装在磨体上的激振器、支承弹簧和驱动电机等部件组成。驱动电机通过挠性联轴器带动激振器中的偏心重块旋转，从而产生周期性的激振力，使磨机筒体在支承弹簧上产生高频振动，机体获得了近似于圆的椭圆形运动轨迹。随着磨机筒体的振动，筒体内的研磨介质可获得三种运动：强烈地抛射运动，可将大块物料迅速破碎；高速同向自转运动，对物料起研磨作用；慢速的公转运动，起均匀物料作用。磨机筒体振动时，研磨介质强烈地冲击和旋转，进入筒体的物料在研磨介质的冲击和研磨作用下被磨细，并随着料面的平衡逐渐向出料口运动，最后排出磨机筒体成为粉磨产品。

振动磨的研磨介质装填系数很高，磨体装有占容积 65% 以上的研磨介质，最高可达 85%。研磨介质为钢球、钢棒、钢段、氧化铝球、瓷球或其他材料的球体，研磨介质的直径一般为 10~50mm，由于研磨介质充填系数高，因此振动磨研磨介质的总体表面积较其他类型同容积的球磨机高，其磨碎效率也相应较高。振动磨机的振动频率在 1000~1500 次/min，其振幅为 3~20mm。

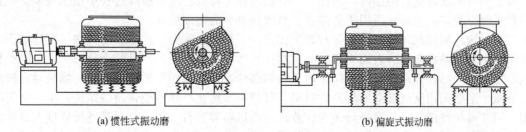

(a) 惯性式振动磨   (b) 偏旋式振动磨

图 5-7 振动磨的类型

由于振动磨振动频率可达 1500 次/min，虽然冲击次数在相同时间内要比球磨机高得多，但是振动磨内每个研磨介质的冲击力要比球磨机小得多，这是因为球磨机的钢球直径较大，球磨机筒体又作回转运动，自由抛落高度大，冲击力就大，而振动磨不作回转运动，其研磨介质冲击力就小，对细颗粒物料其能量利用率会更高。由于振动磨研磨介质的运动特性，其研磨粉碎作用较强，即钢球之间的搓研作用，使物料处于剪切应力状态，而脆性物料的抗剪切强度远小于抗压强度，所以脆性物料在研磨作用下极易破坏。在振动磨内钢球填充率可高达85%，又加大了研磨作用，因此采用振动磨来进行固体物料的细磨和超细磨是非常有效的。

　　振动磨按其振动特点分为惯性式和偏旋式振动磨（见图5-7）两种。惯性式振动磨是在主轴上装有不平衡物，当轴旋转时，由于不平衡所产生的惯性离心力使筒体发生振动；偏旋式振动磨是将筒体安装在偏心轴上，因偏心轴旋转而产生振动。按振动磨的筒体数目，可分为单筒式，多筒式振动磨；若按操作方式，振动磨又可分为间歇式和连续式振动磨。

5.1.4.2　振动磨的特点及应用

　　振动磨的特点：①由于振动磨振动频率高，且采用直径小的研磨介质，较高的研磨介质装填系数，研磨效率高；②研磨成品粒径细，平均粒径可达 $2\sim3\mu m$ 以下，粒径均匀，可以得到较窄的粒度分布；③可以实现研磨工序连续化，并且可以采用完全封闭式操作，改善操作环境，或充以惰性气体，可以用于易燃、易爆、易于氧化的固体物料的粉碎；④粉碎温度易调节，磨筒外壁的夹套通入冷却水，通过调节冷却水的温度和流量控制粉碎温度，如需低温粉碎可通入特殊冷却液；⑤外形尺寸比球磨机小，占地面积小，操作方便，维修管理容易。但振动磨运转时产生噪声（90～120dB）大，需要采取隔声和消声等措施使之降低到90dB以下。

　　通过近年来的实际使用证明，振动磨设备投资少，加工制造容易，能有效地细磨各种固体物料，尤其在超细磨物料的粉磨工艺流程中，选择振动磨机能提高系统的粉磨效率，节省基建投资。

　　振动磨的应用范围是相当广泛的，适用于干法和湿法的研磨。除用于脆性物料的粉碎外，对于任何纤维状、高韧性、高硬度或有一定含水率的物料均可粉碎。对花粉及其他孢子植物等要求打破细胞壁的物料，其破壁率高于95%；适于粒径为150～2000目（$5\mu m$）的粉碎要求，使用特殊工艺时，可达 $0.3\mu m$；同时适于干法和湿法粉碎，湿法粉碎时可加入水、乙醇或其他液体。

5.1.5　气流磨

　　气流磨又称为气流粉碎机、流能磨，它与其他超细粉碎设备不同，它的基本粉碎原理是利用高速弹性气流喷出时形成的强烈多相紊流场，使其中的固体颗粒在自撞中或与冲击板、器壁撞击中发生变形、破裂，而最终获得超粉碎的磨机。由于粉碎由气体完成，整个机器无活动部件，粉碎效率高，可以完成粒径在 $5\mu m$ 以下的粉碎，并具有粒度分布窄、颗粒表面光滑、颗粒形状规整、纯度高、活性大、分散性好等特点。由于粉碎过程中压缩气体绝热膨胀产生降温效应，因而还适用于低融点、热敏性物料的超细粉碎。

　　与机械式粉碎相比，气流粉碎有如下优点：①粉碎强度大、产品粒度微细、可达数微米甚至亚微米，颗粒规整、表面光滑；②颗粒在高速旋转中分级，产品粒度分布窄，单一颗粒成分多；③产品纯度高。由于粉碎室内无转动部件，颗粒靠相互撞击而粉碎，物料对室壁磨损极微，室壁采用硬度极高的耐磨性衬里，可进一步防止产品污染，设备结构简单，易于清理，可获得极纯产品，还可进行无菌作业；④可以粉碎磨料，硬质合金等莫氏硬度大于9的坚硬物料；⑤适用于粉碎热敏性及易燃易爆物料；⑥可以在机内实现粉碎与干燥、粉碎与混合、粉碎与化学反应等联合作业；⑦能量利用率高，气流磨可达2%～10%，而普通球磨机仅为0.6%。

　　尽管气流粉碎有上述许多优点，但也存在着一些缺点：①辅助设备多、一次性投资大；②影响运行的因素多，一旦工况调整不当，操作不稳定；③粉碎成本较高；④噪声较大；⑤粉碎系统堵塞时会发生倒料现象，喷出大量粉尘，恶化操作环境。

这些缺点正随着设备结构的改进，装置的大型化、自动化，逐步得到克服。

目前工业上应用的气流磨主要有以下几种类型：扁平式气流磨、循环管式气流磨、对喷式气流磨、流化床对射磨。

5.1.5.1 扁平式气流磨

（1）扁平式气流磨的粉碎原理 扁平式气流磨的结构如图 5-8 所示。高压气体经入口 5 进入高压气体分配室 1 中。高压气体分配室 1 与粉碎分级室 2 之间由若干个气流喷嘴 3 相连通。气体在自身高压作用下，强行通过喷嘴时，产生高达每秒几百米甚至上千米的气流速度。这种通过喷嘴产生的高速强劲气流称为喷气流。待粉碎物料经过文丘里喷射式加料器 4，进入粉碎分级室 2 的粉碎区时，在高速喷气流作用下发生粉碎。由于喷嘴与粉碎分级室 2 的相应半径成一锐角 α，所以气流夹带着被粉碎的颗粒作回转运动，把粉碎合格的颗粒推到粉碎分级室中心处，进入成品收集器 7，较粗的颗粒由于离心力强于流动曳力，将继续停留在粉碎区。收集器实际上是一个旋风分离器，与普通旋风分离器不同的是夹带颗粒的气流是由其上口进入。物料颗粒沿着成品收集器 7 的内壁，螺旋形地下降到成品料斗 8 中，而废气流，夹带着约 5%～15% 的细颗粒，经废气排出管 6 排出，作进一步捕集回收。

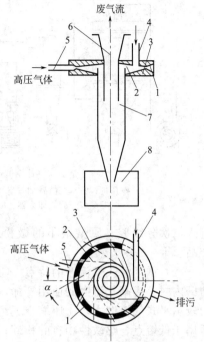

图 5-8 扁平式气流磨示意图
1—高压气体分配室；2—粉碎分级室；
3—气流喷嘴；4—喷射式加料器；
5—高压气体入口；6—废气流排
出管；7—成品收集器；
8—成品料斗

研究结果表明，80% 以上的颗粒是依靠颗粒的相互冲击碰撞粉碎的，只有不到 20% 的颗粒是由于与粉碎室内壁的冲击和摩擦而粉碎的。

气流粉碎的喷气流不但是粉碎的动力，也是实现分级的动力。高速旋转的主旋流，形成强大的离心力场，能将已粉碎的物料颗粒，按其大小进行分级，不仅分级粒度很细，而且效率也很高，从而保证了产品具有狭窄的粒度分布。

（2）扁平式气流磨工作系统 扁平式气流磨工作系统除主机外，还有加料斗、螺旋给料机，旋风集料器和袋式滤尘器。当采用压缩空气作动力时，进入气流磨的压缩空气，需要经过净化、冷却、干燥处理，以保证粉碎产品的纯净。图 5-9 所示为扁平式气流磨工艺流程示意图。

5.1.5.2 循环管式气流磨

（1）结构与工作原理 循环管式气流磨也称为跑道式气流粉碎机。该机由进料口、加料喷射器、混合室、文丘里管、粉碎喷嘴、粉碎腔、一次及二次分级腔、上升管、回料通道及出料口组成。其结构示意见图 5-10。

循环管式气流磨的粉碎在 O 形管道内进行。压缩空气通过加料喷射器产生的射流，使粉碎原料由进料口被吸入混合室，并经文丘里管射入 O 形环道下端的粉碎腔，在粉碎腔的外围有一系列喷嘴，喷嘴射流的流速很高，但各层断面射流的流速不相等，颗粒随各层射流运动，因而颗粒之间的流速也不等，从而互相产生研磨和碰撞作用而粉碎。射流可粗略分为外层、中层、内层。外层射流的路程最长，在该处颗粒产生碰撞和研磨的作用最强。由喷嘴射入的射流，也首先作用于外层颗粒，使其粉碎，粉碎的微粉随气流经上升管导入一次分级腔。粗粒子由于有较大离心力，经下降管（回料通道）返回粉碎腔循环粉碎，细粒子随气流

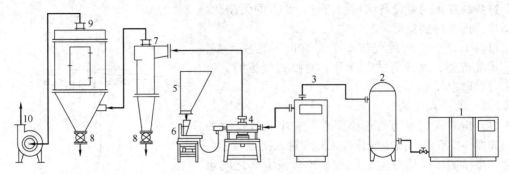

图 5-9　扁平式气流磨工艺流程示意图

1—空压机；2—贮气罐；3—空气冷冻干燥机；4—气流磨；5—料仓；6—电磁振动加料器；

7—旋风捕集器；8—星形回转阀；9—布袋捕集器；10—引风机

进入二次分级腔，质量很小的微粉从分级旋流中分出，由中心出口进入捕集系统而成为产品。

（2）循环管式气流磨的特点　①通过两次分级，产品较细，粒度分布范围较窄；②采用防磨内衬，提高气流磨的使用寿命，且适应较硬物料的粉碎；③在同一气耗条件下，处理能力较扁平式气流磨大；④压缩空气绝热膨胀产生降温效应，使粉碎在低温下进行，因此尤其适用于低熔点、热敏性物料的粉碎；⑤生产流程在密闭的管道中进行，无粉尘飞扬；⑥能实现连续生产和自动化操作，在粉碎过程中还起到混合和分散的效果。改变工艺条件和局部结构，能实现粉碎和干燥、粉碎和包覆、活化等组合过程。

5.1.5.3　对喷式气流磨

对喷式气流磨的结构如图 5-11 所示。两束载粒气流（或蒸汽流）在粉碎室中心附近正面相撞，碰撞角为 180°，颗粒在相互碰撞中实现自磨而粉碎，随后在气流带动下向上运动，并进入上部设置的分级器中。细粒级物料通过分级器中心排出，进入与之相连的旋风分离器中进行捕集；粗粒级物料仍受较强离心力制约，沿分级器边缘向下运动，并进入垂直管道，与喷入的气流汇合，再次在磨腔中心与给料射流相撞，从而再次得到粉碎。如此周而复始，直至达到产品颗粒度为止。

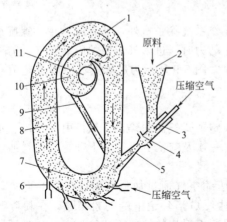

图 5-10　循环管式气流磨结构示意图

1——次分级腔；2—进料管；3—加料喷射器；

4—混合室；5—文丘里管；6—粉碎喷嘴；

7—粉碎腔；8—上升管；9—回料通道；

10—二次分级腔；11—产品出口

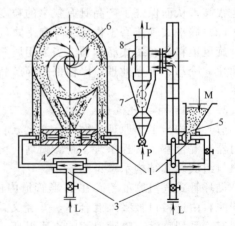

图 5-11　对喷式气流磨结构示意图

1—喷嘴；2—喷射泵；3—压缩空气；

4—粉磨室；5—料仓；6—旋流分级区；

7—旋流器；8—滤尘器；

L—气流；M—物料；P—产品

对喷式气流磨可提高颗粒的碰撞概率和碰撞速率（单位时间内的新生成面积）。试验证明，粉碎速率大约比单气流喷射磨高出 20 倍。

5.1.5.4　流化床对射磨

流化床对射磨是利用多束超音速喷射流在粉碎室下部形成向心逆喷射流场，在压差作用下使器底物料流态化，被加速的物料在多喷嘴的交汇点处汇合，产生剧烈的冲击碰撞、摩擦而粉碎。其结构如图 5-12 所示。料仓内的物料经由螺旋加料器进入磨腔，由喷嘴进入磨腔的三束气流使磨腔中的物料床流态化，形成三股高速的两相流体，并在磨腔中心点附近交汇，产生激烈的冲击碰撞、摩擦而粉碎，然后在对接中心上方形成一种喷射状的向上运动的多相流体柱，把粉碎后的颗粒送入位于上部的分级转子，细粒级从出口进入旋风分离器和过滤器捕集；粗粒级在重力作用下又返回料床中，再次进行粉碎。

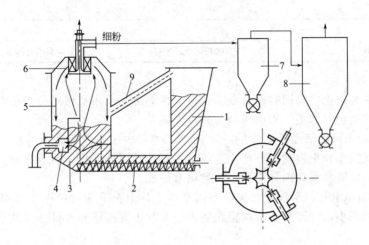

图 5-12　流化床对射磨结构示意图

1—料仓；2—螺旋加料器；3—物料床；4—喷嘴；
5—磨腔；6—分级转子；7—旋风分离器；
8—布袋收集器；9—压力平衡管

5.2　分级设备

5.2.1　颗粒分级

颗粒分级是将颗粒按粒径大小分成两种或两种以上颗粒群的操作过程，可分为机械筛分与流体分级两大类。

机械筛分是借助具有一定孔眼或缝隙的筛面，使物料颗粒在筛面上运动，不同大小颗粒的物料在不同的筛孔（缝隙）处落下，完成物料颗粒的分级。从筛面孔眼掉下的物料称为筛下料。停留在筛面上的物料称为筛上物。机械筛分一般用于颗粒较粗的松散物料，可以用它筛分的物料颗粒范围一般在 $100 \sim 0.05 \text{mm}$ 之间。若用它筛分 1mm 以下细粒，由于凝聚黏结现象而使得其筛分效率很低。

流体分级是将颗粒群分散在流体介质中，利用重力场或离心力场中，不同粒度颗粒的运动速度差或运动轨迹的不同而实现按粒度分级的操作。流体分级主要用于细颗粒粉体或超细粉体的分级。

机械筛分与流体分级的分级原理不同，筛分是利用颗粒几何尺寸不同进行分级，而流体分级的分级粒径是指颗粒的流体动力直径。对粒径为 $100\sim200\mu m$ 的颗粒，用筛分和流体分级方法分级的性能比较见表 5-1。

表 5-1 筛分与流体分级的性能比较

分级方法	筛分	流体分级
分级粒径	几何尺寸粒径（筛分粒径）	流体动力直径
分级粒径控制方法	筛面的孔径	叶片角度、转子转速等
分级效率	优	良
最大处理能力	多数为 10t/h 以下	500t/h 以下
设备维修	需要维修，网孔堵时需更换筛网	维修工作量小
设备投资	小	大
动力消耗	小	大
适用的粉体范围	对黏附性高的粉体处理困难	对黏性高的粉体也能进行分级

5.2.1.1 机械筛分

工业上一般要求把物料同时筛分成 2 个以上的等级。采用机械筛分需要有若干个筛孔不同的筛面依次排列进行加工。筛面排列方式有 3 种。

① 细孔筛面和粗孔筛面排列在同一平面上。排列次序是由细到粗 [见图 5-13(a)]。这种排列的优点是操作和更换筛面方便；各级筛下料从不同处卸出，运送方便。其缺点是粗颗粒要经过细筛面，既易磨坏细筛面，又常堵塞筛孔。

② 细孔筛面和粗孔筛面垂直布置在不同平面上，上粗下细 [见图 5-13(b)]。这种排列的优点是占地面积小、细筛面不会被粗粒磨损、有利于提高筛分质量。其缺点是维修保养较困难。

③ 混合式 [见图 5-13(c)]，将上述两种排列组合，兼有两者的优点。

一般生产实际中，采用上粗下细的垂直排列方式较多。

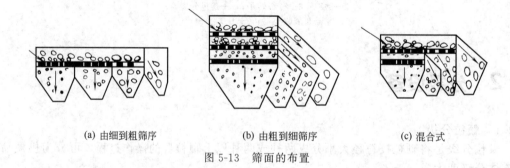

(a) 由细到粗筛序　　　　(b) 由粗到细筛序　　　　(c) 混合式

图 5-13 筛面的布置

制药工业所用的原料和辅料以及各工序的中间产品很多，需通过筛选进行分级以获得粒径较均匀的物料。物料的分级对药物制造及提高药品质量是一个重要的操作。

在制药工业中，通过筛分可以达到如下目的：①筛除粗粒或异物，如固体制剂的原辅料等；②筛除细粉或杂质，如中药材的筛选、去除碎屑及杂质等；③整粒，筛除粗粒及细粉以得到粒度较均一的产品，如冲剂等；④粉末分级，满足丸剂、散剂等制剂要求。

2005 年版《中华人民共和国药典》凡例部分对药筛的标准规定是以筛孔的内径大小为根据的，共有九种筛号，一号筛孔径最大，依次减小，至九号筛的筛孔内径最小。每种筛号都标明相对应的目数，具体详见表 5-2。

表 5-2　药筛分等表

筛号	筛孔内径(平均值)/μm	筛目/(孔/in)	筛号	筛孔内径(平均值)/μm	筛目/(孔/in)
一号筛	2000±70	10	六号筛	150±6.6	100
二号筛	850±29	24	七号筛	125±5.8	120
三号筛	355±13	50	八号筛	90±4.6	150
四号筛	250±9.9	65	九号筛	75±4.1	200
五号筛	180±7.6	80			

注：1in＝0.0254m

粉末分等如下：

最粗粉　指能全部通过一号筛，但混有能通过三号筛不超过 20%的粉末

粗　粉　指能全部通过二号筛，但混有能通过四号筛不超过 40%的粉末

中　粉　指能全部通过四号筛，但混有能通过五号筛不超过 60%的粉末

细　粉　指能全部通过五号筛，但混有能通过六号筛不少于 95%的粉末

最细粉　指能全部通过六号筛，但混有能通过七号筛不少于 95%的粉末

极细粉　指能全部通过八号筛，但混有能通过九号筛不少于 95%的粉末

对丸剂除另有规定外，供制丸剂用的药粉应为细粉或最细粉。因此《中华人民共和国药典》中的丸剂大多数规定药粉为细粉，少数为最细粉。对散剂，供制剂的药材均应粉碎。一般散剂应为细粉，儿科及外用散剂应为最细粉。

在制药工业中，常用的机械筛分设备有：摇动筛、振动筛等。

5.2.1.2　流体分级

流体分级是根据固体颗粒在流体介质中沉降速度的不同而进行分离的过程。按所用的流体介质不同（常用为水或空气），可分为干式分级（又称风力分级或气流分级）与湿式分级（又称水力分级）两类，其基本原理均为一样。

（1）湿式分级　一般以水作为流体介质。由于水具有润湿作用，易于添加分散剂，使固体颗粒在水中呈良好的分散状态，有利于提高分级精度。但是，水的黏度大（约为空气的50 倍），密度大（约为空气的 1000 倍），造成颗粒在流体中作相对运动的阻力和浮力增大，使设备的处理能力减小。因此，颗粒密度小于或接近水的颗粒不能采用以水为流体介质的湿式分级，如需要获得干的粉体产品，还应增加过滤、干燥等后处理设备。

（2）干式分级　通常用空气作为流体介质。干式分级设备的重要用途之一是和粉碎设备组成闭路循环系统后，可降低粉碎操作的能耗，获得粒度合格的细粉产品，提高设备的生产能力。一般干式分级设备分级粒径范围为数微米至数十微米，而且能直接获得干的粉体产品。

在制药工业中，常用的流体分级设备有：涡轮分级机等。

5.2.2　摇动筛

摇动筛是由将筛网制成的筛面装在机架上并利用曲柄连杆机构使筛面作往复摇晃运动而组成的。摇动幅度为曲柄偏心距的 1 倍。按照筛面层数可分为单筛面摇动筛和双筛面摇动筛等几种。筛面上的物料由于筛的摇动而获得惯性力，克服与筛面间的摩擦力，产生与筛面的相对运动，并且逐渐向卸料端移动。

工业上用的摇动筛有单箱式和双箱共轴式 2 种（见图 15-14），单箱摇动筛构造比较简单，安装高度不大，检修方便。缺点是会将振动传给厂房建筑，所以其工作转速较低，一般只有 250r/min 左右。双箱摇动筛有两个筛箱，用吊杆平行悬挂在机架上，由一个偏心轴驱动，但相互错开 180°，故 2 个筛箱总是反方向运动，使惯性力得到平衡，因此，转速可提高到 400～600r/min。

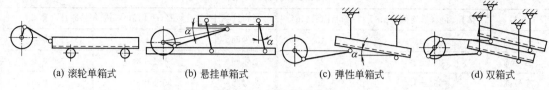

(a) 滚轮单箱式　　　(b) 悬挂单箱式　　　(c) 弹性单箱式　　　(d) 双箱式

图 5-14　摇动筛的类型

摇动筛的特点是：筛箱的振幅和运动轨迹由传动机构确定，不受偏心轴转速和筛上物料质量大小的影响，可以避免由于给料过多（或给料不均匀）而降低振幅和堵塞筛孔等现象。

摇动筛属于慢速筛分机，其处理量和筛分效率都较低，此筛常用于小量生产，也适用于筛毒性、刺激性或质轻的药粉，避免细粉飞扬。

5.2.3　振动筛

振动筛是采用激振装置（电磁振动或机械振动）使筛箱带动筛面或直接带动筛面产生振动，促使物料在筛面上不断运动，防止筛孔堵塞，提高筛分效率。根据筛箱的运动轨迹不同，振动筛可以分为圆运动振动筛（单轴惯性振动筛）、直线运动振动筛（双轴惯性振动筛）和三维振动筛。

5.2.3.1　圆运动振动筛

（1）工作原理　这种振动筛是由单轴激振器回转时产生的惯性力迫使筛箱振动。筛箱的运动轨迹为圆形或椭圆形。圆运动振动筛的支承方式有悬挂支承与座式支承两种，分别见图 5-15 和图 5-16。

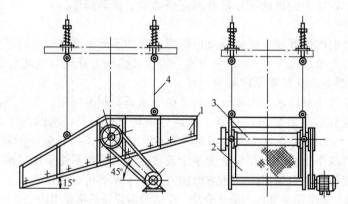

图 5-15　悬挂式（自定中心）圆运动振动筛
1—筛箱；2—筛网；3—偏心重激振器；4—弹簧吊杆

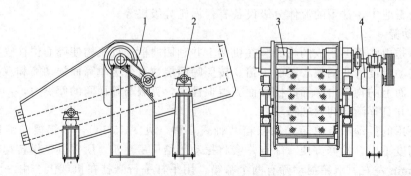

图 5-16　座式圆运动振动筛
1—筛箱；2—支承弹簧组；3—激振器；4—驱动装置

（2）圆运动振动筛的应用　圆运动振动筛可用于各种筛分作业。由于筛面的圆形振动轨迹，使筛面上的物料不断地翻转和松散，因而圆运动振动筛有以下特点：

① 细粒级有机会向料层下部移动，并通过筛孔排出；

② 卡在筛孔中的物料可以跳出，防止筛孔堵塞；

③ 筛分效率较高；

④ 可以变化筛面倾角，从而改变物料沿筛面的运动速度，提高筛子的处理量；

⑤ 对于难筛物料可以使主轴反转，从而使振动方向同物料运动方向相反，物料沿筛面运动速度降低（在筛面倾角与主轴转速相同的情况下），以提高筛分效率。

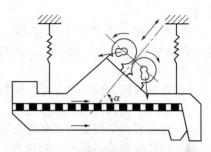

图 5-17　直线运动振动筛结构示意图

5.2.3.2　直线运动振动筛

直线运动振动筛利用双轴激振器实现直线运动，其结构示意图见图 5-17 和图 5-18。

双轴激振器（图 15-18）有 2 根主轴，每根主轴上都装有质量和偏心距相同的偏心块。两轴利用齿轮传动使其作等速反向运动，轴上两个偏心块相位相反，其轴向分力相互抵消，而法向分力合成为按正弦规律变化的激振力，使筛面及筛面上的物料受到垂直于 2 轴连线方向上的振动力，形成直线振动。

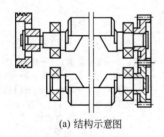

(a) 结构示意图

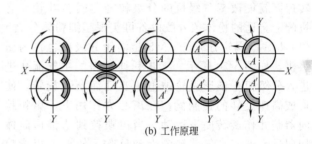

(b) 工作原理

图 5-18　双轴激振器

直线运动振动筛的筛面倾角通常在 8° 以下，筛面的振动角度一般为 45°，筛面在激振器的作用下作直线往复运动。颗粒在筛面的振动下产生抛射与回落，从而使物料在筛面的振动过程中不断向前运动。物料的抛射与下落都对筛面有冲击，致使小于筛孔的颗粒被筛选分离。

5.2.3.3　三维振动圆筛

三维振动圆筛采用圆形的筛面与筛框结构，并配有圆形顶盖与底盘，连接处采用橡胶圈密封，用抱箍固定。激振装置垂直安装在底盘中心，底盘的圆周上安装若干个支承弹簧与底座相连（见图 5-19）。由于激振装置（偏心振动电机）的作用，筛框与筛面产生圆周方向的振动，同时因弹簧的作用引起上下振动，使物料在筛面上产生从中心向圆周方向作旋涡运动，并作向上抛射运动，可有效地防止筛孔堵塞，小于筛孔尺寸的颗粒落入下层筛面或底盘，筛分所得的不同粒径产品分别从筛框的出料口排出。

对三维振动圆筛的激振装置进行改进，在振动电机上下两端不同相位、非对称地安装偏心块，就构成了旋振筛。当旋振筛工作时，振动电机上、下两端不同相位的偏心块由于高速旋转的离心作用而产生一复合惯性力，强迫筛体产生复旋型振动，其运动轨迹是一复杂的空间三维曲线。调整振动电机上、下两端的偏心块相位角，可以改变筛面上物料的运动轨迹，从而使筛体产生平旋垂直复合振动，物料便透过不同层次的筛网，以达到分级作业的目的。

旋振筛的特点是：

① 筛分效率高、筛分精度在95%以上，可筛分80~400目的粉粒体产品；

② 体积小、重量轻、安装简单、维修方便；

③ 出料口在360°圆周内位置任意可调，便于工艺布置；

④ 配用振动电机变频调速器，可在运行中无级调速，以随机调节振动参数，动态处理工艺过程，以满足接口的工艺需要；

⑤ 更换筛网方便，适合干、湿物料分级作业；

⑥ 全封闭结构，无粉尘污染；

⑦ 可安装多层筛面（最多为三层）；

⑧ 调节电机偏心转子的相位角，可改变物料在筛面上的运动轨迹，适合对难筛分物料的分级作业。

5.2.4 回转叶轮动态分级机

动态分级是利用叶轮高速旋转带动气流作强制涡流型的高速旋转运动，进行颗粒的离心分级。动态分级的特点是：分级精度高，分级粒径调节方便，只要调节叶轮旋转速度就能改变分级机的分级粒径。回转叶轮动态分级机配上合适的粉体预分散设备可实现超细粉体分级。

（1）MS型涡轮分级机 MS型涡轮分级机也称为微细分级机，如图5-20所示。夹带粉体物料的主气流从进气管进入分级机，锥形涡轮被电机驱动而高速旋转，使气流形成高速旋转的强制涡。在离心力作用下，粗颗粒被甩向器壁并作旋转向下运动，当粗颗粒到达锥形筒体受到切向进入的二次气旋转向上的反吹，使混入粗颗粒中的细颗粒再次返回分级区（强制涡区），再一次分级，细颗粒随气流经锥形涡轮的叶片之间缝隙从顶部出口管排出。经二次气流反吹后的粗颗粒从底部粗粒排出口排出。

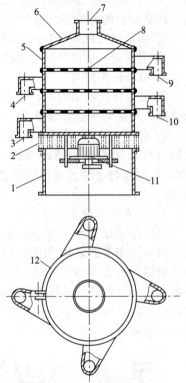

图5-19 三维振动圆筛

1—底座；2—支承弹簧；3—排料口（Ⅳ）；4—排料口（Ⅱ）；5—筛筐；6—顶盖；7—进料口；8—筛面；9—排料口（Ⅰ）；10—排料口（Ⅲ）；11—偏心振动电机；12—抱箍

通过调节叶轮转速、主气流与二次气流的流量比、叶轮叶片数以及可调圆管的位置等可以调节MS型涡轮分级机的分级粒径。

这种分级机的主要特点是：

① 分级范围广，产品细度可在3~150μm之间任意选择，粒子形状从纤维状、薄片状、近似球状到块状、管状等物质均可进行分级；

② 分级精度高，由于分级叶轮旋转形成的稳定的离心力场，分级后的细粒级产品中不含粗颗粒；

③ 结构简单、维修、操作、调节容易；

④ 可以与高速机械冲击式磨机、球磨机、振动磨等细磨与超细磨设备配套，构成闭路粉碎工艺系统。

（2）MSS型涡轮分级机 MSS型涡轮分级机又称为超微分级机，如图5-21所示。其分级原理与MS型涡轮分级机基本相同，不同之处为：主气流与粉体进口设在分级器顶部，为切向进口的结构，整个分级器内气流呈稳定的旋转流动，有利于提高分级精度；在设备中部增加3次气流，经壁面的导向叶片进入分级区，粉体在旋转的分级涡轮与导向叶片组成的环形分级区内被反复循环分散、分级，提高了设备的分级精度。

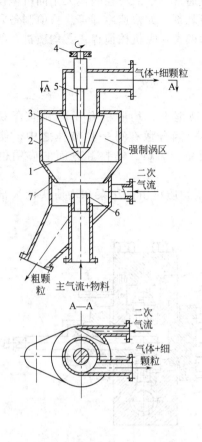

图 5-20　MS 型涡轮分级机
1—气体分布锥；2—圆筒体；3—锥形涡轮；
4—皮带轮；5—旋转轴；6—可调圆管；
7—锥形筒体

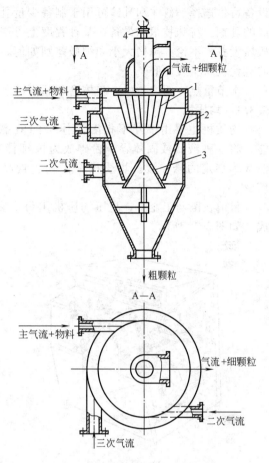

图 5-21　MSS 型涡轮分级机
1—分级涡轮；2—导向口；3—反射屏；4—皮带轮

这种分级机的特点是：

① 分级粒度细，可在 1～2μm 范围内进行分级；可获得≤5μm 含量达 97%～100% 的超微粉；

② 分级精度高，粒度分布窄；

③ 分级粒度范围 2～20μm。

5.3　均化设备

制备乳状液或悬浮液的操作称为均化。均化操作在制药工业上应用广泛。例如混悬型液体药剂、乳浊型液体药剂、乳浊型注射剂、软膏剂等的制造皆属于均化操作。

均化、搅拌、粉碎这三个操作既互相联系，又有一定区别。均化操作时伴随有粒径的减小，表现出粉碎、混合操作的特征。但均化所要求的混合程度和粉碎粒度（粒径在 0.1～10μm 或 0.01～0.1μm）更高，是一般搅拌器和粉碎机所不能达到的。一般是先进行粉碎和搅拌，然后均化。

因为使用不同的油、乳化剂、相体积比例和产品的理化性质要求不同，有多种制备乳剂设备可供选择。研钵和乳钵可用于制备少量乳剂,但通常其产品粒径明显大于同机械设备制成的乳剂。特殊技术和设备在某种程度上可产生超级乳剂:如快速冷却等。目前制备乳剂的机械设备,不论其规格大小和细微差别如何,可分为四类:①机械搅拌;②均质机;③超声波乳化机;④胶体磨。

本节重点介绍均质机、胶体磨和超声波乳化机。

5.3.1　均质机

均质机主要用于互不相溶液体中的液-液和固-液混合。均质机有粉碎和混合双重功能,将一种液滴或固体颗粒粉碎成为极细微粒或小液滴分散在另一种液体之中,使混合液成为稳定的悬浮液。均质机在医药、食品、化妆品、涂料、染料等方面的应用也十分广泛。

目前在医药工业中,高压均质机用得最多。高压均质机由高压泵和均质头两大部分组成。如图 5-22 所示。

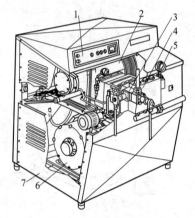

图 5-22　高压均质机

1—操纵盘;2—传动机构;3—均质头;4—泵体;
5—高压表;6—电动机;7—机座及外壳

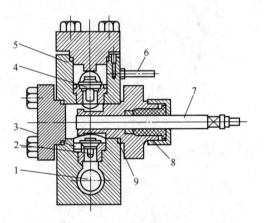

图 5-23　高压泵结构简图

1—进料腔;2—吸入阀门;3—阀门座;4—排料阀门;
5—泵体;6—冷却水管;7—柱塞;8—填料;9—垫片

(1)高压泵　图 5-23 所示为高压泵结构简图。高压泵实为三柱塞泵。由进料腔、吸入阀门、排料阀门、柱塞等组成。工作时,当柱塞向右运动时,腔容积增大,压力降低,液体顶开吸入阀门进入泵腔,完成吸料过程。当柱塞向左运动时,腔容积逐渐减小,压力增加,关闭吸料阀门,打开排料阀门,将腔内液体排出,完成排料过程。

(2)均质头　均质头是高压均质机的重要部件。图 5-24、图 5-25 所示为两种典型的均质头。通常均质头由壳体、均质阀、压力调节装置和密封装置等构成。一般的高压均质机上都是由两级均质阀串联而成。

5.3.2　胶体磨

胶体磨是利用高剪切作用对物料进行破碎细化。胶体磨定子和转子之间形成微小间隙并可调节。工作时,在转子的高速转动下,物料通过定子与转子之间的环间隙,由于转子高速旋转,附于转子表面上的物料速度最大,而附于定子面上的物料速度为零。其间产生很大的速度梯度,物料受其剪切力、摩擦力、撞击力和高频振动等复合力的作用而被粉碎、分散、研磨、细化和均质。

胶体磨有卧式和立式两种结构形式。卧式胶体磨的转轴水平布置,其结构如图 5-26 所示,定子和转子之间的间隙一般为 50～150μm,大小可通过转子的水平位移来调节。转子的转速为 3000～15000r/min。卧式胶体磨适用于黏度较低的物料。立式胶体磨的转轴垂直布置,其结构如图 5-27 所示,转速为 3000～10000r/min。

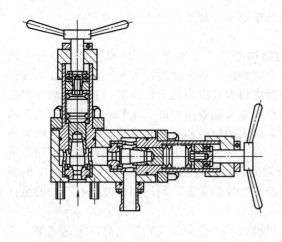

图 5-24　手控（碟形弹簧）均质头

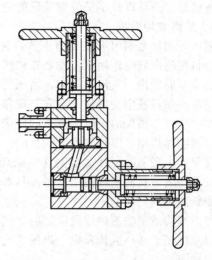

图 5-25　手控（圆柱弹簧）均质头

胶体磨主要由进料斗、外壳、定子、转子、调节装置等组成。

定子、转子均为不锈钢件，热处理后的硬度要求达到 HRC70。转子的外形和定子的内腔均为截锥体，锥度为 1：2.5 左右。工作表面有齿，齿纹按物料流动方向由粗到密排列，并有一定的倾角。这样，由齿纹的倾角、齿宽、齿间间隙以及物料在空隙中的停留时间等因素决定物料的细化程度。

胶体磨可根据物料的性质、需要细化的程度和出料等因素进行调节。调节时，通过转动调节手柄由调整环带动定子轴向位移而使空隙改变。一般调节范围在 0.005～1.5mm 之间。为避免无限度地调节而引起定子、转子相碰，在调整环下方设有限位螺钉，当调节环顶到螺钉时便不能再进行调节（图 5-26）。

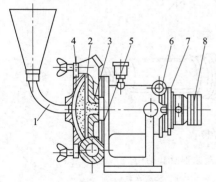

图 5-26　卧式胶体磨结构示意图
1—进料口；2—转子；3—定子；4—工作面；5—卸料口；6—锁紧装置；7—调整环；8—皮带轮

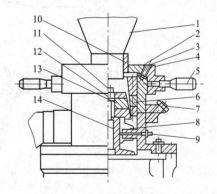

图 5-27　立式胶体磨结构示意图
1—料斗；2—刻度环；3—固定环；4—紧定螺钉；5—调节手柄；6—定子；7—压紧螺帽；8—离心盘；9—溢水嘴；10—调整环；11—中心螺钉；12—对称键；13—转子；14—机械密封

由于胶体磨转速很高，为达到理想的均质效果，物料一般要磨几次，这就需要回流装置。胶体磨的回流装置利用进料管改成出料管，在管上安装一蝶阀，在蝶阀的稍前一段管上另接一条管通向入料口。当需要多次循环研磨时，关闭蝶阀，物料则反复回流。当达到要求时，打开蝶阀则可排料。

对于热敏性材料或黏稠物料的均质、研磨，往往需要把研磨中产生的热量及时排走，以控制其温升。这可以在定子外围开设的冷却液孔中通水冷却。

5.3.3　超声波均质机

超声波均质是利用声波和超声波，在遇到物体时会迅速地交替压缩和膨胀的原理实现的。物料在超声波的作用下，当处在膨胀的半个周期内，料液受到拉力呈气泡膨胀；当处在压缩的半个周期内，气泡则收缩，当压力变化幅度很大且压力低于低压时，被压缩的气泡会急剧崩溃，在料液中会出现"空穴"现象，这种现象又随着压力的变化和外压的不平衡而消失，在"空穴"消失的瞬时，液体的周围引起非常大的压力和温度增高，起着非常复杂而强力的机械搅拌作用，以达到均质的目的。同时，在"空穴"产生有密度差的界面上，超声波亦会反射产生激烈的搅拌。根据这个原理，超声波均质机是通过将频率为 20～25kHz 的超声波发生器放入料液中或使用使料液具有高速流动特性的装置，利用超声波在料液中的搅拌作用使料液实现均质的。

超声波均质机按超声波发生器的形式分为机械式、磁控振荡式和压电晶体振荡式等。

(1) 机械式超声波均质机　机械式超声均质机主要由喷嘴和簧片组成，其发生器的原理及结构如图 5-28 所示。

簧片处于喷嘴的前方，它是一块边缘成楔形的金属片，被两个或两个以上的节点夹住。当料液在 0.4～1.0MPa 的泵压下经喷嘴高速射到簧片上时，簧片便发生频率为 18～30MHz 的振动。这种超声波立即传给料液，使料液即呈现激烈的搅拌状态，料液中的大粒子便碎裂，料液被均质化，均质后的料液即从出口排出。

(2) 磁控振荡式均质机　磁控振荡器式均质机的超声波发生器用镍粒铁等磁歪振荡使频率达几十千赫，使料液在强烈的搅拌作用下达到均质。

(3) 压电晶体振荡式均质机　压电晶体振荡器式均质机用钛酸钡或水晶振荡子作超声波发生器，使振荡频率达几十千赫以上，对料液进行强烈振荡而达到均质。

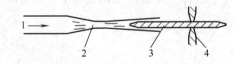

(a) 超声波发生器工作原理示意图

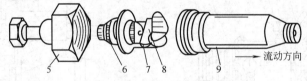

(b) 超声波发生器结构图

图 5-28　机械式超声波发生器原理及其结构

1—料液进口；2—矩形缝隙；3,8—簧片；4—夹紧装置；
5—底座；6—可调喷嘴体；7—喷嘴心；9—共鸣钟

思　考　题

5-1　固体药物粉碎的目的是什么？

5-2　粉碎机械选型应考虑哪些因素？

5-3　用锤击式粉碎机粉碎物料，要获得较小的粒度，可采取哪些措施？

5-4　球磨机粉碎物料的原理是什么？

5-5　振动磨粉碎物料的原理是什么？适合于哪些物料？

5-6　气流磨粉碎物料的原理是什么？适宜粉碎哪些粒径范围内的物料？

5-7　颗粒分级的含义是什么？药料的分级对提高药品质量有何意义？

5-8　影响过筛的因素有哪些？应采取什么措施解决？

5-9　分析均质机的工作原理。

第6章 混合与制粒设备

6.1 混合设备

混合是指两种或两种以上的固体粉料，在混合设备中相互分散而达到均一状态的操作，是片剂、冲剂、散剂、胶囊剂、丸剂等固体制剂生产中的一个基本单元操作。

在固体粉末制药中，对于原料配制或产品标准化、均匀化，混合机都是不可缺少的装置。至于各种化学反应更离不开混合机。近年来，制药及其他精细化工工艺中，在处理多种多样粉体时，对混合精度的要求越来越高。

药物粉末的混合与微粒形状、密度、粒度大小和分布范围以及表面效应有直接关系，与粉末的流动性也有关系。混合时微粒之间会产生作用于表面的力使微粒聚集而阻碍微粒在混合器中的分散。这些力包括范德华力、静电荷力及微粒间接触点上吸附液体薄膜的表面张力，因它们作用于表面，故对细小微粒影响较大。其中静电荷是阻止物料在混合器中混合的主要原因。解决办法有定时、药物不同组分分别加入表面活性剂或润滑剂等帮助混合，达到混合最佳效果。在制药工业的药品生产中，如多酶片生产工艺：将白砂糖粉碎，用70%糖浆制成软材，烘干成粒后加入胰酶、淀粉酶，在混合机中均匀混合烘干成粒，加入空白颗粒再进混合机混合均匀。又如在生产中为了消除间歇生产产品批量之间的差异，将多批量的产品放在混合机中混合后，再行包装出厂，从而使产品的性能更趋一致。此外，为了改善某些产品的使用性能和综合效能，往往要在产品中加入不同的添加剂，或将几种不同的产品混合成一种性能更优越的产品。

混合的原理一般根据混合设备和混合物料不同而异。固体粉料混合时，主要有以下三种机理。

① 对流混合：粉体在容器中翻转，或用桨片、相对旋转螺旋，将大量的物料从一处转移到另一处。对流混合的效率取决于混合器的种类。

② 剪切混合：指在不同组成的界面间发生剪切，若剪切力平行于界面时，可以使不相似层进一步稀释而降低其分离程度。发生在交界面垂直方向上的剪切力，可以降低分离程度而达到混合的目的。

③ 扩散混合：指混合在器内物料的紊乱运动改变其彼此间的相对位置而发生混合现象。这是由于单个粉末发生位移，使其分离程度减低。搅拌可使粉末间产生运动而达到扩散混匀的目的。

常用的混合方法有搅拌混合、研磨混合、过筛混合。

① 搅拌混合：小量药物可以反复搅拌使之混合，大量药物可以置于容器中，用器具搅拌。生产中常用混合机搅拌一定的时间，因品种不同需要进行混合的验证，从而达到混合均匀的目的。

② 研磨混合：将固体成分置乳钵中研磨混合，适用于小剂量药物或结晶性药物的混合，不适用于引湿性成分的混合。

③ 过筛混合：将药物各成分混合通过适宜的筛网，一次或多次。由于药物粉末密度不同，一般较细和较重的粉末先通过，过筛后再搅拌混合，以确保混合均匀。

在大生产中，除小量药物混合时用搅拌研磨混合外，一般兼有过筛混合。如研磨混合后再经过筛，或过筛后再经搅拌，总而言之，根据药物特性和剂型制订相适应的混合方法。

混合机按其对粉体施加的动能，可以分为容器回转式、机械搅拌式、气流式以及这几种类型的组合形式；按操作方式可分为间歇式、连续式两种。图 6-1 示出了混合机的主要类型。各种混合机的特点分述如下。

（1）容器回转型混合机 容器回转型混合机的原理是依靠容器本身的回转作用带动物料上下运动而使物料混合。其典型代表有水平圆筒型、V 型和双圆锥型，如图 6-1(a)～图6-1(c) 所示，一般装料系数为 30%～50%。容器一般安装在水平轴上，通过传动装置使其绕轴旋转。回转型混合机的混合效果主要取决于回转速度。回转速度由混合目的、药物种类及筒体大小决定，其转速小于回转轴的临界转速。

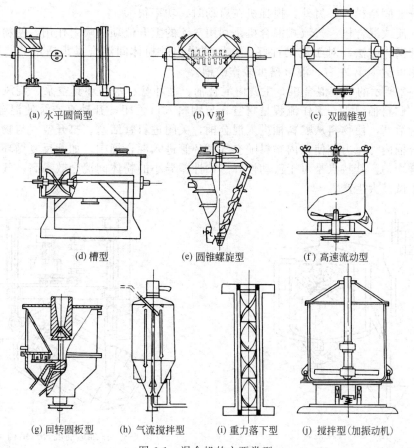

(a) 水平圆筒型　　　　　(b) V 型　　　　　(c) 双圆锥型

(d) 槽型　　　　　(e) 圆锥螺旋型　　　　　(f) 高速流动型

(g) 回转圆板型　　(h) 气流搅拌型　　(i) 重力落下型　　(j) 搅拌型(加振动机)

图 6-1　混合机的主要类型

这类混合机结构简单，混合速度慢，但最终混合度较高，混合机内部容易清扫。容器回转型混合机广泛应用于间歇操作，适用于那些物性差异小、流动性好的粉体间的混合，也适用于有磨损性的粉粒体的混合。对于具有黏附性、凝结性的粉体必须在机内设置强制搅拌叶或挡板或加入钢球。此外可在容器外设夹套进行加热或冷却操作。

应当指出，对于含有水分、附着性强的粉体混合，容器回转型混合机是不适合的。另外，由于间歇操作，需要经常排料，一方面造成粉尘飞扬、污染环境、劳动卫生条件较差；

另一方面也会在停车排料时产生混合产品偏析现象。在大型装置中，也存在着由于空间利用率低、混合时间长、产品的混合度较低的问题。有时，在这种机器内经常设置折流板和橡胶球等，以促进粉体间的充分接触，达到增大粉体混合速度的目的。容器回转型混合机虽然以间歇操作为主，但是只要将回转轴倾斜安装，也可以作为连续混合机使用。

还需要提及的是，这种机器不仅可以作为混合机使用，也可以作为粉体的冷却、加热、粉碎混合、固气反应等设备使用。

(2) 机械搅拌式混合机　机械搅拌式混合机的原理是物料在容器内靠叶片、螺旋带或气流的搅拌作用而混合。常用的有槽形混合机、锥形混合机等。如图 6-1(d)～图6-1(g) 和图6-1(j) 所示。

械搅拌式混合机的优点是，能处理附着性、凝集性强的粉体、湿润粉体和膏状物料，对于物性差别大的物系的混合也很适用。它装填率高、操作面积小、占用空间小、操作方便。由于可设计成密闭式和安设夹套，所以可在非常温常压下工作，也可以用于反应、制粒、干燥、涂层等复合操作中。它的缺点是，机器的维修和清除困难，故障发生率高，容器及搅拌机上会部分地固结粉体。另外，搅拌机在启动时，功率很大。

(3) 气流式混合机　气流式混合机是利用气流的上升流动或喷射作用，使粉体达到均匀混合的一种操作方法。对于流动性好、物性差异小的粉体间混合是很适用的。当间歇操作时，装填率可达 70% 左右，混合槽可兼作贮槽。

如图 6-2 所示的气流混合机，主要由混合桶、循环管、水循环真空泵、旋风分离器、进料管活塞、贮料桶组成。工作流程是将空气与物料入口关闭，开动真空泵使混合桶内真空，打开进料管活塞，使物料从贮料桶进入混合桶，关闭进料管活塞。打开空气与物料入口，这时由于混合桶内外压力差使桶内物料随空气循环管进入混合桶中，如此反复循环，物料在混合桶内混合均匀。其特点是对于流动性好、物性差异小的粉体间混合效率高。气流混合机一般适用于中试及大生产。

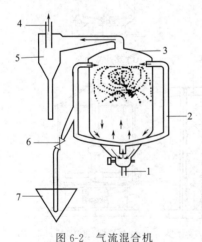

图 6-2　气流混合机

1—空气与物料入口；2—循环管；3—混合桶；
4—水循环真空泵；5—旋风分离器；6—进料
管活塞；7—贮料桶

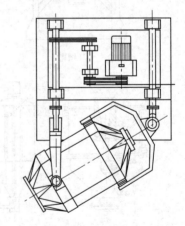

图 6-3　三维运动混合机结构示意

(4) 组合式混合机　组合式混合机是前述几种混合机的有机结合。例如在回转式容器中设置机械搅拌以及折流板；在气流搅拌中加上机械搅拌。对于粉碎机而言，如果同时粉碎两种以上的物料，实际上也成为一种混合器。

6.1.1　三维运动混合机

三维运动混合机是一种新型的容器回转型混合机，广泛应用于制药、食品、化工、塑料等工业的物料混合。具有混合均匀度高，流动性好，容载率高等特点，对有湿度、柔软性和相对密度不同的颗粒、粉状物的混合均能达到最佳效果。

三维运动混合机具有特殊的运动功能，即产生了独特的运动方式——转动、摇旋、平移、交叉、颠倒、翻滚多向混合运动（见图 6-3）。在混合作业时，因混合桶同时进行了自转和公转，使多角混合桶产生强烈的摇旋滚动作用，并受混合桶自身多角功能的牵动，增大物料倾斜角，加大滚动范围，消除了离心力的弊病，彻底保证物料自我流动和扩散作用，又使物料避免了密度偏析、分层，聚积及死角，使其达到物料混合要求。

6.1.2　槽形混合机

槽形混合机是一种以机械方法对混合物料产生剪切力而达到混合目的的设备。槽形混合机由搅拌轴、混合室、驱动装置和机架组成，其结构如图 6-4 所示，搅拌轴为螺带状。根据螺带的个数和旋转方向可将槽形混合机分为单螺带混合机和多螺带混合机。单螺带混合机螺带的旋转方向只有一个，双螺带混合机两根螺带的旋转方向是相反的。

槽形混合机工作时，螺带表面推力带动与其接触的物料沿螺旋方向移动。由于物料之间的相互摩擦作用，使得物料上下翻动，同时一部分物料也沿螺旋方向滑动，形成了螺带推力面一侧部分物料发生螺旋状的轴向移动，而螺带上部与四周的物料又补充到拖曳面，于是发生了螺带中心处物料与四周物料的位置更换，从而达到混合目的。

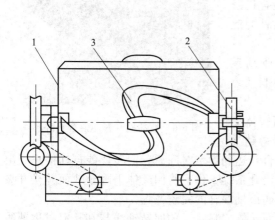

图 6-4　槽形混合机结构示意图
1—混合槽；2—固定锥；3—搅拌桨

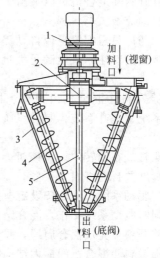

图 6-5　双螺旋锥形混合机内部结构示意图
1—摆线针轮减速器；2—转臂传动系统；3—锥形筒体；4—螺旋杆部件；5—拉杆部件

槽形混合机结构简单，操作维修方便，因而得到广泛应用。但这类混合机的混合强度较小，所需混合时间较长。此外，当两种密度相差较大的物料相混时，密度大的物料易沉积于底部。因此这类混合机比较适合于密度相近物料的混合。

6.1.3　锥形混合机

锥形混合机是一种新型混合装置。对于大多数粉粒状物料，锥形混合机都能满足其混合要求。

锥形混合机由锥体部分和传动部分组成。锥体内部装有一个或两个与锥体壁平行的提升螺旋。混合过程主要由螺旋的自转和公转以不断改变物料的空间位置来完成。传动部分由电动机、变速装置、横臂传动件组成，使提升螺旋能平稳地调节自转和公转的转速。双螺旋锥形混合机内部结构如图 6-5 所示。双螺旋锥形混合机工作时，由于螺旋快速自转带动物料自下而上提升，形成两股对称的沿筒体壁上升的螺旋柱状物料流，同时横臂带动螺旋公转，使螺柱体外的物料混入螺柱体物料内。整个锥体内的物料不断混掺错位，由锥体中心汇合向下流动，在短时间内达到均匀混合。与单螺旋锥形混合机相比，双螺旋锥形混合机由于有两根螺旋，进一步提高了混合效率。

螺旋锥形混合机搅拌作用力中等，可用于对固体间或固体与液体间的混合。由于物料自上向下在锥体内不断翻滚，不同进料容积能够得到基本一致的混合效果。这类混合机进出料口一般分别固定在锥体的上方和底部。操作时锥体密闭，有利于生产流程安排和改善劳动环境。

6.1.4 自动提升料斗混合机

自动提升料斗混合机是于20世纪90年代初国际上开发作为药品生产粉状物处理系统中的一个生产设备。固体制剂从配料直到剂型（如片剂、胶囊剂等）成品加工，除在制粒干燥—整粒或制粒—干燥—整粒工序需经过真空输送或密闭垂直进出料外，其余的输送—混合—输送均在密闭的料斗中完成。料斗在流程中是配料容器、周转容器，混合机的料桶又是加料容器。料斗亦应用于成品颗粒和药片的周转，这一完整的系统基本上实现无尘化生产。

料斗的形状有圆柱锥形，方柱锥形两种。当作为加料斗时可直接架置在成品加工机上或在成品加工机附设的提升装置上固定，作为成品加工机的加料斗。自动提升料斗混合机外形如图6-6所示。

自动提升料斗混合机可以夹持大小不同容积的几种料斗，自动完成夹持、提升、混合、下降、松夹等全部动作。药厂只需配置一台自动提升料斗混合机及多个不同规格的料斗，就能满足大批量、多品种的混合要求。

自动提升料斗混合机由机架、回转体、驱动系统、夹持系统、提升系统、制动系统及电脑控制系统组成。

将料斗移放在回转体内，该机能自动将回转体提升至一定高度并自动将料斗夹紧，压力传感器得到夹紧信号后，驱动系统工作，按设定参数进行混合，达到设定时间后，回转体能自动停止于出料状态，同时制动系统工作，混合结束。然后提升系统工作，将回转体下降至地面并松开夹紧系统，移开料斗完成混合周期，并且自动打印该批混合的完整数据。

图6-6 自动提升料斗混合机外形

自动提升料斗混合机的最大结构特点是：回转体（料斗）的回转轴线与其几何对称轴线成一夹角，料斗中的物料除随回转体翻动外，亦同时做沿斗壁的切向运动，物料产生强烈的翻转和较高的切向运动，达到最佳的混合效果。

使用自动提升料斗混合机，配以提升翻转机、料斗提升加料机，使从制粒干燥（整粒）开始，经混合、暂存、提升加料至压片机（充填机）的整个工艺过程，药物都在同一料斗中，而不需要频繁转料、转移。从而有效地防止了交叉污染和药物粉尘，彻底解决了物料"分层"问题，优化了生产工艺。

6.2 制粒设备

制粒是把粉末、熔融液、水溶液等状态的物料经加工制成具有一定形状与大小粒状物的操作。制粒作为粒子的加工过程，几乎与所有的固体制剂相关。制粒物可能是最终产品也可能是中间体，制粒操作使颗粒具有某种相应的目的性，以保证产品质量和生产的顺利进行。

如在散剂、颗粒剂、胶囊剂中颗粒是产品，制粒不仅仅是为了改善物料的流动性、飞散性、黏附性、有利于计量准确、保护生产环境等，而且必须保证颗粒的形状、大小均匀、外形美观等。而在片剂生产中颗粒是中间体，不仅要改善流动性以减少片剂的重量差异，而且要保证颗粒的压缩成型性。制得的颗粒应具有良好的流动性和可压缩性，并具有适宜的机械强度，能经受住装卸与混合操作的破坏，但在冲模内受压时，颗粒应破碎。

制粒的目的如下。

① 改善流动性。一般颗粒状比粉末状粒径大，每个粒子周围可接触的粒子数目少，因而黏附性、凝集性大为减弱，从而大大改善颗粒的流动性，物料虽然是固体，但使其具备与液体一样定量处理的可能。

② 防止各成分的离析。混合物各成分的粒度、密度存在差异时容易出现离析现象。混合后制粒，或制粒后混合可有效地防止离析。

③ 防止粉尘飞扬及器壁上的黏附。粉末的粉尘飞扬及黏附性严重，制粒后可防止环境污染与原料的损失，有利于 GMP 的管理。

④ 调整堆密度，改善溶解性能。

⑤ 改善片剂生产中压力的均匀传递。

⑥ 便于服用，携带方便，提高商品价值等。

制粒方法有多种。制粒方法不同，即使是同样的处方不仅所得制粒物的形状、大小、强度不同，而且崩解性、溶解性也不同，从而产生不同的药效。因此，应根据所需颗粒的特性选择适宜制粒方法。

在医药生产中广泛应用的制粒方法可分类为三大类。即湿法制粒、干法制粒、喷雾制粒。

（1）湿法制粒　湿法制粒是在药物粉末中加入黏合剂，靠黏合剂的架桥或黏结作用使粉末聚结在一起而制备颗粒的方法。挤压制粒、转动制粒、搅拌制粒等属于湿法制粒。湿粒的粗细和松紧需根据具体品种而定。如核黄素片形较小，颗粒应细小；吸水性强的药水杨酸钠，颗粒宜粗大而紧密。某些复方制剂干燥颗粒中需加入细粉压片时，湿颗粒宜紧而密。用糖粉、糊精为辅料的产品其湿颗粒宜较松细。总之，除个别品种特殊要求外，湿颗粒应显沉重，少细粉，整齐而无长条。

由于湿法制成的颗粒经过表面润湿，其表面改性较好，外形美观、耐磨性较强、压缩成形性好等优点，在医药工业中应用最为广泛。

（2）干法制粒　干法制粒是把药物粉末直接压缩成较大片剂或片状物后，重新粉碎成所需大小的颗粒的方法。该法不加入任何液体，靠压缩力的作用使粒子间产生结合力。干法制粒有压片法和滚压法。压片法干法制粒的工艺如图 6-7 所示。

干法制粒常用于热敏性物料、遇水易分解的药物以及容易压缩成形的药物的制粒，方法简单、

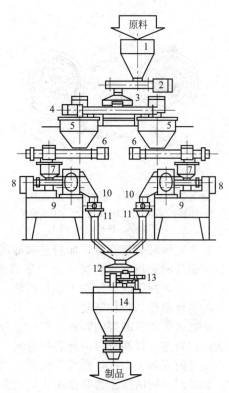

图 6-7　压片法干法制粒工艺示意图

1—原料仓；2—原料输送机；3—原料筛；4—粗筛分料机；5—脱气槽；6—螺旋加料机；7—搅拌器；8—送料机；9—压片机；10—粉碎机；11—一次制粒；12—成品筛；13—二次制粒；14—成品仓

省工省时。但采用干法制粒时，应注意由于压缩引起的晶型转变及活性降低等。如对于湿热敏感的药物阿司匹林、阿莫西林克拉维酸钾、维生素 C、氢氧化镁、奥美拉唑钠等的制粒生产。

（3）喷雾制粒　喷雾制粒是将药物溶液或混悬液用雾化器喷雾于干燥室内的热气流中，使水分迅速蒸发以直接制成球状干燥细颗粒的方法。该法在数秒钟内即完成料液的浓缩、干燥、制粒过程，原料液含水量可达 70%～80% 以上。以干燥为目的过程称喷雾干燥；以制粒为目的过程称喷雾制粒。

6.2.1　摇摆式颗粒机

摇摆式颗粒机主要由机座、减速器、加料斗、颗粒制造装置及活塞式油泵等组成。

摇摆式颗粒机的挤压作用如图 6-8 所示。图中七角滚轮 4 由于受机械作用而进行正反转的运动。当这种运动周而复始地进行时，受左右夹管 3 而夹紧的筛网 5 紧贴于滚轮的轮缘上，而此时的轮缘点处，筛网孔内的软材成挤压状，轮缘将软材挤向筛孔而将原孔中的物料挤出。这种原理正是模仿人工在筛网上用手搓压，而使软材通过筛孔而成颗粒的过程。

摇摆式颗粒机整机结构如图 6-9 所示。电机经过皮带传动带动减速器蜗杆，经齿轮传动变速。电机一方面进行动力传动，另一方面涡轮上曲柄的旋转使之配合的齿条做上下往复运动。齿条上下往复运动使与之啮合的齿轮做摇摆运动。涡轮上的曲柄偏心距可以调整，改变曲柄的偏心距即改变了齿轮轴摇摆的幅度。

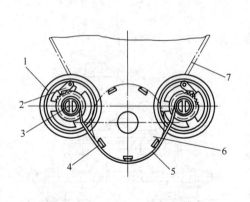

图 6-8　摇摆式颗粒机挤压作用示意图
1—手柄；2—棘爪；3—夹管；4—七角滚轮；
5—筛网；6—软材；7—料斗

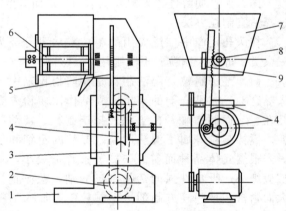

图 6-9　摇摆式颗粒机整机结构示意图
1—底座；2—电机；3—传动皮带；4—涡轮蜗杆；5—齿条；
6—七角滚轮；7—料斗；8—转轴齿轮；9—挡块

摇摆式颗粒机运行时，加料量和筛网位置的松紧直接影响制得颗粒的质量。加料斗中加料量多而筛网夹得比较松时，由于滚筒旋转时能增加软材的黏性，制得的颗粒粒子粗且紧密；反之，则制得的颗粒粒子细且松软。增加黏合剂浓度或用量，或增加软材通过筛网的次数，均能使制得的颗粒坚硬。

摇摆式颗粒机制得的颗粒一般粒径分布均匀，有利于湿粒均匀干燥。它的主要特点为旋转滚筒的转速可以调节，筛网装拆容易，还可适当调节其松紧。机械传动系统全部密封在机体内，并附有调节系统，提高了机件的寿命。但由于成粒过程是由滚筒直接压迫筛网而成粒的，物料对筛网的挤压力和摩擦力均较大。使用金属筛网时易产生金属屑污染处方，而尼龙筛网由于容易破损需经常更换，在使用时应加以注意。

6.2.2　高效混合制粒机

高效混合制粒机是通过搅拌器混合及高速制粒刀切割而将湿物料制成颗粒的装置，是一种集混合与制粒功能于一体的先进设备，在制药工业中有着广泛的应用。

　　高效混合制粒机通常由盛料筒、搅拌器、制粒刀、电动机和控制器等组成，如图 6-10 所示。工作时，首先将原、辅料按处方比例加入盛料筒，并启动搅拌电机将干粉混合 1~2min，待混合均匀后再加入黏合剂。将变湿的物料再搅拌 4~5min 即成为软材。此时，启动制粒电机，利用高速旋转的制粒刀将湿物料切割成颗粒状。由于物料在筒内快速翻动和旋转，使得每一部分的物料在短时间内均能经过制粒刀部位，从而都能被切割成大小均匀的颗粒。控制制粒电机的电流或电压，可调节制粒速度，并能精确控制制粒终点。

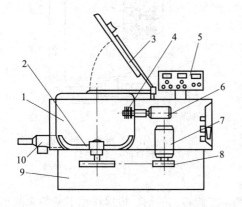

图 6-10　高效混合制粒机结构示意图
1—盛料筒；2—搅拌器；3—桶盖；4—制粒刀；
5—控制器；6—制粒电机；7—搅拌电机；
8—传动皮带；9—机座；10—出料口

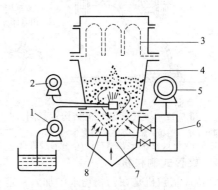

图 6-11　流化制粒机结构示意图
1—黏合剂输送泵；2—压缩机；3—袋滤器；
4—流化室；5—鼓风机；6—空气预热器；
7—二次喷射气流入口；8—气体分布器

　　高效混合制粒机的混合制粒时间很短，一般仅需 8~10min，所制得的颗粒大小均匀，质地结实，烘干后可直接用于压片，且压片时的流动性较好。高效混合制粒机采用全封闭操作，在同一容器内混合制粒，工艺缩减，无粉尘飞扬，符合 GMP 要求。它与传统的制粒工艺相比黏合剂用量可节约 15%~25%。

6.2.3　流化制粒机

　　流化制粒机，又称为沸腾制粒机，其工作原理是用气流将粉末悬浮，即使粉末流态化，再喷入黏合剂，使粉末凝结成颗粒。由于气流的温度可以调节，因此可将混合、造粒、干燥等操作在一台设备中完成，故流化制粒机又称为一步制粒机，在制药工业中有着广泛的应用。

　　流化制粒机一般由空气预热器、压缩机、鼓风机、流化室、袋滤器等组成，如图 6-11 所示。流化室多采用倒锥形，以消除流动"死区"。气体分布器通常为多孔倒锥体，上面覆盖着 60~100 目的不锈钢筛网。流化室上部设有袋滤器以及反冲装置或振动装置，以防袋滤器堵塞。

　　工作时，经过滤净化后的空气由鼓风机送至空气预热器，预热至规定温度（60℃左右）后，从下部经气体分布器和二次喷射气流入口进入流化室，使物料流化。随后，将黏合剂喷入流化室，继续流化、混合数分钟后，即可出料。湿热空气经袋滤器除去粉末后排出。

　　流化制粒机制得的颗粒粒度多为 30~80 目，颗粒外形比较圆整，压片时的流动性也较好，这些优点对提高片剂质量非常有利。由于流化制粒机可完成多种操作，简化了工序和设备，因而生产效率高，生产能力大，并容易实现自动化，适用于含湿或热敏性物料的制粒。缺点是动力消耗较大。此外，物料密度不能相差太大，否则将难以流化造粒。

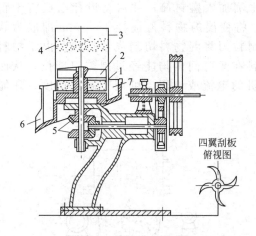

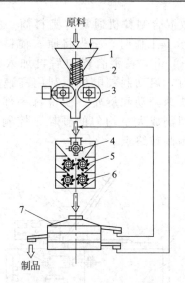

图 6-12　旋转式制粒机结构示意图
1—筛孔；2—挡板；3—带筛孔的圆钢桶；4—备用筛孔；
5—伞形齿轮；6—出料口；7—颗粒接收盘

图 6-13　GK-70 型干式制粒机
1—料斗；2—加料器；3—挤压轮；4—粗碎机；
5—中碎轮；6—细碎轮；7—振荡筛

6.2.4　旋转式制粒机

旋转式制粒机是在药物粉末中加入一定的黏合剂，在旋转、摇动、搅拌作用下使粉末凝结成颗粒的设备。如图 6-12 所示。旋转式制粒机由筛孔、挡板、带筛孔的圆钢桶、伞形齿轮、出料口、颗粒接收盘组成。特点是适合于半干式粉末、带有一定黏性的物料制成颗粒。

6.2.5　滚压机

滚压机是滚压法干法制粒的设备。滚压法即滚筒式压缩法，是用压缩磨进行的。在进行压缩时预先将药物与辅料的混合物通过高压滚筒将粉末压紧，排除空气，将压紧物粉碎成均匀大小的颗粒，加润滑剂后压片。这种方法采用较大的压力使物料黏结在一起，对于小剂量药品可使含量均匀度差，还可能使药物溶出度变慢。此法需采用特殊的滚压机设备。如图 6-13 所示的 GK-70 型干式制粒机主要由送料螺杆、挤压轮、粉碎机、盛料筒组成。

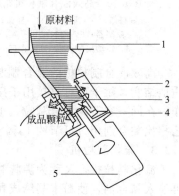

图 6-14　快速整粒机结构示意图
1—料门；2—启发器；3—筛室；
4—旋翼隔板；5—电机罩

6.2.6　整粒机

在湿法或干法制粒后，往往颗粒有大小或结块不均匀等现象，大生产中往往采用快速整粒机使颗粒均匀，以便进一步压片，其结构示意图如图 6-14 所示。

思 考 题

6-1　常用固体混合机有哪几种形式？

6-2　三维混合机的主要特性是什么？

6-3　自动提升料斗混合机的特点是什么？是否符合 GMP 的要求？

6-4　什么叫制粒？制粒的目的是什么？

6-5　常见的湿法制粒设备有哪几种？

6-6　摇摆式颗粒机制粒的原理是什么？主要结构由哪些部件组成？

6-7　高效混合制粒机的原理是什么？与摇摆式颗粒机相比有何优点？

6-8　流化制粒机有何特点？说明其工作原理。

第7章 流体输送机械

在制药生产过程中经常遇到流体的输送问题，有时还需提高流体的压强或将设备造成真空，这就需采用为流体提供能量的输送设备。根据流体性质不同，流体输送设备分为液体输送设备和气体输送设备两类。为液体提供能量的输送设备称为泵，为气体提供能量的输送设备称为风机及压缩机，而气体的抽真空机械称为真空泵。

由于输送的物料性质各不相同，如有高黏度的、有强腐蚀的、有易燃易爆的或含固体悬浮物的等，而且要求的流量及扬程又不相同，因而有不同结构和特性的输送机械。目前，常用的液体输送设备，按工作原理不同可分为离心式、往复式、旋转式以及流体动力作用式等；而气体输送机械虽与液体输送机械的结构和操作原理相类似，但气体有可压缩性，当压力变化时会引起温度和密度的变化，因此气体与液体输送机械不同。

本章主要讨论流体输送机械的操作原理、基本结构和性能，以便能合理选择和使用这些机械。

7.1 泵

泵是为液体输送能量的设备。因为流体在流动、输送过程中必有一部分能量损耗在流体阻力上，为了保证工艺条件所要求的流速和流量，就需要泵提供一定的机械能，以克服液体的阻力。泵的种类很多，按照工作原理的不同，可以分为离心泵、往复泵、旋转泵与旋涡泵等几种。其中，离心泵的构造比较简单，价格便宜，安装使用也方便，在生产上应用最为广泛，大约占制药化工用泵的 $80\% \sim 90\%$。本节将对其作重点介绍。

7.1.1 离心泵

7.1.1.1 离心泵的结构和工作原理

如图 7-1 所示为离心泵的基本结构。主要部件有叶轮和泵壳（又称蜗壳）。其中，叶轮一般由若干片（6～8 片）向后弯曲的叶片所组成，密封并紧固在泵壳内的泵轴上，叶片间是流体通过的通道；泵壳为一螺旋蜗壳，液体吸入口位于轴心处与吸入管路相连接，排出口则位于泵壳切线方向与排出管路相连接。在吸入管路的末端装有带滤网的底阀，滤网的作用是防止杂物进入管道和泵壳。排出管上装有调节阀，用以调节泵的流量，通常还装有止逆阀（图中未标出），以防止停车时液体倒流入泵壳内而造成事故。当电机通过泵轴带动叶轮转动时，液体便经吸入管从泵壳中心处被吸入泵内，然后经排出管从泵壳切线方向排出。离心泵输送液体的过程就是由吸入和排出两个过

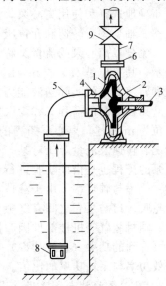

图 7-1 离心泵装置基本结构简图
1—叶轮；2—泵壳；3—泵轴；4—吸入口；
5—吸入管；6—排出口；7—排出管；
8—底阀；9—调节阀

程组成的。

当泵内液体从叶轮中心被甩出时，在叶轮中心处形成了一定真空的低压区。这样，造成了吸入管贮槽液面与叶轮中心处的压差。在此静压差的作用下，液体便沿着吸入管连续地进入叶轮中心，以补充被排出的液体。由此可见，离心泵之所以能输送液体主要是依靠叶轮的不断地高速旋转，使液体在离心力的作用下获得了能量以提高压力。

只有在泵壳内充满液体时，液体从叶轮中心流向边缘后，在叶轮中心处才能形成低压区，泵才能正常和连续地输送液体。为此，在离心泵启动前，需先用被输送的液体把泵灌满，称作灌泵。启动后，高速旋转的叶轮带动叶片间的液体作旋转运动。在离心力的作用下，液体便从叶轮中心被甩向叶轮边缘，流速可增大至 15～25m/s，动能得到增加。当液体进入泵壳之后，由于蜗壳形泵壳中的流道逐渐扩大，流速逐渐降低，一部分动能转变为静压能，于是液体以较高的压力被压出。

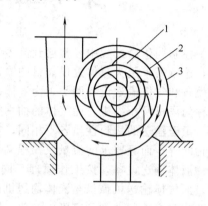

图 7-2 带有导轮的离心泵结构示意图
1—导轮；2—叶轮；3—泵壳

离心泵启动时，如果泵壳与吸入管路内没有充满液体，则泵壳内存有空气。由于空气的密度小于液体的密度，产生的离心力小，因而，叶轮中心处所形成的低压不足以将贮槽内的液体吸入泵内。此时虽启动离心泵也不能输送液体，这种现象称为"气缚"。气缚表示离心泵无自吸能力。通常，在吸入管末端安装底阀，目的就是为了在第一次开泵时，使泵内容易充满液体。

为了减少液体直接进入泵壳时产生的碰撞，有些泵在叶轮与泵壳之间装有一个固定不动而带有叶片的导轮，如图 7-2 所示。由于导轮具有很多逐渐转向的流道，可以使高速液体流过时能均匀而缓和地将动能转变为静压能，从而减小能量损失。

7.1.1.2 离心泵的主要性能参数

要正确地选择和使用离心泵，就必须掌握其性能。而标志离心泵性能的参数有流量、扬程、效率、轴功率、转速和允许吸上真空高度等，这些参数均标注在泵的铭牌上。

（1）流量 离心泵的流量又称送液能力，是指泵单位时间内能输送的液体量，常以体积流量表示，其单位是 L/s 或 m³/h。离心泵流量的大小取决于泵的结构、叶轮的直径、叶片的宽度和转速。泵的实际送液能力都是由实验测定的。

（2）扬程 泵的扬程又称为泵的压头，是指单位重量的液体通过泵以后所获得的有效能量，单位为 m 液柱。离心泵扬程的大小，取决于泵的结构，如叶轮的直径的大小、叶片的弯曲情况、转速及流量等。对某一台泵，在一定的转速下，扬程与流量之间具有一定的函数关系。泵的扬程也是借助实验进行确定。

（3）效率与轴功率 由于液体在泵内流动时的冲撞与摩擦产生水力损失，叶轮外缘与泵壳和叶轮吸入口与泵壳之间有缝隙，使排出液体又漏回吸入口造成容积损失，以及泵在运转时轴承、轴封装置等机械部件因摩擦引起的机械损失，泵轴从电动机得到的功率，并不等于液体从泵得到的功率（有效功率）。上述三项能量损失的总和用"泵效率"表示，则泵的效率为有效功率与泵轴功率的比值。

7.1.1.3 离心泵的特点和适用范围

离心泵的特点：①当离心泵的工况点确定后，离心泵的流量和扬程是稳定的，而吸入压力一定时，扬程即为离心泵的排出压力；②流量（或扬程）一定时，只能有一个相对应的扬程（或流量）值；③离心泵的流量不是恒定的，而是随其排出管路系统的特性不同而不同；

④离心泵的效率因其流量和扬程而异,大流量、低扬程时,效率较高,可达 80%;小流量、高扬程时,效率较低,甚至只有百分之几;⑤一般离心泵无自吸能力,启动前需灌泵;⑥可用旁路回流、出口节流或改变转速调节流量;⑦离心泵结构简单、体积小、质量轻、易损件少,安装、维修方便。

离心泵的流量和扬程范围较宽,一般离心泵的流量为 1.6~30000m³/h,扬程 10~2600m。国产离心泵的流量和扬程范围可参见表 7-1。

表 7-1　国产离心泵的流量和扬程范围

离心泵形式	流量/(m³/h)	扬程/m	离心泵形式	流量/(m³/h)	扬程/m
卧式单级单吸离心泵	3.5~1740	4~380	立式多级离心泵	6~155	23~1000
卧式单级双吸离心泵	50~18000	9~280	液下泵	2~824	6~110
立式单级离心泵	30~28800	2.5~230	管道泵	5.4~450	20~150
卧式多级离心泵	11~1200	12~2360			

7.1.1.4　离心泵的汽蚀现象和原因

(1) 汽蚀现象　离心泵运行时,如泵内某区域液体的压力低于当时温度下的液体汽化压力,液体会开始汽化产生气泡;也可使溶于液体中的气体析出,形成气泡。当气泡随液体运动到泵的高压区后,气体又开始凝结,使气泡破灭。由于气泡破灭速度极快,使周围的液体以极高的速度冲向气泡破灭前所占有的空间,即产生强烈的水力冲击,引起泵流道表面损伤,甚至穿透。这种现象称为汽蚀。

离心泵产生汽蚀时,流量、扬程、效率将明显降低,同时伴有噪声增大和泵的剧烈振动。

(2) 汽蚀原因　离心泵的汽蚀主要是被送液体进入叶轮时的压力降低,导致液体的压力低于当时温度的液体汽化压力而产生的,使泵不能正常工作,长期运行后叶轮将产生蜂窝状损伤或穿透。而引起离心泵吸入压力过低的因素有:吸上泵的安装高度过高,灌注泵的灌注头过低;泵吸入管局部阻力过大;泵送液体的温度高于规定温度;泵的运行工况点偏离额定点过多;闭式系统中的系统压力下降。

7.1.1.5　离心泵的特性曲线

离心泵的主要性能参数流量、扬程、轴功率及效率之间的关系,可用离心泵的特性曲线来说明。此曲线由泵的制造厂提供,并附于泵的样本或说明书中,供使用部门选泵和操作时参考。

如图 7-3 所示为离心泵的特性曲线,由 Q-H、Q-η、Q-P 及 Q-NPSHR 四条曲线所组成。实验条件是在转速一定($n=2900$r/min)的情况下,以稳定流动的清水为介质,在 20℃ 的温度下进行测定。特性曲线随转速而变,故特性曲线上一定要标出转速。各种型号的离心泵有其独自的特性曲线,但它们都具有以下的共同规律。

① Q-H 曲线。表示泵的扬程与流量的关系。离心泵的扬程一般是随流量的增大而下降,只有在流量极小时,可能有例外。

② Q-P 曲线。表示泵的轴功率与流

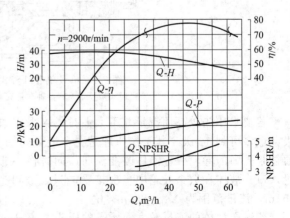

图 7-3　离心泵的特性曲线
P—功率;H—扬程;Q—流量;
η—效率;NPSHR—汽蚀余量

量关系。泵的轴功率随流量的增大而上升，流量为零时轴功率最小。所以离心泵启动时，应关闭泵的出口阀门，使启动电流减少，以保护电机。

③ Q-η 曲线。表示泵的效率与流量的关系。当 $Q=0$ 时，$\eta=0$，随着流量的增大，泵的效率随之上升并达到最大值，以后流量再增，效率便下降。说明离心泵在一定转速下有一最高效率点。泵在最高效率相对应的流量及压头下工作最为经济。

④ Q-NPSHR 曲线。表示必需的汽蚀余量与流量之间的关系。

离心泵铭牌上标出的性能参数就是指该泵在运行时，效率最高点的状况参数。根据输送条件的要求，离心泵往往不可能正好在最佳工况点下运转，因此一般只能规定一个工作范围，称为泵的高效区。通常指如图中波折号之间所示的最高效率的 92% 左右范围内。选用泵时，应尽可能使泵在此范围内工作。

需注意的是，离心泵生产部门所提供的特性曲线一般都是在一定转速和常压下，以常温（20℃）的清水为实验流体测得的。在制药生产中，所输送各种液体的密度、黏度等物理性质各不相同，若用同型号的泵输送不同流体时，泵的性能就要发生变化。因此，生产部门所提供的泵，若用于物理性质与水的性质差异较大的液体时，应当查阅有关资料重新换算。

7.1.1.6　离心泵的类型与选用

（1）离心泵的类型　在制药生产中，被输送液体的性质、压力、流量等差异很大，为了适应各种不同要求，应选用各自适宜的离心泵。离心泵的类型有很多，其分类方法有：按被输送液体的性质可分为水泵、耐腐蚀泵、油泵、杂质泵等；按液体进入叶轮的方式可分为单吸泵与双吸泵；按叶轮的数目可分为单级泵和多级泵；按照所产生的压头可分为低压泵、中压泵和高压泵。其中，低压泵的扬程一般小于 20m（水柱），中压泵的扬程在 20～50m 之间，高压泵的扬程大于 50m。低压泵大多数是单级泵，而中压泵和高压泵则大多是多级泵。

① 水泵　水泵中应用最广的是单级单吸悬臂式离心水泵，结构如图 7-4 所示。它只有一个叶轮，从泵的一侧吸液，叶轮装在伸出轴承外的轴端上，通称为单级水泵。泵体和泵盖都是用铸铁制成。全系列扬程范围为 8～98m，流量范围为 4.5～360m³/h。

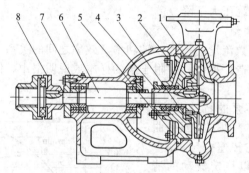

图 7-4　单级单吸悬臂式离心水泵结构

1—泵体；2—叶轮；3—密封环；4—护轴套；5—后盖；6—泵轴；7—托架；8—联轴器

若要求压头较高而流量并不太大时，可采用如图 7-5 所示的多级泵。多级泵一般为 2～9级，最多可到 12 级。其工作原理是在多级泵的轴上装有多个叶轮，从一个叶轮流出的液体通过泵壳内的导轮引导液体改变流向，同时将一部分动能转变为静压能，然后进入下一个叶轮入口。液体在数个叶轮中多次接受能量，故可达到较高的压头。全系列扬程范围为 14～351m，流量范围为 0.8～850m³/h。

若输送液体的流量较大而所需的压头并不高时，则可采用双吸泵。双吸泵的叶轮有两个入口，如图 7-6 所示。由于双吸泵叶轮的厚度与直径之比加大，且有两个吸入口，故送液量较大，全系列扬程范围为 9～140m，流量范围为 120～12500m³/h。

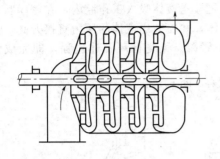

图 7-5　多级泵结构

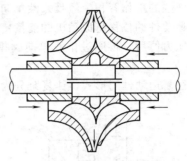

图 7-6　双吸泵工作叶轮结构

②　耐腐蚀泵　在制药生产中，许多液体都是有腐蚀性的，这就要求采用耐腐蚀泵，其主要特点是和液体接触的部件用耐腐蚀性材料制成。例如：灰口铸铁（用于输送浓硫酸）、高硅铸铁（用于输送压力不高的硫酸或以硫酸为主的混酸）、铬镍合金钢（用于常温和低浓度的硝酸、氧化性酸液、碱液和其他弱腐蚀性液体）、铬镍钼钛合金钢（最适用于硝酸及常温的高浓度硝酸）、聚三氟乙烯塑料（适用于 90℃ 以下的硫酸、硝酸、盐酸和碱液）。

耐腐蚀泵结构基本上与水泵相同，耐腐蚀泵的扬程范围为 15～105m，流量范围为 2～400m^3/h。

③　油泵　用于输送不含固体粒子的石油及其制品，分有单级和多级、单吸式和双吸式几种形式。

④　杂质泵　用于输送悬浮液及稠厚的浆液。又可分为污水泵、砂泵、泥浆泵等，对这些泵的要求是不易堵塞、耐磨、易清洗等。

（2）离心泵的选用　离心泵的选择，一般可按下列方法和步骤进行。

①　选定泵的类型　根据被输送液体的性质和操作条件确定泵的类别，例如输送清水选用清水泵，输送酸则选择耐腐蚀泵，输送油则选油泵等。

②　确定输送系统的流量和压头　按生产任务的要求确定液体的输送量，一般应按最大流量考虑。根据输送系统管路，用伯努利方程计算在最大流量下管路所需扬程，然后用已确定的流量 Q 和扬程 H 从泵样本或产品目录中选出合适的型号。即找出工况点，使泵在该点条件下工作时，既满足管路系统所需流量和扬程，又能为泵送能力所保证，所选的泵可以稍大一点，但应在该泵的高效区内，即在泵最高效率 92% 范围所对应的 Q-H 曲线的下方，该点落在哪种泵的高效区，就选用那个型号的泵。

③　校核电动机的功率　如果液体的密度与水的密度相接较大时，应注意核算泵的轴功率。

7.1.2　其他类型泵

制药生产中，被输送的液体性质往往差异很大，工作状态也多种多样，对泵的要求也不尽相同。除了大量地使用离心泵外，还广泛地采用了其他形式的泵，这里介绍几种生产中常用的输送泵。

7.1.2.1　往复泵和计量泵

往复泵为容积式泵中的一种，由泵缸、缸内的往复运动件、单向阀（吸入液体和排出液体）、往复密封以及传动机构等组成，其工作原理如图 7-7所示。

泵缸内的往复运动件做往复运动，周期性地改

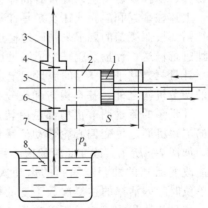

图 7-7　往复泵的工作原理
1—往复运动件（活塞）；2—泵缸；
3—排出管；4—排出阀；5—工作室；
6—吸入阀；7—吸入管；8—容器

变密闭液缸的工作容积，经吸入液单向阀周期性地将被送液体吸入工作腔内，在密闭状态下以往复运动件的位移将原动机的能量传递给被送液体，并使被送液体的压力直接升高，达到需要的压力值后，再通过排液单向阀排到泵的输出管路。重复循环上述过程，即完成输送液体。

按往复运动件的形式，往复泵分为以下三类（参见图7-8）。

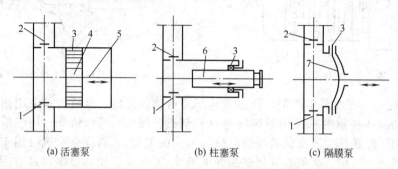

(a) 活塞泵　　　　　(b) 柱塞泵　　　　　(c) 隔膜泵

图 7-8　往复泵的基本类型

1—吸入阀；2—排出阀；3—密封；4—活塞；5—活塞杆；6—柱塞；7—隔膜

（1）活塞式往复泵　往复运动件为圆盘（或圆柱）形的活塞，活塞环与液缸内壁贴合而构成密闭的工作腔，活塞在液缸内的位移周期性地改变泵工作腔的容积，从而完成输送液体。

活塞泵适用于中、低压工况，最高排出压力小于等于 7.0MPa，可输送运动黏度小于等于 850mm^2/s 的液体或物理化学性质接近清水的其他液体。

（2）柱塞式往复泵　往复运动件为表面经精加工的圆柱体，即柱塞。其圆柱表面与液缸之间构成密闭的工作腔，柱塞进入泵工作腔内的长度周期地改变，从而改变工作腔的容积，完成输送液体。

柱塞泵的排出压力很高，最高可达 1000MPa，甚至更高。

（3）隔膜式往复泵　其往复运动件为膜片，以膜片与液缸之间的静密封构成密闭的工作腔，以膜片的变形周期性地改变泵工作腔的容积，完成输送液体。

隔膜式往复泵的排出压力可达 400MPa。由于隔膜泵没有泄漏，适用于输送强腐性、易燃易爆、易挥发、贵重以及含有固体颗粒的液体和浆状物料。

上述柱塞式和隔膜式往复泵是计量泵的两种基本形式。在连续和半连续的生产过程中，往往需要按照工艺的要求来精确地输送定量的液体，有时还要将两种或两种以上的液体按比例地进行输送，计量泵就是为了满足这些要求而设计制造的。

计量泵是基于往复泵的流量固定这一特点而发展起来的。除了装有一套可以准确调节流量的调节机构之外，基本构造和往复泵相同。计量泵的流量调节机构都是由转速稳定的电动机通过可变偏心轮带动活塞而运行，如图7-9所示。改变此轮的偏心程度，就能改变活塞的冲程或隔膜的运动次数。在单位时间内活塞的往复次数不变的情况下，流量与冲程成正比，所以它是利用改变冲程或隔膜运动次数的办法，使流量成比例变化。如果冲程不变，设法调整泵的曲柄转速，亦可达到调节流量的目的。

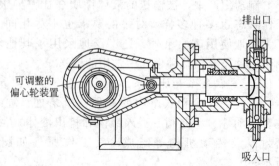

排出口

可调整的偏心轮装置

吸入口

图 7-9　计量泵及其流量调节机构

　　如果用一个电动机同时带动两台或三台计量泵，每台泵输送不同的液体，便可实现各种流体的流量按一定比例进行输送或混合，故计量泵又称为比例泵。

7.1.2.2　转子泵

　　转子泵是和往复泵一样属正位移泵的一种类型。转子泵的工作原理是由于泵壳内的转子的旋转作用而吸入和排出液体，又称旋转泵。主要有以下两种基本形式。

　　(1) 齿轮泵　齿轮泵的结构如图 7-10 所示。泵壳内有一对相互啮合的齿轮，其中一个齿轮由电动机带动，称为主动轮，另一个齿轮为从动轮。两齿轮与泵体间形成吸入和排出空间。当两齿轮沿着箭头方向旋转时，在吸入空间因两轮的齿互相分开，形成低压而将液体吸入齿穴中，然后分两路，由齿沿壳壁推送至排出空间，两轮的齿又互相合拢，形成高压而将液体排出。

　　齿轮泵的压头高而流量小，适用于输送黏稠液体及膏状物料，但不能输送有固体颗粒的悬浮液。

　　(2) 螺杆泵　螺杆泵主要由泵壳与一个或一个以上的螺杆所组成。如图 7-11 所示为一单螺杆泵。其工作原理是靠螺杆在螺纹形的泵壳中做偏心转动，将液体沿轴间推进，最后挤压至排出口而推出。图 7-12 所示为双螺杆泵，工作原理与齿轮泵相似，它利用两根相互啮合的螺杆来排送液体。当所需的扬程很高时，可采用长螺杆。

　　螺杆泵的扬程高，效率高，无噪声，流量均匀，适用在高压下输送黏稠液体。

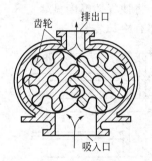 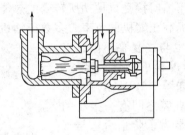 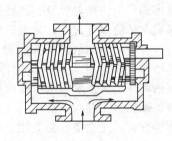

图 7-10　齿轮泵的结构　　　　　图 7-11　单螺杆泵结构　　　　　图 7-12　双螺杆泵结构

　　综上所述，在制药生产中，离心泵的应用最广。它具有结构简单、紧凑，能与电动机直接相连，对安装基础要求不高，流量均匀，调节方便，可应用各种耐腐蚀材料，适应范围广等优点。缺点是扬程不高，效率低，没有自吸能力等。

　　往复泵的优点是压头高、流量固定、效率较高。但其结构比较复杂，又需传动机构，因此，它只适宜在要求高扬程时使用，但其中的计量泵由于流量可调，又能精确计量，是目前正在发展中的一类往复泵。

　　转子泵是依靠一个以上的转子的旋转来实现吸液和排液的，具有流量小、扬程高的特点，特别适用于输送高黏度的液体。

　　除上述几种类型泵外，在某些特定的情况下，制药厂中常用的液体输送机械还有如流体作用泵、旋涡泵、喷射泵等。其中流体作用泵是借助一种流体的动力作用而造成对另一种流体压送或抽吸，从而达到输送流体的目的。如酸蛋和喷射泵即为此类型泵。其特点是没运动部件，结构简单，但效率很低。可用于输送腐蚀性、有毒的液体。

7.2　气体压缩与输送设备

　　在制药生产中，有许多原料和中间体是气体，如氢气、氮气、氧气、乙炔气、煤气、蒸汽等，当它们在管路中从一处送到另一处时，为了克服输送过程的流体阻力，需要提高气体的压力；另外，有些化学反应或单元操作需要在较高的压力下进行，如葡萄糖加氢生产山梨醇等。这使得气体压缩和输送设备在制药生产中应用十分广泛。

气体输送设备和液体输送设备的工作原理和结构大体相同，也可按其结构和工作原理分为往复式、离心式、旋转式和流体作用式等四类。但由于气体为可压缩性流体，在输送过程中，当压力发生变化时，其体积和温度也将随之而变化，因而，通常输送气体的设备又可根据气体进、出口产生的压力差或出口同进口压力的比值（称压缩比）来进行分类。即：

压缩机　终压在 0.3MPa（表压）以上，压缩比大于 4；

鼓风机　终压为 0.015～0.3MPa（表压），压缩比小于 4；

通风机　终压不大于 0.015MPa（表压）；

真空泵　将低于大气压力的气体，从容器或设备内抽至大气中。

7.2.1　往复式压缩机

7.2.1.1　往复式压缩机结构与工作过程

往复式压缩机的构造与操作原理与往复泵相似，即依靠活塞的往复运动而将气体吸入和压出。与往复泵不同的是，往复式压缩机的吸入和压出阀门较轻，活塞与气缸间的间隙较小，各处的结合比往复泵要紧密得多。因为工作介质为气体，其密度和比热容都比较小，由摩擦而产生的热能以及气体被压缩时接受机械功所转变的热能，将使气体温度显著上升，为避免气体的温度过高，又为了提高压缩机的效率，多数压缩机都有冷却装置。

往复式压缩机的工作过程也与往复泵不同。以单动往复压缩机为例，其工作过程由膨胀、吸入、压缩和压出四个阶段所组成，如图 7-13 所示。当活塞运动到最左端时，活塞与气缸盖之间有一很小的空隙存在，此空隙称为余隙，是为了防止活塞与气缸盖相碰。图 7-13 中的曲线表示在各阶段中，气缸内气体的压力和体积的变化情况。由于往复压缩机内有余隙存在，残留的气体占据了部分气缸空间，使气缸的空间不能全部有效地利用，这又是与往复泵不同之处。

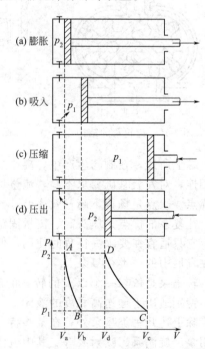

图 7-13　往复式压缩机工作过程示意图

7.2.1.2　往复式压缩机的类型与选用

往复式压缩机的分类方法很多，通常以其构造、操作特点和排气量的大小作为依据，常见的分类方法如下。

① 按在活塞的一侧或两例吸、排气体，可分为单动和双动往复式压缩机。

② 按气体受压缩的级数，可分为单级（p_2/p_1＜5＝，双级（$p_2/p_1 = 5～10$）和多级（$p_2/p_1 = 10～1000$）压缩机。

③ 按压缩机所产生的终压大小，可分为低压（1MPa 以下）、中压（1～10MPa）、高压（10～100MPa）压缩机。

④ 按压缩机的排气量可分为小型（10m³/min 以下）、中型（10～30m³/min）和大型（30m³/min 以上）压缩机。

⑤ 按压缩气体种类可分为空气压缩机、氨压缩机、氢压缩机、氮压缩机等。

此外，决定压缩机形式的主要标志是气缸在空间的位置，如气缸垂直放置的称为立式压缩机；水平放置的称为卧式压缩机；几个气缸可互相配置成 L 形、V 形或 W 形称为角式压缩机。

选用压缩机时，应首先根据输送气体的性质，确定压缩机的种类；然后根据生产任务及厂房的具体条件，选定压缩机的结构形式；最后根据生产上所需的排气量和工作压强，在压缩机的样本或产品目录中选择合适的型号。

7.2.2　鼓风机

在制药生产中应用最广的是罗茨鼓风机。其工作原理与齿轮泵相似，如图 7-14 所示。它主要由一个跑道形机壳和两个转向相反的 8 字形转子所组成。转子之间以及转子和机壳之间的缝隙都很小，两个转子转动时，在机壳内形成了一个低压区和高压区，气体从低压区吸入，从高压区排出。如果改变转子的旋转方向，则吸入口和压出口互换。因此，在开车前应仔细检查转子的转向。

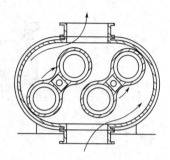

图 7-14　罗茨鼓风机工作原理

罗茨鼓风机的特点是：结构简单，转子啮合间隙较大（一般 0.2～0.3mm），工作腔无油润滑，强制性输气风量风压比较稳定，对输送带液气体、含尘气体不敏感，单级压力比通常小于 2，两级可达 3，最大排气量可达 $500m^3/min$；转速较低（一般 $n \leqslant 1500r/min$），噪声较大，热效率较低。通常罗茨鼓风机用作输送气体，也大量用作真空泵。

7.2.3　通风机

如前所述，通风机是一种在低压下沿着导管输送气体的机械。在制药生产中，通风机的使用非常普遍，尤其是在高温和毒气浓度较大的车间，常用它来输送新鲜空气、排除毒气和降低气温等，这对保证操作人员的健康具有很重要的意义。

通风机可分为轴流式、离心式、斜流式和惯流式等多种形式，生产中应用较多的是轴流式通风机和离心式通风机。

7.2.3.1　轴流式通风机

轴流式通风机工作原理如图 7-15 所示，在机壳内装有迅速转动的叶轮，叶轮上固定着叶片。当叶轮旋转时，叶片推动空气，使之作与轴平行方向的流动，叶片将能量传给空气，使气体的排出压力略有增加。轴流式通风机的排气量大，但风压很小。

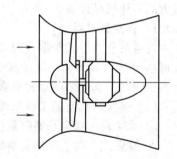

图 7-15　轴流式通风机工作原理

轴流式通风机的叶片可用等厚钢板制成圆弧形或抛物线性，也可由钢板制成中空的机翼形或铸成机翼形。输送腐蚀性气体时，叶片应采用不锈钢或在普通钢材上喷涂树脂。输送含尘较多的气体时，则应在叶片较易磨损的部分堆焊碳化钨或其他耐磨材料。

轴流式通风机常装在需要送风的墙壁或顶板上，也可以临时放置在一些需要送风的场合。

7.2.3.2　离心式通风机

离心式通风机的结构和工作原理与离心泵相似。它的机壳也是蜗壳形，但蜗壳断面有矩形和圆形两种形式。叶片的基本形状有圆弧形、直线形和机翼形三种。一般低、中压通风机多是矩形机壳，如图 7-16 所示，叶片的数目较多且长度较短。低压通风机的叶片常是平直的，与轴心成辐射状安排。中、高压通风机的叶片多是向后弯曲的。由电机带动的高速旋转的叶轮，带动壳内气体旋转，在离心力作用下，气体流向叶轮的外圆处，速度增加，动压头加大。气体进入蜗壳时，一部分动压头转变为静压头，从而使气体在具有一定的静压头与动压头下而排出。与此同时，中心处产生低压，将气体源源不断地吸入壳内。

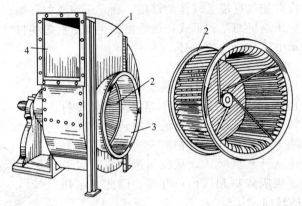

图 7-16　离心式通风机
1—机壳；2—叶轮；3—吸入口；4—排出口

　　根据生产的风压不同，离心式通风机可分成三类：即低压离心式通风机［出口压力小于1kPa（表压）］；中压离心式通风机［出口压力在 1～3kPa（表压）］和高压离心式通风机［出口压力在 3～15kPa（表压）］。中、低压离心式通风机主要用作车间通风换气，高压离心式通风机主要用在气体输送上。

7.3　真空泵

　　在制药生产中，有许多生产过程需要在低于大气压或真空情况下进行，如过滤、干燥、真空蒸馏、真空蒸发等，这就需要从设备中抽出气体，产生真空。真空泵就是获得低于大气压力的一种机械设备。

7.3.1　真空泵的类型

　　真空泵分为干式和湿式两大类。干式真空泵只能从容器中抽出干燥气体，它产生的真空度可达 96%～99.9%。湿式真空泵在抽吸气体时允许带有较多的液体，它产生的真空度为85%～90%。真空泵的形式很多，其分类如下。

　　（1）按实现真空的工作原理分类

　　① 抽除式　真空泵抽吸系统中的气体，并将气体分子排至系统之外。

　　② 捕集式　真空泵捕集系统中的气体分子，直接吸附在泵工作壁面上而不排出系统。

　　（2）按真空泵结构分类

　　① 机械式　这类真空泵类似于压缩机，属于容积型的有往复式与回转式结构，还有属于动力式的涡轮分子泵，它们都属于抽除式真空泵。

　　② 喷射泵　有喷射泵与扩散泵两种形式，还有将两者组合在一起的增压泵，也都属于抽除式真空泵。

　　③ 吸着式　依靠物理或化学方法使气体分子吸着在泵壁表面，属于捕集式真空泵。

　　（3）按真空泵在系统中的工作职能分类

　　① 主抽气泵　实现所要求压力的主要工作泵。

　　② 预抽气泵　当主抽气泵不能在大气状态直接开始抽吸时，需要预抽气泵先抽至某一压力，主抽气泵方能进入工作。

③ 前级泵　当主抽气泵不能将所抽气体直接排入大气时，需串接前级泵排送。

④ 维持泵　当主抽气泵完成所要求的压力停止工作后，由于系统泄漏或表面蒸发等原因，压力可能升高，因此用维持泵继续抽吸。

7.3.2　常用真空泵结构和工作原理

7.3.2.1　往复式真空泵

往复式真空泵是一种干式真空泵，是最古老的结构形式，其构造和工作原理与往复式压缩机基本相同，只是其吸气阀、排气阀要求更加轻巧，启闭更灵敏。真空泵的压缩比往往比压缩机的压缩比大得多。往复式真空泵结构坚固、运行可靠、对水分不敏感，极限压力为1～2.6kPa，抽速范围 50～600L/s。主要用于大型粗真空系统，如真空干燥、真空过滤、真空浓缩、真空蒸馏、真空洁净以及其他气体抽除等。往复式真空泵不适于抽除含尘或腐蚀性气体，除非经过特殊处理。由于一般泵体气缸都有油润滑，所以有可能污染系统的设备。

往复式真空泵由于转速低、排气量不均匀、结构复杂、零件多、易于磨损等缺陷，近年来已越来越多地被其他形式的真空泵所取代。

7.3.2.2　油封式旋片真空泵

图 7-17 所示为常见的小型油封式旋片真空泵，在圆筒形壳体内，偏心地安装着一个绕自身轴线旋转的转子。通常，转子上开有贯穿槽，槽内放置弹簧和两块旋片，旋片受弹簧作用紧贴在泵体内壁，并把泵腔分成两个工作室。旋转时，转子与泵腔始终处于内切状态，旋片随之旋转，在离心力的作用下进一步贴紧壳体内壁。通过工作室周期性地扩大和缩小，将气体吸入和排出。

泵的全部机件浸在真空油内。油起着油封、润滑和冷却作用。所产生真空度的大小，取决于系统中物料、真空油的蒸气压以及泵内机件的加工精度。这种类型的泵可用来抽除潮湿性气体，但不适于抽吸含氧

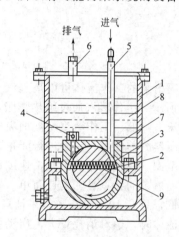

图 7-17　油封式旋片真空泵

1—外壳；2—转子；3—旋片；4—排气阀；
5—吸入管；6—排气管；7—泵体；
8—油；9—弹簧

过高、有爆炸性、有腐蚀性、对泵油起化学作用以及含有颗粒尘埃的气体。

7.3.2.3　水环真空泵

水环真空泵是制药厂常用的一种真空泵，属于湿式真空泵。其结构如图 7-18 所示。外壳 1 中偏心地安装着一个叶轮，叶轮上有许多径向的叶片。开车前，泵内灌有适量的水，叶片旋转时水被甩向壳壁，形成转动的水环 3。水环兼有液封和活塞作用，将叶片之间分隔成许多大小不等的密闭空间。叶片旋转时，右边小室逐渐增大，气体从吸入口 4 吸入室内，而在左侧小室逐渐缩小，气体从排出口 5 排出。

水环真空泵的特点是构造简单紧凑、没有阀门、很少堵塞、排气量大而均匀、无需润滑，易损件少、工作可靠。但是由于泵内有水，总有水蒸气分压存在，所以不能产生很高的真空度。

水环真空泵适用于抽含有液体的气体，尤其是输送有腐蚀性或有爆炸性的气体。

7.3.2.4　喷射式真空泵

喷射式真空泵（简称喷射泵）的工作原理是利用压力流体为动力，在其通过喷嘴后产生高速运动，并在喷嘴周围产生负压，由此抽吸系统中的气体并引射至排出口，从而完成输送流体的装置，故又称流体作用泵。它既可输送液体也可输送气体。在制药生产中，喷射泵主要用于抽真空，也可作混合器使用。

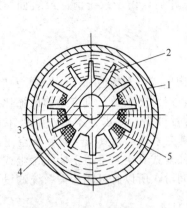

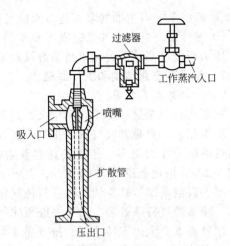

图 7-18　水环真空泵结构示意图
1—外壳；2—叶片；3—水环；
4—吸入口；5—排出口

图 7-19　单级蒸汽喷射泵

　　喷射泵的工作流体可以是蒸汽，也可以是液体或气体。常见的水蒸气喷射泵的结构如图 7-19 所示。工作蒸汽通过绝热膨胀，将压力能转化为速度能，以超音速的速度由喷嘴喷出，同时压力降低。工作蒸汽与被抽吸气体在混合室进行混合，同时也进行能量交换。当流体流至扩压器的前段时，一边进行能量交换，一边逐渐压缩，至喉部时完成混合过程，速度可达音速范围。在扩压器的后段，速度逐渐降低，压力升高，最后从压出口排出。

　　喷射泵的特点是，构造简单、紧凑、没有活动部件，可以用各种耐腐蚀材料制作。但效率很低，只有 10%～25%，并且只用于工作流体与输送流体可以混合的场合。用蒸汽作为工作流体时，蒸汽消耗量大，启动缓慢，因此一般不用于输送气体。

　　单级蒸汽喷射可以产生绝对压为 13kPa 的低压，若要得到更高的真空度，可采用多级喷射泵。

思　考　题

7-1　简述离心泵的结构和工作原理？
7-2　说明发生"气缚"的原因及消除方法。
7-3　汽蚀现象是怎样产生的？它对泵的操作有何影响？如何防止？
7-4　简要说明选用离心泵的方法和步骤？
7-5　药厂常用泵有哪些？简述其特点及应用场合？
7-6　气体输送设备有哪些？各有何特点？
7-7　分述几种常用真空泵的结构特点、工作原理以及应用场合？

第8章 换热设备

换热设备是进行各种热量交换的设备，通常称作热交换器或简称换热器。在制药生产中，许多过程都与热量传递有关。例如，生产药品过程中的磺化、硝化、卤化、缩合等许多化学反应，均需要在适宜的温度下，才能按所希望的反应方向进行，并减少或避免不良的副反应；在反应器的夹套或蛇管中，通入蒸汽或冷水，进行热量的输入或取出；对原料提纯或反应后对产物的分离、精制的各种操作，如蒸发、结晶、干燥、蒸馏、冷冻等，也都离不开热量的输入或取出；此外，生产中的加热炉、设备和各种管道，常包以绝热层，来防止热量的损失或导入，也都属于热量传递问题。

由于使用条件的不同，换热设备有多种形式与结构。如根据换热目的不同，换热设备可分为加热器、冷却器、冷凝器和再沸器。若按冷、热流体传热方法的不同可分为直接接触式换热器（又称混合换热器，冷热流体在器内直接接触传热）、间壁式换热器（冷热流体被换热器器壁隔开传热）和蓄热式换热器（热流体和冷流体交替进入同一换热器进行传热，制药上应用极少）。

制药工业生产中最常用的换热设备是间壁式换热器，按换热面形状的不同，可分为管式换热器（换热面为管状的）和板式换热器（换热面为板状的）。一般板式换热器单位体积的传热面积及传热系数比管式换热器大得多，故又被称作高效换热器。

国内常用的换热器已基本标准化、系列化，故可根据工艺要求，初步估算所需的传热面积，然后按有关标准进行选型、核算。本章将重点讨论几种典型间壁式换热设备。

8.1 管壳式换热器

管壳式换热器又称为列管式换热器，是目前应用最广泛的一种管式换热器。虽然同一些新型的换热器相比，它在传热效率、结构紧凑性及金属材料耗量方面有所不及，但其坚固的结构、耐高温高压性能、成熟的制造工艺、较强的适应性及选材范围广等优点，使其在工程应用中仍占据主导地位。

管壳式换热器主要由壳体、管束、管板、封头等部件构成。一些小直径的管子（称为换热管）固定在管板上形成一组管束，管束外套有圆筒形薄壳，即壳体。进行热交换时，一种流体在管内流动，其行程称为管程；另一种流体在管束与壳体的空隙中流动，称为壳程。管束的壁面即为传热面。由于管束和壳体结构的不同，管壳式换热器又可以进一步划分为固定管板式、浮头式、填料函式和U形管式。

8.1.1 固定管板式换热器

如图 8-1 所示，固定管板式换热器的封头与壳体用法兰连接，管束两端的管板与壳体是采用焊接形式固定连接在一起。它具有壳体内所排列的管子多，结构简单、造价低等优点，但是壳程不易清洗，故要求走壳程的流体是干净、不易结垢的。

这种换热器由于壳程和管程流体温度不同而存在温差应力。温差越大，该应力值就越大，大到一定程度时，温差应力可引起管子的弯曲变形，会造成管子与管板连接部位泄漏，

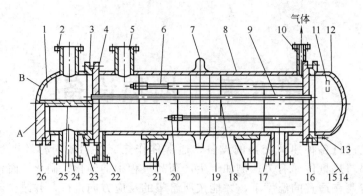

图 8-1　固定管板式换热器

1—管箱；2—接管法兰；3—设备法兰；4—管板；5—壳程接管；6—拉杆；7—膨胀节；8—壳体；
9—换热管；10—排气管；11—吊耳；12—封头；13—顶丝；14—双头螺栓；15—螺母；16—垫片；
17—防冲板；18—折流板或支撑板；19—定距管；20—拉杆螺母；21—支座；22—排液管；
23—管箱壳体；24—管程接管；25—分程隔板；26—管箱盖

严重时可使管子从管板上拉脱出来。因此，固定管板式换热器常用于管束及壳体的温度差小于50℃的场合。当温差较大，但壳程内流体压力不高时，可在壳体上设置温差补偿装置，例如，安装图 8-1 中所示的膨胀节。

　　流体在管程内通过一次的称为单管程，在壳程内通过一次的称为单壳程。有时流体在管内流速过低，则可在封头内设置隔板，把管束分成几组，流体每次只流过部分管子，而在管束中多次往返，称为多管程。若在壳体内安装与管束平行的纵向挡板，使流体在壳程内多次往返，则称为多壳程。图 8-1 中所示即为单壳程、双管程固定管板式换热器。此外，为了提高管外流体与管壁间的给热系数，在壳体内可安装一定数量的与管束垂直的横向挡板，称为折流板，强制流体多次横向流过管束，从而增加湍动程度。

8.1.2　浮头式换热器

　　浮头式换热器的结构如图 8-2 所示。它一端的管板与壳体固定，另一端管板可在壳体内移动，与壳体不相连的部分称为浮头。

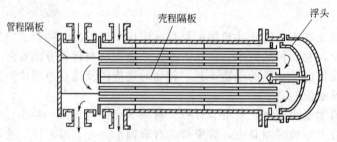

图 8-2　浮头式换热器

　　浮头式换热器的管束可以拉出，便于清洗。管束的膨胀不受壳体的约束，因而当两种换热介质温差大时，不会因管束与壳体的热膨胀量不同而产生温差应力，可应用在管壁与壳壁金属温差大于50℃，或者冷、热流体温度差超过110℃的地方。

　　浮头式换热器可适用于较高的温度、压力范围。浮头式换热器相对于固定管板式换热器，结构复杂，造价高。

8.1.3　填料函式换热器

　　填料函式换热器的结构特点是浮头与壳体间被填料函密封的同时，允许管束自由伸长，如图 8-3 所示。该结构特别适用于介质腐蚀性较严重、温差较大且要经常更换管束的冷却

器。因为它既有浮头式的优点，又克服了固定管板式的
不足，与浮头式换热器相比，结构简单，制作方便，清
洗检修容易，泄漏时能及时发现。

但填料函式换热器也有它自身的不足，主要是由于
填料函密封性能相对较差，故在操作压力及温度较高的
工况及大直径壳体（$DN>700mm$）下很少使用。壳程
内介质具有易挥发、易燃、易爆及剧毒性质时也不宜
应用。

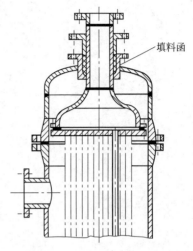

图 8-3　填料函式换热器

8.1.4　U 形管式换热器

U 形管式换热器结构特点如图 8-4 所示。这种换热
器的内部管束被弯成 U 形，管子两端固定在同一块管板
上。由于只有一块管板，管程至少有两程。管束与管程
只有一端固定连接，管束可因冷热变化而自由伸缩，并
不会造成温差应力。

这种结构的金属消耗量比浮头式换热器可少 12%～
20%，它能承受较高的温度和压力，管束可以抽出，管外壁清洗方便。其缺点是在壳程内要
装折流板，制造困难；因弯管需要一定弯曲半径，管板上管子排列少，结构不紧凑，管内清
洗困难。因此，一般用于通入管程的介质是干净的或不需要机械方法清洗的，如低压或高压
气体。

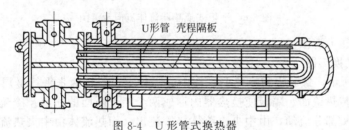

图 8-4　U 形管式换热器

8.2　板式换热器

板式换热器是针对管式换热器单位体积的传热面积小，结构不紧凑，传热系数不高的不
足之处，研制、开发出来的一类换热器，它使传热操作大为改观。板式换热器主要有平板式
换热器、螺旋板式换热器和板翅式换热器等几种形式。随着工业的发展与进步，有关部门已
对一些板式换热器的生产制造制定了系列标准，在生产中已逐步推广、应用。

8.2.1　平板式换热器

平板式换热器是由许多金属薄板平行排列组成，每块金属板经冲压制成各种形式的凹凸
波纹面，如图 8-5 所示。组装时，两板之间的边缘夹装一定厚度的橡皮垫，压紧后可以达到
密封的目的，并使两板间形成一定距离的通道。调整垫片的厚薄，就可以调节两板间流体通
道的大小。每块板的四个角上，各开一个孔道，其中有两个孔道可以和板面上的流道相通；
另外两个孔道则不和板面上的孔道相通。不同孔道的位置在相邻板上是错开的，如图 8-6 所
示。冷热流体分别在同一块板的两侧流过，每块板面都是传热面。流体在板间狭窄曲折的通
道中流动时，方向、速度改变频繁，其湍动程度大大增强，于是大幅度提高了总传热系数。

平板式换热器还具有易于调节传热面积，检修、清洗方便的优点。主要缺点是密封面

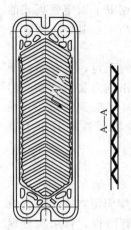

图 8-5　人字形波纹板片

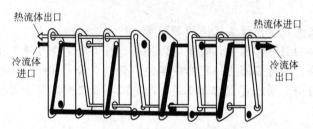

图 8-6　平板式换热器流体流向示意图

大，操作温度和压力有限。

8.2.2　螺旋板式换热器

如图 8-7 中所示，螺旋板式换热器是在中心隔板上，焊接两张平行金属薄板，然后卷制成螺旋状而构成传热壁面。隔板使换热器内形成两个矩形断面的通道。冷流体由顶部接管进入，沿通道向中央部分流动，由中央冷流体接管流出；而热流体由中央热流体接管进入换热器，与冷流体作逆向流动，由底部接管流出。

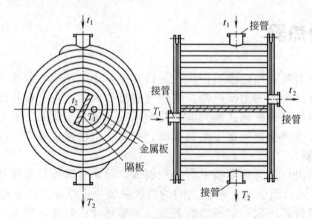

图 8-7　螺旋板式换热器

螺旋板式换热器中，冷、热流体在两个相邻的通道内均以较高的流速（液体可达 2m/s，气体可达 20m/s），严格按逆流旋转流动，流体湍动程度较强，使其传热系数及传热平均温度差都较大。并且，同样的流速在螺旋板式换热中的流体阻力比在多程列管式换热器中小，热损失也比较小，故螺旋板式换热器为高效率的换热器。

螺旋板式换热器结构紧凑，例如直径和宽度都是 1.3m 的螺旋板式换热器，具有 100m² 的传热面积。但是，该类换热器的制造和维修复杂，焊接质量要求高。换热器的操作压力不能过高，一般为 0.6～2.5MPa。另外，螺旋形通道一旦堵塞，很难清洗。

8.2.3 板翅式换热器

板翅式换热器的结构形式很多，但其最基本的结构元件是大致相同的。如图 8-8 所示的结构元件中，在两块金属平板间，夹装了波纹状的金属导热翅片，称为二次表面，两边以侧封条密封而组成单元体。将单元体进行适当的叠积、排列，并用钎焊焊牢，即可得到不同形式的组装体，所得组装体称为板束。如图 8-8 中所示的常用的逆流或错流板翅换热器的板束。将板束焊在带有流体进、出口的集流箱上，即可构成板翅式换热器。

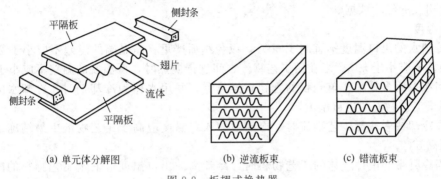

(a) 单元体分解图   (b) 逆流板束   (c) 错流板束

图 8-8 板翅式换热器

波纹翅片是最基本的元件，它的作用一方面承担并扩大了传热面积（占总传热面积的 67%～68%），另一方面促进了流体流动的湍动程度，对平隔板还起着支撑作用。这样，即使翅片和平隔板材料较薄（常用平隔板厚度为 1～2mm，翅片厚度为 0.2～0.4mm 的铝锰合金板），仍具有较高的强度，能耐较高的压力。此外，采用铝合金材料，热导率大，传热壁薄，热阻小，传热系数大。

这种换热器结构最为紧凑，并且轻巧而牢固，每单位体积的传热面积可达 2500～4000m²/m³，甚至更高。主要缺点是流道小，容易产生堵塞并增大压降；一旦结垢，清洗很困难，因此只能处理清洁的物料；对焊接要求质量高，发生内漏很难修复；造价高昂。

8.3 换热器选型

如前所述，换热器的类型很多，每种形式都有特定的应用范围。在某一种场合下性能很好的换热器，如果换到另一种场合可能传热效果和性能会有很大的改变。因此，针对具体情况正确地选择换热器的类型是很重要的。换热器选型时需要考虑的因素是多方面的，主要有：

①热负荷及流量大小；②流体的性质；③温度、压力及允许压降的范围；④对清洗、维修的要求；⑤设备结构、材料、尺寸、重量；⑥价格、使用安全性和寿命。

在换热器选型中，除考虑上述因素外，还应对结构强度、材料来源、制造条件、密封性、安全性等方面加以考虑。所有这些又常常是相互制约、相互影响的，通过设计的优化加以解决。针对不同的工艺条件及操作工况，有时使用特殊形式的换热器或特殊的换热管，以实现降低成本的目的。因此，应综合考虑工艺条件和机械设计的要求，正确选择合适的换热器形式来有效地减少工艺过程的能量消耗。对工程技术人员而言，在设计换热器时，对于形式的合理选择、经济运行和降低成本等方面应有足够的重视，必要时，还得通过计算来进行技术经济指标分析、投资和操作费用对比，从而使设计达到该具体条件下的最佳设计。

管壳式换热器因其应用范围很广，适应性很强，还具有容量大、结构简单、造价低廉、清洗方便等优点，是换热器中最主要的形式。以下主要对管壳式换热器的选择进行概述。

8.3.1　工艺条件的选定

（1）压降　较高的压降值将导致较高的流速，因此会使设备较小和投资较少，但运行费用会增高，较低的允许压降值则与此相反。所以，应该在投资和运行费用之间进行一个经济技术比较。换热器的压降可以参考相关的经验数据。

（2）流速　一般来说流体流速在允许压降范围内应尽量选高一些，以便获得较大的换热系数和较小污垢沉积，但流速过大会造成腐蚀并发生管子振动，而流速过小则管内易结垢。可以参考相关的经验数据。

（3）温度

① 冷却水的出口温度不宜高于60℃，以免结垢严重。高温端的温差不应小于20℃，低温端的温差不应小于5℃。当在两工艺物流之间进行换热时，低温端的温差不应小于20℃。

② 当在采用多管程、单壳程的管壳式换热器，并用水作为冷却剂时，冷却水的出口温度不应高于工艺物流的出口温度。

③ 在冷却或者冷凝工艺物流时，冷却剂的入口温度应高于工艺物流中易结冻组分的冰点，一般高5℃。

④ 当冷凝带有惰性气体的工艺物料时，冷却剂的出口温度应低于工艺物料的露点，一般低5℃。

⑤ 为防止天然气、凝析气产生水合物，堵塞换热管，被加热工艺物料出口温度必须高于其水合物露点（或冰点），一般高5～10℃。

（4）物流　管壳程介质的安排，建议遵循下列原则。

① 介质流向的选择　被加热或被蒸发的流体，不论是在管侧或壳侧，应从下向上流动；被冷凝的流体，不论是在管侧或壳侧，应从上向下流动。

② 管壳程介质的选择　管程一般是温度、压力较高，腐蚀性较强，比较脏，易结垢，对压力降有特定要求，容易析出结晶的物流等；壳程一般是黏性较大，流量较小，给热系数较小的物流等。物料性能参数，不一定恰好都适合管程或者壳程的要求，最后的安排，应按关键因素或者主要参数综合评价确定。

8.3.2　结构参数的选取

（1）总体设计　尺寸细长型的换热器比短粗型要经济，通常情况下管长和壳径之比为5～10，但有时根据实际需要，长、径之比可增到15或20，但不常见。可以参考标准换热器尺寸。

（2）换热管

① 管型　常见的换热管为光管、翅片管。

② 管长　管长的选取是受到两方面因素限制的，一个是材料费用，另一个是可用性。无相变换热时，管子较长则传热系数也增加，在相同传热面积时，采用长管较好，一是可减少管程数，二是可减少压力降，三是每平方米传热面的比价低。但是管子过长给制造带来困难，也会增加管束的抽出空间。因此，换热管的长度一般控制在9m以内。

③ 管径和壁厚　管径愈小换热器愈紧凑、愈便宜。但是管径愈小换热器的压降将增加，为了满足允许的压降，一般推荐选用19mm的管子。对于易结垢的物料，为了清洗方便，采用外径为25mm的管子。对于有气-液两相流的工艺物流，一般选用较大的管径，例如再沸器、锅炉，多采用32mm的管径。

④ 换热管排列方式　正三角形排列方式紧凑度高，相同管板面积上可排管数多，壳程

流体扰动性好，有较高的传热/压降性能比，故应用较广，但壳程不便于机械清洗。正方形排列方式流动压降小，易于机械清洗。转角三角形排列方式介于正三角形和正方形排列之间。此外还有转角正方形、同心圆排列方式等。

（3）折流板　折流板可以改变壳程流体的方向，使其垂直于管束流动，增加流体速度，以增强传热；同时起支撑管束、防止管束振动和管子弯曲的作用。

① 折流板形式　折流板的形式有圆缺形、环盘形和孔流形等。通常为圆缺形折流板，并可分为单圆缺形、双圆缺形和三圆缺形。

② 折流板圆缺位置　水平型折流板适用于无相变的对流传热，防止壳程流体平行于管束流动，减少壳程底部液体沉积。而在带有悬浮物或结垢严重的流体所使用的卧式冷凝器、换热器中，一般采用垂直型折流板。

③ 折流板圆缺高度　折流板大小用缺口分数（缺口高度/公称直径）表示。最常用的为单圆缺型（也称单弓形）。单圆缺型折流板的开口高度为直径的 $10\% \sim 45\%$，双圆缺型折流板的开口高度为直径的 $15\% \sim 25\%$。

④ 折流板间距　折流板的间距影响到壳程物流的流向和流速，从而影响到传热效率。最小的折流板间距为壳体直径的 $1/5$ 并大于 50mm。然而，对特殊的设计考虑可以取较小的间距。由于折流板有支撑管子的作用，所以，通常最大折流板间距为壳体直径的 $1/2$ 并不大于 TEMA（管式热交换器制造者协会［美］）规定的最大无支撑直管跨距的 0.8 倍。

换热器中折流板的布置对设计计算有很大影响，一般从下面几各方面来检查原设计是否合理：

① 从流体流动、传热和污垢系数等方面考虑，最好将折流板的圆缺高度控制在壳体直径的 $20\% \sim 30\%$，而板间距则控制在壳体直径的 $30\% \sim 50\%$ 之间，并不应小于 50mm。

② 避免大圆缺小间距或小圆缺大间距的设计，应优化选取折流板圆缺的大小和板间距；

③ 如果壳侧压降受到允许压降的限制，考虑使用双圆缺折流板。

思 考 题

8-1　常用的换热器有哪些？试比较优缺点？

8-2　管壳式换热器主要有哪些结构？各有什么特点？

8-3　固定管板式换热器的温差应力的产生原因和采取的措施是什么？

8-4　板式换热器的结构形式有哪些？各有何优缺点？

8-5　板翅式换热器有何优缺点？

8-6　举例说明如何进行换热器选型？

第 9 章　反应设备

反应设备是用来进行化学或生物反应的装置，是一个能为化学或生物反应提供可人为控制的、适宜的反应条件，以实现将原料转化为特定产品的设备。药物的合成，无论是化学药物，还是生物技术药物，都是在反应器内实现的。为此，可根据发生的是纯化学反应还是生物化学反应，将反应器分为化学反应釜（或反应罐）和生物反应器。而传统上，进行微生物培养的反应器称为发酵罐。化学反应器与生物反应器的不同之处在于前者从原料进入到产物生成，常常需要加压和加热，是一个高能耗过程；而后者则在酶和生物细胞的参与下，在常温常压下，通过细胞的生长和代谢进行相应的合成反应。

9.1　机械搅拌反应器

化学反应必须使两种或两种以上不同的物质相互接触，参加反应的物料可以是气相、液相或固相，而不同相的反应物在进行化学反应时，对反应器的要求是不同的。一般气态或液态的流动性比较强，所以气-气系统或液-液系统（指均相系统）的反应对反应器的要求较低，仅需要圆筒形、管式或列管式的装置。但对液-液系统，安装一定形式的搅拌装置对反应是有利的。在化学制药工业中，大多数化学反应是在液相中，主要是在水溶液或在其他有机溶剂中进行的。参与反应的物料一次投入，反应完成后，产物一次卸出的反应器称为间歇式反应器。制药工业的产量和规模一般较小，因此大多采用间歇式反应器。这种反应器的特点是装置简单、互换性大，投资低等。其中，带有搅拌装置的反应器（亦称反应釜）是制药工业中使用最普遍的一种间歇式反应器。

机械搅拌反应器广泛地用于溶解、稀释等多种传递过程或化学反应过程。为使分散相在连续相中很好地分散，保持均匀的悬浮或乳化，加快溶解，强化相间的传质、传热等，设备上常设搅拌装置及传热装置（如夹套、盘管等）。

图 9-1 所示为立式搅拌反应器（即立式搅拌釜）的总体结构。它主要由搅拌装置、轴封和搅拌罐三大部分组成。其中，搅拌装置包括传动装置、搅拌轴和搅拌器；轴封是指搅拌罐和搅拌轴之间的动密封，是用来封住罐内介质不致泄漏并保持器内操作压力；搅拌罐还包括罐体、传热装置、工艺接管、

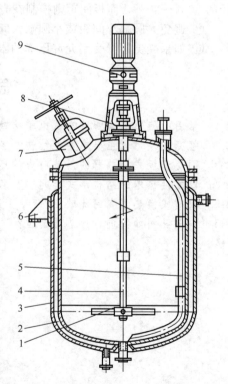

图 9-1　立式搅拌反应器总体结构

1—搅拌器；2—罐体；3—夹套；4—搅拌轴；
5—压出管；6—支座；7—人孔；
8—轴封；9—传动装置

仪表及防爆装置等附件。

9.1.1　搅拌罐

　　搅拌罐体一般是由钢板卷焊而成，根据反应物料的性质，罐体的内壁可衬橡胶、搪玻璃、聚四氟乙烯等耐腐蚀材料。

　　加热方式可以是全夹套或内部盘管（也称蛇管），加热介质为导热油或水，使工作时达到最佳升温和降温的目的。采用热电偶测量温度与温控仪连接进行测控温度，并可调节物料温度的高低。温控仪安装在电控箱内，温度传输杆直插至罐内底部，使料液用到最低位置也能指示出温度。罐体上封头为两扇可开式活动盖，便于清洗，内外表面镜面抛光处理。内罐底经旋压加工成 R 角，与内罐体焊接、抛光后无死角，并向出料口方向呈 $5°$ 倾斜，便于放净物料无滞留。顶部中心搅拌，减速机输出轴与搅拌桨轴采用活套连接，方便拆装与清洗。搅拌桨形式按工艺要求采用框式、锚式、桨叶式、涡轮式等。设备配置电气控制箱、温度仪、料液进出口、介质进出口、放空口（溢油孔）等。各进出管口工艺开孔与内罐体焊接处均采用翻边工艺圆弧过渡，光滑易清洗无死角，外表美观，符合 GMP 对制药设备的要求。

9.1.2　搅拌装置

9.1.2.1　传动装置及搅拌轴

　　搅拌反应器的传动装置包括电动机、减速机、联轴器及机座等。典型的传动装置如图9-2 所示。

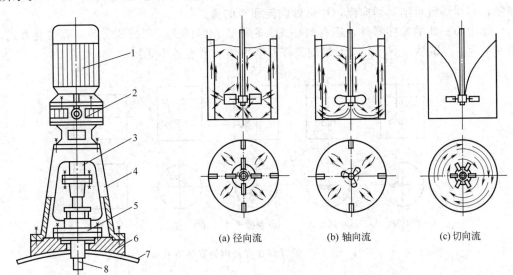

图 9-2　搅拌反应器的传动装置
1—电动机；2—减速机；3—联轴器；
4—机座；5—轴封装置；6—底座；
7—封头；8—搅拌轴

(a) 径向流　　　(b) 轴向流　　　(c) 切向流

图 9-3　搅拌器的流型

　　(1) 电动机　搅拌反应器的电动机应根据功率、转速、安装形式以及防爆等要求选用。电机功率的大小取决于搅拌所需的功率、轴封和支承轴承的摩擦损失功率以及传动系统的机械效率。

　　(2) 减速装置　目前我国已颁布的标准釜（器）用立式减速机有摆线针齿行星减速机、两级齿轮减速机、V 带（三角皮带）减速机和谐波减速机四种。主要根据功率和转速范围选取。

　　(3) 搅拌轴　搅拌轴一般设计成为整体的，当轴较长时，考虑安装、检修、制造等因素，也可将轴分成上、下两段。搅拌轴可以是实心轴，也可以是空心轴。

9.1.2.2　搅拌器及搅拌附件

（1）搅拌器　搅拌器又称搅拌桨或搅拌叶轮，是搅拌反应器的关键部件。其功能是提供过程所需要的能量和适宜的流动状态。搅拌器旋转时把机械能传递给流体，在搅拌器附近形成高湍动的充分混合区，并产生一股高速射流推动液体在搅拌容器内循环流动。这种循环流动的途径称为流型。

搅拌器的流型与搅拌效果、搅拌功率的关系十分密切。搅拌容器内的流型取决于搅拌器的形式、搅拌容器和内构件几何特征，以及流体性质、搅拌器转速等因素。对于搅拌机顶插式中心安装的立式圆筒，有三种基本流型。

① 径向流　流体的流动方向垂直于搅拌轴，沿径向流动，碰到容器壁面分成两股流体分别向上、向下流动，再回到叶端，不穿过叶片，形成上、下两个循环流动，如图 9-3(a)所示。

② 轴向流　流体的流动方向平行于搅拌轴，流体由桨叶推动，使流体向下流动，遇到容器底面再翻上，形成上下循环流，见图 9-3(b)。

③ 切向流　无挡板的容器内，流体绕轴作旋转运动，流速高时液体表面会形成旋涡，这种流型称为切向流，如图 9-3(c)所示。此时流体从桨叶周围周向卷吸至桨叶区的流量很小，混合效果很差。

上述三种流型通常同时存在，其中轴向流与径向流对混合起主要作用，而切向流应加以抑制，采用挡板可削弱切向流，增强轴向流和径向流。

除中心安装的搅拌器外，还有偏心式、底插式、侧插式、斜插式、卧式等安装方式，如图 9-4 所示。显然，不同方式安装的搅拌器产生的流型也各不相同。

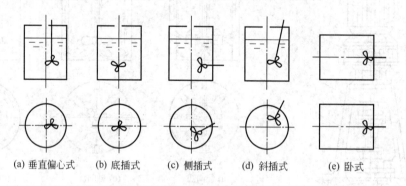

　　(a) 垂直偏心式　　(b) 底插式　　(c) 侧插式　　(d) 斜插式　　(e) 卧式

图 9-4　搅拌器在容器内的安装方式

按流体流动形态，搅拌器可分为轴向流搅拌器、径向流搅拌器和混合流搅拌器。按搅拌器结构可分为平叶、折叶、螺旋面叶。桨式、涡轮式、框式和锚式的桨叶都有平叶和折叶两种结构；推进式、螺杆式和螺带式搅拌器的桨叶为螺旋面叶。按搅拌的用途可分为：低黏流体用搅拌器和高黏流体用搅拌器。用于低黏流体搅拌器有：推进式、长薄叶螺旋桨式、桨式、开启涡轮式、圆盘涡轮式、布鲁马金式、板框桨式、三叶后弯式、MIG 和改进 MIG 等。用于高黏流体的搅拌器有：锚式、框式、锯齿圆盘式、螺旋桨式、螺带式（单螺带、双螺带）、螺旋-螺带式等。搅拌器的径向、轴向和混合流型的图谱如图9-5 所示。

桨式、推进式、涡轮式和锚式搅拌器在搅拌反应设备中应用最为广泛，据统计约占搅拌器总数的 75%～80%。

根据搅拌过程的特点和主要控制因素，可参照表 9-1 进行选型。

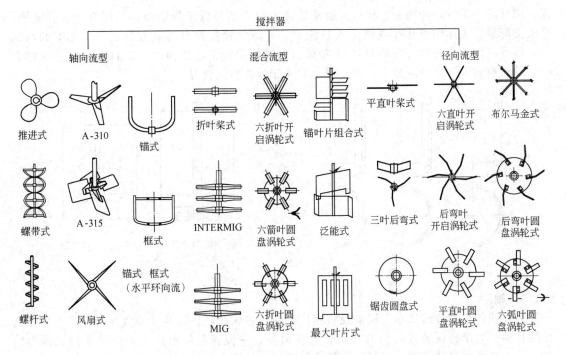

图 9-5 搅拌器流型分类图谱

表 9-1 搅拌器选型

搅拌过程	主要控制因素	搅拌器形式
混合(低黏度均相液体)	循环流量	推进式、涡轮式,要求不高时用桨式
混合(高黏度液体)	①循环流量;②低转速	涡轮式、锚式、框式、螺带式、带横挡板的桨式
分散(非均相液体)	①液滴大小(分散度),②循环流量	涡轮式
溶液反应(互溶体系)	①湍流强度;②循环流量	涡轮式、推进式、桨式
固体悬浮	①循环流量;②湍流强度	按固体颗粒的粒度、含量及密度决定采用桨式、推进式或涡轮式
固体溶解	①剪切作用;②循环流量	涡轮式、推进式、桨式
气体吸收	①剪切作用;②循环流量,③高转速	涡轮式
结晶	①循环流量;②剪切作用;③低转速	按控制因素采用涡轮式、桨式或桨式的变形
传热	①循环流量;②传热面上高流速	桨式、推进式、涡轮式

　　(2) 搅拌附件　对低黏度液体,当搅拌器转速较高时,容易产生切向流,如图 9-3(c)所示,它将影响搅拌效果,尤其对多相系物料的混合或乳化,由于离心力的作用,不但达不到混合效果,反而会使系统的物料分离或分层。另外,剧烈旋转的液体结合旋涡作用,对搅拌轴产生冲击作用,从而影响搅拌器的使用寿命。为此通常在釜体内增设如图 9-6 所示的挡板或图 9-7 所示的导流筒,以改善反应器内流体的流动状态。

　　① 挡板　一般在容器内壁面均匀安装 4 块挡板,其宽度为容器直径的 1/12～1/10。挡板的安装见图 9-6。搅拌容器中的传热蛇管可部分或全部代替挡板,装有垂直换热管时一般可不再安装挡板。

　　② 导流筒　导流筒是上下开口圆筒,安装于容器内,在搅拌混合中起导流作用。对于涡轮式或桨式搅拌器,导流筒刚好置于桨叶的上方。对于推进式搅拌器,导流筒套在桨叶外

面，或略高于桨叶，如图 9-7 所示。通常导流筒的上端都低于静液面，且筒身上开孔或槽，当液面降落后流体仍可从孔或槽进入导流筒。导流筒将搅拌容器截面分成面积相等的两部分，即导流筒的直径约为容器直径的 70％。当搅拌器置于导流筒之下，且容器直径又较大时，导流筒的下端直径应缩小，使下部开口小于搅拌器的直径。

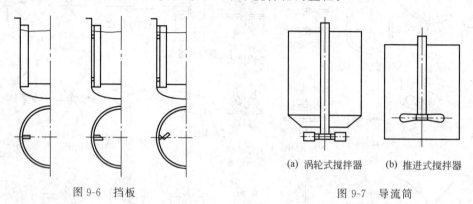

(a) 涡轮式搅拌器   (b) 推进式搅拌器

图 9-6 挡板   图 9-7 导流筒

9.1.3 轴封

为了使传热和传质加速、提高反应速度，获得最大的经济效益，经常在反应釜上配置机械搅拌桨。为维持设备内的压力或防止物料泄漏，在搅拌轴伸出封头处需要密封，称为轴封。由于搅拌轴是转动的，而封头是静止固定的，这两个构件之间具有相对运动，因此，搅拌轴的密封为动密封。发酵罐中使用最普遍的动密封有两种：填料函密封和机械密封。

(1) 填料函密封　靠填料阻塞泄漏通路的可用于往复或旋转运动的接触式动密封，如图 9-8 所示。填料箱本体固定在发酵罐顶盖的开口法兰上，将转轴通过填料函，放置有弹性的密封填料，然后放上填料压盖，拧紧螺栓，填料受压后，产生弹性形变堵塞了填料和轴之间的空隙，从而对轴周围产生径向压紧力，起到密封的作用。填料常由纤维（石棉、尼龙等）、润滑剂（石墨、二硫化钼、滑石粉等）和各种金属丝增强剂组成。填料磨损后可通过拧紧螺栓予以补偿。软填料密封结构简单、可靠、易检修、耐腐蚀和耐高温，曾广泛用作旋转轴的密封，但接触面积、摩擦阻力、功耗和磨损均较大，已逐渐被机械密封所代替。

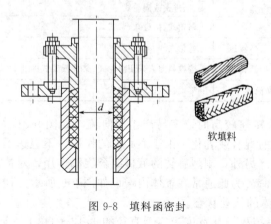

软填料

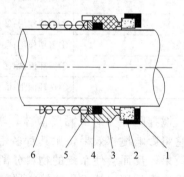

图 9-8 填料函密封

图 9-9 机械密封
1—静环密封垫；2—静环；3—动环；4—O 形圈；
5—弹簧挡圈；6—弹簧

(2) 机械密封　机械密封（图 9-9）的工作原理：依靠弹性元件（如弹簧、波纹管等）及密封介质压力在两个精密的平面间产生压紧力，相互贴紧，并做相对旋转运动而达到密封的效果。主要作用是将容易泄漏的轴面密封，改变为较难渗漏的端面（径向）密封。

机械密封的基本结构包括：摩擦副，即动环和静环；弹簧加荷装置；辅助密封圈等，见图 9-9。机械密封同填料函密封相比，具有以下优点：泄漏量极少，使用工作寿命长，摩擦功率损耗小，结构紧凑等。同时又存在结构复杂，安装技术要求高，拆装不方便等不足。

9.2 发酵设备

发酵的操作过程包括气-液接触、浓度的在线检测、混和、传热、泡沫控制以及营养物或控制 pH 用的试剂的加入。发酵工业通常使用的是间歇发酵罐，如图 9-10 所示。它附有大量的管道。需注意的是，要避免使用铜或青铜装置，因为铜对许多生物都有很大的毒性。例如，在青霉素发酵中，当送料管道中用上一个青铜阀时，产率就要下降 50% 以上。另外，对尺寸较大的发酵罐，必须使用冷却盘管或者外部热交换器，因为夹套的传热面积对于在一定时间内将料液从消毒温度冷却到操作温度是不够的。对需要强烈混合来满足通气要求，并排除因迅速呼吸和生长而产生的代谢热的发酵来说，只用夹套也是达不到传热要求的。

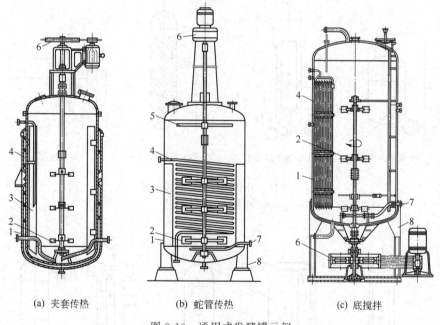

(a) 夹套传热 　　(b) 蛇管传热 　　(c) 底搅拌

图 9-10　通用式发酵罐示例

1—罐体；2—搅拌机；3—挡板；4—蛇管或夹套；5—消泡桨；6—传动机构；7—通气管；8—支座

工业上使用的发酵罐容积通常为 $10 \sim 200 m^3$，一种用于生产单细胞蛋白质的气升式发酵罐体积可达 $1500 m^3$，用于乙醇生产的发酵罐体积达 $1900 m^3$。

发酵罐设计应满足如下要求。①结构可靠。在发酵罐正常工作及灭菌过程中，有一定的蒸汽压力和温度，因此发酵罐应具有相适应的强度。同时，为了避免杂菌和噬菌体的污染，罐体内壁应光滑，尽量减少死角，接管与罐体的焊接部位同样应保持光滑。其次，阀件也应保持清洁，阀件和配管部分应能进行蒸汽杀菌。发酵罐的内部附件应尽量简单，以利于彻底灭菌。②有良好的气液接触和液固混合性能，以便能有效进行物质传递及空气溶入。③在保证发酵要求的前提下，尽量减少机械搅拌和通气所消耗的动力。④有良好的传热性能，以适应发酵在最适宜温度和灭菌操作条件下进行。⑤减少泡沫的产生，设置有效的消泡沫装置，以提高发酵罐的装料系数。⑥附有必要和可靠的检测及控制仪表。

　　发酵罐按照搅拌和通气的能量输入方式，又可分为机械搅拌式、外部液体循环式和空气喷射提升式等，如图 9-11～图 9-13 所示。

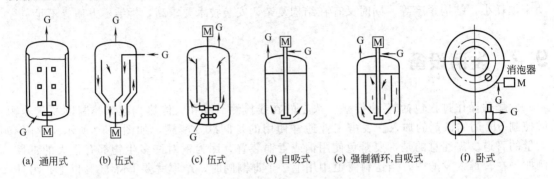

图 9-11　机械搅拌式发酵罐
G—空气；M—电动机

(a) 通用式　　(b) 伍式　　(c) 伍式　　(d) 自吸式　　(e) 强制循环,自吸式　　(f) 卧式

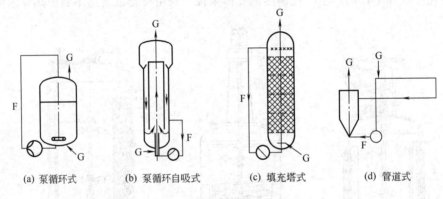

(a) 泵循环式　　(b) 泵循环自吸式　　(c) 填充塔式　　(d) 管道式

图 9-12　外部液体循环式发酵罐
F—发酵液；G—空气

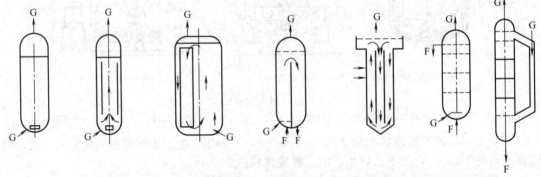

(a) 无循环式　(b) 中心内筒循环式　(c)偏心内筒循环式　(d)中间隔板循环式　(e) 中心内筒循环式　(f) 筛板式　(g) 外循环式

图 9-13　空气喷射提升式发酵罐
G—空气；F—发酵液

9.2.1　机械搅拌式发酵罐

　　图 9-14 所示为通用式发酵罐的结构示例。无论哪一种发酵罐，都是由罐体及搅拌装置、传热装置、通气装置、传动机构等各主要部件组成。

　　（1）罐体　通用式发酵罐是一种既具有机械搅拌又具有压缩空气通气装置的发酵罐。罐体由圆筒形筒身和上下两个椭圆形封头组成，如图 9-14 所示，其几何尺寸比例大致如下：

$$\frac{H}{D}=1.7\sim3;\quad \frac{d}{D}=\frac{1}{2}\sim\frac{1}{3}$$

$$\frac{W}{D}=\frac{1}{8}\sim\frac{1}{12};\quad \frac{B}{D}=0.8\sim1.0$$

$$\frac{s}{d}=1.5\sim2.5\ （2\ 个搅拌器时）\ 或\ \frac{s}{d}=1\sim2\ （3\ 个搅拌器时）$$

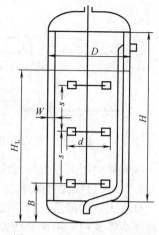

图 9-14 通用式发酵罐几何尺寸比例示意图

其中，发酵罐的公称容积 V_0 为筒身部分容积 V_c 和底封头容积 V_b 之和，即 $V_0=V_c+V_b$。

实际生产中，应考虑罐中培养液因通气搅拌引起液面上升和产生泡沫，故罐体的实际装料量 $V=\eta_0 V_0$，通常装料系数 $\eta_0=V/V_0=0.7\sim0.8$。

对于筒身与封头的连接，当罐体直径大于 1m 时，用焊接连接，并在上封头开设人孔；较小直径的罐体，上封头与筒身可用设备法兰连接。

罐体根据工艺要求，设置有冷却水、给排气、取样、放料、接种、消泡剂、酸、碱等工艺接管与视镜、仪表等接口。发酵罐的支撑结构根据生产系统的总体布置选用。

罐体材料以不锈钢钢板或复合不锈钢板为好，以保证罐内培养液清洁和壁面光滑，也可用压力容器用钢制作。罐体的强度应能承受灭菌蒸汽的压力和温度。

（2）搅拌装置　设置机械搅拌的作用是为了有利于液体本身的混合及气液和液固之间的混合，以及改善传质和传热过程，特别是有助于氧的溶解。

发酵罐中广泛采用圆盘涡轮式搅拌器。搅拌器结构与机械搅拌反应器中所用搅拌器结构基本相同。由于发酵罐的高径比 H/D 值较高，培养液有较大的深度，空气在培养液中停留时间较长。为了提高混合效果，通常在一根搅拌轴上配置 2 个或 3 个搅拌器，个别的也有 4 个搅拌器。

（3）通气装置　通气装置是指将无菌空气导入罐内的装置。简单的通气装置是一根单孔管，单孔管的出口位于最下面搅拌器的正下方，开口向下，以免培养液中固体物质在开口处堆积和罐底固体物质沉积。

（4）传热装置　发酵过程中发酵液产生的净热量称为发酵热，发酵热随发酵时间而改变，发酵最旺盛时，发酵热量最大。为维持一定的最适宜培养温度，须用冷却水导出部分热量。发酵罐的传热装置有夹套和蛇管两种。

（5）机械消沫装置　发酵过程中，由于发酵液中含有大量蛋白质等发泡物质，在强烈的通气搅拌下将产生大量泡沫。严重时，大量的泡沫会导致发酵液外溢和造成染菌。消除发酵液泡沫，除了采用加入消泡剂之外，在泡沫量较小和泡沫的机械强度较差时，还可以采用机械消沫装置来破碎泡沫。

简单的消沫装置为耙式消泡桨，如图 9-15 所示。消泡桨安装于搅拌轴上，并与轴同转，齿面略高于液面，消泡桨直径约为罐径的 0.8～0.9。这样，当少量泡沫上升时，如果泡沫的机械强度较小，耙齿即可把泡沫打碎。

图 9-16 所示为封闭式涡轮消沫器，泡沫直接被涡轮打碎，或被涡轮抛出撞击到罐壁而破碎。涡轮消沫器直接装于搅拌轴上，但往往由于搅拌轴转速太低效果不佳。对于下伸轴发酵罐，在罐顶安装封闭式涡轮消沫器，在涡轮轴高速旋转下达到较好的机械消沫效果。此类消沫器直径约为罐径的 1/2，叶端线速度为 12～18m/s。此外，置于发酵罐顶部外面的消沫

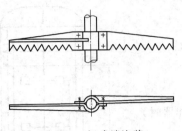

图 9-15　耙式消泡桨

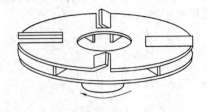

图 9-16　封闭式涡轮消沫器

器，一般都利用离心力将泡沫粉碎，液体则返回罐内。

9.2.2　自吸式发酵罐

自吸式发酵罐是一种不需空气压缩机，而在机械搅拌过程中自吸入空气的生物反应器。这种反应器最初应用于醋酸发酵，如今已在抗生素、维生素、有机酸、酶制剂、酵母等行业得到广泛应用。自吸式发酵罐有多种形式，如具有叶轮和导轮的自吸式发酵罐、喷射自吸式反应器、文丘里管反应器等。其共同特点是利用特殊转子或喷射器或文丘里管所形成的负压，将空气从外界吸入。

如图 9-17 所示为带有中央吸气口搅拌器的自吸式发酵罐。其搅拌器由三棱空心叶轮与固定导轮组成，叶轮直径为罐体直径的 1/3，叶轮上下各有一块三棱形平板，在旋转方向的前侧夹有叶片。当叶轮旋转时，叶片与三棱平板内空间的液体被抛出而形成局部真空，于是将罐外空气通过搅拌器中心的吸入管而被吸入罐内，并与高速流动的液体密切接触形成细小的气泡分散于液体中，气液混合流体通过导轮流到发酵液主体中。

自吸式发酵罐有如下优点。①利用机械搅拌的抽吸作用，将空气自吸入罐内，达到既通气又搅拌的目的，可节约空气净化系统中的空气压缩机、冷却器、油水分离器、空气贮罐等一整套设备，减少厂房占地面积。②可减少工厂发酵设备投资约 30%。③搅拌转速虽然较通用式罐为高，功率消耗较大，但节约了空压机动力消耗，使发酵总动力消耗仍比通用式低。但自吸式发酵罐又有如下缺点。①自吸入发酵罐的吸程（吸入压头）一般不高，即使吸风量很小时，其最高吸程也只为 $900mmH_2O$（$1mmH_2O=9.80665Pa$）左右；当吸风量为总吸风量的 3/5 时，吸程已降至 $320mmH_2O$ 左右。因此要在吸风口设置空气过滤器很困难，

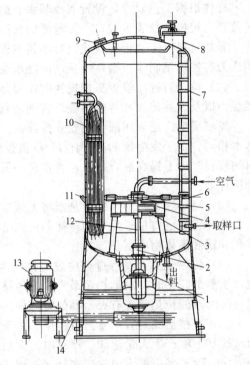

图 9-17　自吸式发酵罐

1—轴承座；2—机械轴封；3—叶轮；4—导轮；
5—轴承；6—拉杆；7—梯子；8—人孔；
9—视镜；10—冷却排管；11—温度计；
12—搅拌轴；13—电机；14—皮带

必须采用高效率、低阻力的空气除菌装置，故多用于无菌要求较低的醋酸和酵母的发酵生产中。②大型自吸式发酵罐的搅拌吸气叶轮的线速度可达到 30m/s，转子周围形成强烈的剪切区域，不适用于某些如丝状菌等对剪切作用敏感的微生物。

9.2.3　气升式发酵罐

气升式发酵罐是利用空气喷嘴喷出 250～300m/s 高速的空气，空气以气泡形式分散于液体中，使平均密度下降；在不通气的一侧，因液体密度较大，与通气侧的液体产生密度差，从而形成发酵罐内液体的环流。气升式发酵罐有多种类型，如图 9-18 所示。

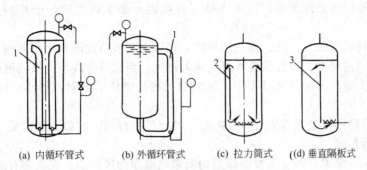

(a) 内循环管式　　(b) 外循环管式　　(c) 拉力筒式　　(d) 垂直隔板式

图 9-18　气升式发酵罐类型

1—环流管；2—拉力筒；3—隔板

气升式发酵罐中，罐内培养液中的溶解氧由于菌体的代谢而逐渐减少，当其通过环流管时，由于气液接触而被重新溶氧。为使环流管内气泡进一步破碎分散，增加氧的传递速率，近年来在环流管内安装静态混合元件，取得了较好效果。气升式发酵罐中环流管高度一般高于 4m，罐内液面不高于环流管出口 1.5m，且不低于环流管出口。

气升式发酵罐的优点是能耗低、液体中的剪切作用小、结构简单。在同样的能耗下，其氧传递能力比机械搅拌发酵罐要高得多，因此，在大规模生产单细胞蛋白时备受重视。现已有直径 7～13m，高 60m、容量达 1500m³ 的大型气升式发酵罐，用于生产单细胞蛋白，年产量达 7 万吨。但是气升式发酵罐不适于高黏度或含大量固体的培养液。

9.2.4　塔式发酵罐

塔式发酵罐是利用通入培养液中的空气泡的上升，从而带动液体运动，产生混合效果，并供给微生物生长繁殖所需要的氧。高位筛板塔式发酵罐结构如图 9-19 所示。塔式发酵罐的高度与直径比约为 7，罐内装有若干块筛板，压缩空气由罐底导入，经过筛板逐渐上升。气泡在上升过程中，带动发酵液同时上升，上升后的发酵液又通过筛板上带有液封作用的降液管下降，从而形成循环。塔式发酵罐如果培养液浓度适宜、操作得当，则在不增加空气流量的情况下，基本上可达到通用式发酵罐的发酵水平。

塔式发酵罐由于省去了机械搅拌装置，造价仅为通用式发酵罐 1/3 左右；而且，不会因轴封引起杂菌污染。结构简单，维修方便，操作费用相应较低。

9.2.5　固态发酵罐简介

固态发酵广义上讲可以指一切使用不溶性固体基质来培养微生物的工艺过程，既包括将固体悬浮在液体中的深层发酵也包括在没有（或几乎没有）游离水的湿固体材料上培养微生物的工艺过程。它有以下特点：

① 使用的原料不必经过复杂的加工，发酵工程中与发

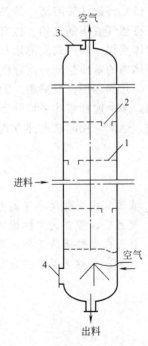

图 9-19　高位筛板塔式发酵罐结构示意图

1—筛板；2—降液管；

3,4—人孔

醇同步进行，简化了操作程序、节约能量；

② 可使微生物保持自然环境中的生长存在状态，模拟自然中的生长环境，这也是许多丝状真菌适宜采用固体发酵的原因之一；

③ 适用于特殊微生物代谢、能耗低；

④ 发酵结束的后处理简单，许多产品可直接烘干而无须提取，产品易于储藏，运输，稳定性好；

⑤ 由于存在明显的气、液、固三相界面，可以得到液体发酵难于得到的产物；

⑥ 固态发酵过程中，没有发酵有机废水的产生，因此没有环境污染问题；

⑦ 在需要大量供氧的发酵过程中，压缩空气通过固体层的阻力较小，因而能量消耗也较小。

用于固态发酵的发酵罐有固定床发酵罐、流化床发酵罐、转鼓式发酵罐、挂盘式发酵罐和搅拌发酵罐等形式。

（1）固定床发酵罐　固定床发酵罐结构简单，操作的风险小，在底部有通风装置，发酵罐壁有夹套。固定床的轴向温度梯度的影响比径向温度梯度的影响大，轴向温度梯度促进水的蒸发，大部分的代谢热由蒸发移出，但是带走热的同时也带走了水分，使基质表面变干燥，影响发酵，因此需通过其他途径来改善热传递或增加湿度。可将通入的空气先用水饱和，变为湿润空气后再进入反应器；或在床层中间加间隔冷凝板，为便于出料和通风，冷凝板通常为垂直的；抑或通过间歇的缓慢搅拌来促进热交换，但要注意搅拌的强度以免损伤菌体。为改善轴向气流中的氧尝试，也有在不同床层高度分别加入空气的做法。

（2）流化床发酵罐　流化床发酵罐进行固态发酵时比较容易控制，床层温度较均匀，直径大于10m的床层轴向和径向温度仍可保持一致。这是由于固体颗粒的快速循环和流体的湍流运动造成的。流化床内的传热速率较大。

（3）转鼓式发酵罐　转鼓式发酵罐有卧式，或略微倾斜，鼓内有带挡板的也有不带挡板的，有通气或不通气的。也有连续旋转或间歇旋转的。转鼓的转速通常很低，否则剪切力会使菌体受损。转鼓式发酵罐与固定床相比优点在于可以防止菌丝体与发酵罐粘连，转鼓旋转使筒体内的基质达到一定程度的混合，所处环境比较均一，改善传质和传热状况。

（4）固态搅拌发酵罐　固态搅拌发酵罐有卧式的也有箱式的。卧式搅拌发酵罐采用水平单轴，多个搅拌桨叶平均分布于轴上。箱式搅拌发酵罐有采用垂直多轴的。为减少剪切力的影响，通常采用间歇搅拌方式，而且搅拌转速较低。

思　考　题

9-1　简述立式搅拌反应釜的整体结构？常用搅拌反应釜的搅拌器有哪些类型？

9-2　简述机械搅拌式发酵罐的结构组成及其结构特点？

9-3　自吸式发酵罐的工作原理及其优缺点？

9-4　列举出几种常用发酵罐的结构形式，并说明各自应用场合？

第 10 章　机械分离设备

依靠机械作用力，对固-液、液-液、气-液、气-固等非均相混合物进行分离的设备均称为机械分离设备。

在制药生产中，常会产生含有大量尘灰或雾沫的气体及产品悬浮在液体内的悬浮液。为了回收有用物料、获得产品、净化气体，都必须进行非均一相的分离操作。如从母液中分离固体的成品或半成品；药物经气流干燥后的成品或半成品；反应液中取得结晶产品等过程都是分离操作。另外，非均相系的分离在环境保护、三废处理方面也具有重要意义。常用的非均相分离方法主要有以下三种。

① 过滤法　使非均相物料通过过滤介质，将颗粒截留在过滤介质上而得到分离。

② 沉降法　颗粒在重力场或离心力场内，借自身的重力或离心力使之分离。

③ 离心分离　利用离心力的作用，使悬浮液中微粒分离。

按分离的推动力不同，机械分离设备可分为加压过滤、真空过滤、离心过滤、离心沉降、重力沉降、旋流分离等。其中，利用离心沉降或离心过滤操作的机械统称为离心机；利用重力沉降或旋流器操作的设备统称为沉降器；真空过滤和加压过滤设备称为过滤机械。

固液分离在制药工业生产上是一类经常使用又非常重要的单元操作。在原料药、制药乃至辅料的生产中，固液分离技术的效能都将直接影响产品的质量、收率、成本及劳动生产率，甚至还关系到生产人员的劳动安全与企业的环境保护。

常压过滤效率低，仅适用于易分离的物料，加压和真空过滤机在制药工业中被广泛采用。例如：抗生素生产中发酵液过滤一般多采用板框压滤机、转鼓真空过滤机和折带真空过滤机，也有采用立式螺旋卸料离心机等。在原料药的生产上，大部分产品是结晶体，结晶体先通过三足式离心过滤机脱水，然后干燥，最后获得最终产品。

10.1　过滤机

10.1.1　加压过滤机

在滤室内施加高于常压的操作压力的过滤机称为加压过滤机，简称压滤机。压滤机的操作压力一般为 0.3~0.8MPa，个别可达 3.5MPa，适用于固液密度差较小而难以沉降的分离；或固体含量高和要求得到澄清的滤液；或要求固相回收率高、滤饼含湿量低的场合。由于压滤机的过滤推动力大、过滤速率高，单位过滤面积占地少，对物料的适应性强、过滤面积的选择范围宽，故应用十分广泛。

加压过滤机按操作特点可分为间歇和连续式两类，其分类详见图 10-1。其中，间歇式加压过滤机的加料、过滤、洗涤、吹除、卸饼等操作过程是依次周期性间歇地进行的，其价格低、适应性强，结构形式多。最常用的有板框压滤机、厢式压滤机、加压叶滤机以及筒式压滤机等。连续操作加压过滤机的加料、过滤、洗涤、吹除和卸饼等操作过程为同时连续进行。与真空过滤相比，具有过滤速度高，含湿量低，环境洁净，且更适于自动化控制操作等特点。

10.1.1.1　板框压滤机

板框压滤机如图 10-2 所示，是由尾板、滤框、滤板、头板、主梁和压紧装置等组成。

两根主梁把尾板和压紧装置连在一起构成机架。机架上紧靠压紧装置端放置头板，在头板和板尾之间依次交替排列着滤板和滤框，滤框间夹着滤布。

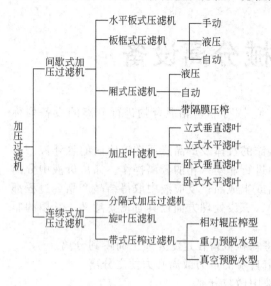

图 10-1　加压过滤机的分类

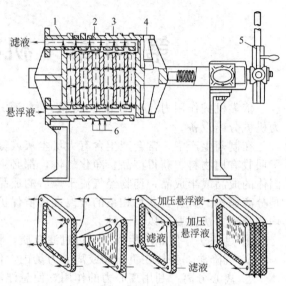

图 10-2　板框压滤机
1—滤液出口；2—尾板；3—滤框；
4—滤板；5—头板；6—压紧装置

10.1.1.2　厢式压滤机

　　厢式压滤机与板框压滤机相似，但是只有滤板，没有滤框。每块滤板均有凸起的周边，代替滤框作用，故滤板表面呈凹形，如图 10-3 所示。两块滤板的凸缘相对合构成滤室。厢式压滤机滤板的中央大多开有圆孔，作为料浆供料通孔。滤液仍从各滤板边角处开孔引出。厢式压滤机与板框压滤机相比，其机件少，单位过滤面积的造价可低 15% 左右；由于密封面减少，密封更可靠。但是滤布安装与清洗麻烦，滤布容易折损，操作成本较高。相比之下，大多用于大处理量的生产中。

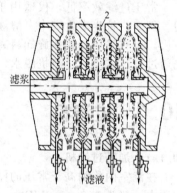

图 10-3　厢式压滤机过滤原理
1—滤板；2—滤布

10.1.1.3　加压叶滤机

　　加压叶滤机主要用于悬浮液中固体含量较少（≤1%），和需要液相而废弃固相的场合，如用于制药的分离过程等。具有结构紧凑、样式新颖、操作简便、不用其他附属设备，与其他形式的加压过滤机相比，具有节水、节电、操作人员少、过滤效率高等特点。按我国行业标准规定，加压叶滤机的基本形式有 4 种，如图 10-4 所示。

10.1.1.4　转鼓加压过滤机

　　转鼓加压过滤机是在静止外筒内套装转鼓，外形及结构与转鼓真空过滤机相似，见图10-5。转鼓与外筒之间由隔板分隔成过滤、洗涤、干燥、卸饼及滤布清洗等若干区域，操作时，用泵向过滤区输送料浆进行过滤；然后用热水或溶剂洗涤滤饼；在干燥区以过热蒸汽或压缩空气置换滤饼中的残液；在卸饼区有压缩空气自鼓内向外反吹使滤饼剥离，并用刮刀卸饼；卸饼后的滤布用洗水喷嘴清洗。

　　转鼓加压过滤机优点是操作连续、滤饼含湿量低、洗涤效果好、洗水耗量低。缺点是结

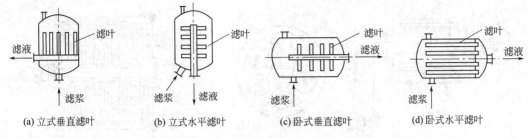

图 10-4　加压叶滤机的基本形式

(a) 立式垂直滤叶　　(b) 立式水平滤叶　　(c) 卧式垂直滤叶　　(d) 卧式水平滤叶

构复杂，维修较困难，造价高，适于大规模生产应用。

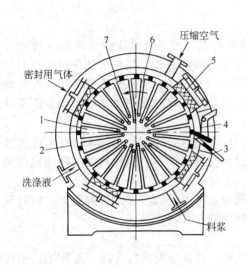

图 10-5　转鼓加压过滤机

1—转鼓；2—外筒；3—滤布清洗喷嘴；4—
刮刀；5—隔板；6—滤液管；7—滤板

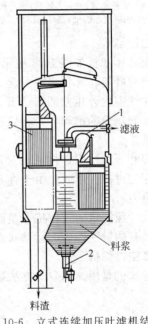

图 10-6　立式连续加压叶滤机结构

1—挠性管；2—搅拌器；3—矩形滤叶组

10.1.1.5　连续式加压叶滤机

（1）立式连续加压叶滤机　立式连续加压过滤机结构如图 10-6 所示。立式滤槽沿周向分割成几个滤室，几组矩形滤叶沿立轴间歇升降并回转，以跨过各滤室的隔墙。当滤叶组浸入料浆室中，即进行过滤并形成滤饼；滤叶组降入卸饼室中，可用空气反吹卸料；必要时还可进行预敷助滤剂、洗涤滤饼等过程。运行中，连续供料，由阀门控制间歇排渣。该机型主要用于难过滤药品的过滤，其结构复杂，空间占据高度大，最大机型的过滤面积达 160m²。

（2）卧式连续加压叶滤机　卧式连续加压叶滤机如图 10-7 所示，六组垂直圆盘形滤叶装在空心滤轴上，由齿轮箱拖动其既进行自转又进行公转。滤槽内保持一定的料浆高度，各组滤叶依次沉入料浆中完成过滤和成饼过程。当滤叶旋出液面后，密闭滤槽中的恒压气体进一步使滤饼脱水，与过滤及脱水的圆盘相连的排液阀是关闭的，此时有吹气阀与其相连，将滤饼吹落到输送带上。排渣管中的料位将控制排渣阀间歇打开，并将滤渣排出。这种机型结构复杂，适于大规模生产和自动化控制操作。

10.1.1.6　动态旋叶压滤机

动态压滤机分为旋叶压滤机和旋管压滤机，是应用动态过滤原理，利用旋转件产生高剪切力，从而限制滤饼层的厚度，获得很高的过滤速度。特别适合于高分散度、低浓度及可压

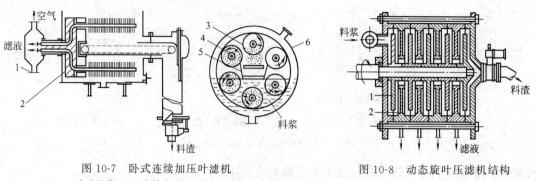

图 10-7　卧式连续加压叶滤机
1—滤叶总管；2—大转盘；3—圆盘滤叶组；
4—空心滤轴；5—滤饼槽；6—滤槽

图 10-8　动态旋叶压滤机结构
1—叶轮；2—过滤介质

缩性物料的过滤。

动态旋叶压滤机如图 10-8 所示，与板框压滤机类似，由多级操作单元组成，每个滤室都有一旋转的叶轮，叶轮串在一起，由电动机通过主轴带动旋转。当料浆加压后由进料口进入滤室，在滤室内外压差的推动下，滤液穿过薄层滤饼和过滤介质从滤液口排出。在叶轮的离心力和级间压差的推动下，料浆逐级增浓，最后增浓到一定浓度的浓浆在流动状态下从最末级排出机外。

动态旋叶压滤机中，料浆在过滤过程中始终与过滤介质平行流动，以压力为过滤推动力，滤液穿过过滤介质时，由于在其上不积存或仅积有薄层滤饼，因此，可消除或成倍减少滤饼层的阻力。

动态旋叶压滤机的工作特点是既能提高过滤压力，又可降低整个滤饼的阻力，同时利用过滤物料具有的触变性，在运动状态下降低料浆稠度的特性进行操作。

10.1.2　真空过滤机

真空过滤机是用抽真空的方法抽取滤室内的气体，使滤室与大气之间产生压差，迫使滤

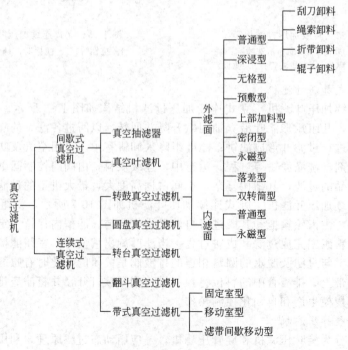

图 10-9　真空过滤机的分类

液穿过过滤介质，固体颗粒被过滤介质截留，以达到固液分离的目的。真空过滤机理和加压过滤机理基本相同，所不同的是由于滤室内过滤介质的一侧压力低于大气压，推动力较小。

真空过滤机的分类如图 10-9 所示，主要有间歇式和连续式两类。

10.1.2.1　转鼓真空过滤机

转鼓真空过滤机是一种连续式的过滤机。其特点是把过滤、洗涤、吹干、卸渣和清洗滤布等几个阶段的操作在转鼓的旋转过程中完成，转鼓每旋转一周，过滤机完成一个循环周期。

转鼓真空过滤机的主要部件是一个水平放置的回转圆鼓，简称转鼓（转筒），如图 10-10 所示。筒上钻有许多小孔，外面包上金属网和滤布。筒的内部用隔板分成 12 个互不相通的扇形格，一端与分配头相接。

转鼓真空过滤机的最大优点是在于操作自动化，单位过滤面积的生产能力大，只要改变过滤机的转速便可以调节滤饼的厚度。缺点是过滤面积远小于板框压滤机，设备结构比较复杂，滤渣的含湿量比较高，一般为 10% ～30%，洗涤也不够彻底等。

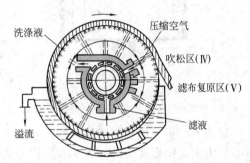

转鼓真空过滤机适用于颗粒不太细，黏性不太大的悬浮液。不宜用于温度太高的悬浮液，以免滤液的蒸气压过大而使真空失效。

图 10-10　转鼓真空过滤机操作示意图

10.1.2.2　其他真空过滤机

① 真空抽滤器　结构简单，过滤推动力较重力过滤器大。

② 真空叶滤机　结构简单，适于一般的泥浆状物料过滤，但操作条件较差，劳动强度较高。

③ 圆盘真空过滤机　按单位过滤面积计算价格最低，占地面积小，但滤饼湿度高于转鼓真空过滤机。由于过滤面为立式，滤饼厚薄不均，易龟裂，不易洗涤，薄层滤饼卸料困难，滤布磨损快，且易堵塞。易于处理沉降速度不高，易过滤的物料，不适合处理非黏性物料，应用范围与转鼓真空过滤机相同。

④ 转台真空过滤机　结构简单，洗涤效果好，洗涤液与滤液分开，对于脱水快的料浆，单台过滤机的处理量大，缺点是，占地面积大，滤布磨损快，且易堵塞。

⑤ 翻斗真空过滤机　可过滤黏稠的物料，适应性强，适用于分离含固量的质量分数大于 20%，密度较大，且易分离和滤饼要进行充分洗涤的料浆，常用于化工，轻工等行业。

⑥ 带式真空过滤机　分固定室式、移动室式、滤带间歇移动式三种，带式真空过滤机是水平过滤面，上面加料，过滤效率高，洗涤效果好，滤饼厚度可调，滤布可正反两面同时洗涤，操作灵活，维修费用低，可应用于化工、制药、食品行业，对于沉降速度较快的料浆的分离性能好，当滤饼需要洗涤时更为优良。

10.2　过滤离心机

利用离心力作为推动力分离液相非均相的过程称为离心分离。其设备称为离心机，有时也称离心设备。用作固液分离的离心机一般可分为两类：①过滤离心装置，固相截留在可渗透隔板表面而允许液相通过；②离心沉降机，它要求两相有密度差。

　　离心机的适用范围极广，从不同分子量的气体分离到将近 6mm 的碎煤脱水都适宜。

　　其中，过滤离心机的工作原理如图 10-11 所示。其转鼓壁上开有许多孔，供排出滤液用。转鼓内壁上铺设的过滤介质一般由金属丝底网和滤布组成。加入转鼓内的悬浮液随转鼓一同旋转，悬浮液中的固相颗粒在离心力作用下沿径向移动，被截留在过滤介质表面形成滤饼层，而液体在离心力作用下透过滤渣层、过滤介质和鼓壁上的孔被甩出转鼓，实现固体颗粒与液体的分离。

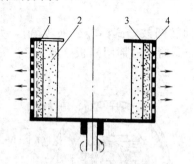

图 10-11　过滤离心机工作原理
1—滤饼；2—悬浮液；3—过滤介质；4—转鼓

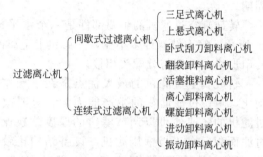

图 10-12　过滤离心机分类

　　过滤离心机一般用于固体颗粒尺寸大于 $10\mu m$、滤饼压缩性不大的悬浮液的过滤。过滤离心机由于支撑形式、卸料方式和操作方式的不同而有多种结构类型，如图 10-12 所示的过滤离心机分类。

10.2.1　三足式离心机

　　三足式离心机大多为过滤式离心机，是制药厂中应用较普遍的离心机。按卸料方式分有人工上部卸料和刮刀下部卸料两种形式。

　　常用的是间歇操作，上部卸料，其结构如图 10-13 所示，主要由柱脚、底盘、主轴、机壳及转鼓等部件组成。整个底盘悬挂在三个支柱的球面支撑上，可沿水平方向自由摆动，有利于减缓由于物料分布不均所引起的振动。主轴短而粗，鼓底呈内凹形，使转鼓质心靠近上轴承，这样可使整机高度降低，而且使转轴系统的临界转速远高于离心机的工作转速，减小了振动。还由于支撑摆杆的挠性较大，使得整个悬吊系统的固有频率远远低于离心机的工作频率，提高了减振效果。

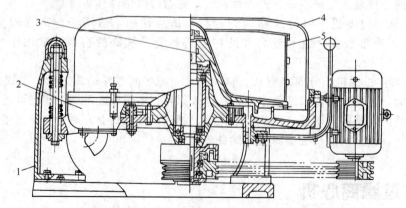

图 10-13　人工上部卸料三足式离心机结构
1—柱脚；2—底盘；3—主轴；4—机壳；5—转鼓

　　为使机器运转平稳，物料加入时应均匀分布，一般情况下，分离悬浮液时，在离心机启动后再逐渐加入转鼓；分离膏状物料或成件物品时，应在离心机启动前均匀放入转鼓内。

三足式离心机的优点是：结构简单、操作平稳、占地面积小、过滤推动力大、过滤速度快、滤渣可洗涤、滤渣含液量低。适用于过滤周期长、处理量不大、但滤渣要求含浓量低时的过滤。对粒状、结晶状或纤维状的物料脱水效果较好，晶体不易磨损。操作的过滤时间可根据滤渣中湿含量的要求控制，灵活方便，故广泛用于小批量、多品种物科的分离。其缺点是：须从转鼓上部卸除滤饼；需要比较繁重的体力劳动；传动机构和制动都在机身下部，易受腐蚀。

10.2.2　活塞推料离心机

卧式活塞推料离心机是连续运转、自动操作、液压脉动卸料的过滤式离心机。如图 10-14 所示的单级活塞推料离心机，悬浮液通过进料管送到圆锥形加料斗中，在转鼓内壁有滤网，在离心力的作用下，滤液沿加料斗内壁流动，穿过滤网，由滤液出口连续排出。积于滤网上的滤渣，在与加料斗一起作往复运动的活塞推进器的作用下，将转鼓内的滤渣推至出口，途中受到冲洗管出来的水的喷洗，洗水由另一出口排出。

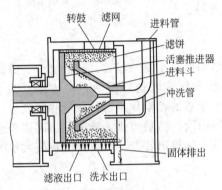

图 10-14　单级活塞推料离心机

过滤介质一般为板状或条形滤网，滤网间隙较大，适合过滤固相颗粒大于 0.1mm、固相浓度大于 30% 的结晶颗粒或纤维状物料。

活塞推料离心机对悬浮液固相浓度的波动很敏感。浓度变低，来不及分离的液体将会冲走滤网上已经形成的滤渣层；浓度过高，由于料浆流动性差，使物料在滤网上局部堆积，引起振动。为此，悬浮液需经过预浓缩处理，以得到合适的进料浓度。对于胶状悬浮物、无定形物料及摩擦系数大的物料不宜选用活塞推料离心机。

活塞推料离心机具有分离效率高、生产能力大、操作连续、功耗均匀、滤渣湿含量低、颗粒破碎度小等优点，但只宜用于中、粗颗粒及浓度较高的悬浮液的过滤脱水。

10.3　沉降离心机

沉降离心的原理如图 10-15 所示。沉降式离心机是一种鼓壁上无孔，借助于离心力实现沉降分离的离心机。

典型的沉降离心机有三足式沉降离心机和螺旋卸料沉降离心机两种。

10.3.1　三足式沉降离心机

三足式沉降离心机结构与三足式过滤离心机的最大区别是转鼓壁上不开孔。物料在离心力作用下，固体颗粒沉降至转鼓壁，澄清的液体沿转鼓向上流动，经拦液板连续溢流排出。当沉渣达到一定厚度时停止进料。澄清液先用撇液管撇出机外，再将剩下较干的沉渣卸除。

该机型分离效率较低，一般只适宜处理较易分离的物料；因是间歇操作，为避免频繁的卸料、清洗，处理的物料一般含固量都不高（约 3%～5%）。该机的结构简单，价格低，适应性强，操作方

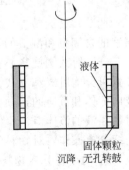

图 10-15　沉降离心原理示意图

便。常用于中小规模的生产，例如要求不高的料浆脱水，液体净化，从废液中回收有用的固体颗粒等。

近年来，该机型的发展较快，品种规格增多。如图 10-16 所示的三转鼓沉降三足式离心机，是该机型在结构上的重大改进，即在主轴上同心安装三个不同直径的转鼓，悬浮液通过三根单独进料管分别加入不同的转鼓。这样可有效利用转鼓内的空间，增加液体在转鼓内的停留时间，并能在较低的转速获得相同的分离效率。

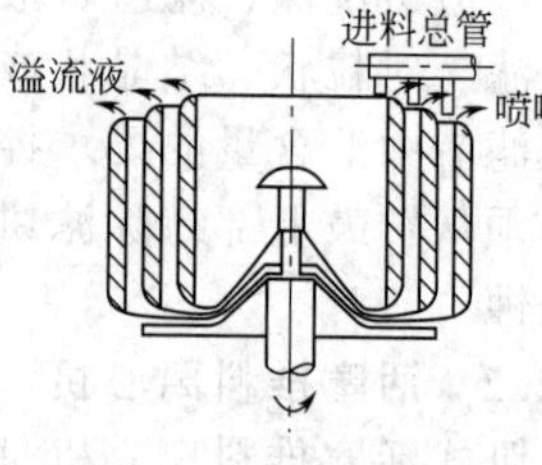

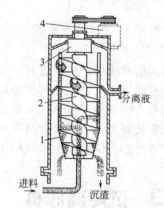

图 10-16　三转鼓沉降三足式离心机示意图

10.3.2　螺旋卸料沉降离心机

螺旋卸料沉降离心机是在全速下同时连续完成进料、分离、排液、排渣的离心机。

10.3.2.1　卧式螺旋卸料沉降离心机

（1）工作原理　卧式螺旋卸料沉降离心机的基本结构由三个部分组成：转鼓部分、螺旋输送器和驱动装置。其工作原理如图 10-17 所示。转鼓和螺旋输送器同轴心安装在主轴承上，螺旋叶片外缘与转鼓内壁之间有微小间隙，由于差速器的差动作用，使螺旋和转鼓有一转速差。被分离的悬浮液从中心加料管进入螺旋输送器内筒，然后再进入转鼓内。固体粒子在离心力的作用下沉降到转鼓内表面上，由螺旋推送到小端排出转鼓。分离液由转鼓大端的溢流孔排出。

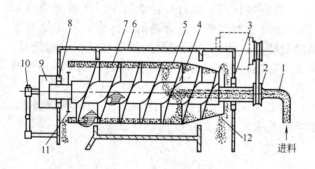

图 10-17　螺旋卸料沉降离心机工作原理

1—进料管；2—V 形带轮；3,8—轴承；4—螺旋输送器；5—进料孔；6—机壳；7—转鼓；9—行星差速器；10—过载保护装置；11—溢流孔；12—排渣口

图 10-18　立式螺旋卸料沉降离心机的工作原理

1—转鼓；2—输料螺旋；3—差速器；4—电动机

调节转鼓的转速、转鼓与螺旋的转速差、进料量、溢流孔径向尺寸等参数，可以改变分离液的含固量和沉渣的含湿量。

（2）卧式螺旋离心机的使用　卧式螺旋离心机的发展很快，形成了不同的机型。按转鼓位置可分为卧式和立式；按用途分为脱水型、澄清型、分级型和液-液-固三相分离型；按转鼓内流体和沉渣的运动方向可分为逆流式和并流式。在药物生产中，卧式螺旋离心机适用于对悬浮液的液体澄清、固体脱水及粒度分级和废水处理等，并进行有效的沉渣输送。具有可连续分离操作，对物料的适应性强。在选用时应考虑以下几个方面。

① 对于易分离物料的固相脱水，可以得到含液量较低的固体。

② 对于细粒级难分离的悬浮液，采用高分离因数，大长径比的螺旋离心机来完成。

③ 对于固相浓度大的液-液-固三相悬浮液可采用特殊结构的螺旋离心机来完成。

④ 对固相颗粒粒度分级，可采用适当的分离因数和合理的结构来实现。

10.3.2.2 立式螺旋卸料沉降离心机

该机型的工作原理与卧式螺旋卸料沉降离心机基本相同，主要是转鼓的位置布置和支承方式不同，如图 10-18 所示。被分离的物料从下部的中心进料管经螺旋输送器内筒的加料室进入转鼓内，在离心力的作用下固相颗粒沉降到鼓壁内表面，由螺旋输送器向下推至转鼓小端的排渣口排出，液相则沿螺旋通道向上流动，澄清液由溢流口排出转鼓，从机壳中部的排液管排出。

立式螺旋卸料沉降离心机的使用基本与卧式螺旋卸料沉降离心机相同。

10.4 离心分离机

10.4.1 碟式分离机

以叠加在一起的锥形碟片在高速旋转过程中对物料进行分离的设备，主要用于液-液乳浊液分离和固-液悬浮液的分离。

碟式分离机按分离原理分为离心澄清型和离心分离型两类。分离机高速旋转形成一个强大的离心力场，料液在强大的离心力场的作用下，由于物料的密度差的存在，重组分受到了较大的离心力沿着锥形碟片下表面滑移出沉降区，进入混流过渡区并汇聚喷嘴排出机外；而轻组分因受到的离心力较小，汇聚向心泵室后排出机外，完成整个过程。如图 10-19 所示的分离乳浊液的碟式分离机，主要由转鼓、机壳、传动系统、控制系统和机座组成。

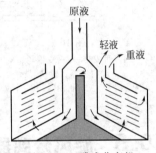

图 10-19 碟式分离机

10.4.2 管式分离机

管式分离机是高分离因数的离心机，分离因数可达15000～65000。适用于含固量低于 1%、固相粒度小于 5μm、黏度较大的悬浮液澄清，或用于轻液相与重液相密度差小、分散性很高的乳浊液及液-液-固三相混合物的分离。管式分离机的结构简单，体积小，运转可靠，操作维修方便，但是单机生产能力较小，需停车清除转鼓内的沉渣。

管式分离机结构如图 10-20 所示。管状转鼓通过挠性主轴悬挂支承在皮带轮的缓冲橡胶块上，电动机通过平皮带带动主轴与转鼓高速旋转，工作转速远高于回转系统的第一临界转速，转鼓质心远离上部支点，高速旋转时能自动对中，运转平稳。在转鼓下部设有振幅限制装置，把转鼓的振幅限制在允许值的范围内，以确保安全运转。转鼓内沿轴向装有与转鼓同步旋转的三叶板，使进入转鼓内的物料很快与转鼓同速旋转。转鼓底盖上的空心轴插入机壳下部的轴承中，轴承外侧装有减振器，限制转鼓的径向运动。转鼓上端附近有液体收集器，收集从转鼓上部排出的液体。

管式分离机转鼓有澄清型和分离型两种，如图 10-21 所示。澄清型用于含少量高分散固体粒子的悬浮液澄清，悬浮液由下部进入转鼓，在向上流动过程中，所含固体粒子在离心力作用下沉积在转鼓内壁，清液从转鼓上部溢流排出。分离型用于乳浊液或含少量固体粒子的分离，乳浊液在离心力的作用下在转鼓内分为轻液层和重液层，分界面位置可以通过改变重液出口半径来调节，以适应不同的乳浊液和不同的分离要求。分离型管式分离机的液体收集器有轻液和重液两个出口，澄清型只有一个液体出口。

管式分离机有开式和密闭式两种结构。密闭式的机壳是密闭的，液体出口管上有液封装置，可防止易挥发组分的蒸气外泄。

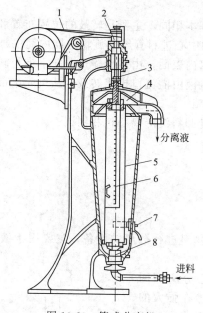

图 10-20　管式分离机
1—平皮带；2—皮带轮；3—主轴；4—液体
收集器；5—转鼓；6—三叶板；
7—制动器；8—转鼓下轴承

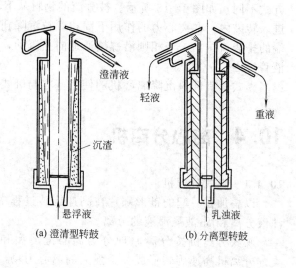

(a) 澄清型转鼓　　(b) 分离型转鼓

图 10-21　管式分离机转鼓

10.5　旋风分离器

旋风分离器是利用气态非均相在作高速旋转时所产生的离心力，将粉尘从气流中分离出来的干式气固分离设备。

旋风分离器的主要特点是结构简单，操作弹性大，对于捕集 $5\sim10\mu m$ 以上的粉尘，效率较高，管理维修方便，价格低廉。因此，广泛应用于工业生产中，特别是在粉尘颗粒较粗，含尘浓度较大，高温、高压条件下，或是在流化床反应器内作为内旋风分离器，或作为预分离器等方面，是极其良好的分离设备。但是它对细尘粒（如 $<5\mu m$）的分离效率较低。为了提高除尘效率，降低阻力，已出现了如螺旋型、涡旋型、旁路型、扩散型、旋流型和多管式等各种形式的旋风分离器。

10.5.1　工作原理

常用的切向导入（切流）式旋风分离器的分离原理及结构示意如图 10-22 所示。含尘气流以 $12\sim30m/s$ 速度由进气管进入旋风分离器时，气流将由直线运动变为圆周运动。旋转气流的绝大部分，沿器壁自圆筒体呈螺旋形向下朝锥体流动。此外，颗粒在离心力的作用下，被甩向器壁，尘粒一旦与器壁接触，便失去惯性力，而靠器壁附近的向下轴向速度的动量沿壁面下落，进入排灰管。旋转下降的外旋气流，在下降过程中不断向分离器的中心

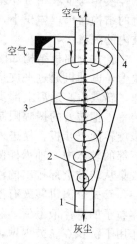

图 10-22　旋风分离器
结构示意图
1—排灰管（或灰斗）；
2—圆锥体；3—圆
筒体；4—顶盖

部分流入，形成向心的径向气流，这部分气流就构成了旋转向上的内旋流。内、外旋流的旋转方向是相同的。最后净化气经排气管排出器外，一部分未被分离下来的较细尘粒也随之逃逸。自进气管流入的另一小部分气体，则通过旋风分离器顶盖，沿排气管外侧向下流动，当到达排气管下端时，与上升的内旋气流汇合，进入排气管，于是分散在这部分上旋气流中的细颗粒也随之被带走，并在其后用袋滤器或湿式除尘器捕集。

气体和固体颗粒在旋风分离器中的运动是很复杂的。在器内任一点都有切向、径向和轴向速度，并随沉降过程旋转半径 R 而变化。由于气体中有涡流存在，阻碍尘粒的沉降甚至可能把已经沉降到器壁的尘粒重新卷起，造成返混现象。反之细小的粒子，由于进入分离器时已接近器壁，或因互相结聚成较大颗粒而从气流中分离出来。因此，在实际操作中应控制适当的气速。实验表明，气速过小，分离效率不高。但气速过高，返混现象严重，同样会降低分离效率。

10.5.2 旋风分离器的优缺点

优点：构造简单，没有运动部件；操作不受温度、压力限制；可分离出小到 $5\mu m$ 的微粒。

缺点：气体在器内流动阻力大，微粒对器壁有较严重的机械磨损；对气体流量的变动敏感；细粒子的灰尘不能充分除净。

10.6 袋式过滤器

袋式过滤器（简称袋滤器）是利用过滤材料，使固体颗粒从含尘气体中分离出来的一种分离设备。由于一次性投资比电除尘器少，运行费用比高效湿式除尘器低，而分离效率又比旋风分离器高，因而广泛应用于工业装置中。

工业上早期应用的袋式过滤器是人工机械振打清灰，随后发展为脉冲喷吹清灰技术，使清灰技术有了突破，实现了袋滤器的除尘与清灰的连续操作。随着新型耐用、耐腐蚀、耐高温、低压降、易清灰滤材的应用，特别是非织物的聚合物材料和金属丝织物混合物滤材的发展，使其在工业上的应用日益广泛，已成为主要的高效分离设备。在喷雾干燥，流化床制粒中也常用袋式过滤器来回收细粒固体产品。

袋式过滤器对 $1\sim5\mu m$ 细微粒的分离效率可达 99% 以上，还可除去 $1\mu m$ 甚至 $0.1\mu m$ 的尘粒，但其过滤速度低，占地面积大，更换麻烦等缺点，需进一步改进。

袋式过滤器是以有机纤维或无机纤维作为滤料，特点是除尘效率高，性能稳定，可以捕集不同性质的粉尘，入口浓度对其过滤性能影响不大，并不受处理气量的限制等，广泛用于回收微细粉尘和三废治理。但是，袋式过滤器却受到滤料的耐温、耐腐蚀性等限制，一般仅适用于 250℃ 以下，且不适于黏性物料和吸湿性较强的粉尘。当气体温度低于露点时，因结露常会引起滤袋的堵塞而不能正常工作。

10.6.1 结构及类型

袋式过滤器构造比较简单，如图 10-23 所示。

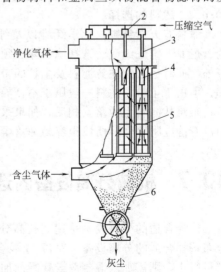

图 10-23 袋式过滤器结构示意图
1—排灰阀；2—电磁阀；3—喷嘴；4—文丘里管；5—滤袋骨架；6—灰斗

在一个带有锥底的矩形金属外壳内，垂直安装着若干个长 2～3.5m，直径约 0.15～0.2m 的滤袋，袋的下端紧套在花板的短管上，上端则悬在一个可以振动的框架上。

　　含尘气体自袋式过滤器的左端进入，向下流动，经花板从袋的下端进入袋内，气体则穿过滤袋，而灰尘则被留在袋的内表面上，净制后的气体经过气体出口排出。随着操作的进行，灰尘将越积越厚，过滤的阻力将越来越大，因此在操作一定时间之后，应当用专门的振动装置，将灰尘从袋上抖落到锥底，再由锥底上螺旋输送器排出。

　　袋式过滤器种类很多，其分类如下。

　　(1) 按含尘气流进气方式分类　可分为内滤式和外滤式。内滤式系含尘气流由滤袋内向滤袋外流动，粉尘被截留在滤袋内。外滤式则反之，粉尘被截留在滤袋外。为防止滤袋被吹瘪，外滤式在滤袋内必须设置骨架。内滤式一般适用于机械振打清灰方式，而外滤式适用于脉冲清灰，逆气流反吹清灰。

　　(2) 按含尘气体的流向与被分离粉尘的下落方向分类　可分为顺流式和逆流式。顺流式为含尘气体与被分离的粉尘下落方向一致，逆流式则相反。上述分类如图 10-24 所示。

　　(3) 按清灰方式分类　袋式过滤器可分为机械振打式、气环反吹式及脉冲袋式过滤器等。

　　(4) 按过滤器内的压力分类　可分为负压式和正压式。负压式的风机置于过滤器之后，风机不易被磨损，但需要密闭，不能漏气，结构较复杂。正压式的风机置于过滤器前面，虽结构简单，但由于含尘气体经过风机，所以容易磨损。

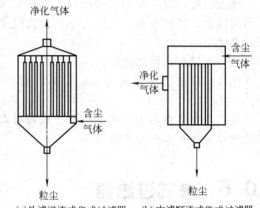

(a)外滤逆流式袋式过滤器　(b)内滤顺流式袋式过滤器

图 10-24　内、外滤袋式过滤器

　　(5) 按滤袋的形状分类　可分为圆袋和扁袋两种。圆袋结构简单，便于清灰和维修，应用较广。扁袋的特点是结构紧凑，大大提高了单位体积内的过滤面积，但清灰及换袋较困难。

10.6.2　滤料的选择

　　滤料有天然纤维，化学纤维以及纤维混合等多种，目前广泛采用的是合成纤维，如涤纶、尼龙、维尼纶等。选择滤料除必须考虑含尘气体的温度、湿度、酸碱性及粉尘的黏附性等外，同时还必须注意滤料及尘粒的带电性。滤料与尘粒若带相反的电荷，即可提高除尘效率。但由于尘粒与滤料一般属于不良导体，所以滤料上将始终附着尘粒，即使振打滤料，尘粒也很难从滤料上脱落。相反，如果采用带有与尘粒同种电荷的滤料，附着的尘粒和滤料之间没有静电附着性，所以很容易掉落尘粒，阻力不会因此而增加。

10.7　机械分离设备的选择

　　选择合适的分离设备是达到较高分离效率的关键。对气-固混合物系：根据颗粒的粒径分布选择合适的分离设备。对液-固混合物系：考虑颗粒粒径分布及其含固量大小。若颗粒粒径很小，则需加入混凝剂或絮凝剂加速沉降。利用助滤剂改变滤饼结构；利用混凝剂、絮凝剂改变悬浮液中颗粒聚集状态；利用动态过滤等新型过滤方法。

10.7.1　气-固分离

　　① 重力沉降主要用于除去 $50\mu m$ 以上的粗大颗粒。

②　旋风分离器主要用于除去 $5\mu m$ 以上的颗粒。

③　生产过程中所遇到的颗粒多在 $5\mu m$ 以下，此时应选择电除尘器、袋滤器、湿式除尘器。

10.7.2　液-固分离

（1）分离目的为获得固体产品

①　增浓：固相浓度小于 1% 时，应使用连续沉降槽、旋液分离器、沉降离心机进行分离。

②　过滤：当粒径大于 $50\mu m$ 时，优先选用过滤离心机；当粒径小于 $50\mu m$ 时，则考虑压差过滤设备。

③　固相浓度为 $1\%\sim 10\%$ 时，应选择板框压滤机；固相浓度 5% 以上，最好使用真空过滤机；过滤离心机适用于固相浓度在 10% 以上的混合物。

（2）分离目的为澄清液体

①　利用连续沉降槽、过滤机、过滤离心机或沉降离心机分离不同大小的颗粒，还可加入絮凝剂或助滤剂。

②　澄清要求非常高时，可在最后采用深层过滤。

思　考　题

10-1　制药生产中，常用的非均相分离方法有哪些？进行分离的目的是什么？

10-2　加压过滤机的分类、特点及其应用场合？列举几种常用加压过滤机，并说出各自的结构特点？

10-3　真空过滤机的工作原理是什么？转鼓真空过滤机的结构特点及适用范围？

10-4　简要说明离心过滤和沉降离心的原理？常用过滤离心机及沉降离心机有哪些？

10-5　旋风分离器的工作原理？扩散型旋风分离器的结构特点是什么？

10-6　袋式过滤器的结构、分类及其应用？

10-7　如何对机械分离设备进行选择？

第 11 章 萃取与浸出设备

溶剂萃取法是用一种溶剂将目标药物从另一种溶剂中提取出来的方法，这两种溶剂不能互溶或只部分互溶，能形成便于分离的两相。溶剂萃取对热敏物质破坏少，采用多级萃取时，溶质浓缩倍数和纯化度高，便于连续生产，生产周期短，但溶剂消耗量大，对设备和安全要求高。传统制药行业中萃取技术是指溶剂萃取法和双水相萃取法。

如果待处理的混合物在通常状态下是固体，则此过程为液-固萃取，习惯上称浸出，也称为提取或浸取，即应用溶液将固体原料中的可溶组分提出来的操作。浸出药剂主要系指用适当的浸出溶剂和方法，从药材（动植物）中浸出有效成分所制成的供内服或外用的药物制剂。药材的浸出物也可作为原料供制其他制剂的应用。因此，浸出的含义除针对植物或动物药材外，也包括了对其他天然药材萃取某些成分的基本过程。

中药传统的浸出方法有煎煮法、浸渍法、渗漉法、回流提取法、水蒸气蒸馏法等。我国古代医籍中就有用水煎煮、酒浸渍提取药材的记载。随着科学技术的进步，在多学科互相渗透对浸出原理及过程深入研究的基础上，浸出新方法、新技术，如半仿生提取法、超声提取法、超临界流体萃取法、旋流提取法、微波萃取法、加压逆流提取法、酶法提取等不断被采用，提高了中药制剂的质量。

11.1 液-液萃取设备

萃取法是 20 世纪 40 年代兴起的一项分离技术，比化学沉淀法分离程度高；比离子交换法选择性好，传质快；比蒸馏法能耗低且生产能力大，周期短、便于连续操作和自动控制。萃取法分溶剂萃取和双水相萃取等。溶剂萃取一般用于小分子物质的提取，双水相萃取常用于蛋白质等大分子物质的提取。

如图 11-1 所示，溶剂萃取操作是将一种溶剂加入到料液中，使溶剂与料液充分混合，则欲分离的物质能够较多地溶解在溶剂中，并与剩余的料液分层，从而达到分离的目的。萃取操作的实质是利用欲分离组分在溶剂中与原料液中溶解度的差异来实现的。在溶剂萃取中，欲提取的物质称为溶质，用于萃取的溶剂称为萃取剂，溶质转移到萃取剂中得到的溶液称为萃取液，剩余的料液称为萃余液。溶剂萃取是以分配定律为基础的。

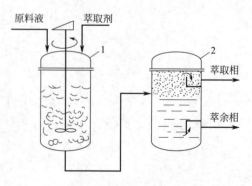

图 11-1 萃取原理流程
1—萃取器；2—分离器

双水相萃取法是利用物质在互不相溶的两水相间分配系数的差异来进行萃取的方法。双水相萃取的一个重要优点是可以直接从细胞破碎浆液中萃取蛋白质而无需将细胞碎片分离，一步操作可达到固液分离和纯化两个目的。

液-液萃取设备应包括三个部分：混合设备、分离设备和溶剂回收设备。混合设备是真正进行萃取的设备，它要求料液与萃取剂充分混合形成乳浊液，欲分离的产品自料液转入萃取剂中。分离设备是将萃取后形成的萃取相和萃余相进行分离。溶剂回收设备需要把萃取液中的产品与萃取溶剂分离并加以回收。混合通常在搅拌罐中进行，也可将料液与萃取剂在管道内以很高速度混合，称管道萃取，也有利用喷射泵进行涡流混合，称喷射萃取。分离多采用分离因数较高的离心机，也可将混合与分离同时在一个设备内完成，称萃取机。大多数药物产品在 pH 变化较大时不稳定，这就要求混合分离能够快速进行，其次，由于料液中常含有可溶性蛋白质和糖，萃取过程中会产生乳化现象而影响分离，因此，各种类型的萃取分离塔是不适用的。溶剂回收利用各种蒸馏设备来完成，这里不再重复。

11.1.1 混合设备

萃取操作中，用于两液相混合的设备有混合罐、混合管、喷射式混合器及泵等。

混合罐的结构类似于带机械搅拌的密闭式反应罐，详细内容参见第 9 章，这里重点介绍混合管和喷射式混合器。

(1) 混合管 通常采用混合排管。萃取剂及料液在一定流速下进入管道一端，混合后从另一端导出，为了保证较高的萃取效果，料液在管道内应维持足够的停留时间，并使流动呈完全湍流状态，强迫料液充分混合。一般要求 $Re=(5\sim10)\times10^4$，流体在管内平均停留时间 $10\sim20s$。混合管的萃取效果高于混合罐，且为连续操作。

(2) 喷射式混合器 图 11-2 所示为三种常见的喷射式混合器示意图。其中图 11-2(a) 所示为器内混合过程，即萃取剂及料液由各自导管进入器内进行混合，图 11-2(b)、图 11-2(c) 则为两液相已在器外汇合，然后进入器内经喷嘴或孔板后，加强了湍流程度，从而提高了萃取效率。喷射式混合器是一种体积小效率高的混合装置，特别适用于低黏度、易分散的料液。这种设备投资小，但需要料液在较高的压力下进入混合器。

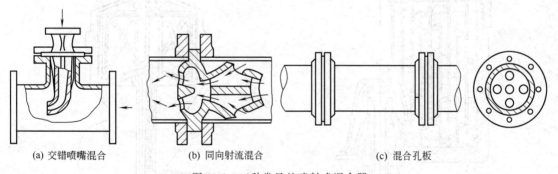

(a) 交错喷嘴混合　　　(b) 同向射流混合　　　(c) 混合孔板

图 11-2 三种常见的喷射式混合器

另外，若两液相容易混合时，可直接利用离心泵在循环输送过程中进行混合。

11.1.2 分离设备

在生物制药中，由于欲萃取分离的料液中常含有一定量的蛋白质等表面活性物质，致使混合后形成相当稳定的乳浊液，这种乳浊液即便加入某些去乳化剂，也很难在短时间内靠重力进行分离，一般采用分离因数很大的碟式高速离心机和管式超速离心机进行分离操作。

11.1.3 离心萃取机

11.1.3.1 多级离心萃取机

多级离心萃取机是在一台设备中装有两级或三级混合及分离装置的逆流萃取设备。图 11-3 所示为 Luwesta EK10007 三级逆流离心萃取机结构。分上、中、下三段，下段是第一级混合与分离区，中段是第二级，上段是第三级，每一段的下部都是混合区域，中部是分离区域，上部是重液相引出区域。新鲜的萃取剂由第三级加入，待萃取料液则由第一级加入，萃取轻液相在第一级引出，萃余重液则在第三级引出。

11.1.3.2　立式连续逆流离心萃取机

立式连续逆流离心萃取机是将萃取剂与料液在逆流情况下进行多次接触和多次分离的萃取设备。图 11-4 所示为 α-Laval ABE-216 型离心萃取机的结构。其主要部件为一由 11 个不同直径的同心圆筒组成的转鼓，每个圆筒上均在一端开孔，作为料液和萃取剂流动的通道，由于相邻筒之间开孔位置上下错开，使液体上下曲折流动。从中心向外数第 4～11 筒的外壁上均焊有螺旋形导流板，这样就使两个液相的流动路程大为加长，从而延长了两液相的混合与分离时间，在螺旋形导流板上又开设大小不同的缺口，使螺旋形长通道中形成很多短路，增加了两液相之间的接触机会。

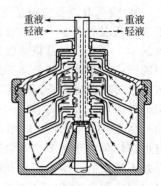

图 11-3　Luwesta EK10007
三级逆流离心萃取机结构

操作时，重液相（料液）由底部轴周围的套管进入转鼓后，沿螺旋形通道由内向外顺次流经各筒，最后由外筒经溢流环到向心泵室被排出。轻液（萃取剂）则由底部的中心管进入转鼓，流入第十圆筒，从下端进入螺旋形通道，由外向内顺次流过各筒，最后从第一筒经出口排出。图 11-5 所示为 ABE-216 型离心萃取机液体流向示意图。

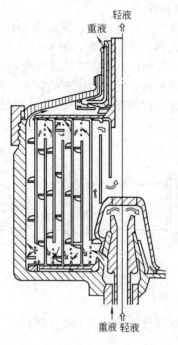

图 11-4　α-Laval ABE-216
型离心萃取机结构

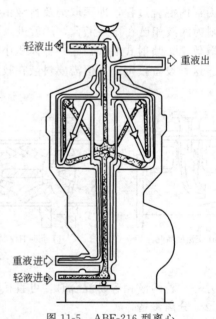

图 11-5　ABE-216 型离心
萃取机液体流向示意图

11.1.3.3　三相倾析式离心机

三相倾析式离心机可同时分离重液、轻液及固体三相。图 11-6 所示为 20 世纪 80 年代德国 Westfalia 公司研制的三相倾析式离心机的结构。它由圆柱-圆锥形转鼓、螺旋输送器、驱动装置、进料系统等组成。该机在螺旋转子柱的两端分别设有调节环和分离盘，以调节轻、重液相界面，轻液相出口处配有向心泵，在泵的压力作用下，将轻液排出。进料系统上设有中心套管式复合进料口，中心管和外套管出口端分别设有轻液相分布器和重液相布料孔，其位置是可调的。从而把转鼓柱端分为重液相澄清区、逆流萃取区和轻液相澄清区。

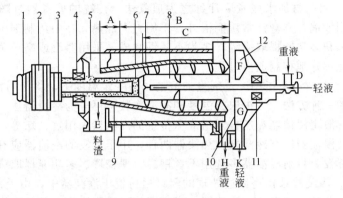

图 11-6　三相倾析式离心机结构

1—V 带；2—差速变动装置；3—转鼓皮带轮；4—轴承；5—外壳；
6—分离盘；7—螺旋输送器；8—轻相分布器；9—转鼓；10—调
节环；11—转鼓主轴承；12—向心泵；A—干燥段；B—澄清段；
C—分离段；D—入口；E—排渣口；F—调节盘；G—调节
管；H—重液出口；K—轻液出口

操作时，料液从重液相进料管进入转鼓的逆流萃取区后受到离心力场的作用，与中心管进入的轻液相（萃取剂）接触，迅速完成相之间的物质转移和液-液-固分离。固体渣子沉积于转鼓内壁，借助于螺旋转子缓慢推向转鼓锥端，并连续地排出转鼓。而萃取液则由转鼓柱端经调节环进入向心泵室，借助向心泵的压力排出。

11.1.4　萃取设备的选择

萃取设备的类型较多，特点各异，物系性质对操作的影响错综复杂。对于具体的萃取过程，选择萃取设备的原则是：在满足工艺条件和要求的前提下，使设备费和操作费之和趋于最低。通常选择萃取设备时应考虑以下因素。

（1）需要的理论级数　当需要的理论级数不超过 2～3 级时，各种萃取设备均可满足要求；当需要的理论级数较多（如超过 4～5 级）时，可选用有外加能量的设备，如混合澄清器等。

（2）生产能力　处理量较小时，可选用填料塔、脉冲塔；处理量较大时，可选用混合澄清器，离心萃取器的处理能力也相当大。

（3）物系的物性　对密度差较大、界面张力较小的物系，可选用无外加能量的设备；对密度差较小、界面张力较大的物系，宜选用有外加能量的设备；对密度差甚小、界面张力小、易乳化的物系，应选用离心萃取器。对有较强腐蚀性的物系，混合澄清器用得较多。物料中有固体悬浮物或在操作过程中产生沉淀物时，需定期清洗，此时一般选用混合澄清器。

（4）物系的稳定性和液体在设备内的停留时间　对生产中要考虑物料的稳定性、要求在设备内停留时间短的物系，如抗生素的生产，宜选用离心萃取器；反之，若萃取物系中伴有缓慢的化学反应，要求有足够长的反应时间，则宜选用混合澄清器。

（5）其他　在选用萃取设备时，还应考虑其他一些因素，如能源供应情况，在电力紧张地区应尽可能选用依靠重力流动的设备；而当生产场地受到限制时，则宜选用混合澄清器。

11.2　浸出设备

11.2.1　浸出设备分类

（1）按浸出方法分类

① 煎煮设备　将药材加水煎煮取汁称之为煎煮法。传统的煎煮器有陶器、沙锅、铜罐等，如煎汤剂常用沙锅，熬膏汁常用铜锅等，采用直火加热。在中药制剂生产中，通常采用敞口倾斜式夹层锅和多功能提取罐等，多为不锈钢制成，采用蒸汽或高压蒸汽加热，既能缩短煎煮时间，也能较好地控制煎煮过程。

② 浸渍设备　浸渍法系指用一定剂量的溶剂，在一定温度下，将药材浸泡一定的时间，以浸提药材成分的一种方法。按提取的温度和浸渍次数，可分为冷浸渍法、热浸渍法和重浸渍法。浸渍设备一般由浸渍器和压榨器组成。传统的浸渍器采用缸、坛等，并加盖密封，如冷浸法制备药酒。浸渍器应有冷浸器及热浸器两种，用于热浸的浸渍器应有回流装置，以防止低沸点溶剂的挥发。目前浸渍器多选用不锈钢罐、搪瓷罐、多功能提取罐等。

③ 渗漉设备　渗漉法系指将经过处理的药材粗粉置于渗漉器中，由上部连续加入溶剂，收集渗漉液提取成分的一种方法。渗漉器一般为圆柱形或圆锥形，其长度为直径的 2～4 倍。以水为溶剂或膨胀性大的药材用圆锥形渗漉器；圆柱形渗漉器适用于以乙醇为溶剂或膨胀性小的药材。小量生产时不锈钢的渗漉器，大量生产时常用的渗漉设备有连续热渗漉器和多级逆流渗漉器等。

④ 回流设备　回流法系用乙醇等易挥发的有机溶剂提取药材成分的一种方法。将提取液加热蒸馏，其中挥发性溶剂蒸发后被冷凝，重复流回到浸出器中浸提药材，这样周而复始，直到有效成分提取完全。回流法可分为回流热浸法和循环回流冷浸法。回流设备是主要用于有机溶剂提取药材有效成分的设备。通过加热回流能加快浸出速率和提高浸出效率，如索式提取器、煎药浓缩机及多功能提取罐等。

（2）按浸出工艺分类

① 单级浸出工艺设备　单级浸出工艺设备是由一个浸出罐组成。将药材和溶剂一次加入提取罐中，经一定时间浸出后收集浸出液、排出药渣。如中药多功能提取罐。

单级浸出的浸出速度是变化的，开始速度大，以后速度逐渐降低，最后到达浸出平衡时速度等于零。

② 多级浸出工艺设备　多级浸出工艺设备由多个浸出罐组成，亦称多次浸出设备。它是将药材置于浸出罐中，将一定量的溶剂分次加入进行浸出。亦可将药材分别装于一组浸出罐中，新溶剂先进入第一个浸出罐与药材接触浸出后，浸出液放入第二个浸出罐与药材接触，这样依次通过全部浸出罐，成品或浓浸出液由最后一个浸出罐流入接受器中，如多级逆流渗漉器。

多级浸出的特点在于有效利用固液两相的浓度梯度，亦可减少药渣吸液引起的成分损失，提高浸出效果。

③ 连续逆流浸出工艺设备　连续逆流浸出工艺设备是使药材与溶剂在浸出罐中沿反向运动并连续接触提取，加料和排渣都自动完成的设备。如 U 形螺旋式提取器、平转式连续逆流提取器等。

连续逆流浸出具有稳定的浓度梯度，且固液两相处于运动状态，是一种动态提取过程，浸出率高，浸出速度快，浸出液浓度高。

在浸出药剂生产中，一般可根据生产规模、溶剂种类、药材性质、所制剂型及浸出方法选用浸出设备。

11.2.2　煎药浓缩机

煎药浓缩机具有提取和浓缩两个功能，它由组合式浓缩锅改造而成，适用于医院制剂室生产。

如图 11-7 所示，煎药浓缩机基本结构有夹层锅、列管加热器、冷凝器、水力喷射真空泵和泵。在列管加热器和锅体的连接管上有蝶阀。

煎药浓缩机的操作方法如下。

① 提取时，先关闭蝶阀，将药材装入锅内，用泵将水抽入列管加热器预热后进大锅内，同时打开锅的蒸汽夹层阀通蒸汽加热，用泵将浸出液经列管加热器循环煮沸后，立即泵回锅内。此时列管加热器停止加热，用夹层蒸汽加热维持沸腾。加热提取完全后，将浸出液泵出，经过滤器过滤后至收集器中，药渣经出渣门排出。

② 浓缩时，打开蝶阀，开启水力喷射真空泵抽真空，将锅内浸出液在列管加热器中蒸发成流浸膏。此时停止列管加热器蒸发，关闭蝶阀，将流浸膏放入锅内，用夹层蒸汽继续加热成浸膏。

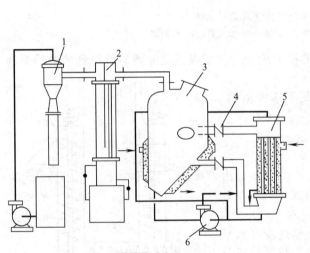

图 11-7　煎药浓缩机示意图

1—水力喷射真空泵；2—冷凝器；3—夹层锅；
4—蝶阀；5—列管加热器；6—泵

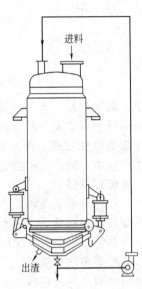

图 11-8　渗漉器示意图

煎药浓缩机在锅上部有投料口，下部设计成斜下锥式并有出渣门，出渣、清洗方便，符合 GMP 要求。该机具有提取时升温快，浓缩时消泡性好，操作时间短，设备利用率高，占地面积小，投资少的优点。

11.2.3　渗漉设备

(1) 渗漉器　如图 11-8 所示，渗漉器一般为圆筒形设备，也有圆锥形，上部有加料口，下部有出渣口，其底部有筛板、筛网或滤布等以支持药粉底层。大型渗漉器有夹层，可通过蒸汽加热或冷冻盐水冷却，以达到浸出所需温度，并能常压、加压及强制循环渗漉操作。

为了提高渗漉速度，可在渗漉器下边加振荡器或在渗漉器侧加超声波发生器以强化渗漉的传质过程。

(2) 多级逆流渗漉器　多级逆流渗漉器克服了普通渗漉器操作周期长，渗漉液浓度低的缺点。该装置一般由 5～10 个渗漉罐、加热器、溶剂罐、贮液罐等组成，如图 11-9 所示。

药材按顺序装入 1～5 个渗漉罐，用泵将溶剂从溶剂罐送入 1# 罐，1# 罐渗漉液经加热器后流入 2# 罐，依次送到最后 5# 罐。当 1# 罐内的药材有效成分全部渗漉后，用压缩空气将 1# 罐内液体全部压出，1# 罐即可卸渣，装新料。此时，来自溶剂罐的新溶剂装入 2# 罐，最后从 5# 罐出液至贮液罐中。待 2# 罐渗漉完毕后，即由 3# 罐注入新溶剂，改由 1# 罐出渗漉液，依此类推。

在整个操作过程中，始终有一个渗漉罐进行卸料和加料，渗漉液从最新加入药材的渗漉

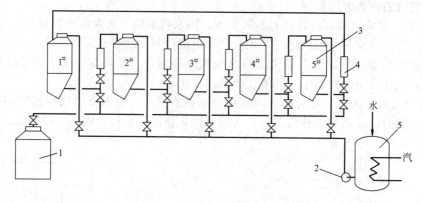

图 11-9　多级逆流渗漉器示意图

1—贮液罐；2—泵；3—渗漉罐；4—加热器；5—溶剂罐

罐中流出，新溶剂是加入于渗漉最尾端的渗漉罐中，故多级逆流渗漉器可得到较浓的渗漉液，同时药材中有效成分浸出较完全。

由于渗漉液浓度高，渗漉液量少，便于蒸发浓缩，可降低生产成本，适于大批量生产。

11.2.4　连续提取器

11.2.4.1　U 形螺旋式提取器

U 形螺旋式提取器的主要结构如图 11-10 所示，由进料管、出料管、水平管及螺旋输送器组成，各管均有蒸汽夹层，以通蒸汽加热。

药材自加料斗进入进料管，再由螺旋输送器经水平管推向出料管，溶剂由相反方向逆流而来，将有效成分浸出，得到的浸出液在浸出液出口处收集，药渣自动送出管外。

U 形螺旋式提取器属于密闭系统，适用于挥发性有机溶剂的提取操作，加料卸料均为自动连续操作，劳动强度降低，且浸出效率高。

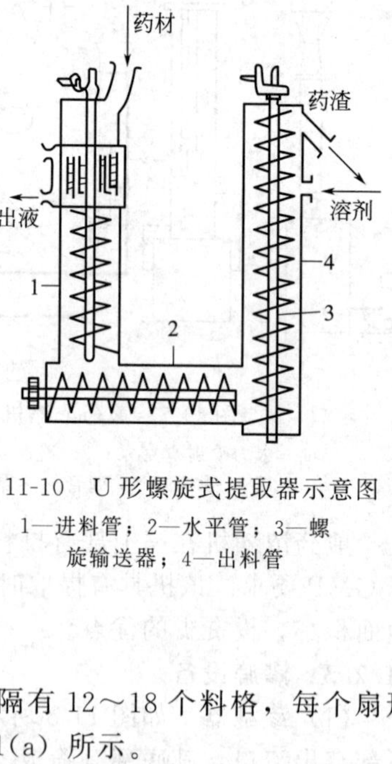

图 11-10　U 形螺旋式提取器示意图

1—进料管；2—水平管；3—螺旋输送器；4—出料管

11.2.4.2　平转式连续逆流提取器

平转式连续逆流提取器结构为在旋转的圆环形容器内间隔有 12～18 个料格，每个扇形格为带孔的活底，借活底下的滚轮支撑在轨道上，如图 11-11(a) 所示。

平转式连续逆流提取器的工作过程见图 11-11(b)。12 个回转料格由两个同心圆构成，且由传动装置带动沿顺时针方向转动。在回转料格下面有筛底，其一侧与回转料格绞结，另一侧可以开启，借筛底下的两个滚轮分别支撑在内轨和外轨上，当格子转到出渣第 11 格时，滚轮随内外轨断口落下，筛底随之开启排药渣，当滚轮随上坡轨上升，进入轨道，筛底又重新回到原来水平位置 10 格，即筛底复位格。浸出液贮槽位于筛底之下，固定不动，收集浸出液，浸出液贮槽分 10 个料格，即 1～9 及 12 格下面，各格底有引出管，附有加热器。通过循环泵与喷淋装置相连接，喷淋装置由一个带孔的管和管下分布板组成，可将溶剂喷淋到回转料格内的药材上进行浸取。药材由 9 格进入，回转到 11 格排出药渣。溶剂由 1、2 格进入，浸出液由 1、2 格底下贮槽用泵送入第 3 格，按此过程到第 8 格，由第 8 格引出最后浸出液。第 9 格是新投入药材，用第 8 格出来的浸出液的少部分喷淋于其上，进行润湿，润湿液落入贮槽与第 8 格浸出液汇集在一起排出。第 12 格是淋干格，不喷淋液体，由第 1 格转

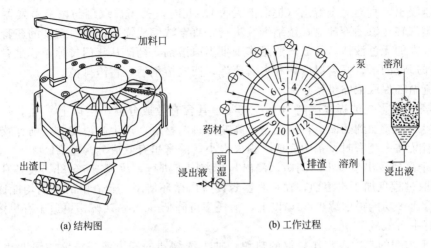

(a) 结构图　　　　　　　　　(b) 工作过程

图 11-11　平转式连续逆流提取器示意图

过来的药渣中积存一些液体，在第 12 格让其落入贮槽，并由泵送入第 3 格继续使用。药渣由第 11 格排出后，送入一组附加的螺旋压榨器及溶剂回收装置，以回收药渣吸收的浸出液及残存溶剂。

平转式连续逆流提取器可密闭操作，用于常温或加温渗漉、水或醇提取。该设备对药材粒度无特殊要求，若药材过细应先润湿膨胀，可防止出料困难和影响溶剂对药材粉粒的穿透，影响连续浸出的效率。

平转式连续逆流提取器在我国浸出制剂及油脂工业已经广泛应用。

11.2.5　热回流循环提取浓缩机

热回流循环提取浓缩机是一种新型动态提取浓缩机组，集提取浓缩为一体，是一套全封闭连续循环动态提取装置。该设备主要用于以水、乙醇及其他有机溶剂提取药材中的有效成分、浸出液浓缩以及有机溶剂的回收。

热回流循环提取浓缩机的基本结构如图 11-12 所示，浸出部分包括：提取罐、消泡器、提取罐冷凝器、提取罐冷却器、油水分离器、过滤器、泵；浓缩部分包括：加热器、蒸发器、冷凝器、冷却器、蒸发液料罐等。

热回流循环提取浓缩机工作原理及操作：将药材置提取罐内，加药材的 5~10 倍的适宜溶剂。开启提取罐和夹套的蒸汽阀，加热至沸腾 20~30min 后，用泵将 1/3 浸出液抽入浓缩蒸发器。关闭提取罐和夹套的蒸汽阀，开启浓缩加热器蒸汽阀使浸出液进行浓缩。浓缩时产生二次蒸汽，通过蒸发器上升管送入提取罐作提取的溶剂和热源，维持提取罐内沸腾。

二次蒸汽继续上升，经提取罐冷凝器回落到提取罐内作新溶剂。这样形成热的新溶剂回流提取，形成高浓度梯度，药材中的有

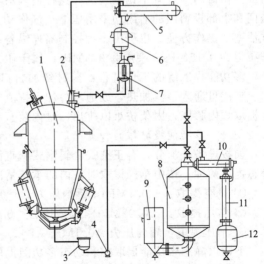

图 11-12　热回流循环提取浓缩机的基本结构
1—提取罐；2—消泡器；3—过滤器；4—泵；5—提取罐冷凝器；6—提取罐冷却器；7—油水分离器；8—浓缩蒸发器；9—浓缩加热器；10—浓缩冷却器；11—浓缩冷凝器；12—蒸发料液罐

效成分高速浸出，直至完全溶出（提取液无色）。此时，关闭提取罐与浓缩蒸发器阀门，浓缩的二次蒸汽转送浓缩冷却器，浓缩继续进行，直至浓缩成需要的相对密度的药膏，放出备用。提取罐内的无色液体，可放入贮罐作下批提取溶剂，药渣从渣门排掉。若是有机溶剂提取，则先加适量的水，开启提取罐和夹套蒸汽，回收溶剂后，将渣排掉。

　　热回流循环提取浓缩机特点如下。

　　① 收膏率比多功能提取罐高 10%～15%，其含有效成分高 1 倍以上。由于在提取过程中，热的溶剂连续加到药面上，由上至下高速通过药材层，产生高浓度差，则有效成分提取率高，浓缩又在一套密封设备中完成，损失很小，浸膏里有效成分含量高。

　　② 由于高速浸出，浸出时间短，浸出与浓缩同步进行，故只需 7～8h，设备利用率高。

　　③ 提取过程仅加 1 次溶剂，在一套密封设备内循环使用，药渣中的溶剂均能回收出来，故溶剂用量比多功能提取罐少 30% 以上，消耗率可降低 50%～70%，更适于有机溶剂提取、提纯中药材中有效成分。

　　④ 由于浓缩的二次蒸汽作提取的热源，抽入浓缩器的浸出液与浓缩的温度相同，可节约 50% 以上的蒸汽。

　　⑤ 设备占地小，节约能源与溶剂，故投资少，成本低。

11.2.6　多功能提取罐

　　近年来，许多中药厂采用的浸出设备是多功能提取罐，为夹套式压力容器，其结构多种多样。多功能提取罐可用于中药材水提取、醇提取、提取挥发油、回收药渣中的溶剂等，适用于煎煮、渗漉、回流、温浸、循环浸渍、加压或减压浸出等浸出工艺，因为用途广，故称为多功能提取罐。该设备特点：①均为不锈钢制成，耐腐蚀，能保证药品质量；②提取时间短，生产效率高，对于煎煮只需 30～40min；③消耗热量少，节约能源；④采用气压自动排渣，故排渣快，操作方便、安全、劳动强度小；⑤可自动化操作。

11.2.6.1　多功能提取罐的结构与工作过程

　　各类多功能提取罐主要结构由罐体、出渣门、加料口、提升气缸、夹层、出渣门气缸等组成。出渣门上设有不锈钢丝网，这样使药渣与浸出液得到了较为理想的分离。设备底部出渣门和上部投料门的启闭均采用压缩空气作动力，由控制箱中的二位四通电磁气控阀控制气缸活塞，操作方便。也可用手动控制器操纵各阀门，控制气缸动作。多功能提取罐的罐内操作压力为 0.15MPa，夹层为 0.3MPa，属于压力容器。

　　多功能提取罐的工作过程：药材经加料口进入罐内，浸出液从活底上的滤板过滤后排出。夹层可通入蒸汽加热，或通水冷却。排渣底盖，可用气动装置自动启闭。为了防止药渣在提取罐内膨胀，因架桥难以排出，罐内装有料叉，可借助于气动装置自动提升排渣。

11.2.6.2　多功能提取罐的种类

　　如按设备外形分，有正锥式、斜锥式、直筒式三种形式；按提取方法分，有动态提取和静态提取两种；按中草药提取时罐内的承压情况大致可分为以下几类。

　　① 真空提取：$-0.1MPa \leqslant$ 罐内压力 $\leqslant -0.02MPa$。

　　② 常压提取：$-0.02MPa <$ 罐内压力 $< 0.1MPa$。

　　③ 加压提取：罐内压力 $\geqslant 0.1MPa$。

　　下面以静态多功能提取罐和动态多功能提取罐为例进行介绍。

　　(1) 静态多功能提取罐　静态多功能提取罐有正锥式、斜锥式、直筒式三种。前两种设有气缸驱动的提升装置见图 11-13。规格为 0.5～6m³。小容积罐的下部采用正锥形，大容积罐采用斜锥形以利出渣。直筒形提取罐的罐体比较高，一般在 2.5m 以上，容积为 0.5～2m³，多用于渗漉罐组逆流提取和醇提取、水提取等。

　　(2) 动态多功能提取罐　动态多功能提取罐分为 A 型和 B 型两种，A 型为桨式搅拌，B

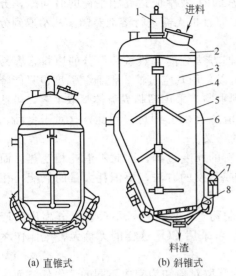

图 11-13　静态多功能提取罐示意图

1—上气动装置；2—盖；3—罐体；
4—上下移动轴；5—料叉；6—夹层；
7—下气动装置；8—带滤板的活门

(a) 直锥式　　　　(b) 斜锥式

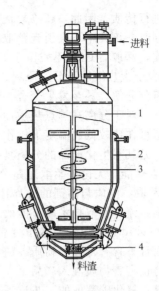

图 11-14　B 型动态多功
能提取罐示意图

1—罐体；2—夹层；3—搅
拌装置；4—出渣门

型为搅笼式搅拌，如图 11-14 所示。

动态多功能提取罐基本结构和工作原理与静态多功能提取罐相似，由于带有搅拌装置，在搅拌下降低了物料周围溶质的浓度，增加了扩散推动力。同时 B 型设备底部设有直通蒸汽反冲口，消除设备底部加热死角，增大了加热面积，提高了浸出效果。

11.3　超临界流体萃取设备

超临界流体萃取技术是一种用超临界流体作溶剂对中药材所含成分进行萃取和分离的新技术。在临界压力和临界温度以上相区内的气体称为超临界流体。超临界流体的性质既非液体也非气体，而是介于两者之间的一种状态，即一方面超临界流体的扩散系数和黏度接近气体，表面张力为零，渗透力极强，另一方面超临界流体的溶剂性能类似液体，物质在超临界流体中的溶解度由于压缩气体与溶质分子间相互作用增强而大大增加，使某些化合物可以在低温条件下，被超临界流体溶出和传递。超临界流体的密度接近于液体，黏度接近于气体，而扩散系数比液体大 100 倍。此外，压力增大，超临界流体的密度和介电常数也增大。因此，超临界流体是很好的溶剂。

超临界流体萃取技术就是利用物质在临界点附近发生显著变化的特性进行物质提取和分离，能同时完成萃取和蒸馏两步操作，亦即利用超临界条件下的流体作为萃取剂，从液体或固体中萃取出某些有效成分并进行分离的技术。

可作为超临界流体的气体有二氧化碳、氧化二氮、乙烯、三氟甲烷、六氟化硫、氮气、氩气等。二氧化碳因临界条件好，无毒，不污染环境，安全和可循环使用等优点，成为超临界流体技术最常用的气体。

超临界流体萃取法的优点如下。

① 萃取分离效率高、产品质量好。超临界流体的密度接近于液体，但黏度只是气体的几倍，远小于液体，而扩散系数比液体大 100 倍左右。也就是说，和液体比较，超临界流体

更有利于进行传质。因此，超临界流体萃取比通常的液-液萃取达到相平衡的时间短，分离效率高。同时，该技术不会引起萃取物质的污染，而且也无需进行溶剂蒸馏。从萃取到分离可一步完成，萃取后 CO_2 不残留于萃取物上。

② 适合于含热敏性组分的原料。用一般的蒸馏方法分离含热敏性组分的原料，容易引起热敏性组分分解，甚至发生聚合、结焦。虽然可以采用真空蒸馏，但通常温度也只能降低 $100\sim105℃$，对于分离高沸点热敏性物质仍然受到限制。采用超临界流体萃取工艺，虽然压力较高，但可在比较低的温度下操作，比如 CO_2 稍高于 $31℃$ 即可。因此，这对于食品、制药等工业，尤其对生化产品的分离具有十分重要的意义。

③ 节省热能。无论是萃取还是分离都没有物料的相变过程，因此不消耗相变热。而通常的液-液萃取，溶质与溶剂的分离往往采用蒸馏或蒸发的方法，要消耗大量的热能。相比之下，超临界流体萃取技术的节能效果显著。

④ 可以采用无毒无害气体作溶剂。在食品、制药等工业部门，不仅要求分离出的产品纯度高，而且不含有毒有害物质。超临界流体萃取可采用 CO_2 这样的无毒无害气体作萃取剂，从而防止有害物质混入产品。

超临界二氧化碳萃取的工艺流程是根据不同的萃取对象和为完成不同的工作任务而设置的。从理论上讲，某物质能否被萃取、分离取决于该目标组分（即溶质）在萃取段和解析段两个不同的状态下是否存在一定的溶解度差，即在萃取段要求有较大的溶解度以使溶质被溶解于二氧化碳流体中，而在解析段则要求溶质在二氧化碳流体中的溶解度较小以使溶质从二氧化碳中解析出来。

超临界二氧化碳萃取的基本流程的主要部分是：萃取段（溶质由原料转移至二氧化碳流体）和解析段（溶质和二氧化碳分离及不同溶质间的分离），工艺流程的变化也主要体现在这两个工序。

由于被萃取物质的固有性质（热敏性、挥发性等）及其在二氧化碳中的溶解度受温度、压力变化而改变的敏感程度均有很大的差别，因此在实际萃取过程中需要针对这些差异采用不同的萃取工艺流程。其目的是使溶质在萃取段和解析段呈现较大的溶解度差，以达到萃取分离的经济合理性。为此，可对超临界二氧化碳萃取流程作如下的分类：依萃取过程的特殊性来分类可分为常规萃取、夹带剂萃取、喷射萃取等；依解析方式的不同可分对等温法、等压法、吸附法、多级解析法；还有萃取与解析同在一起的超临界二氧化碳精馏。

(1) 常规萃取 常规的超临界二氧化碳萃取流程如图 11-15 所示，这是该技术应用最早和最普遍的流程，该流程是一个等温法的流程。该种流程适合于萃取精油、油脂类等物质且萃取后所得的混合成分的产物不需分离，如啤酒花、姜油、天然香料等。

(2) 含夹带剂萃取 超临界二氧化碳是非极性溶剂，在许多方面类似于己烷。根据相似相溶原理，它对非极性的油溶性物质有较好的溶解能力，而对有一定极性的物质（如内酯、黄酮、生物碱等）的溶解性就较差。通过添加极性不同的夹带剂，可以调节超临界二氧化碳的极性，以提高被萃取物质在二氧化碳中的溶解度，使原来不能用超临界二氧化碳萃取的物料变为可能。

加入夹带剂，可从二氧化碳的密度、夹带剂与二氧化碳分子间的相互作用两方面来影响超临界二氧化碳的溶解度和

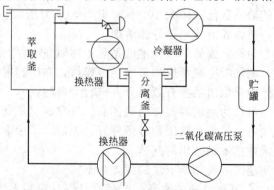

图 11-15　常规超临界二氧化碳萃取流程

选择性。在加入少量夹带剂的情况下，影响二氧化碳溶解度和选择性的主要因素是夹带剂与溶质分子间的范德华力或夹带剂与溶质间存在的氢键及其他化学作用力。

例如：穿心莲内酯、丹参酮等在纯二氧化碳中的溶解度极低，因此不能将它们从原料中萃取出来，如在二氧化碳流体中加入一定比例的乙醇作夹带剂，则能很容易地将其萃取出来。

一般来说，夹带剂有以下方面的作用。

① 增加目标组分在二氧化碳中的溶解度。如在二氧化碳流体中添加百分之几的夹带剂就可大大增加其溶解度，其作用相当于增加几十兆帕的压力。

② 增加溶质在二氧化碳中的溶解度对温度、压力的敏感性。使溶质在萃取段和解析段间仅小幅度地改变温度、压力即可获得更大的溶解度差，从而降低操作难度和成本。

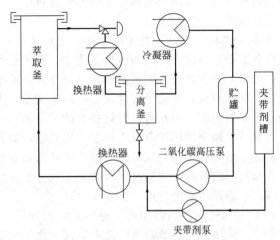

图 11-16　含夹带剂的超临界二氧化碳萃取流程

③ 提高溶质的选择性。加入一些与溶质起特殊作用的夹带剂，可大大提高溶质的选择性。

④ 可改变二氧化碳的临界参数。

图 11-16 所示的夹带剂是从二氧化碳泵的出口端泵入系统。实际应用中也可将夹带剂由二氧化碳泵的入口端（即低压端）泵入，对夹带剂泵的要求较低，操作容易实现，但夹带剂会占去一部分二氧化碳泵的输送能力，在夹带剂用量较大时不宜从低压端泵入夹带剂。

11.4　超声提取

超声波指频率高于 20kHz、人的听觉阈以外的声波。超声提取技术的基本原理主要是利用超声波的空化作用加速植物有效成分的浸出提取，另外超声波的次级效应，如机械振动、乳化、扩散、击碎、化学效应等也能加速欲提取成分的扩散释放并充分与溶剂混合，利于提取。与常规提取法相比，具有提取时间短、产率高、无需加热等优点。

11.4.1　提取原理

超声提取的原理是利用超声波具有的空化效应、机械效应及热效应，通过增大介质分子的运动速度，增大介质的穿透力以提取中药有效成分的方法。

① 空化效应　通常情况下，介质内都或多或少地溶解了一些微气泡，这些气泡在超声波的作用下产生振动，当声压达到一定值时，气泡由于定向扩散而增大，形成共振腔，然后突然闭合，这就是超声波的空化效应。这种增大的气泡在闭合时会在其周围产生高达几千个大气压（几百兆帕）的压力，形成微激波，它可造成植物细胞壁及整个生物体破裂，而且整个破裂过程在瞬间完成，有利于有效成分的溶出。

② 机械效应　超声波在介质中的传播可以使介质质点在其传播空间内产生振动，从而强化介质的扩散、传质，这就是超声波的机械效应。超声波在传播过程中产生一种辐射压

强，沿声波方向传播，对物料有很强的破坏作用，可使细胞组织变形，植物蛋白质变性；同时，它还可给予介质和悬浮体以不同的加速度，且介质分子的运动速度远大于悬浮体分子的运动速度，从而在两者之间产生摩擦，这种摩擦力可使生物分子解聚，使细胞壁上的有效成分更快地溶解于溶剂之中。

③ 热效应   和其他物理波一样，超声波在介质中的传播过程也是一个能量的传播和扩散过程，即超声波在介质的传播过程中，其声能可以不断被介质的质点吸收，介质将所吸收能量的全部或大部分转变成热能，从而导致介质本身和药材组织温度的升高，增大了药物有效成分的溶解度，加快了有效成分的溶解速度。由于这种吸收声能引起的药物组织内部温度的升高是瞬时的，因此可以使被提取的成分的结构和生物活性保持不变。

此外，超声波还可以产生许多次级效应，如乳化、扩散、击碎、化学效应等，这些作用也促进了植物体中有效成分的溶解，促使药物有效成分进入介质，并与介质充分混合，加快了提取过程的进行，并提高了药物有效成分的提取率。

11.4.2   超声提取的特点

① 超声提取时不需加热，避免了中药常规煎煮法、回流法长时间加热对有效成分的不良影响，适用于对热敏物质的提取，同时由于其不需加热，因而也节省了能源。

② 超声提取提高了药物有效成分的提取率，节省了原料药材，有利于中药资源的充分利用，提高经济效益。

③ 溶剂用量少，节约溶剂。

④ 超声提取是一个物理过程，在整个浸提过程中无化学反应发生，不影响大多数药物有效成分的生理活性。

⑤ 提取物有效成分含量高，有利于进一步精制。

11.4.3   影响因素

① 时间对提取效果的影响   超声提取通常比常规提取的时间短。超声提取的时间一般在 10~100min 以内即可得到较好的提取效果。如绞股蓝中绞股蓝总皂苷的提取。而药材不同，提取率随超声时间的变化亦不同。

② 超声频率对提取效果的影响   超声频率是影响有效成分提取率的主要因素之一。超声频率不同，提取效果也不同，应针对具体药材品种进行筛选。由于介质受超声波作用所产生的气泡的尺寸不是单一的，存在一个分布范围。因此提取时超声频率应有一个变化范围。

③ 温度对提取效果的影响   超声提取时一般不需加热，但其本身有较强的热作用，因此在提取过程中对温度进行控制也具有一定意义。

④ 药材组织结构对提取效果的影响   药材本身的质地、细胞壁的结构及所含成分的性质等对提取率都有影响，只能针对不同的药材进行具体的筛选。对于同一药材，其含水量和颗粒的细度对提取率可能也会有一定的影响。

⑤ 超声波的凝聚机制对提取效果的影响   超声波的凝聚机制是超声波具有使悬浮于气体或液体中的微粒聚集成较大的颗粒而沉淀的作用。在静置沉淀阶段进行超声处理，可提高提取率和缩短提取时间。

11.4.4   超声提取设备

目前，超声提取在中药制剂质量检测中已广泛使用，超声技术在中药制剂提取工艺中的应用也越来越受到关注。超声提取设备也由实验室用逐步向中试和工业化发展。图 11-17、图 11-18 所示为常见的超声萃取器。超声波通过换能器导入萃取器中。为了使锥形瓶中萃取液出现空化，图 11-17 中锥形瓶底部距不锈钢槽底部的距离以及萃取液在锥形瓶中的高度都需仔细调整。由于萃取液与萃取器之间声阻抗相差很大，声波反射极为严重。如以玻璃做萃取瓶，萃取液是水，其反射率高达 70%。

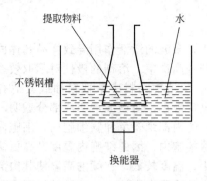
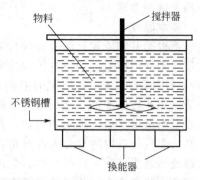

图 11-17　清洗槽式非直接超声提取装置　　图 11-18　清洗槽式直接超声提取装置

图 11-19 所示为探头式直接超声提取装置。探头是一种变幅杆，即一类使振幅放大的器件，因而使能量集中。变幅杆与换能器紧密相连，然后插入萃取系统中。在探头端面能达到声能密度很高，通常大于 $100W/cm^2$，根据需要还可以做得更大。功率一般连续可调。探头式萃取器的优点是：①探头直接插入萃取液，声能利用率高；②通过变幅杆的集中，声能密度大大提高。

图 11-19 所示为一般工业用的超声萃取器。罗马尼亚的一个研究小组制造了第一个工业超声反应器并申请了专利。图 1-20 所示为可能出现的大型工业化超声萃取器。

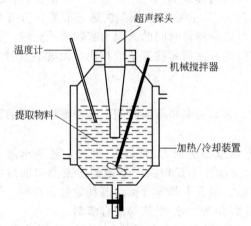
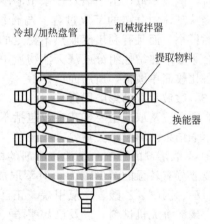

图 11-19　探头式直接超声提取装置　　　图 11-20　大型工业化超声萃取器

11.5　微波萃取

微波是波长介于 1mm～1m（频率介于 3～3000MHz）的电磁波。它介于红外线和无线电波之间。微波在传输过程中遇到不同的介质，依介质性质不同，会产生反射、吸收和穿透现象，这取决于材料本身的几个主要特性：介电常数、介质损耗系数、比热容、形状和含水量等。因此在微波萃取领域中，被处理的物料通常是能够不同程度吸收微波能量的介质，整个加热过程是利用离子传导和偶极子转动的机理，因此具有反应灵敏、升温快速均匀、热效率高等优点。

我国目前使用的工业微波频率主要为 915MHz（大功率设备）和 2450MHz（中、小功率设备）。其中 2450MHz 相当于波长 12.5cm 的微波，是目前应用最广泛的频率，常见的商用微波炉均为这一频率。

11.5.1　基本原理

微波萃取的基本原理是微波直接与被分离物作用，微波的激活作用导致样品基体内不同成分的反应差异使被萃取物与基体快速分离，并达到较高产率。溶剂的极性对萃取效率有很大的影响。不同的基体，所使用的溶剂也完全不同。从植物物料中萃取精油或其他有用物质，一般选用非极性溶剂。这是因为非极性溶剂介电常数小，对微波透明或部分透明，这样微波射线自由透过对微波透明的溶剂，到达植物物料的内部维管束和腺细胞内，细胞内温度突然升高，而且物料内的水分大部分是在维管束和腺细胞内，因此细胞内温度升高更快，而溶剂对微波是透明（或半透明）的，受微波的影响小，温度较低。连续的高温使其内部压力超过细胞壁膨胀的能力，从而导致细胞破裂，细胞内的物质自由流出，传递转移至溶剂周围被溶解。而对于其他的固体或半固体试样，一般选用极性溶剂。这主要是因为极性溶剂能更好地吸收微波能，从而提高溶剂的活性，有利于使固体或半固体试样中的某些有机物成分或有机污染物与基体物质有效地分离。

11.5.2　微波萃取的特点

传统的萃取过程中，能量首先无规则地传递给萃取剂，再由萃取剂扩散进基体物质，然后从基体中溶解或夹带出多种成分，即遵循加热—渗透进基体—溶解或夹带—渗透出来的模式，因此萃取的选择性较差。

对于微波萃取，由于能对体系中的不同组分进行选择性加热。因而成为一种能使目标组分直接从基体中分离的萃取过程。与传统萃取相比，其主要特点是：快速，节能，节省溶剂，污染小，而且有利于萃取热不稳定的物质，可以避免长时间的高温引起物质的分解，特别适合于处理热敏性组分或从天然物质中提取有效成分。与超临界萃取相比，微波萃取的仪器设备比较简单廉价，适用面广。

11.5.3　微波萃取的影响因素

影响微波萃取的主要工艺参数包括萃取溶剂、萃取功率和萃取时间。其中萃取溶剂的选择对萃取结果的影响至关重要。

① 萃取溶剂的影响　通常，溶剂的极性对萃取效率有很大的影响，此外，还要求溶剂对分离成分有较强的溶解能力，对萃取成分的后续操作干扰较少。常用的微波萃取的溶剂有：甲醇、丙酮、乙酸、二氯甲烷、正己烷、乙腈、苯、甲苯等有机溶剂和硝酸、盐酸、氢氟酸、磷酸等无机试剂，以及己烷-丙酮、二氯甲烷-甲醇、水-甲苯等混合溶剂。

② 萃取温度和萃取时间的影响　萃取温度应低于萃取溶剂的沸点，而不同的物质最佳萃取回收温度不同。微波萃取时间与被测样品量、溶剂体积和加热功率有关，一般情况下为10～15min。对于不同的物质，最佳萃取时间也不同。萃取回收率随萃取时间的延长会增加，但增长幅度不大，可忽略不计。

③ 溶液 pH 值的影响　实验证明，溶液的 pH 值对萃取回收率也有影响。

④ 试样中的水分或湿度的影响　因为水分能有效吸收微波能产生温度差，所以待处理物料中含水量的多少对萃取回收率的影响很大。对于不含水分的物料，要采取再湿的方法，使其具有适宜的水分。

⑤ 基体物质的影响　基体物质对微波萃取结果的影响可能是因为基体物质中含有对微波吸收较强的物质，或是某种物质的存在导致微波加热过程中发生化学反应。

11.5.4　微波萃取设备

微波萃取的基本工艺流程如图 11-21 所示。

一般说来，工业微波设备必须具备以下基本条件：①微波发生功率足够大、工作状态稳定，一般应配备有温控附件；②设备结构合理，可随意调整，便于拆卸和运输，能连续运

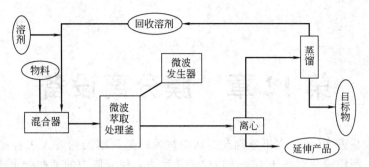

图 11-21　微波萃取的基本工艺流程

转，操作简便；③安全，微波泄露符合要求。

　　用于微波萃取的设备分两类：一类为微波萃取罐，另一类为连续微波萃取线。两者主要区别在于：一个是分批处理物料，类似多功能提取罐；另一个是以连续方式工作的萃取设备，具体参数一般由生产厂家根据使用厂家要求设计。萃取罐结构框图如图 11-22 所示，主要由微波谐振腔、萃取腔、进料系统、出料系统、微波源、控制系统等组成。

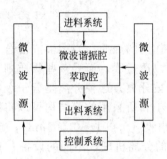

图 11-22　微波萃取罐结构框图

思 考 题

11-1　植物药材浸出过程有哪几种操作流程？有哪些浸出方法？

11-2　图示并简述多级逆流浸出流程？

11-3　什么是超临界流体萃取？用临界状态下的 CO_2 作萃取剂有哪些优点？

11-4　超声萃取的原理和特点是什么？

11-5　微波萃取的原理和特点是什么？

第 12 章 膜分离设备

膜分离技术是近 20 年来在迅速崛起的高新技术，是利用天然或人工合成的高分子半透膜分离的方法，利用膜两侧的压力差或电位差为动力，使流体中的某些分子或离子透过半透膜或被半透膜截留下来，以获得或去除流体中某些成分的一种分离技术。通过半透膜的不只是溶剂，而是有条件选择性地让某些溶质组分通过，因而溶液中不同溶质组分得到分离，该过程称为膜分离。

12.1 膜分离原理及特点

12.1.1 膜分离原理

膜是一种起分子级分离过滤作用的介质，当溶液或混合气体与膜接触时，在压力或电场作用或温差作用下，某些物质可以透过膜，而另一些物质则被选择性地拦截，从而使溶液中不同组分或混合气体的不同组分被分离，这种分离是分子级的分离。

根据被分离物粒子或分子大小和所采用的膜结构可以将膜分离过程分为以下几种：反渗透膜（$0.0001 \sim 0.005 \mu m$），纳滤膜（$0.001 \sim 0.005 \mu m$），超滤膜（$0.001 \sim 0.1 \mu m$），微滤膜（$0.1 \sim 1 \mu m$）。它们对应不同的分离机理，不同的设备，有不同的应用对象。膜本身可以由聚合物、无机材料或液体制成，其结构可以是均质或非均质的，多孔或无孔的，固体的或液体的，荷电的或中性的。膜的厚度可以薄至 $100 \mu m$，厚至几毫米。不同的膜具有不同的微观结构和功能，需要用不同的方法制备。如图 12-1 所示。

12.1.2 膜分离的特点

与传统的分离方法相比，膜分离具有以下特点。

① 膜分离通常是一个高效的分离过程。例如，在按物质颗粒大小分离的领域，以重力为基础的分离技术最小极限是微米（μm），而膜分离却可以做到将相对分子质量为几千甚至几百的物质进行分离（相应的颗粒大小为纳米，nm）。

② 膜分离过程的能耗（功耗）通常比较低。大多数膜分离过程都不发生相的变化。对比之下，蒸发、蒸馏、萃取、吸收、吸附等分离过程，都伴随着从液相或吸附相至气相的变化，而相变化的潜热是很大的。另外，很多膜分离过程通常是在室温附近的温度下进行的，被分离物料加热或冷却的消耗很小。

③ 多数膜分离过程的工作温度在室温附近，适用于对热过敏物质的处理。膜分离在食品加工、医药工业、生物技术等领域有其独特的适用性。例如，在抗生素的生产中，一般用减压蒸馏法除水，很难完全避免设备的局部过热现象，在局部过热地区抗生素受热后被破坏，产生有毒物质，它是引起抗生素针剂副作用的重要原因。用膜分离去水，可以在室温甚至更低的温度下进行，确保不发生局部过热现象，大大提高了药品使用的安全性。

④ 膜分离设备本身没有运动的部件，工作温度又在室温附近，所以很少需要维护，可靠度很高。它的操作十分简便，而且从开动到得到产品的时间很短，可以在频繁的启、停下

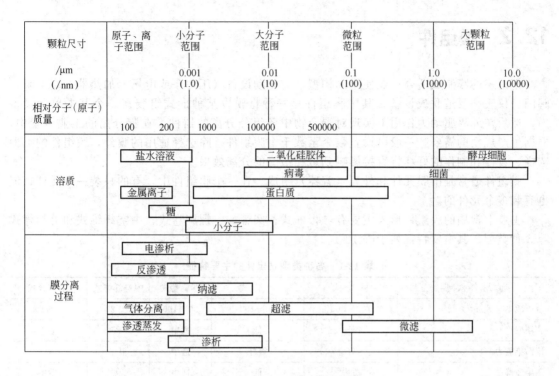

图 12-1　部分膜分离过程的应用范围

工作。通常设备的体积比较小，占地较少。

⑤ 膜分离也有很多缺点，比如膜面易发生污染，膜分离性能降低，故需采用与工艺相适应的膜面清洗方法；稳定性、耐药性、耐热性、耐溶剂能力有限，故使用范围有限；单独的膜分离技术功能有限，需与其他分离技术联合应用。

膜分离技术在制药工业中得到了广泛应用，主要包括医用纯水及注射用水的制备；用于大输液的生产试制；生化制药的应用。中药注射剂及口服液的制备；中药有效成分提取；人工肾、血液透析及腹水的超滤，培养基的除菌等。

12.1.3　膜材料

膜的种类很多，可分为有机高分子膜和无机膜两类。有机高分子膜如纤维素衍生物类、聚酰胺类、聚砜类、聚乙烯类、芳香杂环类、硅橡胶类、含氟有机高分子 7 类，其中聚砜最常用，用于制造超滤膜。有机高分子膜的优点是耐高温（70～80℃，可达125℃），耐酸碱（pH1～13），耐氯能力强，可调节的孔径宽（1～20nm）；其中由于聚酰胺膜的耐压较高，对温度和 pH 稳定性高，寿命长，常用于反渗透。有机高分子膜的缺点是耐压差，压力极限在 0.5～1.0MPa。无机膜包括陶瓷膜、玻璃膜、金属膜、分子筛炭膜，以及以无机多孔膜为支撑体与有机高分子材料超薄致密层组成的复合膜等，目前实用化有孔径＞0.1μm 微滤膜和截留分子量＞10kD 的超滤膜，其中以陶瓷材料的微滤膜最常用。多孔陶瓷膜主要利用氧化铝、硅胶、氧化锆和钛等陶瓷微粒烧结而成，膜厚方向上不对称。无机膜的优点是机械强度高、耐高温、耐化学试剂和有机溶剂，其缺点是不易加工，造价高。

目前在制药工业生产中使用最为广泛的是聚砜（PS）类材料，约占 32%；纤维素材料中的醋酸纤维素（CA）和三醋酸纤维素（CTA）分别占 13% 和 7%；聚丙烯腈（PAN）占6%；无机膜占 22%；其他的膜材料约为 20%。

12.2 膜组件

把上述的膜制成适合工业使用的构型，与驱动设备（压力泵或电场、加热器、真空泵）、阀门、仪表和管道联成设备。其中膜组件是一种将膜以某种形式组装在一个基本单元设备内，然后在外界驱动力作用下实现对混合物中各组分分离的器件。在膜分离的工业装置中，根据生产规模的需要，一般可设置数个至数千个膜组件。除选择适用的膜外，膜组件的类型选择、设计和制作的好坏将直接影响到过程最终的分离效果。

膜组件通常是由膜元件和外壳（容器）组成。在一个膜组件中，有的只装一个元件，但也有装多个元件的。

工业上常用的膜组件形式主要有：板框式、圆管式、螺旋卷式、中空纤维式和毛细管式等5种类型。其主要特征列于表12-1。

表 12-1　各种类型膜组件的主要特征

膜组件类型	板框式	圆管式	螺旋卷式	中空纤维式	毛细管式
生产成本/($/m²)①	100～300	50～200	30～100	5～20	20～100
装填密度	低	低	适中	高	适中
抗污染能力	好	很好	适中	很差	好
产生压降	适中	低	适中	高	适中
适合高压操作	可以,有一定困难	可以,有一定困难	适合	适合	不适合
限于专门类型的膜	非	非	非	是	是

① 以聚砜为标准聚合物的估计价格。

一种性能良好的膜组件应达到以下要求。

① 对膜能提供足够的机械支撑并可使高压原料液（气）和低压透过液（气）严格分开。

② 在能耗最小的条件下，使原料液（气）在膜面上的流动状态均匀合理，以减少浓差极化。

③ 具有尽可能高的装填密度（即单位体积的膜组件中填充较多的有效膜面积）并使膜的安装和更换方便。

④ 装置牢固、安全可靠、价格低廉和容易维护。

12.2.1 板框式膜组件

板框式膜组件主要是由许多板和框堆积组装在一起而得名，其外观很像普通的板框式压滤机。所不同的是后者用的过滤介质为帆布、棉饼等，而前者用的是膜。

板框式膜组件是以传统的板框式压滤机为原型最早设计开发出来的，主要用于液体分离过程。它是以隔板、膜、支撑板、膜的顺序，多层交替重叠压紧，组装在一起制成的。隔板表面上有许多沟槽，可用作原料液和未透过液的流动通道；支撑板上有许多孔，可用作透过液的流动通道。当原料液进入系统后，沿沟槽流动，一部分将从膜的一面渗透到膜的另一面，并经支撑板上的小孔流向其边缘上的导流管排出，如图12-2所示。

板框式膜组件的特点主要如下。

① 组装比较简单　与圆管式、螺旋卷式和中空纤维式等相比，板框式膜组件的最大特点是制造组装比较简单，装置的体积比较紧凑，当处理量增大时，可以简单地通过增加膜的层数来实现。板框式和圆管式相比，原料流动通道高度要更低些，一般不到1mm，因此，比较容易小型化。在超滤用板框式膜组件中，原料流道高度大都在0.3～0.75mm之间，膜

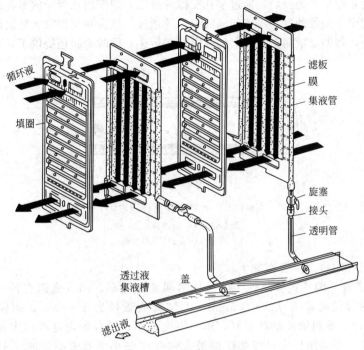

图 12-2　板框式膜组件

板既可以是直立式，相互并列排起来，或采用横放式，一个在另一个上面堆积起来。膜板有圆形、椭圆形或长方形。在直立式组件中，可以用并排的每一张膜板运行，或以其中的两张或三张单独运行。

② 操作比较方便　板框式膜组件在性能方面与圆管式相似，由于原料液流道的截面积可以根据实际情况适当增大，因此其压力损失较小，原液的流速可以高达 1～5m/s，同时，由于流通的截面积比较大，因此原液中即使含有一些杂质异物也不易堵塞流道，从而提高了对处理物料的适应能力。另外，还可以将原液流道隔板设计成各种形状的凹凸波纹，使流体易于产生湍流，减少污染，提高分离效率。这一点对于平板式超滤器件尤为重要，因为超滤过程不仅与膜的孔径大小和孔径分布有关，而且明显受到截留在膜表面上的凝胶层影响。在膜组件设计中，适当增加湍流，会使凝胶层的厚度减少。此外，板式膜损坏后替换相对容易些。

③ 膜的机械强度　板框式膜组件的缺点是对膜的机械强度要求较高。由于膜的面积可以大到 1.5m² ，如果没有足够的机械强度将难以安装、更换和经受住湍流造成的波动。此外，需要密封的边界较长，对各种零部件的加工精度要求较高，从而增加了成本。另外，板框式膜组件的流程比较短，加上原液流道的截面积较大，因此，单程的回收率比较低，需增加循环次数和泵的能耗。不过，由于这种膜组件的阻力损失较小，可进行多段操作来提高回收率。

板框式膜组件主要应用于超滤（UF）、微滤（MF）、反渗透（RO）、渗透汽化（PV）和电渗析（ED）。

12.2.2　圆管式膜组件

圆管式膜组件是指在圆筒状支撑体的内侧或外侧刮制上半透膜而得的圆管形分离膜，其支撑体的构造或半透膜的刮制方法随处理原料液的输入方式及透过液的导出方式而异。

图 12-3 所示为圆管式膜组件示意图，膜刮制在多孔支撑管的内侧，用泵输送料液进管内，

渗透液（透过液）经半渗透膜后，通过多孔支撑管排出，浓缩物从管子的另一端排出，完成分离过程。如果用于支撑管的材料不能使滤液被渗透通过，则需在支撑管和膜之间安装一层很薄的多孔状纤维网，帮助滤液向支撑管上的孔眼横向传递，同时对膜还提供了必要的支撑作用。

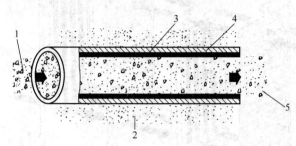

图 12-3　圆管式膜组件示意图
1—原料液；2—渗透液；3—膜；
4—刚性支撑管；5—渗余液

　　圆管式膜组件的特点主要有如下。

　　① 流动状态好　圆管式膜组件中的流体多属湍流流动，而且流道直径一般比较大，例如，中空纤维的管径通常为 0.5～2.5mm，毛细管的管径为 3～8mm，而管式膜的管径为 10～25mm。因此，原料液流动状态好，压力损失较小，适合处理含有较大颗粒和悬浮物的原液。一般认为，在膜组件中可以加工的最大颗粒应该小于通道高度的 1/10，因此，含有粒径 1.25mm 的原料，要用管内径为 12.5mm 的装置处理。

　　② 容易清洗　因为圆管式膜组件在操作时可采用较高的流速和较高的雷诺数，容易产生湍流，所以和其他膜组件相比，比较容易防止浓差极化和结垢。即使产生结垢，可采用原位清洗技术或放入冲洗球等机械方法清洗。另外，组件比较容易安装、拆卸和更换。

　　③ 设备和操作费用较高　圆管式膜组件的制造成本在各类组件中是较高的（见表 12-1），另外，能耗较高。由于操作得在高流速下进行，压降又较大，使操作费用提高。

　　④ 膜装填密度较低　在所有膜组件中，圆管式膜组件的表面积/体积比是最低的。

　　圆管式膜组件主要应用于超滤（UF）、微滤（MF）和单级反渗透（RO）。

12.2.3　螺旋卷式膜组件

　　如图 12-4 所示，螺旋卷式（简称卷式）膜组件的结构是由中间为多孔支撑材料、两边是膜的"双层结构"装配组成的。其中三个边沿被密封而黏结成膜袋状，另一个开放的边沿与一根多孔中心透过液收集管连接，在膜袋外部的原料液侧再垫一层网眼型间隔材料（隔网），也就是把膜-多孔支撑体-膜-原料液侧隔网依次叠合。绕中心透过液收集管紧密地卷在一起，形成一个膜卷（或称膜元件）。再装进圆柱形压力容器里，构成一个螺旋卷式膜组件。原料从一端进入组件，沿轴向流动，在驱动力作用下，易透过物沿径向渗透通过膜至中心管导出，另一端则为渗余物。

　　在实际使用中，如图 12-5 所示，可将几个（多达 6 个）膜卷的中心管密封串联起来再装入压力容器内，形成串联式卷式膜组件单元，也可将若干个膜组件并联使用。

　　螺旋卷式膜组件首先是为反渗透过程开发的，目前也广泛应用于超滤和气体分离过程，其主要特点为：

　　① 结构紧凑，单位体积内膜的有效膜面积较大；

　　② 制做工艺相对简单；

　　③ 安装、操作比较方便；

　　④ 适合在低流速，低压下操作，高压操作难度较大；

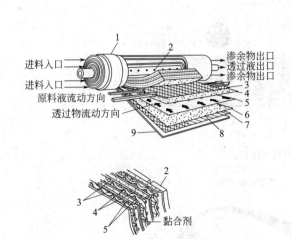

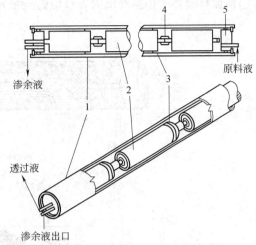

图 12-4　螺旋卷式膜组件
1—密封圈（原料液）；2—透过液收集管；
3,7—进料分隔板；4,6—膜；5—透过
液分隔板；8—膜袋的黏合；9—外壳

图 12-5　螺旋卷式膜组件的装配
1—压力容器；2—螺旋卷式膜组件；3—密封；
4—密封接头；5—密封端盖

⑤ 在使用过程中，膜一旦被污染，不易清洗，因而对原料的前处理要求较高。

12.2.4　中空纤维式膜组件

中空纤维式膜组件（见图 12-6），从广义的概念上讲是管式膜分离器的一种，但它们的膜不需要支撑物，是自身支撑的膜分离器。将大量的中空纤维膜两端用黏合剂粘在一起，装入金属壳体内，做相应的密封，即制成膜组件。这种膜组件的特点是膜与支撑体为一体的自承式，而且纤维的管径较细，外径为 $80\sim400\mu m$，内径 $40\sim100\mu m$。单位组件体积中所具有的有效膜面积（即装填密度）很高，一般可达 $16000\sim30000m^2/m^3$，高于其他所有组件形式，因此，单位膜面积的制造费用相对较低。

由于中空纤维是一种自身支撑的分离膜，所以在组件的加工中，不需考虑膜的支撑问题。但是，膜的活性层涂在管内侧还是管外侧，以及进料采用外压式还是内压式要视具体情况而定。在活性层涂在纤维管外侧和进料走管内的情况下，由于透过液流出时，需通过极细的纤维内腔，因而流动阻力较大，透过液侧的压力降较大。

同圆管式膜组件相比，因无法进行机械清洗，所以一旦膜被污染，膜表面的污垢排除十分困难，因此需对原料液进行严格的前处理。

中空纤维式膜组件主要应用于气体分离（GP）和反渗透（RO）。

中空纤维式膜组件的组装是把大量（有时是几十万根或更多）的中空纤维膜，弯成 U 形或做成管壳式换热器直管束那样的中空纤维束而装入圆筒形耐压容器内（见图 12-6）。纤维束的开口端用环氧树脂浇铸成管板。纤维束的中心轴部安装一根原料液分布管，使原料液径向均匀流过纤维束。纤维束的外部包以网布使纤维束固定并促进原料液的湍流状态。透过物透过纤维的管壁后，沿纤维的中空内腔，经管板放出；被浓缩了的渗余物则在图示的"壳方"排出口排掉。

高压原料液在中空纤维的外部流动有如下的好处：首先纤维壁承受外压的能力要比承受内压的能力大；其次，原料液在纤维的外部流动时，如果一旦纤维强度不够，只能被压瘪，直至中空内腔被堵死，但不会破裂，这就防止了透过液被原料液污染。反过来，若把原料液引入这样细的纤维内腔，则很难避免这种因破裂造成的污染。而且一旦发生这种现象，清洗将十分困难。不过，随着膜质量的提高和某些分离过程的需要（如为了防止浓差极化），也

采用使原料流体走中空纤维内腔（即内压型）的方式。

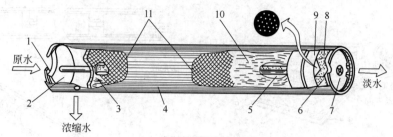

（a）中空纤维膜弯成 U 形
1,6—O 形密封环；2,7—端板；3,10—中空纤维膜；4—外壳；
5—原水分布管；8—支撑管；9—环氧树脂管板；11—流动网格

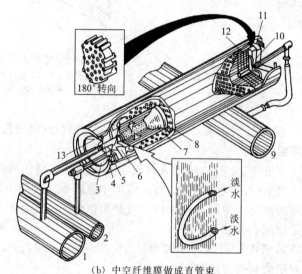

（b）中空纤维膜做成直管束
1—供水管；2—浓缩水管；3,10—端板；4—中心管；5—O 形密封环；6—隔板；7—多孔
分散管；8—中空纤维膜；9—透过水管；11—多孔支撑板；12—环氧树脂管板；13—箍环

图 12-6 中空纤维式膜组件

12.3 膜分离在制药工业中的应用

　　膜技术广泛应用于生物制备和医药生产中的分离、浓缩和纯化。如血液制备的分离、抗生素和干扰素的纯化、蛋白质的分级和纯化、中草药剂的除菌和澄清等。发酵是生物制药的主流技术，从发酵液中提取药物，传统工艺是溶剂萃取或加热浓缩，反复使用有机溶剂和酸碱溶液，耗量大，流程长，废水处理任务重。特别是许多药物热敏性强，使传统工艺的实用性多受限制。国际先进的制药生产线，大量采用膜分离技术代替传统的分离、浓缩和纯化工艺。如以膜设备浓缩纯化抗生素、中药汤及中药针剂澄清等。目前国内外都有一些成功应用的生产实例。

　　中润（内蒙古）制药有限公司是全球大型的生产青霉素的基地之一，公司利用膜分离技术，采用如图 12-7 所示路线回收 6-APA 结晶母液。

　　该工艺使用 EA 技术于常温常压下回收母液中的溶剂，脱除溶剂的母液经纳滤膜浓缩，结晶重新获得 6-APA 晶体。由于单价盐可透过纳滤膜，通量可比反渗透膜提高 30% 以上，6-APA 浓缩程度也可提高一倍，大大降低了投资及运行成本。中润（内蒙古）制药有限公司启用该项目后，每天约从 150t 母液中回收得到 6-APA 晶体 225kg，取得显著的经济效益。

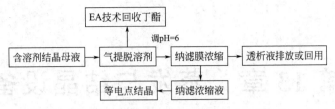

图 12-7 膜分离回收 6-APA 结晶母液工艺流程

华北制药倍达股份有限公司采用 Ultra-flo 超滤膜、SUF 小超滤膜以及纳滤膜组合的方式开发出 6-APA 生产的全新工艺，如图 12-8 所示。

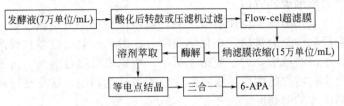

图 12-8 膜分离制备 6-APA 工艺流程

该工艺大大简化了传统 6-APA 生产工艺，避免了提取过程中的大量溶剂消耗，减少了废酸水的排放，收率可明显提高。

中药的化学成分非常复杂，通常含有无机盐、生物碱、氨基酸、有机酸、酚类、酮类、皂苷、甾族和萜类化合物以及蛋白质、多糖、淀粉、纤维素等，一般来讲，高分子量物质主要是胶体和纤维素等非药用性成分或药用性较差的成分，药物有效部位的相对分子质量一般较小。

目前我国中药普遍存在服用量大、质量不稳定的缺点，其根本原因是中药生产过程中提取和分离技术落后，表现为工艺繁杂，成本高，环境污染严重，劳动强度大，且药效成分提取率不高。因此，要把中药真正推向世界市场，必须对传统中药工业进行一场革命性的高技术改造，其中膜分离技术被认为是我国中药制药工业中亟须推广的高新技术之一。

目前有关膜分离在中药生产应用中的报道较多主要涉及以下几个方面：①中药有效部位的提取；②口服液的生产；③浸膏制剂的制备；④热原的去除；⑤从制药废水中回收药物有效成分。与传统工艺相比，超滤的技术优势显著，比如简化工艺，降低成本，减少环境污染，提高产品质量，减少了服用剂量等。随着研究的深入和经验的积累，膜分离技术将为推动中药走向世界市场作出应有贡献。

制药工业是国民经济的支柱产业之一，而膜分离技术是 21 世纪最为先进的分离技术之一。膜分离技术作为现代制药工业技术革新的重要手段，它在制药工业中的应用领域将不断深入和扩大。随着膜材料、膜组件和膜设备的不断改进，膜分离技术必将在制药工业中扮演越来越重要的角色。

思 考 题

12-1 举例说明与传统分离技术相比，膜分离有何特点？

12-2 常见的膜组件有哪几种类型？

12-3 说明板框式膜组件的优缺点和应用场合。

12-4 圆管式膜组件有何特点？

12-5 说明螺旋卷式膜组件的优缺点和应用场合。

12-6 举实例说明膜分离在制药工业中的应用。

第 13 章 蒸发与结晶设备

蒸发是将溶液加热到沸腾，使其中部分溶剂汽化并被除去，从而提高溶液的浓度或使溶液浓缩到饱和而析出溶质的操作。它是分离挥发性溶剂和不挥发性溶质的一种重要单元操作，其目的是使溶液浓缩或回收溶剂。

制药生产中广泛采用蒸发操作使溶液浓缩，以便进行结晶或制成浸膏，获得产品。尤其是在制剂与中草药提取中更为常用。在化学药物合成时，一般反应多在稀溶液中进行，其中间体及产品就溶解于该溶液中，为了使结晶析出，所以也要进行蒸发。由于制药工业所生产的产品通常为具有生物活性的物质，或对温度较为敏感的物质，这是蒸发浓缩操作在制药工业中应用时要特别注重的问题。

在实际应用过程中，综合考虑生产成本、产品质量和设备投资等因素，蒸发浓缩操作常与电渗析、离子交换、超滤等浓缩方法共同配合使用，以达到浓缩过程经济合理的目的。蒸发仅是浓缩的方法之一，而不是目的，在设计或选择浓缩设备、工艺流程时，应充分应用或创造性地利用现有的科技成果，使设计和选型先进、经济、合理。

结晶是物质以固体的晶体形态从蒸气、溶液或熔融物中析出的过程。在制药工业中，应用最广泛的结晶过程是溶液结晶。结晶操作是获得纯净固体物质的重要方法之一。

蒸发与结晶之间最大区别在于，蒸发是将部分溶剂从溶液中排出，使溶液浓度增加，溶液中的溶质没有发生相变，而结晶过程则是通过将过饱和溶液冷却、蒸发，或投入晶种使溶质结晶析出。结晶过程的操作与控制比蒸发过程要复杂得多。有的工厂将蒸发与结晶过程置于蒸发器中连续进行，这样虽然可以节约设备投资，但对结晶晶体质量、结晶提取率即产品提取率将造成负面影响。

本章将对制药工业中常用的蒸发、结晶设备的工作原理、设计及选型进行分析讨论。

13.1 蒸发设备

蒸发浓缩是将稀溶液中的部分溶剂汽化并不断排除，使溶液浓度增加。为了强化蒸发过程，工业上应用的蒸发设备通常是在沸腾状态下进行的，因为沸腾状态下传热系数高，传热速度快。并且根据物料特性及工艺要求采取相应的强化传热措施，以提高蒸发浓缩的经济性。

无论是哪种类型的蒸发器都必须满足以下基本要求：①充足的加热热源，以维持溶液的沸腾和补充溶剂汽化所带走的热量；②保证溶剂蒸气（即二次蒸汽）的迅速排除；③一定的热交换面积，以保证传热量。

制药工业中大部分中间产物和最终产物是受热后会发生化学或物理变化的热敏性物质。热敏性物质受热后所产生的变化与温度的高低、受热时间长短相关。温度较低时，变化缓慢，受热时间短，变化也很小。制药工业中常采用低温蒸发，或在相对较高的温度条件下，瞬时蒸发来满足热敏性物料对蒸发浓缩过程的特殊要求，保证产品质量。

蒸发可以在常压或减压状态下进行，在减压状态下进行的常称为真空蒸发。在制药工业中通常采用真空蒸发，这是因为真空蒸发具有以下优点：①在加热蒸汽压力相同情况下，真空蒸发时溶液沸点低，传热温度差增大，可相应减小蒸发器传热面积；②可蒸发热敏性物料；③为二次蒸汽的利用创造了条件，可采用双效或多效蒸发，提高热能利用率；④操作温度低，热损失较小。

在真空状态，溶液的沸点下降，真空越高，沸点下降得越多。虽然真空蒸发温度较低，但如果蒸发浓缩时间过长，对热敏性物料仍有较大影响。为了缩短受热时间，并达到所要求的蒸发浓缩量，通常采用膜蒸发，让溶液在蒸发器的加热表面以很薄的液层流过，溶液很快受热升温、汽化、浓缩，浓缩液迅速离开加热表面。膜蒸发浓缩时间很短，一般为几秒到几十秒。因受热时间短，较好地保证了产品质量。

13.1.1　管式薄膜蒸发器

这类蒸发器的特点是液体沿加热管壁成膜而进行蒸发；按液体的流动方向可分为：升膜式、降膜式、升降膜式等。

13.1.1.1　升膜式蒸发器

升膜式蒸发器是指在蒸发器中形成的液膜与蒸发的二次蒸汽气流方向相同，由下而上并流上升。设备的基本结构如图 13-1 所示。

物料从加热器下部的进料管进入，在加热管内被加热蒸发拉成液膜，浓缩液在二次蒸汽带动下一起上升，从加热器上端沿汽液分离器筒体的切线方向进入分离器，浓缩液从分离器底部排出，二次蒸汽进入冷凝器。

对浓缩倍数要求高的工艺条件，如果物料对加热时间相对较长无不良后果，可将从排料口放出的浓缩液部分回流至进料管，以增加浓缩倍数。

由于在蒸发器中物料受热时间很短，对热敏性物料的影响相对较小，此种蒸发器对于发泡性强、黏度较小的热敏性物料较为适用。但不适用于黏度较大、受热后易产生积垢或浓缩时有晶体析出的物料。

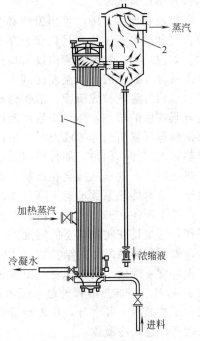

图 13-1　升膜式蒸发器
1—加热室；2—汽液分离器

升膜式蒸发器正常操作的关键是让液体物料在管壁上形成连续不断的液膜。液膜的形成过程如图 13-2 所示。

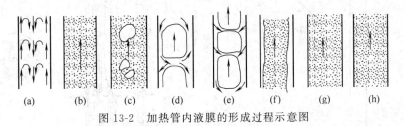

图 13-2　加热管内液膜的形成过程示意图

如果物料进入蒸发器时的温度低于其沸点，蒸发器中有一段加热管作为预热区，如图 13-2(a) 所示，传热方式为自然对流。为了维持蒸发器正常操作，加热管中液面一般为管高度的 1/4～1/5，液面太高，设备效率低，出料达不到要求的浓度，控制适当的进料量和进料温度，使设备处于较佳的工作状态。

物料经加热达到沸腾，进入以液相为主但混有蒸汽气泡阶段，如图 13-2(b) 所示，流体密度降低。随着气泡量的不断增加，小气泡结合形成较大的气泡，如图 13-2(c) 所示。当气泡体积进一步增大形成柱状，如图 13-2(d)、图 13-2(e) 所示，这时混合流体处于一种强烈的湍流状态，气柱向上升并带动其周围的部分液体一起运动。处于管壁和气柱之间的液体在重力作用下，向下运动，管壁上的液体受热不断蒸发，气柱不断增大，最后气柱之间的液膜消失，如图 13-2(f) 所示，蒸汽占据了整个管的中部空间，液体只能分布于管壁，形成环状液膜，并在上升蒸汽的拖带下形成"爬膜"。

如果气流速度进一步加大，即蒸发强度过高，在管内形成带有雾沫的喷雾流，如图 13-2(g)、图 13-2(h) 所示，环状液进一步蒸发而逐渐变薄，以至出现液膜局部干壁、结疤、结焦等不正常现象。

溶液在加热管中产生爬膜的必要条件是要有足够的传热温差和传热强度，使蒸发的二次蒸汽量和蒸汽速度达到足以带动溶液成膜上升的程度。温度差对蒸发器的传热系数影响较大。如温差小，物料在管内仅被加热，液体内部对流循环差，传热系数小。当温差增大，管壁上液体开始沸腾，当温差达到一定程度时，管子的大部分长度几乎为汽液混合物所充满，二次蒸汽将溶液拉成薄膜，沿管壁迅速向上运动。由于沸腾传热系数与液体流速成正比，随着升膜速度的增加，传热系数不断增大。再者，由于管内不是充满液体，而是汽液混合物，因液体静压强所引起的沸点升高所产生的温差损失几乎完全可以避免，增加了传热温度差，传热强度增加。但是，如传热温差过大或蒸发强度过高，传热表面产生蒸汽量大于蒸汽离开加热面的量，则蒸汽就会在加热表面积积聚形成大气泡，甚至覆盖加热面，使液体不能浸润管壁，这时传热系数迅速下降，同时形成"干壁"现象，导致蒸发器非正常运行。

综上所述，升膜式蒸发器具有传热效率高，物料受热时间短的特点。为保证设备的正常操作，应维持在爬膜状态的温度差，并且控制一定的蒸发浓缩倍数。保持真空度稳定。

管式升膜蒸发器的结构如图 13-3 所示。是由蒸发加热管、二次蒸汽液沫导管、分离器和循环管 4 部分组成。原料液由加热的下部进料管进入，在正常工作时，液面只达加热管高度 1/4～1/5。加热器管外通入蒸汽加热，溶液进入加热管即被加热，蒸发拉成液膜，浓缩液与二次蒸汽一并上升，从加热管上端切线方向进入分离器，浓缩液则从分离器底部排出，二次蒸汽进入冷凝器。

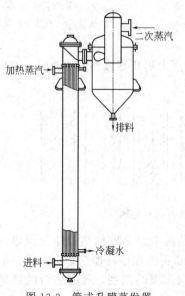

图 13-3 管式升膜蒸发器

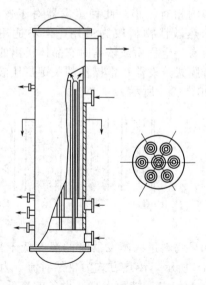

图 13-4 套管式升膜蒸发器

这种蒸发器浓缩物料的时间很短，对热敏性物料质量很少影响，特别对于发泡性黏度较小的热敏性物料比较适用。但不适用于黏度较大的（0.05Pa·s 以上）和受热后易产生积垢的，或浓缩后有结晶析出的物料。

对于加热管子直径、长度选择要适当。管径不宜过大，一般在 25～80mm 之间，管长与管径之比一般为 $L/d=100\sim300$，这样才能使加热面供应足够成膜的气速。事实上由于蒸汽流量和流速是沿加热管上升而增加，故爬膜工作状况也是逐步形成的。因此管径越大，则管子需要越长。但长管加热器结构比较复杂，壳体应考虑热胀冷缩的应力对结构的影响，需采用浮头管板或在加热器壳体加膨胀节。有时可采用套管办法来缩短管长。套管式升膜蒸发器如图 13-4 所示，这是链霉素浓缩用的蒸发器，其外管 $\phi117mm\times3mm$，内管 $\phi89mm\times3mm$，则管子间隙为 11mm，而传热面积为内、外管子面积总和。由于间隙截面积小，而加热周边面积大，故溶液进入加热管后，很快就能吸收足够的热量，产生大量的蒸汽，并达到必要气流速度，使溶液能沿着内、外管子壁面形成爬膜状况，故加热管较短，该设备只有 1.4m，而且也不能长，管子长了，浓缩比增大，在管子上部会出现喷射流或干壁现象。该蒸发器用于低温浓缩链霉素溶液，效果较好，能自然循环，操作方便。

13.1.1.2　降膜式蒸发器

降膜式蒸发器的结构与升膜式蒸发器大致相同，如图 13-5 所示。区别是在上管板的上方装有液体分布板或分配头。蒸发器的料液由顶部进入，通过分布板或分配头均匀进入每根换热管，并沿管壁呈膜状流下，液体的运动是靠本身的重力和二次蒸汽运动的拖带力的作

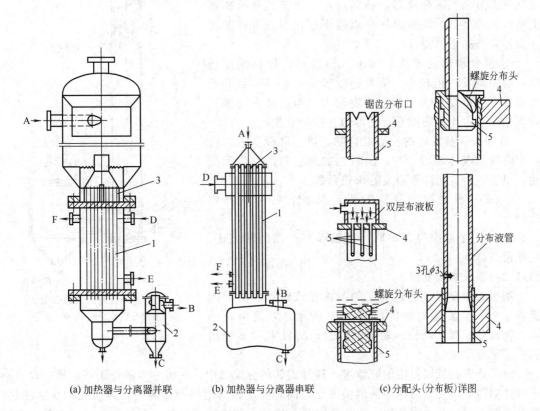

(a) 加热器与分离器并联　　(b) 加热器与分离器串联　　(c) 分配头(分布板)详图

图 13-5　降膜式蒸发器

1—加热器；2—气液分离器；3—料液分配头（分布板）；4—管板；5—换热管；
A—原料入口；B—二次蒸汽；C—浓缩液；D—加热蒸汽；E—冷凝液；F—水蒸气

用，其下降的速度比较快，因此成膜的二次蒸汽流速可以较小，对黏度较高的液体也较易成膜。加热管长径比 $L/d = 100 \sim 250$。在蒸发器中，料液从上至下即可完成浓缩。若一次达不到浓缩指标，可用泵将料液循环进行蒸发。当传热温差不大时，汽化不是在加热管的内表面，而是在强烈扰动的膜表面出现，因此不易结垢。产生的蒸汽与液膜并流向下。由于汽化的表面很大，蒸汽中的液沫夹带量较少。为防止结垢，要求全部加热表面都要均匀湿润，料液分布器必须有良好性能、不易堵塞。

降膜式蒸发器消除了由静压引起的有效传热温差损失问题，蒸发器的压降也很小，在低温差下有较高的传热速率，宜用于多效蒸发系统。蒸发器操作的关键在于料液的分配是否均匀，料液膜是否均匀连续。为使料液能均匀进入每根管并形成连续均匀液膜，最好是在每根换热管的上端设置一个分配头的结构，若采用分布板分配，其分布孔的距离最好与管子间距相同，呈等距布置方式，使分布孔与管子中心位置错开，避免料液落在孔中自由落下，达不到成膜的目的，同时要求每根换热管的上端口处在同一水平位置上。

降膜式蒸发器可用于浓度和黏度大的溶液。由于液体在蒸发器中停留时间较升膜式蒸发器为短，故更适应热敏性溶液的蒸发。

13.1.1.3 升降膜式蒸发器

升膜与降膜式蒸发器各有优缺点，而升降膜式蒸发器可以互补不足。升降膜式蒸发器是在一个加热器内安装两组加热管，一组作升膜式另一组作降膜式，如图 13-6 所示。物料溶液先进入升膜加热管，沸腾蒸发后，汽液混合物上升至顶部，然后转入另一半加热管，再进行降膜蒸发，浓缩液从下部进入汽液分离器，分离后，二次蒸汽从分离器上部排入冷凝器，浓缩液从分离器下部出料。升降膜式蒸发器具有如下的特点。

① 符合物料的要求，初进入蒸发器，物料浓度较低，物料蒸发内阻较小，蒸发速度较快，容易达到升膜的要求。物料经初步浓缩，浓度较大，但溶液在降膜式蒸发中受重力作用还能沿管壁均匀分布形成膜状。

② 经升膜蒸发后的汽液混合物，进入降膜蒸发，有利于降膜的液体均匀分布，同时也加速物料的湍流和搅动，以进一步提高降膜蒸发的传热系数。

③ 用升膜来控制降膜的进料分配，有利于操作控制。

④ 将两个浓缩过程串联，可以提高产品的浓缩比，减低设备高度。

13.1.2 刮板式蒸发器

刮板式蒸发器是通过旋转的刮板使液料形成液膜的蒸发设备，蒸发器的结构如图 13-7 所示。它是由转动轴、物料分配盘、刮板、轴承、轴封、蒸发室和夹套加热室等部分构成。

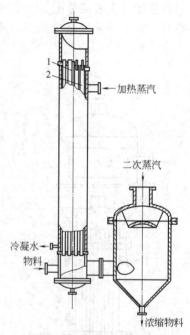

图 13-6 升降膜式蒸发器
1—升膜加热管；2—降膜加热管

液料从进料管以稳定的流量进入随轴旋转的分配盘中，在离心力的作用下，通过盘壁小孔被抛向器壁，受重力作用沿器壁下流，同时被旋转的刮板刮成薄膜，薄膜在加热区受热，蒸发浓缩，同时受重力作用下流，瞬间另一块刮板将浓缩液料翻动下推，并更新薄膜，这样物料不断形成新液膜蒸发浓缩，直至液料离开加热室流到蒸发器底部，完成浓缩过程。浓缩过程所产生的二次蒸汽可与浓缩液并流进入汽液分离器排除，或以逆流形式向上到蒸发器顶部，由旋转的带孔叶板把二次蒸汽所夹带的液沫甩向加热面，除沫后的二次蒸汽从蒸发器顶部排出。

　　这种蒸发器由于采用刮板成膜、翻膜，且物料薄膜不断被搅动，更新加热表面和蒸发表面，故传热系数较高。此设备适用于浓缩高黏度物料或含有悬浮颗粒的液料，而不致出现结焦、结垢等现象。在蒸发期间由于液层很薄，故因液层而引起的沸点上升可以忽略。液料在加热区停留时间很短，一般只有几秒至几十秒，随蒸发器的高度和刮板导向角、转速等因素而变化。刮板式蒸发器的结构比较简单，但因具有转动装置，且要求真空，故设备加工精度要求较高。

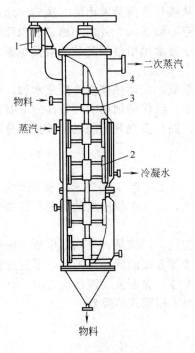

图 13-7　刮板式蒸发器

1—电机；2—刮板；3—分配盘；4—除沫器

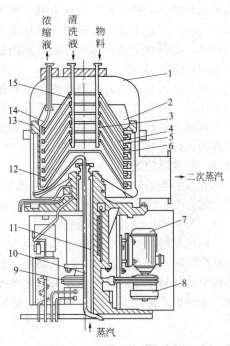

图 13-8　离心式薄膜蒸发器结构

1—蒸发器外壳；2—浓缩液槽；3—物料喷嘴；4—上碟片；5—下碟片；6—蒸汽通道；7—电机；8—液力联轴器；9—皮带轮；10—排冷凝水管；11—进蒸汽管；12—浓液通道；13—离心转鼓；14—浓缩液吸管；15—清洗喷嘴

　　蒸发室（夹套加热室）是一个夹套圆筒，加热夹套设计可根据工艺要求与加工条件而定。当浓缩比较大时，加热蒸发室长度较大，可造成分段加热区，采用不同的加热温度来蒸发不同的液料，以保证产品质量。但加热区过长，则加工精度和安装准确度难以达到设备要求。

　　圆筒的直径一般不宜过大，虽然直径加大可相应地加大传热面积，但同时加大了转动轴传递的力矩，大大增加了功率消耗。为了节省动力消耗，一般刮板蒸发器都造成长筒形。但直径过小，既减少了加热面积，同时又使蒸发空间不足，而造成蒸汽流速过大，雾沫夹带增加，特别是对泡沫较多的物料影响更大，故一般选择在 300～500mm 为宜。

13.1.3　离心式薄膜蒸发器

　　这种设备是利用旋转的离心盘所产生的离心力对溶液的周边分布作用而形成薄膜，设备的结构如图 13-8 所示。杯形的离心转鼓 13，内部叠放着几组梯形离心碟，每组离心碟由两片不同锥形的、上下底都是空的碟片和套环组成，两碟片上底在弯角处紧贴密封，下底分别固定在套环的上端和中部，构成一个三角形的碟片间隙，它起加热夹套的作用，加热蒸汽由套环的小孔从转鼓通入，冷凝水受离心力的作用，从小孔甩出流到转鼓底部。离心碟组相隔的空间是蒸发空间，它上大下小，并能从套环的孔道垂直连通，作为液料的通道，各离心碟组套环叠合面用O形垫圈密封，上加压紧环将碟组压紧。压紧环上焊有挡板，它与离心碟片构成环形液槽。

运转时稀物料从进料管进入，由各个喷嘴分别向各碟片组下表面即下碟片的外表面喷出，均匀分布于碟片锥顶的表面，液体受离心力的作用向周边运动扩散形成液膜，液膜在碟片表面，即受热蒸发浓缩，浓溶液到碟片周边就沿套环的垂直通道上升到环形液槽，由吸料管抽出到浓缩液贮罐，并由螺杆泵抽送到下一工序。从碟片表面蒸发出的二次蒸汽通过碟片中部大孔上升，汇集进入冷凝器。加热蒸汽由旋转的空心轴通入，并由小通道进入碟片组间隙加热室，冷凝水受离心作用迅速离开冷凝表面，从小通道甩出落到转鼓的最低位置，而从固定的中心管排出。

这种蒸发器在离心力场的作用下具有很高的传热系数，在加热蒸汽冷凝成水后，即受离心力的作用，甩到非加热表面的上碟片，并沿碟片排出，以保持加热表面很高的冷凝给热系数，受热面上物料在离心场的作用下，液流湍动剧烈，同时蒸汽气泡能迅速被挤压分离，故有很高的传热系数。

13.1.4　蒸发器的选型

蒸发器的类型很多，选择时应考虑以下原则：①满足生产工艺要求，保证产品质量；②生产能力大；③构造简单，操作维修方便；④经济上，蒸发单位质量的溶剂所需要加热的蒸汽量，其消耗的动力越小越好。

实际选型时，要考虑溶液增浓过程中溶液性质的变化。例如是否有结晶生成，传热面上是否易生污垢，是否起泡沫，以及黏度、热敏性和腐蚀等方面的问题。为此，蒸发过程中有结晶析出的及易生成污垢的，宜采用循环速度高的蒸发器；黏度大及流动性差的，宜采用强制循环或刮板式蒸发器；若为热敏性，应缩短操作时间采用膜式蒸发器。

13.2　结晶设备

结晶是溶质从溶液中成晶体状态的析出过程，是制药工业所有固体药物精制所不可少的操作。结晶能使产品高度纯净，颗粒整齐，晶莹美观，便于包装、贮存和使用。

各种物质在不同溶剂和不同温度下，有不同的溶解度和晶格。利用不同的结晶条件，使物质从原溶液中结晶出来，经过几次重结晶，可使物质达到要求的纯度。

溶质从溶液中结晶出来要经历两个步骤：首先要生成微小的晶粒作为结晶的核心，这些核心称为晶核；然后长大成为晶体。产生晶核的过程称为成核过程。晶核长大的过程称为晶体成长过程。溶液达到过饱和浓度是结晶的必要条件，因而结晶首先要制成过饱和溶液，然后把过饱和状态破坏，使结晶析出。按改变溶液浓度方式不同，结晶方法大致可分为三类。

① 蒸发结晶法　用蒸发溶剂使浓缩液进入过饱和区起晶（自然起晶或晶种起晶），并不断蒸发，以维持溶液在一定的过饱和度下使晶体成长析出，结晶与蒸发同时进行，用于溶解度随温度变化较小物质的结晶。

② 冷却结晶法　先将溶液升温浓缩，蒸发部分溶剂，再用降温方法，使溶液进入过饱和区，并不断降温，以维持溶液的一定过饱和度，使晶体成长析出。常用于温度对溶解度影响比较大的物质结晶。

③ 加入第三种物质改变溶质溶解度结晶法　此法不是用冷却或蒸发的方法造成溶液的过饱和，而采用加入某种物质以降低溶质在溶剂中的溶解度的方法以产生饱和。如等电点结晶时，在溶液中加入酸、碱调节溶液中的 pH 值，使溶质的溶解度降低析出结晶；在碳酸钠盐水中，加入 NaCl，以降低 $Na_2SO_4 \cdot 10H_2O$ 的溶解度而提高它的结晶产品；也可使用液体稀释剂，如在溶液里加入醇类和酮类，使盐类析出，这种结晶设备的形式与冷却结晶的设备比较相似，要求比较激烈的搅拌，同时要选用耐腐蚀的材料以防酸碱腐蚀。

以上方法也可以多种联合使用。

13.2.1　结晶设备的类型和特点

结晶设备可改变溶液浓度的方法分为浓缩结晶设备、冷却结晶设备和其他结晶设备。

浓缩结晶设备是采用蒸发溶剂，使浓缩溶液进入过饱和区起晶（自然起晶或晶种起晶），并不断蒸发，以维持溶液在一定的过饱和度进行育晶。结晶过程与蒸发过程同时进行，故一般称为煮晶设备。

冷却结晶设备是采用降温来使溶液进入过饱和区结晶（自然起晶或晶种起晶），并不断降温，以维持溶液一定的过饱和浓度进行育晶，常用于温度对溶解度影响比较大的物质结晶。结晶前先将溶液升温浓缩。

等电点结晶设备的形式与冷却结晶设备较相似，区别在于等电点结晶时溶液比较稀薄；要使晶种悬浮，搅拌要求比较激烈；同时要选用耐腐蚀材料，以防加酸调整 pH 的腐蚀作用；传热面多采用冷却排管。

按结晶过程运转情况的不同，可分为间歇式结晶设备和连续结晶设备两种。间歇式结晶设备比较简单，结晶质量较好，结晶收得率高，操作控制也比较方便，但设备利用率较低，操作的劳动强度较大。连续结晶设备比较复杂，结晶粒子比较细小，操作控制也比较困难，消耗动力较多，若采用自动控制，将会得到广泛推广。

通常结晶设备应有搅拌装置，使结晶颗粒保持悬浮于溶液中，并同溶液有一个相对运动，以减薄晶体外部境界膜的厚度，提高溶质质点的扩散速度，加速晶体长大。搅拌速度和搅拌器的形式应选择得当，若速度太快，则会因刺激过剧烈而自然起晶，也可能使已长大了的晶体破碎，功率消耗也增大；太慢则晶核会沉积。故搅拌器的形式与速度要视溶液的性质和晶体大小而定。一般趋向于采用较大直径的搅拌桨叶，较低的转动速度。

搅拌器的形式很多，选用时应根据溶液流动的需要和功率消耗情况来选择。如某厂在一个等电点结晶槽内安装两档二直叶式搅拌器，由于溶液较稀，加入的晶种粒子较粗，运转过程中，晶种悬浮量较小，故得出的谷氨酸结晶细小，收率较低，且槽底结晶沉积不均匀。如将直叶改成倾斜，使溶液在搅拌时产生一个向上的运动，增加晶种悬浮运动，减少晶种沉积，这样结晶粒子明显增大，提高了收率。

当晶体颗粒比较小，容易沉积时，为了防止堵塞，排料阀要采用流线形直通式。同时加大出口，以减少阻力；必要时要安装保温夹层，以防止突然冷却结块。另外，为了防止搅拌轴的断裂，应安装保险装置，如保险连轴鞘等，其作用是遇结块堵塞、阻力增大时，保险鞘即折断，从而防止断轴、烧坏电机或减速器等严重事故。

13.2.2　冷却搅拌结晶器

冷却搅拌结晶器比较简单，对于产量较小，结晶周期较短的，多采用立式结晶箱。对于产量较大，周期比较长的，多采用卧式结晶箱。设备应具有：冷却装置，如冷却排管或冷却夹套；促使晶核悬浮和溶液浓度一致，使结晶均匀的搅拌装置。

13.2.2.1　立式结晶器

这种结晶器如图 13-9 所示，为一具有平盖和圆锥形底的筒形锅，锅内装有水夹套或蛇管。操作时先将热溶液尽快地冷却到过饱和状态，然后放慢冷却速率，以防止进入不稳区；同时加入晶种（也可不加，但自发成核较难控制）。一旦结晶开始，溶液温度由于结晶热的放出而有上升的趋势。此时应调整冷却速率，使温度依一定速率缓慢降低，待大部分溶质在晶种表面上成长以后，可增加冷却速率以达到最终温度。

对于在空气中易氧化物质的结晶可采用密闭式结晶锅，并将惰性或还原性气体通入槽内空间，例如氢醌的结晶，可通入二氧化硫气体以防止产品变黑。

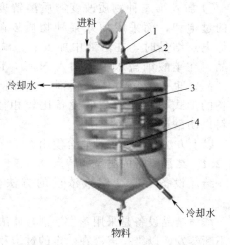

图 13-9　立式（搅拌）结晶器
1—减速器；2—搅拌轴；3—冷却蛇管；4—框式搅拌器

13.2.2.2　卧式结晶器

卧式结晶器是一种应用广泛、生产能力较大的结晶器。其结构为一敞式或闭式固定长槽，如图 13-10 所示，底为半圆形。敞式结晶槽有额外的空气冷却作用。槽外具有水夹套、槽内装有长螺距低速螺带搅拌器。

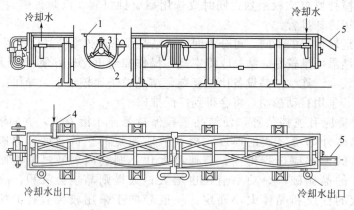

图 13-10　长槽搅拌式连续结晶器
1—槽；2—水槽；3—搅拌器；4,5—接管

操作时，热的浓溶液从槽的一端连续加入，冷却水在夹套内与溶液作逆流流动。为了控制晶体的粒度，有时需要在某些段间通入额外的冷却水。若操作调节得当，在距加料口不远处，就会开始形成晶核，这些晶核随着溶液在结晶器中前进而均匀地成长。螺带搅拌器除了起搅拌及输送晶体的作用外，其重要的功能是防止晶粒聚结在冷却面上，故可获得中等大小粒度相当均匀的晶体，很少形成晶簇，因而杂质含量少。如果螺带搅拌器与槽底间的间隙太小，则会发生刮片作用而引起晶粒的磨损，产生大量不希望的细晶。因此，螺带搅拌器与槽底间的间隙应在 13～25mm 范围内。

这种结晶器节省地面和材料，可以连续进料和出料，生产能力大，体力劳动少，适用于葡萄糖、谷氨酸钠等卫生条件较高，产量较大的结晶。

13.2.3　真空煮晶锅

对于结晶速度比较快，容易自然起晶，且要求结晶晶体较大的产品，多采用真空煮晶锅进行煮晶。它的优点是，可以控制溶液的蒸发速率和进料速度，以维持溶液一定的过饱和度进行育晶，同时采用连续加入未饱和的溶液来补充溶质的量，使晶体长大。要使结晶速率快，就要保持溶液较高的过饱和浓度，在维持较高的过饱和度育晶时，稍有不慎，即会自然起晶而增加细小的新晶核，这会导致最终产品晶体较小，晶粒大小不均匀，形状不一。产生新晶核时溶液出现白色混浊，这时可通入蒸汽冷凝水，使溶液降到不饱和浓度而把新晶核溶解。随着水分的蒸发，溶液很快又进入介稳区，重新在晶核上长大结晶，这样煮出的结晶产品形状一致，大小均匀。

真空煮晶锅的结构比较简单，是一个带搅拌的夹套加热真空蒸发罐，如图 13-11 所示，整个设备可分为加热蒸发室、加热夹套、汽液分离器、搅拌器等 4 部分。煮晶锅凡与产品有接触的部分均应采用不锈钢制成，以保证产品质量。

真空煮晶锅上部顶盖多采用锥形，上接汽液分离器，以分离二次蒸汽所带走的雾沫，一般采用锥形除泡帽与惯性分离器结合使用。

13.2.4　真空式结晶器

真空式结晶器的操作原理是，把热溶液送入密封而且绝热的容器中，在器内维持较高的真空度，使溶液的沸点低于进液温度，于是此热溶液闪蒸，直到绝热降温到与器内压强相对应的饱和温度为止。因此，这类结晶器既有冷却降温作用，又有浓缩作用。溶剂蒸发所消耗的汽化潜热由溶液降温释放出的显热及溶质的结晶热所平衡。在这类结晶器里，溶液受冷却而无需与冷却面接触，溶液被蒸发而不需设置换热面，避免了器内产生大量晶垢的缺点。

图 13-12 所示的是一具有中央循环管和挡板的连续式真空结晶器。这个结晶器罐内设有循环管，其下部有缓慢运转的螺旋桨式搅拌器。料液由循环管底部送入，晶浆向上经过循环管而到达溶液表面，缓慢而均匀地进行沸腾。循环管外设有折流圈，所以罐内沉降区与结晶生长区被隔开。罐下部有结晶淘析腿。结晶生长区由于螺旋桨的搅拌，使混浊液的浓度均匀。在此流动区内，能产生一定数量的晶核，且使晶粒生长。充分长大了的结晶粒子便流向下部淘析腿。由于母液从下往上流动，小颗粒被淘洗，只有合乎要求的粒子落入腿内。而上升至沉降区的带细小颗粒的母液，由上方溢流口排至罐外，然后经循环泵送至加热器补充蒸发所必需的热量，同时微晶溶解，再与母液一起进入罐内。这种装置可得大而均匀的晶体。

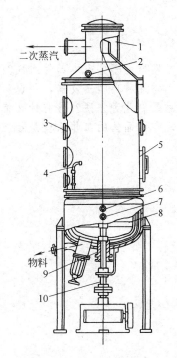

图 13-11　真空煮晶锅

1—汽液分离器；2—清洗孔；3—视镜；4—吸液孔；5—人孔；6—压力表孔；7—蒸汽进口管；8—锚式搅拌器；9—轴封填料箱；10—搅拌轴

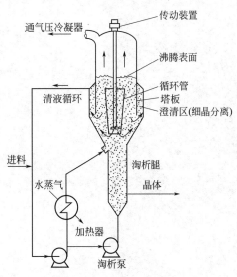

图 13-12　具有中央循环管和挡板的连续式真空结晶器

思 考 题

13-1 蒸发器由哪些基本部件组成？各有什么作用？

13-2 列举几种典型蒸发器，并说明其结构特点？

13-3 结晶有几种方法？各有什么特点？

13-4 真空结晶器的工作原理是什么？有什么优点？

第 14 章 蒸馏与吸收设备

蒸馏过程是利用液体混合物中各组分挥发度的差异而进行分离的一种单元操作。其原理是将料液加热使它部分汽化，易挥发组分在蒸气中增浓，而难挥发组分在液体中增浓。经过多次部分汽化和部分冷凝，就可以使轻重组分得以分离。蒸馏操作广泛应用于制药生产中，用以原料的提纯、产品的精制以及一些后处理过程，如溶剂回收等。

根据操作方式分类，蒸馏方法可分为闪蒸蒸馏、间歇蒸馏和连续蒸馏。

吸收是根据气体混合物中各组分在液体溶剂中物理溶解度或化学反应活性的不同而将混合物分离的传质单元操作。解吸则是吸收操作的逆过程，也称气提。

气体吸收过程分两类：物理吸收和化学吸收。吸收流程按气液接触方式可分为并流与逆流操作，一般采用逆流操作。其流程有单塔吸收、单塔吸收与部分吸收剂循环、多塔串联与部分吸收剂循环（或无循环）以及吸收与解吸相结合流程。

精馏、吸收操作过程中，大都采用板式塔与填料塔两种类型的塔设备。塔设备的基本功能是能提供气、液两相以充分接触的机会，使传质、传热过程能够迅速有效地进行；还要能使接触之后的气、液两相及时分开，互不夹带。

14.1 塔设备

14.1.1 塔设备的基本要求

塔设备设计或选型时，应考虑以下各项基本要求。

①生产能力大。在较大的气、液负荷或其波动范围较宽时，也能在较高的传质速率下稳定地操作。②流体阻力小，运转费用低。对热敏性物料挥发物多的精馏、吸收过程，这一项更应注意。③能提供足够大的相际接触面积，使气、液两相在充分接触的情况下进行传质，达到高分离效率。④要解决由于物料性质，如腐蚀性、热敏性、发泡性，以及由于温度变化的周期性等而提出的特定的要求。⑤结构合理、安全可靠、金属消耗量少，制造费用低。⑥不易堵塞，容易操作，便于安装、调节与检修。⑦充分利用热能。

总之，塔设备应最大程度地满足这些要求，力图在达到规定的处理量与产品纯度的条件下，塔设备造价与操作费用（主要是能耗）之和为最小。

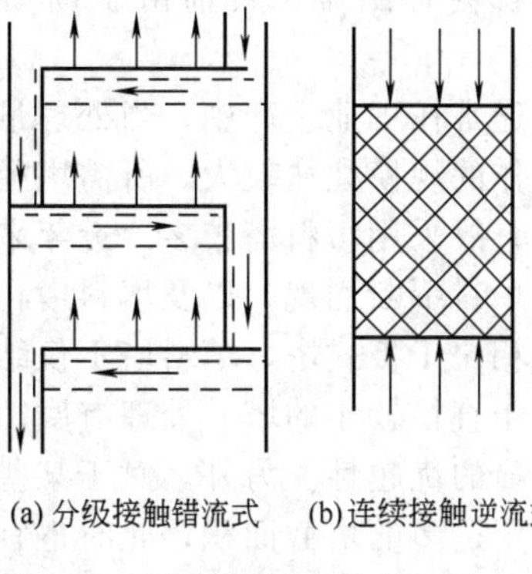

14.1.2 塔设备的选型原则

根据塔内气液接触部件的结构类型，塔设备可分为板式塔与填料塔两大类。板式塔属分级接触型的传质设备，就大多数塔板类型而言，气、液两相按错流方式流动［见图 14-1(a)］，传质是在塔板上进行的。填料塔为连续型的传质设备，气、液两相按逆流方式流动［见图 14-1(b)］，传质主要在覆盖于填料表面上的液膜中进

(a)分级接触错流式   (b)连续接触逆流式

图 14-1 塔设备中的气液流动形式

行。这两种设备都有各自的特点，并适用于一定的场合。选型时根据所处理物料的特性，气、液负荷的大小，压力降、分离效果、设备的功能和单位容积的造价等各种因素进行综合分析，而后作出正确的选择。

(1) 板式塔的选型原则 遇到下列情况，一般优先采用板式塔。

① 处理易结垢或含有固体颗粒的物料，应选择板式塔。在板式塔内，气、液负荷都比较大，以高速通过塔板时有"清扫"的功能，可防止堵塞。

② 液体负荷过大时，填料塔和板式塔的生产能力都会下降，但在板式塔中，可应用多溢流的方法予以避免。

③ 液体负荷过小时，填料塔的填料表面不易被全部润湿。而在板式塔中可增加溢流堰的高度以保持较高的持液量，使气液能充分接触，这对蒸馏、吸收或有化学反应的操作过程是有利的。

④ 高压操作的蒸馏塔，推荐用板式塔。如用填料塔，则因塔内气液比小等因素的影响，分离效果不好。

⑤ 操作过程中有热量放出或吸入时，用板式塔较为有利。塔板上有较大的持液量以便放置换热管。此外板式塔上还可根据工艺上的需要设置多个加料管与侧线出料口。如果安装在填料塔上则需加设液体分布器或液体收集器，从而增加了费用。

⑥ 塔内温度有周期性变化时，对板式塔影响较小，而在填料塔中，有些力学性能较差的填料将被挤坏。

⑦ 板式塔便于检修与清洗。

(2) 填料塔的选型原则 遇到下列情况，一般优先采用填料塔。

① 要求低压降时应选择填料塔。因为填料塔的自由截面积一般均大于 50%，气体阻力小。如处理热敏性物料，在高温下易发生分解或聚合，在真空下操作可以降低塔底的温度，用填料塔便很合适。

压降小的塔设备，不仅减少动力的消耗，也减少气体输送设备的投资。

② 易发泡的物料，在板式塔中易引起液泛，而填料在多数情况下能使泡沫破裂。

③ 处理腐蚀性的物料时，选用填料塔较为有利，因为填料的用材很广泛，陶瓷、塑料等非金属材料均可，既便宜，效果也好。板式塔塔板的材料一般以金属为主，选择余地小。

④ 传质速率受气膜控制时，选用填料塔。因填料表面覆盖的是薄的液膜，气相湍动有利于减少气膜阻力。与此相反，如传质速率受液膜控制时，则可选用板式塔，塔板上可维持液相湍动状态。

⑤ 塔的直径小于 800mm 时，一般以采用填料塔为宜。如用板式塔，则塔板的固定与密封都会有困难。目前由于新型填料特别是规整填料的发展，大直径的填料塔也大量应用。

通常在工业生产中，当处理量大时多采用板式塔，而当处理量较小时多采用填料塔。蒸馏操作的规模往往较大，所需塔径常达 1m 以上，故采用板式塔较多；吸收操作的规模一般较小，故采用填料塔较多。近年来，国内外对填料的研究与开发进展颇快。由于性能优良的新型填料不断涌现，以及填料塔在节能方面的突出优势，大型的填料塔目前在工业上已非罕见。相比于板式塔，填料塔不仅结构简单，而且有阻力小和便于用耐腐材料制造等优点，尤其对于直径较小的塔、处理有腐蚀性的物料或要求压强降小的真空蒸馏系统，填料塔都表现出明显的优越性。另外，对于某些液气比甚大的蒸馏或吸收操作，若采用板式塔，则降液管将占用过多的塔截面积，此时也宜采用填料塔。

板式塔和填料塔主要特点的比较可参见表 14-1。

表 14-1　板式塔和填料塔主要特点的比较

项　目	板式塔	填料塔
塔径	一般推荐使用于塔径大于 800mm 的大塔	适宜于大小塔径的塔,对大塔要解决液体再分布问题
塔效率	较稳定。塔径大时,如设计得当,效率仍较高。否则效率会降低	传统的散堆填料效率较低,规整填料效率较高
压降	气相通过塔板上的液层较高时,压降较大。反之则较小	填料尺寸较小时,压降较大。反之则较小
持液量	较大	较小
操作弹性	较大	较小
处理含固体颗粒的物料	不易堵	易堵
材质	一般用金属材料	金属、非金属材料均可

14.1.3　塔设备的总体结构

塔设备通常为露天放置。板式塔与填料塔除内件不同外,其他部分则是大致相同的。

14.1.3.1　板式塔

板式塔内沿塔高装有若干层塔板(或称塔盘),液体靠重力作用由顶部逐板流向塔底,并在各块板面上形成流动的液层;气体则靠压强差推动,由塔底向上依次穿过各塔板上的液层而流向塔顶。气、液两相在塔内进行逐级接触,两相的组成沿塔高呈阶梯式变化。板式塔的空塔气速很高,因而生产能力较大,塔板效率稳定,造价低,检修、清理方便。

按照塔内气液流动的方式,可将塔板分为错流塔板与逆流塔板两类。错流塔板,塔内气液两相成错流流动,即流体横向流过塔板,而气体垂直穿过液层,但对整个塔来说,两相基本上成逆流流动。错流塔板降液管的设置方式及堰高可以控制板上液体流径与液层厚度,以期获得较高的效率。但是降液管占去一部分塔板面积,影响塔的生产能力;而且,流体横过塔板时要克服各种阻力,因而使板上液层出现位差,此位差称为液面落差。液面落差大时,能引起板上气体分布不均,降低分离效率。错流塔板广泛用于蒸馏、吸收等传质操作中。

逆流塔板亦称穿流板,板间不设降液管,气液两相同时由板上孔道逆向穿流而过。栅板、淋降筛板等都属于逆流塔板。这种塔板结构虽简单,板面利用率也高,但需要较高的气速才能维持板上液层,操作范围较小,分离效率也低,工业上应用较少。

下面介绍几种常见的错流塔板形式。

(1) 泡罩塔　塔板(见图 14-2)上设有许多供蒸气通过的升气管,其上覆以钟形泡罩,升气管与泡罩之间形成环形通道。泡罩周边开有很多称为齿缝的长孔,齿缝全部浸在板上液体中形成液封。操作时,气体沿升气管上升,经升气管与泡罩间的环隙,通过齿缝被分散成许多细小的气泡,气泡穿过液层使之成为泡沫层,以加大两相间的接触面积。流体由上层塔板降液管流到下层塔板的一侧,横过板上的泡罩后,开始分离所夹带的气泡,再越过溢流堰进入另一侧降液管,在管中气、液进一步分离,分离出的蒸气返回塔板上方,流体流到下层塔板。一般小塔采用圆形降液管,大塔采用弓形降液管。泡罩塔已有一百多年历史,但由于结构复杂、生产能力较低、压强降等特点,已较少采用,然而因它有操作稳定、技术比较成熟、对脏物料不敏感等优点,故目前仍有采用。

(2) 筛板塔　筛板(见图 14-3)是在带有降液管的塔板上钻有 3~8mm 直径的均布圆孔,液体流程与泡罩塔相同,蒸气通过筛孔将板上液体吹成泡沫。筛板上没有突起的气液接触元件,因此板上液面落差很小,一般可以忽略不计,只有在塔径较大或液体流量较高时才考虑液面落差的影响。

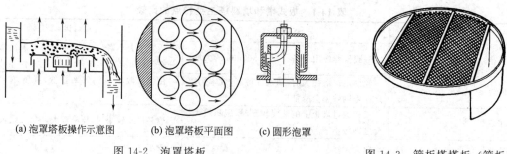

(a) 泡罩塔板操作示意图　　(b) 泡罩塔板平面图　　(c) 圆形泡罩

图 14-2　泡罩塔板　　　　　图 14-3　筛板塔塔板（筛板）

（3）浮阀塔　浮阀塔是 20 世纪 50 年代开发的一种较好的塔。在带有降液管的塔板上开有若干直径较大（标准孔径为 39mm）的均布圆孔，孔上覆以可在一定范围内自由活动的浮阀。浮阀形式很多，常用的有 F1 型，V-4 型，T 型浮阀等，如图 14-4 所示。操作时，液相流程和前面介绍的泡罩塔一样，气相经阀孔上升顶开阀片、穿过环形缝隙、再以水平方向吹入液层形成泡沫，随着气速的增减，浮阀能在相当宽的范围内稳定操作。因此目前获得较广泛的应用。

（4）喷射型塔　筛板上气体通过筛孔及液层后，夹带着液滴垂直向上流动，并将部分液滴带至上层塔板，这种现象称为雾沫夹带。雾沫夹带的产生固然可增大气液两相的传质面积，但过量的雾沫夹带造成液相在塔板间返混，进而导致塔板效率严重下降。在浮阀塔板上，虽然气相从阀片下方以水平方向喷出，但阀与阀间的气流相互撞击，汇成较大的向上气流速度，也造成严重的雾沫夹带现象。此外，前述各类塔板上存在或低或高的液面落差，引起气体分布不均，不利于提高分离效率。基于这些缺点，开发出若干种喷射型塔板，在这类塔板上，气体喷出的方向与液体流动的方向一致或相反，充分利用气体的动能来促进两相间的接触，提高传质效果，如图 14-5 所示。气体不必再通过较深的液层，因而压强降显著减小，且因雾沫夹带量较小，故可采用较大的气速。

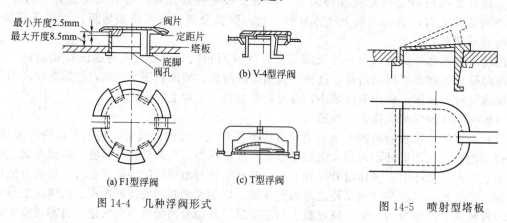

(a) F1型浮阀　　　(c) T型浮阀

图 14-4　几种浮阀形式　　　　图 14-5　喷射型塔板

14.1.3.2　填料塔

　　填料塔也是一种重要的气液传质设备。塔内装有各种形式的固体填充物，即填料。液相由塔顶喷淋装置分布于填料层上，靠重力作用沿填料表面流下；气相则在压强差推动下穿过填料的间隙，由塔的一端流向另一端。气、液在填料的润湿表面上进行接触。气、液两相间的传质就是在填料表面的液体与气相间的界面上进行的，其组成沿塔高连续地变化。它的结构很简单，在塔体内充填一定高度的填料，其下方有支撑板，上方为填料压板及液体分布装置。塔壳可由陶瓷、金属、玻璃、塑料制成，必要时可在金属筒体内衬以防腐材料。为保证液体在整个截面上的均匀分布，塔体应具有良好的垂直度。

　　填料是填料塔的核心。常见的填料形式有：拉西环、鲍尔环、阶梯环、弧鞍填料、矩鞍环、θ 形填料及孔板波纹板填料等，其性能见表 14-2。填料塔操作性能的好坏，与所选用的填料有直接关系。为使填料塔发挥良好的效能，填料应符合以下几项主要要求。

　　① 要有较大的比表面积。单位体积填料层所具有的表面积称为填料的比表面积，以 σ 表示，其单位为 m^2/m^3。

　　填料的表面只有被流动的液相所润湿，才能构成有效的传质面积。因此，若希望有较高的传质效率，除须有大的比表面积之外，还要求填料有良好的润湿性能及有利于液体均匀分布的形状。

　　② 要有较高的空隙率。单位体积填料层所具有的空隙体积称为填料的空隙率。以 ε 表示，其单位为 m^3/m^3。

　　一般说来，填料的空隙率多在 0.45～0.95 范围以内。当填料的空隙率较高时，气、液通过能力大且气流阻力小，操作弹性范围较宽。

　　③ 从经济、实用及可靠的角度出发，还要求单位体积填料重量轻、造价低，坚牢耐用，不易堵塞，有足够的机械强度，对于气、液两相介质都有良好的化学稳定性，等等。

　　上述各项条件，未必为每种填料所兼备，在实际应用时，可依具体情况抓住主要矛盾加以选择。

表 14-2　填料类型及特性

类型	填料名称	特　性
实体填料	拉西环	它是最古老的一种环形填料，高与外径相等的空心圆环。采用乱堆填放，只有大尺寸的采用整砌堆积。缺点是容易产生空穴，液体分布性能差，壁流严重
	金属鲍尔环	1848 年由西德 DBSF 公司在拉西环的基础上发展起来的，它在环的侧壁上开有两层窗口，每层五个窗叶，窗叶弯入环心，在中心相搭，材质主要是金属及塑料。压强降低，分离效率提高，操作弹性加大
	金属阶梯环	英国传质公司应用价值分析技术研究开发的一种新型填料。它开辟了塔器技术的新纪元，超过了所有其他类型的散装颗粒填料，应用此类填料的塔器性能在许多场合下也超过了板式塔。欧洲和美国旧塔改造中有 60%～80% 采用这种填料
	弧鞍填料	它是一种表面全部展开的形如马鞍的瓷质敞开型实体填料，在塔内相搭接，形成连锁结构及弧形气道，有利于气液均布及减少流动阻力。但易套叠架空，彼此掩盖，影响传质效果，制作加工困难，强度差。因此早已为新型填料所取代
	金属矩鞍环	该填料在弧鞍填料的实体上增加了环形筋，并在扇面冲有半环和小爪，形成了侧壁开孔和舌形叶片。有较多的流体通道，有利于汽液的均布及降低流体阻力。环形筋的增设提高了填料的强度和刚性
网体填料	θ 形填料	即获克松环，由金属纱网制成，又分 SITA 形及 S 形，最小直径为 1.5mm，最大直径为 12mm，粒度小，纱网的毛细作用使液体较好地分布，比面积大，孔隙率高，所以它效率高、容量大、滞流量和阻力都较小，但制造费用高
	孔板波纹板填料	金属孔板波纹填料是整砌结构的新型高效填料。波纹与水平方向成 45° 倾角，板片上钻有许多 5mm 左右的小孔，相邻两板反向靠叠，使波纹倾斜方向互相垂直，组成圆饼状填料，其直径略小于塔壳的内径

14.1.3.3　总体结构

　　两种塔型总体结构简图如图 14-6、图 14-7 所示。塔体一般是利用焊接方法将各段简节相互连接而上下两端焊上椭圆形封头。根据气、液负荷分布、受载情况与塔高的不同，各个部位的壳体可为等直径、等壁厚，也可为不等直径、不等壁厚。支座常为裙式，承受塔的全部重力以及由风、地震等引起的弯矩。利用地脚螺栓可将塔牢牢地固定在水泥基础上。塔体上设有液、气出口与进口和人孔，工作人员可由人孔进入塔内安装或检修内件。塔顶还设置有吊柱可用来运送内件。

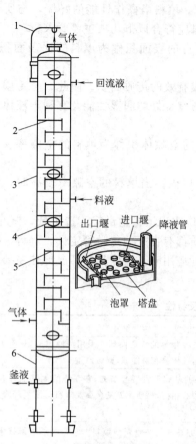

图 14-6　板式塔的总体结构

1—吊柱；2—精馏段塔盘；3—壳体；
4—人孔；5—提馏段塔盘；6—裙座

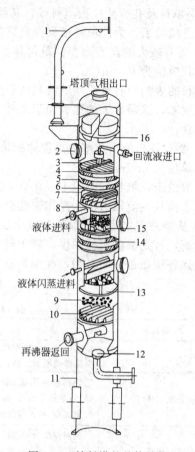

图 14-7　填料塔的总体结构

1—吊柱；2—人孔；3—排管式液体分布器；
4—床层定位器；5—规整填料；6—填料支
承栅板；7—液体收集器；8—集液管；
9—散装填料；10—填料支承装置；
11—支座；12—除沫器；13—槽式
液体分布器；14—规整填料；
15—盘式液体分布器；
16—防涡流器

14.2　分子蒸馏设备

分子蒸馏技术是一种新型、特殊的用于分离或精制的技术，它较成功地解决了高沸点、热敏性物料的分离提纯问题。分子蒸馏技术的原理不同于常规蒸馏，它突破了常规蒸馏依靠沸点差分离物质的原理，而是依靠不同物质分子运动平均自由程的差别实现物质的分离，因此，它具有常规蒸馏不可比拟的优点，如蒸馏压力低、受热时间短、操作温度低和分离程度高等。

14.2.1　分子蒸馏的原理

分子蒸馏是在极高的真空度下，依据混合物分子运动平均自由程的差别，使液体在远低于其沸点的温度下迅速得到分离。

　　在高真空度下，液体分子只需很小的能量就能克服液体内部引力，离开液面而蒸发。气体分子与分子之间存在着相互作用力。当两分子距离较远时，分子之间的作用力表现为吸引力，但当两分子接近到一定程度后，分子之间的作用力会改变为排斥力，并随其接近程度，排斥力迅速增加。当两分子接近到一定程度，排斥力的作用使两分子分开，这种由接近而至排斥分离的过程就是分子的碰撞过程。分子在碰撞过程中，两分子质心的最短距离即为分子有效直径。

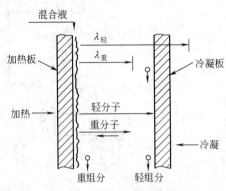

图 14-8　分子蒸馏分离原理示意图

　　分子运动自由程指一个分子与其他分子相邻两次碰撞之间所走过的路程。某时间间隔内自由程的平均值称为分子运动平均自由程。平均自由程的大小与分子的平均直径和环境的温度、压力有关。环境温度越高、压力越低，分子平均自由程越大。图 14-8 所示为分子蒸馏的分离原理。

　　如图所示，液体混合物沿加热板自上而下流动，被加热后能量足够的分子逸出液面，轻分子的分子运动平均自由程大，重分子的分子运动平均自由程小，若在离液面距离小于轻分子的分子运动平均自由程而大于重分子的分子运动平均自由程处设置一冷凝板，此时，气体中的轻分子能够到达冷凝板，由于在冷凝板上不断被冷凝，从而破坏了体系中轻分子的动态平衡，而使混合液中的轻分子不断逸出；相反，气相中重分子因不能到达冷凝板，很快与液相中重分子趋于动态平衡，表观上重分子不再从液相中逸出，这样，液体混合物便达到了分离的目的。

　　分子蒸馏过程中，物料的蒸发是在不沸腾的条件下，在不受阻碍的环境中到达冷凝面，所以其设计应当满足以下条件：

　　① 高真空度是分子蒸馏进行的前提，压力应等于或低于 0.1333Pa，以保证蒸发分子不会在蒸发空间与其他分子碰撞；

　　② 应保证冷凝面与蒸发面的间距与给定气压下蒸发分子的平均自由程同一量级，分子在两个面间的活动应没有阻碍；

　　③ 为防止已冷凝分子重新蒸发，冷凝面的温度应低于蒸发面 50～100℃；

　　④ 被蒸馏物料在蒸发面应能形成连续更新、覆盖完全、厚度均匀的薄膜，并控制物料停留时间，以提高蒸发效率，防止成分受到破坏。

14.2.2　分子蒸馏设备

　　完整的分子蒸馏系统主要包括：脱气系统、进料系统、分子蒸馏器、加热系统、真空冷却系统、接收系统和控制系统。分子蒸馏系统如图 14-9 所示。

　　脱气系统作用是尽量排出被蒸馏物料所带的气体及所溶解的易挥发组分，避免其进入分子蒸馏器内，因高真空迅速膨胀而使原料飞溅，影响分离效果。一般非热敏性物料可在原料外套层通水加热进行脱气，热敏性物料可用脱气器脱气。

　　分子蒸馏器是整个分子蒸馏系统的核心部分，在分子蒸馏过程中起着决定作用，现重点进行介绍。分子蒸馏器按结构形式可分为以下几种。

　　(1) 圆筒式分子蒸馏器　如图 14-10 所示，物料在真空状态下装入筒内，采用加热器使之加热，在冷凝器上凝缩。该装置结构简单，易于操作，但蒸发面静止不动，液层不能更新，蒸馏物被持续加热，易引起热分解，效率低，不适于对热不稳定物料的蒸馏。

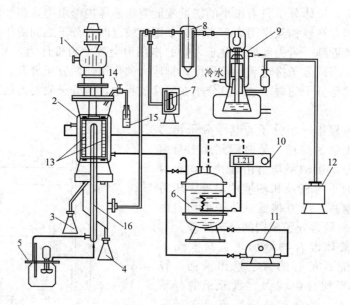

图 14-9　分子蒸馏系统
1—变速机组；2—刷膜蒸发器缸；3—重组分接收瓶；4—轻组分接收瓶；5—恒温水泵；
6—导热油炉；7—旋转真空计；8—液氮冷阱；9—油扩散泵；10—导热油控温计；11—热油泵；
12—前级真空泵；13—刮膜转子；14—进料阀；15—原料瓶；16—冷凝柱

（2）降膜式分子蒸馏器　该装置冷凝面及蒸发面为两个同心圆筒，物料靠重力作用向下流经蒸发面，形成连续更新的液膜，并在几秒钟内加热，蒸发物在相对方向的冷凝面上凝缩，蒸馏效率较高。但液膜受流量及黏度的影响厚度不均匀且不能完全覆盖蒸发面，影响了有效面积上的蒸发率，同时加热时间较长，从塔顶到塔底的压力损失很大，致使蒸馏温度变高，故对热不稳定的物质其适用范围有一定局限性（见图 14-11）。

（3）刮膜式分子蒸馏器　该装置改进了降膜式分子蒸馏器的不足，在蒸馏器内设置可转动的刮板，把物料迅速刮成厚度均匀、连续更新的液膜，低沸点组分首先从薄膜表面挥发，径直飞向中间冷凝器，冷凝成液相，并流向蒸发器的底部，经流出口流出；不挥发组分从残留口流出；不凝性气体从真空口排出。该装置能有效地控制膜厚度及均匀性，通过刮板转速还可控制物料停留时间，蒸发效率明显提高，热分解降低，可用于蒸发中度热敏性物质。其结构比较简单，易于制造，操作参数容易控制，维修方便，是目前适应范围最广、性能较完整的一种分子蒸馏器（见图 14-12）。

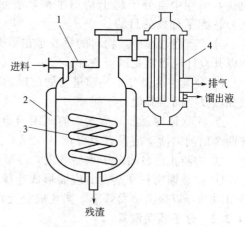

图 14-10　圆筒式分子蒸馏器
1—窥视镜；2—加热面；3—加热器；4—冷凝器

（4）离心式分子蒸馏器　该装置的蒸发器为高速旋转的锥形容器，物料从底部进入，在离心力的作用下在旋转面形成覆盖整个蒸发面、持续更新的厚度均匀的液膜。蒸发物在蒸发面停留很短的时间（0.05～1.5s），在对面的冷凝面上凝缩，流出物从锥形冷凝器底部抽出，残留物从蒸发面顶部外缘通道收集。该装置蒸发面与冷凝面的距离可调，形成的液膜很薄（一般在 0.01～0.1mm），蒸馏效率很高，分离效果好，是现代最有效的分子蒸馏器，适于各种物料的蒸馏，特别适用于极热敏性物料的蒸馏。但其结构复杂，有高速度的运转结构，维修困难，成本很高（见图 14-13）。

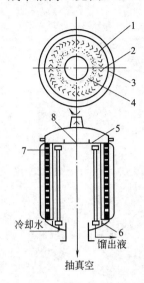

图 14-11　降膜式分子蒸馏器
1—旋转汽液分离器；2—旋转刷；3—加热夹套；
4—凝缩冷却部件（多管或盘管）；
5—溶液旋转分散盘；6—残留液
7—加热；8—供给液

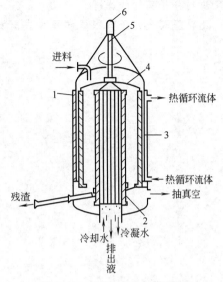

图 14-12　刮膜式分子蒸馏器
1—加热套；2—内层冷凝器；
3—滚动滑动片；4—轴盘；
5—轴；6—电机

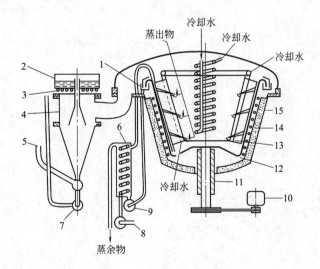

图 14-13　立式离心式分子蒸馏器
1—蒸余物贮槽；2—喷射泵炉；3—喷射泵加热器；4—喷射泵；5—泵连接管；
6—热交换器；7—喷射泵炉加料泵；8—进料泵；9—蒸余液泵；10—电机；
11—轴；12—旋转盘；13—冷凝器片；14—加热器；15—导热层

思　考　题

14-1　蒸馏操作的基本依据是什么？

14-2　蒸馏和蒸发有什么不同？

14-3　概括比较填料塔和板式塔的优缺点。

14-4　说明分子蒸馏的原理。

14-5　比较降膜式分子蒸馏器和降膜式蒸发器的异同。

第 15 章 干燥设备

　　干燥操作的目的是除去某些固体原料、半成品及成品中的水分或溶剂，以便于贮存、运输、加工和使用。用热能加热物料，使物料中湿分蒸发而除去，这一过程称为干燥，是除去固体物料中湿分的一种方法。在工业生产中，多先用机械法最大限度地去除固体物料中的湿分，再用干燥法除去剩余的湿分，最后得到合格固体产品。

　　由于工业生产中被干燥物料的性质、预期干燥程度、生产条件的不同，所采用的干燥方法、干燥设备也不尽相同。干燥器按操作和供热方式分类可参照图 15-1。

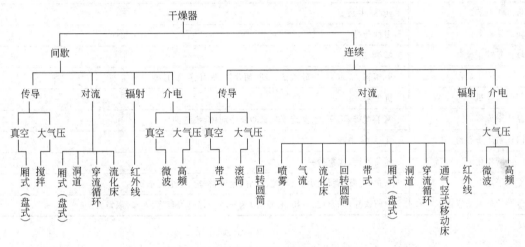

图 15-1　干燥器按操作和供热方式分类

　　干燥是制药工业中的不可缺少的单元操作，广泛应用于中药饮片、药剂辅料、原料药、中间体以及成品的干燥等。

15.1　干燥器的选型

　　每种干燥装置都有其特定的适用范围，而每种物料都可找到若干种能满足基本要求的干燥装置，但最适合的只能有一种。如选型不当，生产企业除了要承担不必要的一次性高昂采购成本外，还要在整个使用期内付出沉重的代价，诸如效率低、耗能高、运行成本高、药品质量差、甚至装置根本不能正常运行等。以下是干燥设备选型的一般原则，很难说哪一项或哪几项是最重要的，理想的选型必须根据自己的条件有所侧重，有时折中是必要的。

　　① 适用性：干燥装置首先必须能适用于特定物料，且满足物料干燥的基本使用要求包括能很好地处理物料（给进、输送、流态化、分散、传热、排出等），并能满足处理量、脱水量、产品质量等方面的基本要求。

　　② 干燥速率高：仅就干燥速率看，对流干燥时物料高度分散在热空气中，临界含水率低，干燥速度快，而且同是对流干燥，干燥方法不同临界含水率也不同，因而干燥速率也

不同。

③ 耗能低：不同干燥方法耗能指标不同，一般传导式干燥的热效率理论上可达100%，对流式干燥只能70%左右。

④ 节省投资：完成同样功能的干燥装置，有时其造价相差悬殊，应择其低者选用。

⑤ 运行成本低：设备折旧、耗能、人工费、维修费，备件费等运行费用要尽量低。

⑥ 优先选择结构简单、备品备件供应充足、可靠性高、寿命长的干燥装置。

⑦ 符合环保要求，工作条件好，安全性高。

表15-1列举了不同药品生产适用的干燥器。

表15-1 不同药品生产适用的干燥器

干燥设备	物料举例
直管气流干燥器	阿司匹林、安乃近、吡唑酮、苯甲酸、菲那西汀、对乙酰氨基酚(扑热息痛)、四环素、金霉素
喷雾干燥器	硫酸链霉素、璜胺噻唑、四环素、氨苄青霉素、阿莫西林、土霉素、青霉素、氨苄西林、阿司匹林
带式干燥器	药品、中药材
箱式干燥器	多种药品
真空箱式干燥器	低熔点药品
脉冲气流干燥器	甲喹酮、金霉素、焦硅酸钠、口服葡萄糖、四环素、青霉素
转鼓干燥机	抗生素
盘式干燥器	氨苄青霉素、邓盐、左旋苯甘氨酸及中间体、头孢曲松
惰性粒子干燥器	北豆根(中药)
内热管流化床干燥器	葡萄糖钙、次氯酸钙
冷冻干燥机	人参、鹿茸、鹿鞭、山药、灵芝、天麻、地黄、枸杞、冬虫夏草等
传导传热振动流化床	中药饮片，如桑皮、黄柏、甘草等；滋补品，如银耳、鹿茸、人参；氯霉素

15.2 厢式干燥器

厢式干燥器是一种比较古老的干燥器，主要是以热风通过湿物料表面达到干燥的目的，适用于易碎物料，胶黏性、可塑性物料，粒状、膏状物料，棉纱纤维及坯状制品等。

厢式干燥器，多用盘架盛放物料，优点是：容易装卸，物料损失小，盘易清洗。因此对于需要经常更换产品、价高的成品或小批量物料，厢式干燥器的优点十分显著。今天随着新型干燥设备的不断出现，厢式干燥器在干燥工业生产中仍占有一席之地。

厢式干燥器的主要缺点是：物料得不到分散，干燥时间长；若物料量大，所需的设备容积也大；工人劳动强度大，如需要定时将物料装卸或翻动时，粉尘飞扬，环境污染严重；热效率低，一般在40%左右，每干燥1kg水分约需消耗加热蒸汽2.5kg以上。此外，产品质量不够稳定。因此随着干燥技术的发展将逐渐被新型干燥器所取代。

厢式干燥器是外形像箱子的干燥器，外壁是绝热保温层。根据物料的性质、状态和生产能力大小分为：水平气流厢式干燥器、穿流气流厢式干燥器、真空厢式干燥器等。

15.2.1 水平气流厢式干燥器

干燥器内热风沿着物料表面平行通过，其结构如图15-2所示。干燥器整体呈厢形，外壁是绝热保温层，厢体上设有气体进出口。物料放于盘中，盘按一定间距放于固定架上或是小车型的可推动架上，小车可方便地推出推入。厢内设有热风循环扇、气体加热器（蒸汽加热翅片管或电加热元件）和可调的气体挡板。

15.2.2 穿流气流厢式干燥器

穿流气流厢式干燥器（见图 15-3）克服了水平气流厢式干燥器的气流只在物料表面流过，传热系数较低的缺点。使气流穿过物料层，可以提高传热效率。为使热风在物料中形成穿流，物料以粒状、片状、短纤维等宜于气流通过为宜。有些物料需要作前处理，称为预成型，才能满足此项要求，如制成环状、柱状、片状等。通过床层的热风风速以物料不被带走为宜，一般为 $0.6\sim1.2\text{m/s}$。料层厚度为 $25\sim65\text{mm}$。热风通过物料层的压降取决于物料的形状、堆积厚度及气流速度，通常在 $200\sim500\text{Pa}$ 左右。由于气流穿过物料层，气固接触面积增大、内部湿分扩散距离短，干燥热效率要比平行气流式的效率高 $3\sim10$ 倍。要使这种干燥器在高效率下工作，并得到质量较好的干燥产品，关键是料层厚度均匀、有相同的压力降、气流通过料层时无死角。有时为了防止物料的飞散，在盛料盘上盖有如图 15-3 所示的金属网。

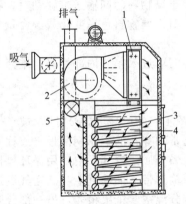

图 15-2 水平气流厢式干燥器
1—加热器；2—循环风机；3—干燥板层；
4—支架；5—干燥箱主体

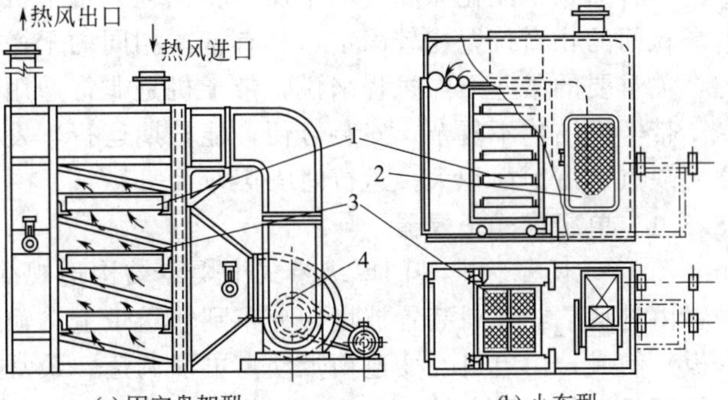

图 15-3 穿流气流厢式干燥器
1—料盘；2—过滤器；3—盖网；4—风机

这种干燥器一般是通过控制循环气流的温度及湿度来保证干燥速率及产品质量，如使用周期控制器控制每个周期中空气的温度及穿流物料层的速度。在恒速干燥阶段，固体表面的温度近于空气的湿球温度，气体的温度可高一些；在降速干燥阶段，应降低空气温度，以防止过热引起表面硬化或变质。在干燥的初始阶段，可适当提高气速，以提高传热效率；而当物料表面干燥以后，就要适当降低气速，以防扬尘，否则将增加收尘负担及环境污染，为此通常采用双速循环风机。

15.2.3 真空厢式干燥器

将被干燥物料置于真空条件下进行加热干燥。真空干燥适用于不耐高温、易于氧化的物料，或是贵重的生物制品。其优点是干燥速度快、干燥时间短、产品质量高，尤其对所含湿分为有毒、有价值的物料时，可以冷凝回收。同时，此种干燥器无扬尘现象，干燥小批量价值昂贵的物料更为经济。

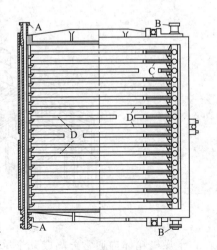

图 15-4 真空厢式干燥器
A—进汽多支管；B—凝液多支管；
C—连接多支管与空心隔板的短管；
D—空心隔板

真空厢式干燥器的结构如图 15-4 所示。钢制断面为方形的保温外壳，内设多层空心隔板，隔板中通常加热蒸汽或热水。由 A 管通入蒸汽，由 B 管流出冷凝水。将料盘放于每层隔板之上，关闭厢门，即可用真空泵将厢内抽到所需的真空度。

15.3　带式干燥器

带式干燥器（简称带干机）由若干个独立的单元段所组成。每个单元段包括循环风机、加热装置、单独或公用的新鲜空气抽入系统和层气排出系统。因此，对干燥介质数量、温度、湿度和尾气循环量等操作参数，可进行独立控制，从而保证带干机工作的可靠性和操作条件的优化。

带干机操作灵活，湿物料进料，干燥过程在完全密封的箱体内进行，劳动条件较好，避免了粉尘的外泄。

与转筒式、流化床和气流干燥器相比较，带干机中的被干燥物料随同输送带移动时，物料颗粒间的相对位置比较固定，具有基本相同的干燥时间。对干燥物料色泽变化或湿含量均匀至关重要的某些干燥过程来说，带干机是非常适用的。

带干机结构不复杂，安装方便，能长期运行，发生故障时可进入箱体内部检修，维修方便。缺点是占地面积大，运行时噪声较大。

15.3.1　单级带式干燥器

图 15-5 所示为典型的单级带式干燥器结构透视简图。图 15-6 为其操作原理图。被干燥物料由进料端经加料装置被均匀分布到输送带上。输送带通常用穿孔的不锈钢薄板（或称网目板）制成，由电机经变速箱带动，可以调速。最常用的干燥介质是空气。空气用循环风机由外部经空气过滤器抽入，并经加热器加热后，经分布板由输送带下部垂直上吹。空气流过干燥物料层时，物料中水分汽化，空气增湿，温度降低。部分湿空气排出箱体，另一部分则在循环风机吸入口前与新鲜空气混合再行循环。为了使物料层上下脱水均匀，空气继上吹之后向下吹。最后干燥产品经外界空气或其他低温介质直接接触冷却后，由出口端卸出。

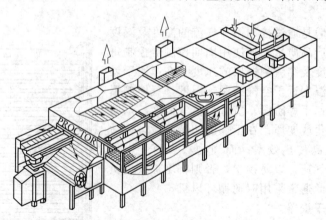

图 15-5　单级带式干燥器结构透视简图

干燥机箱体内通常分隔成几个单元，以便独立控制运行参数，优化操作。干燥段与冷却段之间有一隔离段，在此无干燥介质循环。

干燥介质以垂直方向向上或向下穿过物料层进行干燥的，称为穿流式带式干燥器。干燥介质在物料层上方作水平流动进行干燥的，称为水平气流式带式干燥器。后者因干燥效率

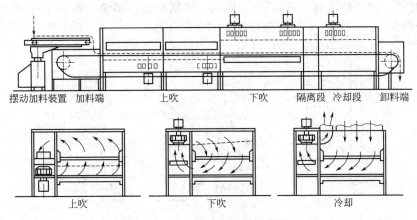

图 15-6　单级带式干燥器操作原理

低，现已很少使用。

15.3.2　多层带式干燥器

多层带式干燥器如图 15-7 所示。多层带式干燥器常用于干燥速率要求较低、干燥时间较长，在整个干燥过程中工艺操作条件（如干燥介质流速、温度及湿度等）能保持恒定的场合。干燥室是一个不隔成独立控制单元段的加热箱体。层数可达 15 层，最常用 3～5 层。最后一层或几层的输送带运行速度较低，使料层加厚，这样可使大部分干燥介质流经开始的几层较薄的物料层，以提高总的干燥效率。层间设置隔板以组织干燥介质的定向流动，使物料干燥均匀。

多层带式干燥器占地少，结构简单，广泛使用于中药饮片、谷物类物料。但由于操作中要多次装料和卸料，因此不适用于干燥易黏着输送带及不允许碎裂的物料。

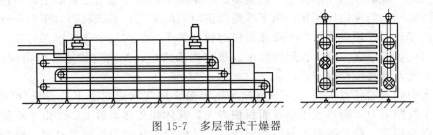

图 15-7　多层带式干燥器

15.4　流化床干燥器

流化床干燥器又称为沸腾床干燥器，是 20 世纪 60 年代发展起来的一种干燥技术，目前在化工、轻工、医药、食品以及建材工业都得到了广泛的应用。流化床干燥的基本流程如图 15-8 所示。散粒状湿物料由皮带输送机运送到料斗中，然后由星形加料器均匀地加入流化床干燥器内。空气经过滤后由鼓风机吸入，通过加热后自干燥器底部进入，向上穿过多孔板与床层内的颗粒物料接触，使物料扬起，其状态犹如液体沸腾一样，形成流态化，进行气、固相的传质和热量交换。物料干燥后由排料口卸出。尾气由流化床顶部排出，经旋风分离器回收细粉，然后由引风机排入大气。

目前，国内流化床干燥装置，从其类型看主要分为单层、多层（2～5 层）、卧式和喷雾流化床、喷动流化床等。从被干燥的物料来看，大多数的产品为粉状（如氨基匹林、乌洛托品等)、颗粒状(如各种片剂、谷物等)、晶状(如氯化铵、涤纶、硫氨等)。被干燥物料的含水率,一般为 10%～30%,物料颗粒度在 120 目以内。

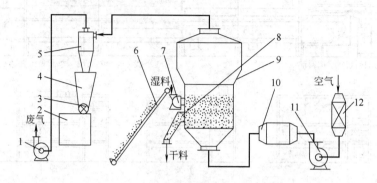

图 15-8　流化床干燥流程

1—引风机;2—料仓;3—星形加料器;4—集灰斗;5—旋风分离器;
6—皮带输送机;7—抛料机;8—卸料管;9—流化床;10—加热器;
11—鼓风机;12—空气过滤器

　　单层流化床可分为连续、间歇两种操作方法。连续操作停留时间分布较广,实际需要的平均停留时间较长,因而多应用于比较容易干燥的产品,或干燥程度要求不是很严格的产品。单层流化床也可用于含水率较高的物料的干燥。操作是间歇式的,卸料时分布板翻转 90°,物料于床层下部卸出。对于一些颗粒度不均匀并有一定黏性的物料,多采用在床层内装有搅拌器的低床层操作。

　　多层流化床干燥装置与单层相比,在停留时间分布上较单层为均匀,因此实际需要的停留时间远比单层的少,在相同条件下设备体积可相应缩小,产品干燥程度亦较为均匀,产品质量易于控制。多层床因气体分布板数增多,床层阻力也相应地增加,但是,当物料为降速阶段干燥控制时,与单层床相比,由于平均停留时间的缩短,其床层阻力亦相应地减少。多层床热利用率较好,所以它适用于降速阶段的物料的干燥。多层流化床操作的最大困难,是由于物料与热风的逆向流动,各层既要形成稳定的沸腾层,又要定量地移出物料到下一层,如果操作不妥,沸腾层即遭破坏。

　　流化床干燥器的特点主要有:①颗粒与热干燥介质在沸腾状态下进行充分的混合与分散,减少了气膜阻力,而且气固接触面积相当大,其体积传热系数大;②由于流化床内温度均一并能自由调节,故可得到均匀的干燥产品;③物料在床层内的停留时间一般为几分钟至几小时(有的只有几秒钟),可任意调节,故对难干燥或要求干燥产品含湿量低的物料特别适用;④由于体积传热系数大,干燥强度大,故在小装置中可处理大量的物料;⑤结构简单,造价低廉,没有高速转动部件,维修费用低,物料由于流化而输送简便;⑥对于散粒状物料,其粒径与形状有一定的限制,如粒径范围为 20～30μm 至 5～6mm 是适宜的,形状以类似球形为佳;⑦流化床干燥装置密封性能好,传动机械又不接触物料,因此不会有杂质混入,这对要求纯洁度高的制药工业来说也是十分重要的。

15.4.1　卧式多室流化床干燥器

　　为了克服多层流化床干燥器的结构复杂、床层阻力大、操作不易控制等缺点,以及保证干燥后产品的质量,后来又开发了一种卧式多室流化床干燥器。这种设备结构简单、操作方便,适用于干燥各种难于干燥的粒状物料和热敏性物料,并逐渐推广到粉状、片状等物料的干燥领域。图 15-9 所示为用于干燥多种药物的卧式多室流化床干燥器。

　　干燥器为一长方形箱式流化床,底部为多孔筛板,开孔率一般为 4%～13%,孔径 1.5～2.0mm。筛板上方,按一定间距设置隔板,构成多室。隔板可以是固定的,或活动的可上下移动，以调节其与筛板的间距。由于设置了与颗粒移动方向垂直的隔板，既防止了未干燥颗粒的排出，又使物料的滞留时间趋于均匀。每一小室的下部有一进气支管，支管上有调节气体流量的阀门。

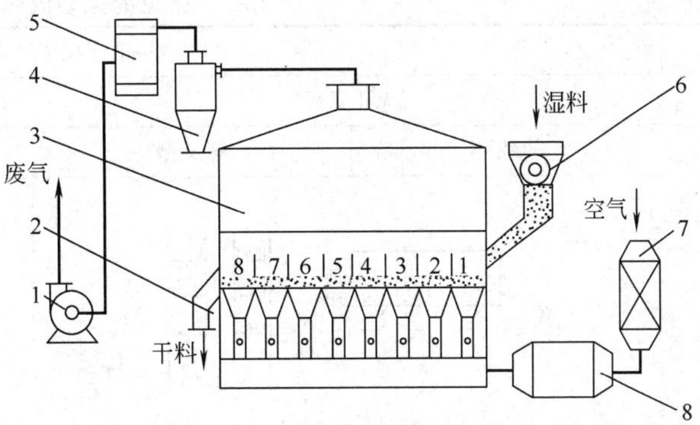

湿物料连续加入于干燥器的第1室，床层中的颗粒借助于床层位差，通过流化床分布板与隔板之间的间隙向出口侧移动，被干燥的物料最后通过出口堰溢流连续排出。每1个室相当于1个流化床，卧式多室相当于多个流化床串联使用。

卧式多室流化床干燥器所干燥

图 15-9　卧式多室流化床干燥器
1—引风机；2—卸料管；3—干燥器；4—旋风分离器；
5—袋式分离器；6—摇摆颗粒机；
7—空气过滤器；8—加热器

的物料，大部分是经制粒机预制成4～14目的散粒状物料，其初始湿含量一般为10%～30%，干燥后的终湿含量一般在0.02%～0.3%之间，由于物料在流化床中摩擦碰撞的结果，干燥后物料粒度变小。当物料的粒度分布在80～100目或更细小时，干燥器上部需设置扩大段，以减少细粉的夹带损失。同时，分布板的孔径及开孔率亦应缩小，以改善其流化状态。

卧式多室流化床干燥器的优缺点如下。

优点：①结构简单、制造方便，没有任何运动部件；②占地面积小，卸料方便，容易操作；③干燥速度快，处理量幅度宽；④对热敏性物料，可使用较低温度进行干燥，颗粒不会被破坏。

缺点：①与其他类型流化床干燥器相比热效率较低；②对于多品种小产量物料的适应性较差。

为克服上述缺点，常用的措施有：①采用栅式加料器，可使物料尽量均匀地散布于床层之上；②消除各室筛板之死角；③操作力求平稳。有些工厂采用电振动加料器，可使床层流化良好，操作稳定。

15.4.2　振动流化床干燥机

普通流化床干燥机在干燥颗粒物料时，可能会存在下述问题：当颗粒粒度较小时形成沟流或死区；颗粒分布范围大时夹带会相当严重；由于颗粒的返混，物料在机内滞留时间不同，干燥后的颗粒含湿量不均；物料湿度稍大时会产生团聚和结块现象，而使流化恶化等。为了克服上述问题，出现了数种改型流化床，其中振动流化床就是一种较为成功的改型流化床。

振动流化床，就是将机械振动施加于流化床上。调整振动参数，使返混较严重的普通流化床，在连续操作时能得到较理想的活塞流。同时由于振动的导入，普通流化床的上述问题会得到相当大改善。

工业应用中已出现了许多不同结构形式的振动流化床，表15-2所列为最有代表性的几种。

对流型振动流化床工作时，由振动电机或其他方式提供的激振力，使物料在空气分布板上跳跃前进，同时与分布板下方送入之热风接触，进行热、质传递。下箱体为床层提供了一个稳定的具有一定压力的风室。调节引风机，使上箱体中床层物料上部保持微负压，维持良好的干燥环境并防止粉尘外泄。空气分布板支撑物料并使热风分布均匀。

表 15-2 常见的振动流化床干燥机

供热方式	振动流化床干燥机			
	无孔底板		开孔底板	
	直线型	螺旋型	直线型	螺旋型
对流	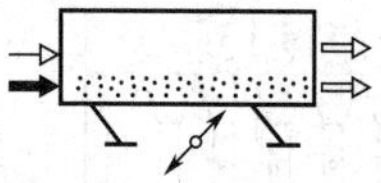	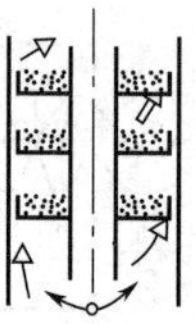	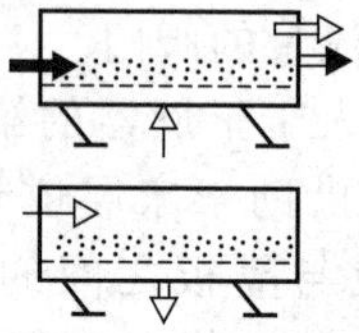	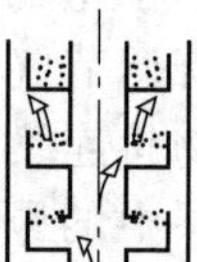
传导	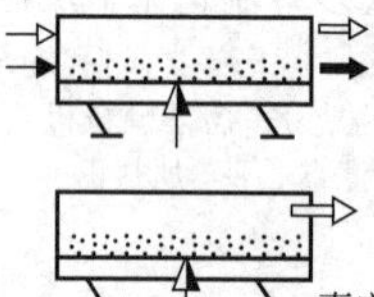 真空设备	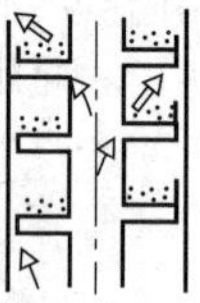	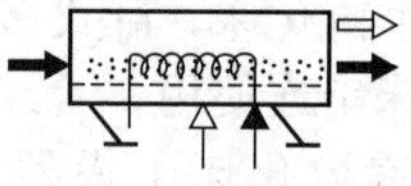	
辐射	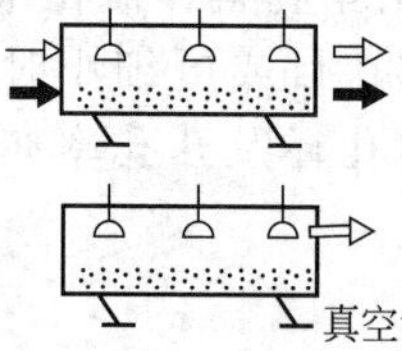 真空设备		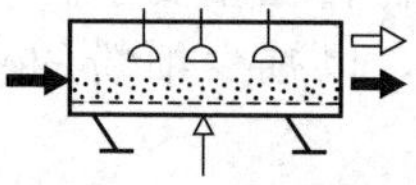	
备注	→ 空气 ⇒ 加热 ⫪ 辐射加热器 ⟹ 干燥物料 ⟹ 二次蒸汽			

图 15-10 所示为对流振动流化床干燥机及工艺流程。

操作时，物料经给料器均匀连续地加到振动流化床中，同时，空气经过滤后，被加热到一定温度，由给风口进入干燥机风室中。物料落到分布板上后，在振动力和经空气分布板均匀的热气流双重作用下，呈悬浮状态与热气流均匀接触。调整好给料量、振动参数及风压、风速后，物料床层形成均匀的流化状态。物料粒子与热介质之间进行着激烈的湍动，使传热和传质过程得以强化，干燥后的产品由排料口排出，蒸发掉的水分和废气经旋风分离器回收粉尘后，排入大气。调整各有关参数，可在一定范围内方便地改变系统的处理能力。

振动流化床干燥机的特点：

① 由于施加振动，可使最小流化气速降低，因而可显著降低空气需要量，进而降低粉尘夹带，配套热源、风机、旋风分离器等也可相应缩小规格，成套设备造价会较大幅度下降，节能效果显著；

② 可方便地依靠调整振动参数来改变物料在机内滞留时间，其活塞流式的运行降低了对物料粒度均匀性及规则性的要求，易于获得均匀的干燥产品；

③ 振动有助于物料分散，如选择合适振动参数，对普通流化床易团聚或产生沟流的物料有可能顺利流化干燥；

④ 由于无激烈的返混，气流速度较之普通流化床也较低，对物料粒子损伤小，易损物料、在干燥过程中要求不破坏晶形或对粒子表面光亮度有要求的物料最为适合；

⑤ 由于施加振动，会产生噪声，同时，机器个别零件寿命短于其他类型干燥器。

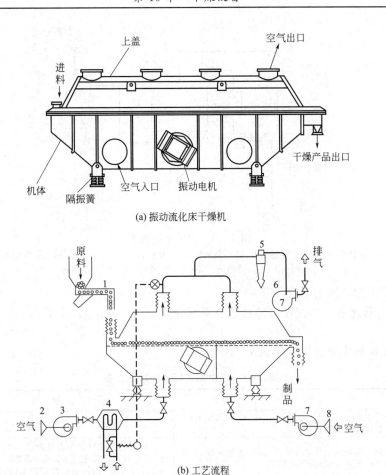

(a) 振动流化床干燥机

(b) 工艺流程

图 15-10　对流振动流化床干燥机及工艺流程

1—振动给料机；2,8—过滤器；3—给风机；4—换热器；5—旋风除尘器；6—排风机；7—给风机

15.5　喷雾干燥器

15.5.1　喷雾干燥原理和流程

喷雾干燥是采用雾化器将原料液分散为雾滴，并用热气体（空气、氮气或过热水蒸气）干燥雾滴而获得产品的一种干燥方法。原料液可以是溶液、乳浊液、悬浮液，也可以是熔融液或膏糊液。干燥产品根据需要可制成粉状、颗粒状、空心球或团粒状。

喷雾干燥的典型流程如图 15-11 所示，包括空气加热系统、原料液供给系统、干燥系统、气固分离系统以及控制系统。由图 15-11 可见，原料液由泵输送至雾化器，雾化后的雾滴与热空气在塔中接触，最后由旋风分离器底部得到干燥产品。喷雾干燥操作是将湿物料由液体一次变成固体产品的干燥方法。

15.5.2　雾化器

原料液雾化所用的雾化器是喷雾干燥的关键部件，目前常用的有 3 种雾化器。

① 气流式雾化器　采用压缩空气或蒸汽以很高的速度（≥300m/s）从喷嘴喷出，靠气液两相间的速度差所产生的摩擦力，使料液分裂为雾滴。

② 压力式雾化器　用高压泵使液体获得高压，高压液体通过喷嘴时，将压力能转变为

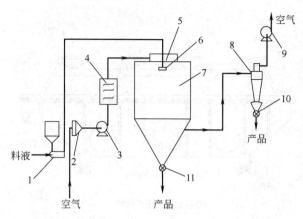

图 15-11 喷雾干燥流程

1—供料系统；2—空气过滤器；3—鼓风机；4—加热器；5—空气分布器；6—雾化器；
7—干燥塔；8—旋风分离器；9—引风机；10,11—卸料阀

动能而高速喷出时分散为雾滴。

③ 旋转式雾化器　料液在高速转盘（圆周速度 90～160m/s）中受离心力作用从盘边缘甩出而雾化。

三种雾化器的优缺点比较见表 15-3。

表 15-3　三种雾化器的优缺点比较

型式	优　点	缺　点
气流式	适于小型或实验设备；可得 20μm 以下的雾滴；能处理黏性较高的物料	动力消耗较大
压力式	大型干燥塔可用几个雾化器；适于逆流操作；雾化器的价格便宜，产品的颗粒粗大	料液的物性及处理量改变时操作弹性很小；喷嘴易磨损，磨损后引起雾化性能降低；要有高压泵，对腐蚀性物料需采用特殊材料；制造微细颗粒时，设计上有下限
旋转式	操作简单，对不同物料适应性强，处理量的弹性较大；可以同时雾化两种以上的料液；操作压力低，不易堵塞，腐蚀性小；产品的粒度较均匀	不适于逆流操作；雾化器及动力机械的造价高；不适于卧式干燥器；制备粗大颗粒时，设计上有上限

15.5.3　喷雾干燥的优缺点

优点：①喷雾干燥时间很短，一般在 30s 以内。而且物料温升不高，所以它特别适合于热敏性物料的干燥。例如食品、生物制品、药品和染料等。②喷雾干燥便于调节，可在较大范围内改变操作条件以控制产品的质量，如粒度分布、产品湿含量、产品形状（球形、粉末、团状等）、产品性质（流动性、润湿性、速溶性、生物活性及色、香、味等）。③喷雾干燥是将液体物料直接制成固体产品的操作。工艺过程简单，省去了蒸发、结晶、过滤或离心分离等中间过程和设备。④喷雾干燥过程容易实现机械化、自动化，改善了劳动环境。⑤喷雾干燥生产能力大，每小时喷雾量可达几百吨，为干燥器中产量较大者之一。

缺点：①喷雾干燥在进气温度高、干燥室内有较大温降的情况下具有较高的热效率。但对不耐高温的物料，其容积传热系数较低，所用设备就相应庞大，动力消耗也大。②对于细粉产品，需要选择高效分离装置分离，故设备费用较高。

15.6　真空干燥器

干燥作业通常是在大气压下操作。当物料具有热敏性、易氧化性或湿分是有机溶剂其蒸气与空气混合具有爆炸危险时，一般可采用真空干燥。真空干燥器的特点如下：①能用较低

的温度得到较高的干燥速率,因此,从热量利用上是经济的。但是,与常压干燥器比较,增加了真空系统,即增加了设备投资及操作费用。②能以低温干燥热敏性物料。③可干燥易受空气氧化或有燃烧危险的物料。④适于干燥含有溶剂或有毒气体的物料,溶剂回收容易。⑤能将物料干燥到很低水分,故可用于低含水率物料的二次干燥。⑥由于密封方面及经济方面的原因,大型化和连续化较为困难。

15.6.1　真空耙式干燥器

（1）干燥流程和特点　真空耙式干燥流程如图 15-12 所示,其主要组成部分有干燥器、抽真空系统、加热和捕集设备。

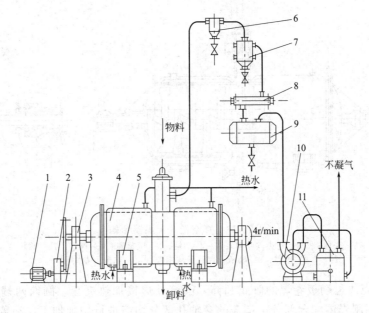

图 15-12　真空耙式干燥流程

1—电机;2—减速机;3—轴承座;4—干燥器;5—支座;6—干式除尘器;7—湿式除尘器;
8—冷凝器;9—冷凝受水器;10—真空泵;11—气水分离器

正常操作时,被干燥物科从加料口加入后,将加料口密封好,在壳体夹套通入加热介质热水（或水蒸气）,启动真空泵,启动干燥器。电动机通过减速传动,驱动干燥器主轴旋转,主轴以 4～10r/min 的速度正反转动。正转时,主轴上安装的耙齿组将物料拨动移向两侧;反转时,物料被移向中央。物料被夹套的热水或水蒸气加热,被耙齿不断翻动,使湿物料的湿分不断蒸发,物料逐渐变干。汽化的水蒸气经干式除尘器、湿式除尘器、冷凝器,从真空泵出口处放空。

干式除尘器捕集汽化水蒸气带出的物料及冷凝水。湿式除尘器进一步冷凝汽化的水蒸气及捕集夹带的固体物。当干燥有害物料时,必须提高除尘器的效能,以免污染环境。

冷凝器主要是进一步冷凝汽化的水蒸气并排走冷凝水,保证真空泵能够维持高的真空度。真空泵可以采用水环真空泵或往复式机械真空泵,也可以采用水喷射泵或蒸汽喷射泵,当喷射泵二级串联时即可达到较高的真空度。采用喷射泵时则不再需要冷凝器。

湿物料的干燥时间随物料性质、初始含湿量、终了含湿量、溶剂性质、操作中真空度的高低及干燥介质的温度等因素而异,通常需十几个小时以上。

真空耙式干燥器特点如下。

① 操作真空度较高,绝对压力一般在 8～50kPa 范围内,被干燥物料表面蒸汽压力远大于蒸发空间的蒸汽压力,从而有利于被干燥物料内部湿分和表面湿分的排出,加速干燥过

程。②适应性强，应用较广。由于干燥器利用夹套加热、高真空排气，所以几乎对所有不同性质、不同状态的物料都适用，特别适用于易燥、易氧化、膏糊状物料的干燥。③加热介质可以是水蒸气或热水。利用夹套加热，传热面受夹套面积限制，传热面积不大，延长了干燥时间。④热利用率较高，热效率一般为 $70\%\sim80\%$。由于真空操作，这方面增加了能量消耗。⑤操作不连续化，而是间歇加料与出料，劳动强度有所增加。⑥干燥时间长，产量低，设备结构复杂，造价较贵。

（2）结构　真空耙式干燥器结构见图 15-13。

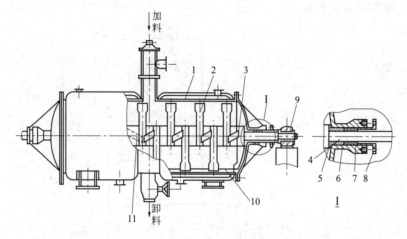

图 15-13　真空耙式干燥器结构

1—壳体；2,3—耙齿（左向）；4—传动轴；5—压紧圈；6—封头；7—填料；
8—压盖；9—轴承；10—无缝钢管；11—耙齿（右向）

① 壳体　壳体是钢板卷焊的卧式圆筒，圆筒外焊接加热夹套，圆筒两端配有带法兰的端盖。端盖与钢制壳体配合部分、端盖的穿轴孔部分均需进行切削加工。端盖穿轴孔的轴线与壳体的轴线不同轴，安装时，端盖孔的轴线比圆筒的轴线低 5mm 且相互平行，这样，在耙齿转动时，能使壳体下侧的物料便于卸出。整个壳体支承在两个鞍式支座上。

② 耙齿　耙齿形状如图 15-14 所示。耙齿根部有一方形孔与传动轴配合并传递力矩，装配时相邻耙齿之间相错 $90°$ 的方位。耙齿有两种形状，一种是平板条形；另一种也是板条形，但有一面呈弧形。耙齿面与传动轴轴心线互成一定的角度，一种左向，另一种右向扭转一定角度。呈平板条形的耙齿用于设备的中部，有圆弧形面的耙齿用于设备的末端，以适应

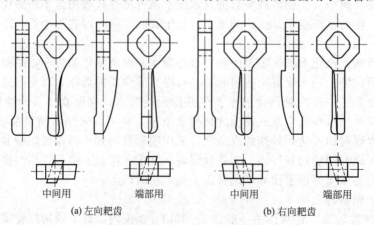

图 15-14　耙齿形状

端盖弧形内表面。

　　装配时，左向耙齿安装在一侧，右向耙齿安装在另一侧。当耙齿正反转时，就能使物料先往两侧而后又往中间移动，交替进行，使物料受到均匀搅拌。一方面使物料与壳体内壁接触时不至发生过热，另一方面使物料达到粉碎作用，增大汽化表面，促进干燥的进程。此外，在耙齿的 4 个象限内，各自由放置一根与主轴平行的两端封闭的无缝钢管对粉碎物料与清理物料有一定的作用。

　　传动轴一般用 45 号钢制成，耙齿形状复杂，一般采用铸钢。传动轴在工作过程中承受弯矩和扭矩。传动轴除满足一定的强度要求外，还需有足够的刚度，不得变形，以免与壳体表面发生摩擦甚至卡死。

　　③ 轴封结构　干燥器是在高真空条件下运行，必须有良好的密封，物料进、出口及筒体与端盖的密封属于静密封，一般都可以保证。旋转轴与端盖孔的密封属于动密封，真空耙式干燥器通常采用填料函密封（见图 15-13）。

15.6.2　双锥回转真空干燥器

　　双锥回转真空干燥的工艺流程与真空耙式干燥流程相似（见图 15-12）。装置中除双锥回转真空干燥器之外，附属设备有真空泵、冷凝器、粉尘捕集器、热载体加热器等。

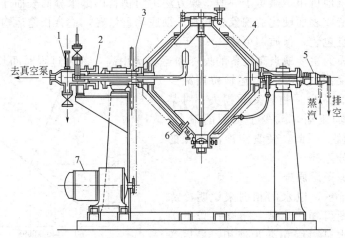

图 15-15　双锥回转真空干燥器

1,6—温度计；2—密封装置；3—安全罩；4—保温层；5—旋转接头；7—电机减速机

　　干燥器中间为圆筒形，两端为圆锥形，外有加热夹套，如图 15-15 所示。整个容器是密闭的，被干燥的物料置于容器内，夹套内通入加热蒸汽或热水。干燥器两侧分别连接空心转轴，一侧的空心轴内通入蒸汽并排出冷凝水，另一侧的空心轴连接真空系统。抽真空管直插入容器内，使容器内保持设定的真空度。真空管端带有过滤网，以尽可能地减少粉尘被抽出。双锥形容器的一端为进、出料口，另一端为人孔或手孔。干燥器两侧的空心轴支承在轴承支架上，在电动机及减速传动装置的驱动下，干燥器绕水平轴线缓慢匀速回转。

　　在正常操作的工况时，物料在真空条件下，边翻动，边通过器壁取得热量，被蒸出的湿气由真空泵抽走。物料受热均匀，干燥速率较快，产品质量好。设备由不锈钢制成，内表面全部抛光处理。内部结构简单，清扫容易，物料可以排净，可以达到无菌要求。物料的充填率以干燥器全容积的 30%～50% 为宜。

　　这种干燥器适于处理膏状、糊状、片状、粉粒状和结晶状物料，为医药工业的常用设备。由于间歇操作，对于物料的加入与卸出，增加了工人的劳动强度。受设备容积限制，当生产处理量较大时要增加台套，占地面积也较大。

15.7　真空冷冻干燥器

真空冷冻干燥是将物料或溶液在较低的温度（如−10～−50℃）下冻结成固态，然后在真空下将其中水分不经液态直接升华成气态而脱水的干燥过程。真空冷冻干燥在医药、食品、材料等方面的应用十分广泛，

真空冷冻干燥方法与其他干燥方法相比有许多优点：①物料在低压下干燥，使物料中的易氧化成分不致氧化变质，同时因低压缺氧，能灭菌或抑制某些细菌的活力。②物料处于冷冻状态下干燥，水分以冰的状态直接升华为水蒸气，而物料的物理结构和分子结构变化极小。③物料在低温条件下进行干燥操作，使物料中的热敏性成分仍保留不变，保持物料原有的色、香、味以及生物活性。④由于物料在升华脱水以前先经冻结，形成稳定的固体骨架，所以水分升华以后，固体骨架基本保持不变，干制品不失原有的固体结构，保持着原有形状。多孔结构的制品具有很理想的速溶性和快速复水性。⑤由于物料中水分在预冻以后以冰晶的形态存在，原来溶于水中的无机盐之类的溶解物质被均匀分配在物料之中。升华时溶于水中的溶解物质就地析出，避免了一般干燥方法中因物料内部水分向表面迁移所携带的无机盐在表面析出而造成表面硬化的现象。⑥脱水彻底，重量轻，适合长途运输和长期保存，在常温下，采用真空包装，保质期可达3～5年。

真空冷冻干燥的主要缺点是设备的投资和运转费用高，冻干过程时间长，产品成本高。但由于冻干后产品重量减轻了，运输费用减少了；能长期贮存，减少了物料变质损失；对某些农、副产品深加工后，减少了资源的浪费，提高了自身的价值。因此，使真空冷冻干燥的缺点又得到了部分弥补。

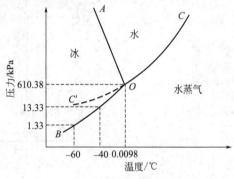

图 15-16　水的相图

15.7.1　真空冷冻干燥原理

如图 15-16 所示，以水的相图来说明冷冻干燥的原理。由图可知，凡是三相点 O 以上的压力和温度下，水可由固相变为液相，最后变为气相；而在三相点以下的压力和温度下，水可由固相不经液相直接变为气相，气相遇冷后仍变为固相，这个过程即为升华。根据冰的升华曲线 OB，对于水升高温度或降低压力都可打破气固平衡，使整个系统朝着冰转变为汽的方向进行。例如，冰的蒸汽压在−40℃时为13.3Pa(0.11mmHg)，在−60℃时为 1.33Pa(0.011mmHg)，若将−40℃冰面上的压力降至1.33Pa(0.011mmHg)，则固态的冰直接变为水蒸气，并在−60℃的冷却面上又变为冰，同理，如将−40℃的冰在压力为 13.3Pa(0.11mmHg) 时加热至−20℃也能发生升华现象。冷冻干燥技术就是根据这个原理，使冰不断变成水蒸气，将水蒸气抽走，最后达到干燥的目的。

冷冻干燥可以分为预冻、升华、解析干燥三个阶段，如图 15-17 所示。

（1）预冻阶段　预冻是将溶液中的自由水固化，使干燥后产品与干燥前有相同的形态，防止抽空干燥时起泡、浓缩、收缩和溶质移动等不可逆变化产生，减少因温度下降引起的物质可溶性降低和生命特性的变化。

预冻温度必须低于产品的共晶点温度，各种产品的共晶点温度是不一样的，必须认真测得。实际制定工艺曲线时，一般预冻温度要比共晶点温度低 5～10℃。

图 15-17　冷冻干燥过程示意图

物料的冻结过程是放热过程，需要一定时间。达到规定的预冻温度以后，还需要保持一定时间。为使整箱全部产品冻结，一般在产品达到规定的预冻温度后，需要保持 2h 左右的时间。这是个经验值，根据冻干机不同，总装量不同，物品与搁板之间接触不同，具体时间由实验确定。

预冻速率直接影响冻干产品的外观和性质，冷冻期间形成的冰晶显著影响干燥制品的溶解速率和质量。缓慢冷冻产生的冰晶较大，快速冷冻产生的冰晶较小。大冰晶利于升华，但干燥后溶解慢，小冰晶升华慢，干燥后溶解快，能反映出产品原来结构。

对于生物细胞，缓冷对生命体影响大，速冷影响小。从冰点到物质的共熔点温度之间需要快冷，否则容易使蛋白质变性，生命体死亡，这一现象称溶质效应。为防止溶质效应发生，在这一温度范围内，应快速冷却。

综上所述，需要试验一个合适的冷却速率，以得到较高的存活率、较好的物理性状和溶解度，且利于干燥过程中的升华。

（2）升华干燥阶段　升华干燥也称第一阶段干燥。将冻结后的产品置于密闭的真空容器中加热，其冰晶就会升华成水蒸气逸出而使产品脱水干燥。干燥是从外表面开始逐步向内推移的，冰晶升华后残留下的空隙变成升华水蒸气的逸出通道。已干燥层和冻结部分的分界面称为升华界面。在生物制品干燥中，升华界面约以 1mm/h 的速率向下推进。当全部冰晶除去时，第一阶段干燥就完成了，此时约除去全部水分的 90% 左右，所需时间约占总干燥时间的 80%。

（3）解析干燥　解析干燥也称第二阶段干燥。在第一阶段干燥结束后，在干燥物质的毛细管壁和极性基团上还吸附有一部分水分，这些水分是未被冻结的。当它们达到一定含量，就为微生物的生长繁殖和某些化学反应提供了条件。实验证明：即使是单分子层吸附以下的低含水量，也可以成为某些化合物的溶液，产生与水溶液相同的移动性和反应性。因此为了改善产品的贮存稳定性，延长其保存期，需要除去这些水分。这就是解析干燥的目的。

第一阶段干燥是将水以冰晶的形式除去，因此其温度和压力都必须控制在产品共溶点以下，才不致使冰晶溶化。但对于吸附水，由于其吸附能量高，如果不给它们提供足够的能量，它们就不可能从吸附中解析出来。因此，这种阶段产品的温度应足够地高，只要不烧毁产品和不造成产品过热而变性就可。同时，为了使解析出来的水蒸气有足够的推动力逸出产品，必须使产品内外形成较大的蒸汽压差，因此此阶段中箱内必须是高真空。

第二阶段干燥后，产品内残余水分的含量视产品种类和要求而定，一般在 0.5%～4% 之间。

15.7.2　真空冷冻干燥设备

真空冷冻干燥装置（简称冻干机）按系统分，由制冷系统、真空系统、加热系统和控制系统四部分组成；按结构分，由冻干箱（或称干燥箱、物料箱）、冷凝器（或称水汽凝集器、冷阱）、真空泵组、制冷压缩机组、加热装置、控制装置等组成，如图 15-18 所示。

制品的冻干在冻干箱内进行。箱内设有若干层搁板，搁板内置有冷冻管和加热管，分别对制品进行冷冻和加热。箱门四周镶嵌密封胶圈，临用前涂以真空脂，以保证箱体的密封。

冷凝器内装有螺旋状冷凝蛇管数组，其操作温度应低于干燥箱内制品的温度，工作温度可达 -45～-60℃，其作用是将来自干燥箱中制品所升华的水蒸气进行冷凝，以保证冻干过

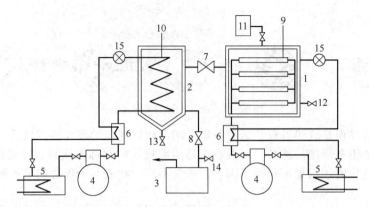

图 15-18　真空冷冻干燥装置

1—冻干箱；2—冷凝器；3—真空泵；4—制冷压缩机；5—水冷却器；6—热交换器；7—冻干箱冷凝器阀门；
8—冷凝器真空泵阀门；9—板温指示；10—冷凝温度指示；11—真空计；12—冻干箱放气阀门；13—冷凝
器排液口；14—真空泵放气阀；15—膨胀阀

程的进行。

　　真空泵组对系统抽真空，冻干箱中绝对压力应保持在 0.13～13.3Pa。小型冷冻干燥机组通常采用罗茨真空泵或滑片泵等组成；大型机组可采用多级蒸汽喷射泵组成。

　　制冷压缩机组对冻干箱中的搁板及冷凝器中的冷冻盘管降温，冻干箱中的搁板可降至 −30～−40℃。实验室冷冻干燥机组可采用一台制冷机供干燥器和冷凝器交替使用。工业用小型冷冻干燥机组对冻干箱和冷凝器应分别设置制冷机，以保证操作的正常进行。常用的冷冻剂有氨、氟利昂、二氧化碳等。

　　加热装置供冻干箱中的制品在升华阶段时升温用，应能保证干燥箱中搁板的温度达到 80～100℃，加热系统可采用电热、辐射加热或循环油间接加热。

　　先进的控制装置是利用计算机输出程序控制整个工作系统正常运转。控制装置先进程度最能体现整机水平。

　　图 15-19 所示为医药品用的冻干箱，其内部以 80～120mm 的间距设置搁板，搁板上安放支承物料的托架。搁板的内部通入载冷体或载热体。

　　工业生产上用的冻干箱，其搁板面积大多在 1～20m² ，采用不锈钢制作。搁板安放在支柱上，各块搁板可在真空状态下自由升降。干

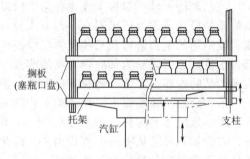

图 15-19　医药品用冻干箱

燥结束后，搁板沿轴向向上移动，使橡皮塞在真空条件下塞紧瓶口。

15.8　微波真空干燥器

　　干燥物料通常采用的是外部加热的方式，即以火焰、热风、蒸汽、电热等从物料的外部进行加热，物料又以热传导的方式使内部升温，最终达到干燥的目的。微波是一种波长在 1～0.001m 频率在 300～300000MHz 的电磁波，工业上只使用 915MHz 和 2450MHz 两个频率。微波干燥在原理上与外部加热的干燥完全不同，它属于介电加热干燥，是以电磁波代替热源，当电介质（湿物料）吸收了电磁波之后，电磁波的能量在电介质内部转换成热能。因

此，可以说，被干燥物料本身就是发热体。这种加热方式为内部加热方式。

　　长期以来，我国中药产业中的干燥灭菌工艺始终停留在较落后的方式上，蒸汽加热和烘箱干燥仍然作为主要手段，其弊端在于：①消耗能量大，利用率仅为30%左右，大大增加了生产成本；②由于消毒灭菌采用高温（110℃）处理，使得某些药品如口服液中的有效成分或营养成分遭到严重破坏，无法得到应有的疗效，且口感变差；③生产环境恶劣，工人劳动强度大，生产周期长等。

　　而微波技术不同于传统工艺，它用于药物的加热、干燥、灭菌时有如下的优点：①微波对药物加热迅速而均匀、干燥速率快、时间短。由于是在湿物料内部加热，热传递方向与湿分传递方向一致，水分从物料中心向两侧扩散，路程比传导加热要少一倍，有利于提高物料干燥速率、缩短干燥时间。由于微波能直接为水分所吸收，物料内部和表面的水分能同时获得微波而被加热，所以加热均匀、且干燥时间短，不影响被干燥物料的色香味及组织结构。②选择性加热，干燥温度低，产品清洁，干燥及灭菌效果好、质量高。在微波干燥中不同物质吸收微波的能力亦不相同，其中水分比其他一些固体物料具有更大的吸收能力，所以利用微波对含水物料的干燥特别有利，湿物料中水分获得较多能量而迅速汽化，而固体物料因吸收微波能力小，温度不会升得很高，避免物质的过热现象，具有自动平衡性能。而且在干燥的同时兼有灭菌杀虫等效果，从而提高了产品质量。获得的成品含水量均匀，清洁无菌，表面不结壳、皱皮或开裂等，干燥效果较理想。③耗能少、成本低。由于热量直接产生于湿物料内部，微波加热设备本身不耗热，热能绝大部分都作用在物料上，所以热损失少、热效率高，一般可达80%左右。④环境好、无污染。对环境温度几乎没有影响，加工车间内无闷热的高温和蒸汽弥漫，大大改善了工人的工作环境。⑤操作简便、生产效率高。用微波处理药物可以连续操作，提高了生产效率，便于自动化生产和企业管理。改善了工作环境和条件，设备操作方便、控制灵敏。因微波是由电能转换而来，开通电源热即产生，进行干燥，断开电源，热源立即消失。不需预热，亦无余热。而且微波设备结构紧凑，占地小，减少了配套设施。

　　但微波干燥也存在不足：①设备投资大、产品成本费用较高；②对某些物料的稳定性会有影响；③微波对人体有害。所以使用时应防止微波泄露，注意加强安全防护措施。

　　基于以上特点，微波用于含水物料的干燥特别有利，利用微波技术可以对中药材原料、丸剂、片剂以及粉粒状制剂等进行脱水干燥、杀虫防腐、灭菌等加工处理，不仅干燥速率快，而且可提高产品质量、方便药物的贮存和保管。但不适于热敏性物料的干燥。

　　微波真空干燥技术是微波技术与真空技术相结合的一种新型技术，它兼备了微波及真空干燥的一系列优点。在常规真空干燥中，由于真空条件下对流传热难以进行，只有依靠热传导的方式给物料提供热能，干燥速率缓慢，效率低，并且温度难以控制。微波加热是一种辐射加热，是微波与物料直接发生作用，使其内外同时被加热，无需通过对流或传导来传递热量。将微波技术与真空技术结合起来，使干燥过程既具有高效率，又具有低温，隔绝氧气的特点，使得这一技术非常适合于各种热敏感性物质的干燥。微波真空干燥对物料中热敏感性成分及生物活性物质具有极高的保存率，一般可达90%～95%，成品品质接近或达到冻干产品。其原因，主要是因为微波真空干燥时间较冻干大大缩短的缘故。

　　由于微波真空干燥的一系列优点及设计的完善，使这项技术展现出极为广泛的应用前景。①中药领域：对各种热敏感性制剂，如植物浸提物的干燥，对各种名贵中药原材料的干燥，对各种成品药及粉末，结晶物料的干燥等。②西药：对各种热敏感性成品药及中间体的干燥，剩余溶剂的脱除。

15.8.1　微波加热的原理

　　物质的分子以有无极性可分为非极性分子和极性分子。非极性分子正负电荷中心重合，极性分子正负电荷中心不重合。在外加电场的作用下，非极性分子正负电荷中心的距离将发生相对位移，形成偶极子。这种现象称为极化。极性分子在外加电场作用下，介质的偶极子重新排列。外加电场越强，偶极子排列越整齐，分子极化程度越高。如果外加电场为交变电场，则无论是极性分子还是非极性分子均反复被极化，外加电场频率越高，偶极子反复极化的运动越激烈。水分子是一种极性分子。在交变电场的作用下，反复极化，反复地变动与转动，产生剧烈的碰撞与摩擦，这样就把电磁场中所吸收的能量变成了热能，物料本身被加热而干燥。对一定的介质，所吸收的功率与电源频率和电场强度成正比。水能强烈地吸收微波，凡是含水物质均可用微波进行干燥。

15.8.2 微波真空干燥设备

微波真空干燥设备主要由直流电源、微波发生器、微波干燥器、冷却系统、真空系统和微波传输线或波导等组成，如图 15-20 所示。

微波发生器将高压直流电源所供给的电能转换为微波能，加热干燥用的微波管一般使用磁控管；波导是用来传送微波的，它是由中空的光亮金属短管组成；冷却系统对微波管腔体及阴极部分进行冷却。

（1）微波发生器 主要使用磁控管。如图 15-21 所示，磁控管由高电导率的阳极和发射电子的阴极组成，阳极能同时产生高频振荡的谐振回路，阴极可采用直热和间热两种方式加热。阴阳极之间的电子作用空间应有均匀的与阴极轴线平行的强磁场。当阴阳两极之间存在一定的直流电场时，从阴极发射的电子向阳极运动，由于磁场力的影响而呈现圆周运动。在阳极上的谐振腔的作用下，即产生所需的微波能。

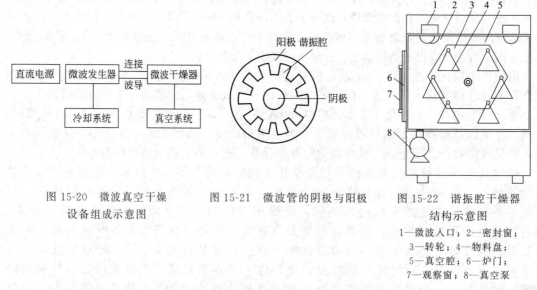

图 15-20 微波真空干燥
设备组成示意图

图 15-21 微波管的阴极与阳极

图 15-22 谐振腔干燥器
结构示意图

1—微波入口；2—密封窗；
3—转轮；4—物料盘；
5—真空腔；6—炉门；
7—观察窗；8—真空泵

（2）微波干燥器 根据物料和微波作用的形式可将微波干燥器分为三类，各类的特点见表 15-4。

表 15-4 微波干燥器的类型

类 型	加 热 特 点
谐振腔干燥器	物料在腔内受到来自各个方向的反射而被加热，物料受热均匀
辐射型干燥器	微波能量直接辐射到被干燥物料上
慢波型干燥器	微波的传输速度低于光速（如螺旋线干燥器中微波沿螺旋线前进），能在短时间内产生较大的功率，加热速度快。适于不易被加热或表面积较大的物料

　　微波真空干燥器一般使用谐振腔干燥器（见图 15-22）。谐振腔的矩形间的每边都应大于 0.5λ，使不同方向均有波的反射，这样物料在腔内可从各个方向受到反射而加热。为使物料受热均匀，在波导的入口处装有反射板和搅拌器。

　　物料一般放置在立体转动机架带动的铺料板上，做低速转动，保证物料的受热均匀。

思 考 题

15-1　厢式干燥器与带式干燥器各有何有优缺点？

15-2　何谓流化床？流化床干燥器有什么特征？

15-3　常用的流化床干燥器有哪几种？各有什么有优缺点？

15-4　对膏糊状物料干燥宜采用什么流化床干燥器？

15-5　喷雾干燥器的关键部件是什么？它分为几种类型？

15-6　为什么要采用真空耙式干燥器？

15-7　双锥回转真空干燥器有何优缺点？

15-8　真空冷冻干燥法的概念是什么？该法有什么特点？

15-9　真空冷冻干燥的机理是什么？真空冷冻干燥机组主要由哪几部分组成。

15-10　什么叫微波？微波干燥的特点是什么？

15-11　简述微波真空干燥的原理。

第16章　制药用水生产设备

制药生产中使用各种水用于不同剂型药品作为溶剂、包装容器洗涤水等，这些水统称为工艺用水。我国 2010 年版 GMP 规定："工艺用水即药品生产工艺中使用的水，包括：饮用水、纯化水、注射用水"。饮用水是制备纯化水的原料水，纯化水则是制备注射用水的原料水。纯化水为蒸馏法、离子交换法、反渗透法或其他适宜的方法制得供药用的水，不含任何附加剂。工艺用水的质量直接影响药品的质量，其水质要求和用途见表 16-1。

表 16-1　制药工艺用水水质要求和用途

水质类别		用　途	水质要求
饮用水		1. 口服剂瓶子初洗 2. 制备纯化水的水源 3. 中药材、饮片清洗、浸润、提取用水	卫生部生活饮用水标准 GB 5749—85
纯化水	去离子水	1. 口服剂配料、洗瓶 2. 注射剂、无菌冲洗剂瓶子的初洗 3. 非无菌原料药精制 4. 制备注射用水的水源	参照《中华人民共和国药典》蒸馏水质量标准电阻率＞0.5MΩ·cm(电导率≤2μS/cm)
	蒸馏水	1. 溶剂 2. 口服剂、外用药配料 3. 非无菌原料药精制 4. 制备注射用水的水源	符合《中华人民共和国药典》标准
注射用水		1. 注射剂、无菌冲洗剂配料 2. 注射剂、无菌冲洗剂洗瓶(经 0.45μm 滤膜过滤后使用) 3. 无菌原料药精制	符合《中华人民共和国药典》标准

生产纯化水的设备有电热式蒸馏水器、离子交换器、电渗析器、反渗透器及超滤器等。它们即可单独使用，也可联合应用。注射用水是指蒸馏水或去离子水再经蒸馏而制得，再蒸馏的目的是去除热原。注射用水主要采用重蒸馏法制备，所用设备有塔式蒸馏水机、气压式蒸馏水机、多效蒸馏水机等。此外，反渗透法也可用于制备注射用水。供制备注射用水的原水，《中华人民共和国药典》要求用一次蒸馏水或去离子水，即已经纯化过的水。

本章将注重介绍蒸馏水器和离子交换器，电渗析器、反渗透器及超滤器等生产设备参见第 12 章膜分离设备。

16.1　蒸馏水器

目前医药工业及医疗卫生等部门所用的蒸馏水，都是用不同形式的蒸馏水器制备的。把饮用水加热至沸腾使之汽化，再把蒸汽冷凝所得的液体，称为蒸馏水。水在汽化过程中，易挥发性物质汽化逸出，原来溶于水中的大多数杂质和热原都不挥发，仍留在残液中。因而饮用水经过蒸馏，可除去其中的不挥发性有机物质及无机物质，包括悬浮体、胶体、细菌、病毒及热原等杂质，从而得到纯净蒸馏水。

经过两次蒸馏的水，称为重蒸馏水。重蒸馏水中不含热原，可作为医用注射用水。医用注射用水的质量要求，在《中华人民共和国药典》中有严格的规定，如 pH 值、氯化物、硫酸盐、钙盐、铵盐、二氧化碳、易氧化物、不挥发性物质及重金属等，均应符合规定。另外，还必须通过热原检查。

蒸馏水器主要由蒸发锅、除沫装置和冷凝器等三部分构成。各种类型蒸馏水器的结构应达到下述基本要求：①采用耐腐蚀材料制成，如不锈钢；②内部结构要求光滑，不得有死角，应能放尽内部的存水；③在二次蒸汽的通道上，装设除沫装置，以防止雾沫被二次蒸汽夹带进入成品水中，影响水质；④蒸发锅内部从水面到冷凝器的距离应适当。若距离过短，锅内水沸腾所产生的雾沫易被带入冷凝器中，影响成品水的质量；若距离过长，则导致二次蒸汽中途冷凝，形成回流现象；⑤必须配置排气装置，以除去水中所夹带的 CO_2、NH_3 等气体；⑥冷凝器应具有较大的冷凝面积，且易于拆洗。

蒸馏水器的加热方法，主要是水蒸气加热。在无汽源的情况下，可以采用电加热。

制备蒸馏水的设备称为蒸馏水器。常用的有单蒸馏水器和重蒸馏水器。重蒸馏水器中常用的有塔式蒸馏水器、气压式蒸馏水器和多效蒸馏水器等。

16.1.1　电热式蒸馏水器

电热式蒸馏水器如图 16-1 所示，属小型蒸馏水器，出水量在 $0.02m^3/h$ 以下，多应用于无汽源的场合。蒸发锅内安装有若干个电加热器。电加热器必须浸入水中操作，否则电热器的管壁可能被烧坏。

电热式蒸馏水器的工作过程是：原料水首先经过冷凝器被预热，进入蒸发锅内再被电加热器加热，沸腾汽化，产生的蒸汽经隔沫装置除去其夹带的雾状液滴，然后进入冷凝器进行热交换，被冷凝为蒸馏水。

电热式蒸馏水器属单蒸馏水器。由于水只经过一次蒸馏，所以制备的蒸馏水达不到医用注射用水的质量要求，只能作为纯化水使用。

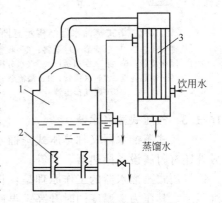

图 16-1　电热式蒸馏水器
1—蒸发锅；2—电热器；3—冷凝器

16.1.2　塔式蒸馏水器

塔式蒸馏水器的生产能力较大，有 $0.05 \sim 0.40m^2/h$ 等多种规格。塔式蒸馏水器是较早定型生产的一类老式蒸馏水器，国外已趋淘汰，而国内许多厂家或医院药房仍在应用，其结构如图 16-2 所示。

塔式蒸馏水器的操作方法是：首先在蒸发锅内加入适量的洁净水，然后开启加热蒸汽阀门。加热蒸汽首先经过汽水分离器（滤汽筒），将蒸汽中夹带的水滴、油滴和杂质除去，而后进入蒸发锅内的加热蛇管，使锅内的水沸腾汽化。加热蒸汽放出潜热后冷凝为冷凝水（回汽水），冷凝水进入废气排出器（也叫集气塔或补水器）内，将不凝性气体及二氧化碳、氨等排出，又流回蒸发锅中，以补充锅内蒸发的水分。过量的回汽水由溢流管排出，用溢流管控制锅内的水位。蒸发锅内所产生的二次蒸汽，通过隔沫装置（中性硬质玻璃环）及折流式除沫器后，进入 U 形管冷凝器被冷凝成蒸馏水，落在折流式除沫器上，然后由出口流至冷却器，经进一步冷却降温后排出，即为成品蒸馏水。

操作时，蒸发锅内的水量不宜过多，加热蒸汽的压力也不宜过大，以免雾滴窜入冷凝器内而影响蒸馏水的质量。

塔式蒸馏水器的补充水源系锅炉蒸汽经冷凝后的一次蒸馏水，再经蒸馏而得注射用水，偶有铵盐和热原未被除净的情况发生，加以蒸馏水器冷凝管系钢管镀锡或银，质量较差，一般使用半年后，金属离子脱落而造成注射用水被微量重金属元素污染，这说明塔式蒸馏水器生产的蒸馏水产品不能长期处于稳定状态，且塔式蒸馏水器需消耗大量能量和冷却水，体积偏大，从节能观点出发也是不经济的。

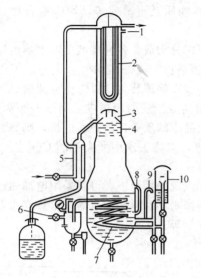

图 16-2　塔式蒸馏水器结构示意图
1—排气孔；2—U 形管第一冷凝器；3—收集器；
4—隔沫装置；5—第二冷却器；6—汽水分离器；
7—加热蛇管；8—水位管；9—溢流管；
10—废气排出器

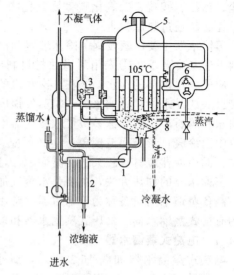

图 16-3　气压式蒸馏水器结构示意图
1—泵；2—换热器；3—液位控制器；4—除雾器；
5—蒸发室；6—压气机；7—冷凝器；8—电加热器

16.1.3　气压式蒸馏水器

气压式蒸馏水器又称热压式蒸馏水器（图 16-3），主要由蒸发冷凝器及压气机所构成，另外还有附属设备换热器、泵等。

气压式蒸馏水器的工作原理是：将原水加热，使其沸腾汽化，产生二次蒸汽，把二次蒸汽压缩，其压力、温度同时升高；再使压缩的蒸汽冷凝，其冷凝液就是所制备的蒸馏水，蒸汽冷凝所放出的潜热作为加热原水的热源使用。

气压式蒸馏水器的工作过程是：将符合饮用标准的原水，以一定的压力经进水口流入，通过换热器预热后，用泵送入蒸发冷凝器的管内。管内水位由液位控制器进行调节。在蒸发冷凝器的下部，设有蒸汽加热蛇管和电加热器，作为辅助加热使用。将蒸发冷凝器管内的原水加热至沸腾汽化，产生的二次蒸汽进入蒸发室（室温 105℃），经除沫器除去其中夹带的雾沫、液滴和杂质，而后进入压气机。蒸汽被压气机压缩，温度升高到 120℃。把该高温压缩蒸汽送入蒸发冷凝器的管间，放出潜热后，蒸发冷凝器管内的水受热沸腾，产生二次蒸汽，再进入蒸发室，除去其中夹带的雾沫和杂质，进入压气机压缩……，重复前面过程。管间的高温压缩蒸汽冷凝所生成的冷凝水（即蒸馏水），经不凝性气体排出器，除去其中的不凝性气体。纯净的蒸馏水经泵送入热交换器，回收其中的余热把原水预热，最后，成品水由蒸馏水出口排出。

气压式蒸馏水器的特点是：①在制备蒸馏水的整个生产过程中不需用冷却水；②热交换器具有回收蒸馏水中余热的作用，同时对原水进行预热；③从二次蒸汽经过净化、压缩、冷凝等过程，在高温下停留约 45min 时间以保证蒸馏水无菌、无热原；④自动化程度高，自动型的气压式蒸馏水器，当机器运行正常后，即可实现自动控制；⑤产水量大，工业用气压式蒸馏水器的产水量为 $0.5m^3/h$ 加以上，最高可达 $10m^3/h$；⑥气压式蒸馏水器有传动和易磨损部件，维修量大，而且调节系统复杂，启动慢，有噪声，占地大。

气压式蒸馏水器适合于供应蒸汽压力较低，工业用水比较短缺的厂家使用，虽然一次性投资较多，但蒸馏水生产成本较低，经济效益好。

16.1.4　多效蒸馏水器

为了节约加热蒸汽，可利用多效蒸发原理制备蒸馏水。多效蒸馏水器是由多个蒸馏水器串接而成。各蒸馏水器可以垂直串接，也可水平串接。

图 16-4 所示为三效蒸馏水器垂直串接流程示意图。该机为三效并流加料，由每一效所蒸发出的二次蒸汽经冷凝后成为蒸馏水。为了提高蒸馏水的质量，在每一效的二次蒸汽通道上均装有除沫装置，以除去二次蒸汽中所夹带的雾沫和液滴。

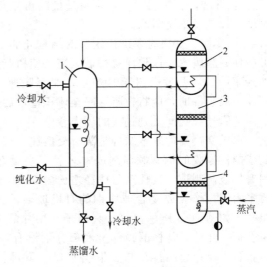

图 16-4　三效蒸馏水器垂直串接流程示意图
1—冷凝器；2—第三效蒸发器；3—第二效蒸发器；
4—第一效蒸发器

原水为去离子水，在冷凝器内经热交换预热后，分别进入各蒸发器。加热蒸汽从底部进入第一效的加热室，料水在 130℃下沸腾汽化。第一效产生的二次蒸汽进入第二效作为加热蒸汽用，使第二效中的料水在 120℃下沸腾汽化。同理，第二效的二次蒸汽作为第三效的加热蒸汽，使第三效中的料水在 110℃下沸腾汽化。从第三效上部出来的二次蒸汽，进入冷凝器后被冷凝成冷凝水，然后再与第二效、第三效加热蒸汽被冷凝后的冷凝水一起在冷凝器中冷却降温，便得到质量较高的蒸馏水。

多效蒸馏水器系正压操作，末效为常压操作。原水为去离子水，应由泵压入。多效蒸馏水器的性能取决于加热蒸汽的压力和效数，压力愈大，蒸馏水的产量愈大；效数愈多，热能利用率愈高。从对出水质量控制、辅助装置、能源消耗、占地面积、维修能力等因素考虑，选用四效以上的多效式蒸馏水器更为合理。

16.2　离子交换器

离子交换是溶液同带有可交换离子（阳离子或阴离子）的不溶性固体物接触时，溶液中的阳离子或阴离子代替固体物中的相反离子的过程。凡具有交换离子能力的物质，均称为离子交换剂。有机合成的离子交换剂又称为离子交换树脂，能与阳离子交换的树脂称为阳离子交换树脂，能与阴离子交换的称阴离子交换树脂。离子交换法制备纯水，就是利用阳、阴离子交换树脂分别同水中存在的各种阳离子与阴离子进行交换，从而达到纯化水的目的。

一般常用的合成离子交换剂的价格比较高昂，必须再生重复使用。再生过程受化学平衡中离子交换平衡常数的制约，时常要加入比理论值过量的再生剂。因此，在下一次离子交换循环前，要把柱内的再生剂淋洗干净。离子交换循环操作包括返洗、再生、淋洗和交换几个步骤。

① 返洗。返洗是离子交换剂再生前的准备步骤，目的使床层扩大和重新调整，把水中滤出的杂物污物清洗排出，以便液流分配得更均匀。清洗液一般用水，因其价廉易得。

② 再生。一般说来，用一价的再生剂洗脱一价离子时，再生剂的浓度对再生的影响较小。用一价再生剂洗脱树脂上的二价离子时，增加再生剂的浓度，可提高洗脱的效果。通常再生剂浓度取 5%～10%，最高不超过 30%（偶有取高至 33% 的）。要防止再生剂再生时生成沉淀，填塞床层，宜先用稀的再生剂，逐渐再用浓的再生剂洗脱。

③ 淋洗。树脂再生后，须将过量的再生剂淋洗干净。再生剂置换出来后，可提高淋洗速度，以减少淋洗时间。

④ 交换。交换时要维持床层的结构正常，避免产生沟流和空洞。如果进料浓度过高，可能使树脂脱水，以致床层过度紧缩，使树脂受到损伤。固体树脂加入床层时，要考虑树脂的溶胀，如溶胀速度过大，将使树脂破裂。一般装柱时，应将树脂溶胀至体积稳定后，再行装入，以免床层内树脂颗粒之间受到过大的压力。

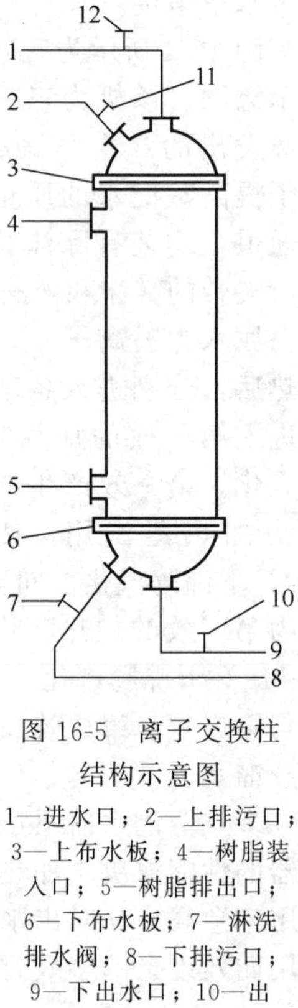

离子交换器的基本结构是离子交换柱。离子交换柱常用有机玻璃或内衬橡胶的钢制圆筒制成。一般产水量在 $5m^3/h$ 以下时，常用有机玻璃制造，其柱高与柱径之比为 5～10；产水量较大时，材质多为钢衬橡胶或复合玻璃钢的有机玻璃，其柱高与柱径之比为 2～5。如图 16-5 所示，在每只离子交换柱的上、下端分别有一块布水板，此外，从柱的顶部至底部分别设有：进水口、上排污口、树脂装入口；树脂排出口、下出水口、下排污口等。在运行操作中，其作用分别如下。①进水口（上出水口）：在正常工作和淋洗树脂时，用于进水。②上排污口：在空柱状态，进水、松动和混合树脂时，用于排气；逆流再生和返洗时，用于排污。③上布水板：在返洗时，防止树脂溢出，保证布水均匀。④树脂装入口：用于进料，补充和更换新树脂。⑤树脂排出口：用于排放树脂（树脂的输入和卸出均可采用水输送）。⑥下布水板：在正常工作时，防止树脂漏出，保证出水均匀。⑦下排污口：松动和混合树脂时，作压缩空气的入口；淋洗时，用于排污。⑧下出水口：经过交换完毕的水由此口出，进入下道程序；逆流再生时，作再生液的进口。

图 16-5　离子交换柱结构示意图

1—进水口；2—上排污口；3—上布水板；4—树脂装入口；5—树脂排出口；6—下布水板；7—淋洗排水阀；8—下排污口；9—下出水口；10—出水阀；11—排气阀；12—进水阀

阳柱及阴柱内离子交换树脂的填充量一般占柱高的 2/3。混合柱中阴离子交换树脂与阳离子交换树脂通常按照 2∶1 的比例混合，填充量一般占柱高的 3/5。

新树脂投入使用前，应进行预处理及转型。当离子交换器运行一个周期后，树脂达到交换平衡，失去交换能力，则需活化再生。所用酸、碱液平时贮存在单独的贮罐内，用时由专用输液泵输送，由出水口向交换柱输入，由上排污口排出。

由于水中杂质种类繁多，故在进行离子交换除杂时，既备有阴离子树脂也备有阳离子树脂，或是在装有混合树脂的离子交换器中进行。

树脂床的组合分三种：复床为一柱阳树脂与一柱阴树脂组成；混合床为阴阳树脂以一定的比例混合均匀装入同一柱内；联合床为复床与混合床串联。为了保证去离子水质量，在实际应用上很少采用复床系统。在医院及药厂中多采用混合床系统或联合床系统。图 16-6 所示为成套离子交换法制纯水设备的装置示意图。

原水先通过过滤器，以去除水中的有机物、固体颗粒、细菌及其他杂质，根据水源情况选择不同的过滤滤芯，如丙纶线绕管、陶瓷砂芯、各种折叠式滤芯等，原水先从阳离子交换柱顶部进入柱体后，经过一个上布水器，抵达树脂粒子层，经与树脂粒子充分接触，将水中的阳离子和树脂上的氢离子进行交换，并结合成无机酸，交换后的水呈酸性。当水进入阴离

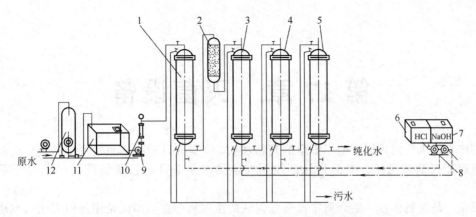

图 16-6　离子交换法制纯水设备的装置示意图

1—阳离子交换柱；2—除二氧化碳器；3—阴离子交换柱；4—混合离子交换柱；5—再生柱；6—酸液罐；
7—碱液罐；8—输液泵；9—泵；10—转子流量计；11—贮水箱；12—过滤器

子交换柱时，利用树脂去除水中的阴离子，同时生成水。原水在经过阳离子交换柱和阴离子交换柱后，得到了初步净化。然后，再引入混合离子交换柱后，方作为产品纯化水引出使用。

用离子交换法所得到的去离子水在 250℃时的电阻率可达 10MΩ·cm 以上。但是由于树脂床层可能有微生物生存，以致使水含有热原。特别是树脂本身可能释放有机物质，如低分子量的胺类物质及一些大分子有机物（腐殖土、鞣酸、木质素等）均可能被树脂吸附和截留，而使树脂毒化，这是用离子交换法进行水处理时可能引起水质下降的重要原因。

用电渗析和离子交换的组合工艺取代单一离子交换工艺，可节省酸、碱用量 50%～90%，不仅降低了制水成本，而且操作简便，减少了酸、碱废水的排放量。

思 考 题

16-1　生产纯化水的设备主要有哪几种？

16-2　生产注射用水的设备主要有哪几种？

16-3　蒸馏水器由哪些主要部件组成？各种蒸馏水器的基本要求是什么？

16-4　简述多效蒸馏水器的原理。

16-5　比较各种蒸馏水器的优缺点。

16-6　说明离子交换法制备纯化水的生产过程。

第 17 章　灭菌设备

临床上要求疗效确切、使用安全的药物制剂，尤其是注射剂和直接用于黏膜、创面的药剂必须保证灭菌或无菌。灭菌是保证用药安全的必要条件，它是制药生产中的一项重要操作。

无菌：是指物体或一定介质中没有任何活的微生物存在。即无论用任何方法（或通过任何途径）都鉴定不出活的微生物体来。

灭菌：应用物理或化学等方法将物体上或介质中所有的微生物及其芽孢（包括致病的和非致病的微生物）全部杀死，即获得无菌状态的总过程。所使用的方法称为灭菌法。

消毒：以物理或化学等方法杀灭物体上或介质中的病原微生物。

防腐：用物理或化学方法防止和抑制微生物生长繁殖。

热原：是微生物的代谢产物，是一种致热性物质，是发生在注射给药后病人高热反应的根源。这种致热物质被认为是微生物的一种内毒素，存在于细菌的细胞膜和固体膜之间。内毒素是由磷脂、脂多糖和蛋白质所组成的复合物。由于此物质具有热稳定性，甚至用高压灭菌器或细菌过滤后仍存在于水中。

无菌操作法：是指在整个操作过程中利用和控制一定条件，尽量使产品避免微生物污染的一种操作方法。无菌操作所用的一切用具、辅助材料、药物、溶剂、赋形剂以及环境等均必须事先灭菌，操作必须在无菌操作室内进行。

灭菌和除菌对药剂的影响不同。灭菌后的药剂中含有细菌的尸体，尸体过多会因菌体毒素（热原）而引起副作用；除菌是指用特殊的滤材把微生物（死菌、活菌）全部阻留而滤除，除了原已染有的微量可溶性代谢产物外，由于没有菌体的存在，故不会有更多的热原产生。

采用灭菌措施的基本目的是，既要除去或杀灭药物中的微生物，又要保证药物的理化性质及临床疗效不受影响。因此，应根据药物的性质及临床治疗要求，选择适当的灭菌方法，或几种方法配合应用。

灭菌法可分类如下：

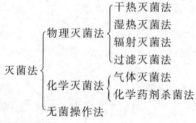

在制药工业中普遍采用物理灭菌法。

17.1　干热灭菌设备

17.1.1　干热灭菌法原理

热力灭菌的原理是：加热可破坏蛋白质和核酸中的氢键，故导致核酸破坏，蛋白质变性或凝固，酶失去活性，微生物因而死亡。

利用火焰或干热空气进行灭菌，称为干热灭菌法。由于空气是一种不良的传热物质，其穿透力弱，且不太均匀，所需的灭菌温度较高，时间较长，所以容易影响药物的理化性质。在生产中除极少数药物采用干热空气灭菌外，大多用于器皿和用具的灭菌。

(1) 火焰灭菌法　灼烧是最彻底、最简便、最迅速、最可靠的灭菌方法，适宜于对不易被火焰损伤的物品、金属、玻璃及瓷器等进行灭菌。灭菌时，只需将物品在火焰中加热20s，或将灭菌的物品迅速通过火焰 3～4 次即可。

(2) 干热空气灭菌法　在干热灭菌器中用高温干热空气进行灭菌的方法，称为干热空气灭菌法。如繁殖性细菌用 100℃ 以上的干热空气干热 1h 可被杀灭。对耐热性细菌芽孢，在140℃ 以上，灭菌效率急剧增加。

干热灭菌所需的温度与时间，在各国药典与资料的记载中都不同。一般 140℃，至少3h；160～170℃，至少 1h 以上。生产中，在保证灭菌完全、并对被灭菌物品无损害的前提下，拟定灭菌条件。对耐热物品，可采用较高的温度和较短的时间。采用干热 250℃，45min 灭菌也可以除去灭菌粉针分装与冻干生产用玻璃仪器中和有关生产灌装用具中的热原物质。而对热敏性材料，可采用较低的温度和较长的时间。

《中华人民共和国药典》2005 版通常的灭菌条件为：160～170℃，不少于 2h；170～180℃，不少于 1h；250℃，45min 以上。

干热空气灭菌法适用的范围是，凡应用湿热方法灭菌无效的非水性物质、极黏稠液体、或易被湿热破坏的药物，宜用本法灭菌。如油类、软膏基质或粉末等，宜用干热空气灭菌。对于空安瓿瓶的灭菌，可把空安瓿瓶置于密闭的金属箱中，用 200℃ 或 200℃ 以上的高温干空气至少保持 45min 以上，细菌即被杀灭。本法由于灭菌温度高，故不适用于对橡胶、塑料制品及大部分药物的灭菌。

干热空气灭菌通常在干热灭菌器中或高温烘箱中进行，除小型者外，一般用风机使热空气循环。灭菌前应将需灭菌的器具洗净包严，被灭菌的药品要分装密封，置于烘箱中，四周不靠箱壁。灭菌结束后，应缓慢降温至 40℃ 左右时，取出被灭菌的物品。

(3) 高速热风灭菌法　对某些药物的水溶液，采用较高的温度和较短的时间，其灭菌效果较好。因此用风速 30～80m/s，风温 190℃，可使细菌被杀灭的速度超出一般化学反应的速度，呈现出较显著的灭菌效果。

17.1.2　干热灭菌设备

干热灭菌的主要设备有烘箱、干热灭菌柜、隧道灭菌系统等。干热灭菌柜、隧道灭菌系统是制药行业用于对玻璃容器进行灭菌干燥工艺的配套设备，适用于药厂经清洗后的安瓿瓶或其他的玻璃容器用盘装的方式进行灭菌干燥。

17.1.2.1　柜式电热烘箱

目前，电热烘箱种类很多，但其主体结构基本相同，主要由不锈钢板制成的保温箱体、加热器、托架（隔板）、循环风机、高效空气过滤器、冷却器、温度传感器等组成（图 17-1）。

柜式电热烘箱的操作过程：将装有待灭菌品的容器置于托架或推车上，放入灭菌室内，关门。在自动或半自动控制下加热升温，同时开启电动蝶阀，水蒸气逐渐排尽。此时，新鲜空气经加热并经耐热的高温空气过滤器后形成干空气。在加热风机的作用下形成均匀的分布气流向灭菌室内传递，热的干空气使待灭菌品表面的水分蒸发，通过排气通道排出。干空气在风机的作用下，定向循环流动，周而复始，达到灭菌干燥的目的。灭菌温度通常在 180～300℃ 范围，最低温度用于灭菌，而较高的温度则适用于除热原。干燥灭菌完成后，风机继续运转对灭菌产品进行冷却，也可通过冷却水进行冷却，减少对灭菌产品的热冲击。当灭菌室内温度降至比室温高 15～20℃ 时，烘箱停止工作。

　　柜式电热烘箱主要用于小型的医药、化工、食品、电子等行业的物料干燥或灭菌。

17.1.2.2　隧道式远红外烘箱

　　远红外线是指波长大于 $5.6\mu m$ 的红外线，它是以电磁波的形式直接辐射到被加热物体上的，不需要其他介质的传递，所以加热快、热损小，能迅速实现干燥灭菌。

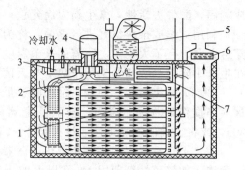

图 17-1　柜式电热烘箱
1—温度传感器；2,5—高效空气过滤器；
3—冷却器；4—循环风机；
6—过滤器；7—加热器

　　任何物体的温度大于绝对零度（ $-273℃$ ）时，都会辐射红外线。物体的材料、表面状态、温度不同时，其产生的红外线波长及辐射率均不同。不同物质由于原子、分子结构不同其对红外线的吸收能力也不同，显示极性的分子构成的物质就不吸收红外线，而水、玻璃及绝大多数有机物均能吸收红外线，特别是强烈吸收远红外线。对这些物质使用远红外线加热，效果也更好。作为辐射源材料的辐射特性应与被加热物质的吸收特性相匹配，而且应该选择辐射率高的材料做辐射源。

　　隧道式远红外烘箱是由远红外发生器、传送带和保温排气罩组成，如图 17-2 所示。

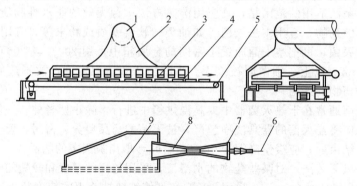

图 17-2　隧道式远红外烘箱结构
1—排风管；2—罩壳；3—远红外发生器；4—盘装安瓿；5—传送带；
6—煤气管；7—通风板；8—喷射器；9—铁铬铝网

　　瓶口朝上的盘装安瓿由隧道的一端用链条传送带送进烘箱。隧道加热分预热段、中间段及降温段三段，预热段内安瓿由室温升至 $100℃$ 左右，大部分水分在这里蒸发；中间段为高温干燥灭菌区，温度达 $300\sim450℃$ ，残余水分进一步蒸干，细菌及热原被杀灭；降温区是由高温降至 $100℃$ 左右，而后安瓿离开隧道。

　　为保证箱内的干燥速率不致降低，在隧道顶部设有强制抽风系统，以便及时将湿热空气排出；隧道上方的罩壳上部应保持 $5\sim20Pa$ 的负压，以保证远红外发生器的燃烧稳定。

　　该机操作和维修时应注意以下几点。①调风板开启度的调节。根据煤气成分不同而异，每只辐射器在开机前需逐一调节调风板，当燃烧器赤红无焰时固紧调风板。②防止远红外发生器回火。压紧发生器内网的周边不得漏气，以防止火焰自周边缝隙（指大于加热网孔的缝隙）窜入发生器内部引起发生器内或引射器内燃烧——即回火。③安瓿规格需与隧道尺寸匹配。应保证安瓿顶部距远红外发生器面为 $15\sim20cm$ ，此时烘干效率最高，否则应及时调整其距离。此外，还需定期清扫隧道及加油，保持运动部位润滑。

17.1.2.3　热层流式干热灭菌机

　　如图 17-3 所示，这种灭菌机的基本形式与远红外烘箱类似，也为隧道式。主要用在针剂联动生产线上，与超声波安瓿清洗机和多针拉丝安瓿灌封机配套使用，可连续对经过清洗的安瓿瓶或各种玻璃药瓶进行干燥灭菌除热原。

　　整个设备可安装在 C 级区内，按其功能设置可分为彼此相对独立的三个组成部分：预热区、加热灭菌区及冷却区，它们分别用于已最终清洁瓶子的预热、干热灭菌、冷却。灭菌器的前端与洗瓶机相连，后端设在无菌作业区。控制温度可在 0～350℃ 范围内任意设定，并有控制温度达不到设定温度时停止网带运转的功能，能可靠保证安瓿瓶在设定温度时通过干燥灭菌机。前后层流箱及高温灭菌箱均为独立的空气净化系统，从而有效地保证进入隧道的安瓿始终处于 A 级洁净空气的保护下，机器内压力高于外界大气压 5Pa，使外界空气不能侵入，整个过程均在密闭情况下进行，符合 GMP 要求。

　　热层流式干热灭菌机是将高温热空气流经空气过滤器过滤，获得洁净度为 A 级的洁净空气，在 A 级单向流洁净空气的保护下，洗瓶机将清洗干净的安瓿送入传送带，经预热后的安瓿进入高温灭菌段。在高温灭菌段流动的洁净热空气将安瓿加热升温（300℃ 以上），安瓿经过高温区的总时间超过 10min，有的规格达 20min，干燥灭菌除热原后进入冷却段。冷却段的单向流洁净空气将安瓿冷却至接近室温（不高于室温 15℃）时，再送入拉丝灌封机进行药液的灌装与封口。安瓿从进入隧道至出口全过程时间平均约为 30min。

17.1.2.4　辐射式干热灭菌机

　　辐射式干热灭菌机也是由预热区、高温灭菌区及冷却区三部分组成（图 17-4）。12 根电加热管沿隧道长度方向安装，在隧道横截面上呈包围安瓿盘的形式。电热丝装在镀有反射层的石英管内，热量经反射聚集到安瓿上，以充分利用热能。电热丝分两组，一组为电路常通的基本加热丝；另一组为调节加热丝，依箱内额定温度控制其自动接通或断电。形如矩形料盘的水平网带和垂直网带将密集直立的安瓿以同步速度缓缓通过加热灭菌段，完成对安瓿的预热、高温灭菌和冷却。在箱体加热段的两端设置静压箱，提供 A 级垂直单向流空气屏。垂直单向流空气屏能使由洗瓶机输送网带传来的安瓿立即得 A 级单向流空气保护，不受污染；在灭菌结束后，A 级单向流空气对安瓿还起到逐步冷却的作用，使安瓿在出干热灭菌机前接近室温。该机的预处理部分通常都安装排风机，以排除湿的灭菌物在预热段产生的大量水蒸气。

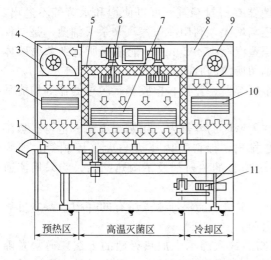

图 17-3　热层流式干热灭菌机示意图

1—传送带；2—空气高效过滤器；3—前层流风机；4—前层流箱；5—高温灭菌箱；6—热风机；7—热空气高效过滤器；8—后层流箱；9—后层流风机；10—空气高效过滤器；11—排风机

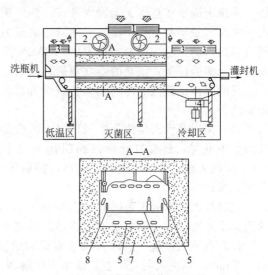

图 17-4　辐射式干热灭菌机示意图

1—过滤器；2—送风机；3—高效过滤器；4—排风机；5—电加热管；6—水平网带；7—隔热材料；8—竖直网带

热层流和辐射式干热灭菌机均为隧道式、连续式干热灭菌机，并适用于高洁净度及无菌要求的空安瓿、西林瓶、片剂用包装瓶及其他器皿的干燥灭菌。干热灭菌机的前端与洗瓶机相连，后端设在无菌作业区与灌封机相连。

17.1.2.5 微波灭菌器

由微波加热的特性可知，热是在被加热的物质内部产生的，所以加热均匀，升温迅速。又由于微波能穿透介质的深部，可使药物溶液内外一致均匀加热。近年来的研究表明微波的生物效应不仅有热效应，同时还存在非热效应，是热效应和非热效应综合作用的结果。微波使生物体温度上升，同时对生物体内的离子状态、生物电变化及细胞状态、酶活性等产生影响，对菌细胞形态及通透性、细菌某些酶活性等产生影响。

微波灭菌由于其具有灭菌效率高、速度快、处理后无污染等优点而日益受到重视。但目前微波灭菌还存在灭菌不彻底、对不同的菌种灭菌效果不同等问题。

微波灭菌器大多采用家用微波炉，或隧道式微波灭菌器。隧道式微波灭菌器可与注射剂生产组成联动线，可在 30s 内使安瓿中药物溶液的温度被加热到 140℃，再经过保温器保温12s，可使注射安瓿达到灭菌效果，之后用空气或水冷却安瓿。实验证明这种微波灭菌器具有足够的灭菌效果，并且化学降解的成分比高压灭菌器低。

17.2 湿热灭菌设备

17.2.1 湿热灭菌法原理

湿热灭菌法是利用饱和水蒸气或沸水来杀灭细菌的方法。由于蒸汽潜热大，穿透力强，容易使蛋白质变性或凝固，所以灭菌效率比干热灭菌法高。其特点是灭菌可靠，操作简便、易于控制、价格低廉。湿热灭菌是制药生产中应用最广泛的一种灭菌方法。缺点是不适用于对湿热敏感的药物。

（1）热压灭菌法 用压力大于常压的饱和水蒸气加热杀灭微生物的方法称为热压灭菌法。热压灭菌系在热压灭菌器内进行。热压灭菌器有密封端盖，可以使饱和水蒸气不逸出，由于水蒸气量不断增加，而使灭菌器内的压力逐渐增大，利用高压蒸汽来杀灭细菌，是一种最可靠的灭菌方法。例如，在表压 0.2MPa 热压蒸汽经 15~20min，能杀灭所有细菌繁殖体及芽孢。实验证明：湿热的温度愈高，则杀灭细菌所需的时间亦愈短。

凡能耐高压蒸汽的药物制剂、玻璃容器、金属容器、瓷器、橡胶塞、膜过滤器等均能采用此法。

（2）流通蒸汽灭菌法 流通蒸汽灭菌法是在不密闭的容器内，用蒸汽灭菌。也可在热压灭菌器中进行，只要打开排汽阀门让蒸汽不断排出，保持器内压力与大气压相等，即为100℃蒸汽灭菌。药厂生产的注射剂，特别是 1~2mL 的注射剂及不耐热药品，均采用流通蒸汽灭菌。

流通蒸汽灭菌的灭菌时间通常为 30~60min。本法不能保证杀灭所有的芽孢，系非可靠的灭菌法，可适用于消毒及不耐高热的制剂的灭菌。

（3）煮沸灭菌法 煮沸灭菌法是把待灭菌物品放入沸水中加热灭菌的方法。通常煮沸30~60min。本法灭菌效果差，常用于注射器、注射针等器皿的消毒。必要时加入适当的抑菌剂，如甲酚、氯甲酚、苯酚、三氯叔丁醇等，可杀死芽孢菌。

（4）低温间歇灭菌法 低温间歇灭菌法是将待灭菌的物品，用 60~80℃的水或流通蒸汽加热 1h，将其中的细胞繁殖体杀死，然后在室温中放置 24h，让其中的芽孢发育成为繁殖体，再次加热灭菌、放置，反复进行 3~5 次，直至消灭芽孢为止。本法适用于不耐高温的制剂的灭菌。缺点是：费时、工效低，芽孢的灭菌效果往往不理想，必要时加适量的抑菌剂，以提高灭菌效率。

（5）影响湿热灭菌的因素

① 细菌的种类与数量　不同细菌、同一细菌的不同发育阶段对热的抵抗力有所不同，繁殖期对热的抵抗力比衰老时期小得多，细菌芽孢的耐热性更强。细菌数越少，灭菌时间越短。注射剂在配制灌封后应当日灭菌。

② 药物性质与灭菌时间　一般来说，灭菌温度越高灭菌时间越短。但是，温度越高，药物的分解速度加快，灭菌时间越长，药物分解得越多。因此，考虑到药物的稳定性，不能只看到杀灭细菌的一面，还要保证药物的有效性，应在达到有效灭菌的前提下可适当降低灭菌温度或缩短灭菌时间。

③ 蒸汽的性质　蒸汽有饱和蒸汽、湿饱和蒸汽和过热蒸汽。饱和蒸汽热含量较高，热的穿透力较大，因此灭菌效力高。湿饱和蒸汽带有水分，热含量较低，穿透力差，灭菌效力较低。过热蒸汽温度高于饱和蒸汽，但穿透力差，灭菌效率低。

④ 介质的性质　制剂中含有营养物质，如糖类、蛋白质等，增强细菌的抗热性。细菌的生活能力也受介质 pH 值的影响。一般中性环境耐热性最大，碱性次之，酸性不利于细菌的发育。

17.2.2　热压灭菌设备

热压灭菌法系在热压灭菌器内进行的。热压灭菌器有密封端盖，可以使饱和水蒸气不逸出，由于水蒸气量不断增加，而使灭菌器内的压力渐渐增大，利用高压蒸汽杀灭细菌，是一种公认的可靠灭菌法。热压灭菌器的种类很多，但其结构基本相似。凡热压灭菌器应密闭耐压，有排气口、安全阀、压力表、温度计等部件。热源有通饱和蒸汽，也有在灭菌器内加水，用煤、电或木炭加热。常用的热压灭菌器有手提式热压灭菌器和卧式热压灭菌柜系统。

17.2.2.1　手提式热压灭菌器

手提式热压灭菌器结构如图 17-5 所示，锅盖上装有压力表、放气阀门、安全阀门和手柄。放气阀下接一放气软管，用以排出冷空气。当锅内压力增加达到此种灭菌器不能承受的压力时，安全阀门将被锅内蒸汽推开，放出蒸汽，以免发生事故。另外锅盖上还有两个小孔，内嵌有特制合金，在锅内蒸汽压力超过限度时，合金即被熔融，亦可放出蒸汽以防爆炸。锅内有电热管，用来加热水产生蒸汽。锅内有一铝桶（内桶），供放置灭菌物品，桶内壁上装一方管，供插入放气软管用。内桶置于锅内一圆形架上，避免压坏加热管。灭菌完毕后可连铝桶一起取出。

手提式热压灭菌器灭菌时，必须先将铝桶取出。在锅内加足量水，然后将桶放回灭菌器内，再放入待灭菌物品。盖上锅盖时，必须把放气软管插到铝桶内壁方管中，同时将盖上方相对方向的螺丝同时旋紧，再接上电源加热。加热开始时应先打开放气阀门，待放气阀门冲出大量蒸汽时关闭放气阀门。当达到所需的温度、压力时，开始计算灭菌时间，同时调节安全阀门活塞，令其稍有漏气现象，使锅内压力保持在所需的高度上。灭菌时间到达后，关掉电源停止加热，使温度渐渐下降，当压力降至零时，即可开启放气阀门，将锅内蒸汽放出，缓缓打开锅盖，取出灭菌物品。

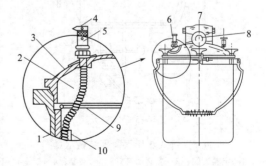

图 17-5　手提式热压灭菌器结构示意图
1—锅身；2—放气软管；3—锅盖；4—安全阀门活塞；5—放气阀门；6—安全阀门；7—手柄；8—压力表；9—消毒物品安置桶；10—方管

17.2.2.2　热压灭菌柜

在药品生产上，湿热灭菌法的主要设备是灭菌柜。灭菌柜种类很多，性能差异也很大，但其基本结构大同小异，所用的材质为坚固的合金。现在国内很多企业使用的方型高压灭菌柜，能密闭耐压，有排气口、安全阀、压力和温度指示装置。如图17-6、图17-7所示，带有夹套的灭菌柜备有带轨道的活动格车，分为若干格。灭菌柜顶部装有两只压力表，一只指示蒸汽夹套内的压力，另一只指示柜室内的压力。灭菌柜的上方还应安装排气阀，以便开始通入加热蒸汽时排除不凝性气体。灭菌柜的主要优点是批次量较大，温度控制系统准确度及精密度较好，产品灭菌过程中受热比较均匀。

热压灭菌柜为高压设备，必须按GB 150《钢制压力容器》和《压力容器安全技术监察规程》制造，确保使用安全。使用时必须严格按照操作规程进行操作。使用热压灭菌柜应注意以下几点。

① 灭菌柜的结构、被灭菌物品的体积、数量、排布均对灭菌的温度有一定影响，故应先进行灭菌条件实验，确保灭菌效果。

② 灭菌前应先检查压力表、温度计是否灵敏，安全阀是否正常，排气是否畅通；如有故障必须及时修理，否则可造成灭菌不安全，也可能因压力过高，使灭菌器发生爆炸。

③ 排尽灭菌器内的冷空气，使蒸汽压与温度相符合。灭菌时，先开启放气阀门，将灭菌器内的冷空气排尽。因为热压灭菌主要依靠蒸汽的温度来杀菌，如果灭菌器内残留有空气，则压力表上所表示的不是器内单纯的蒸汽压强，结果，器内的实际温度并未达到灭菌所需的温度，致使灭菌不完全。此外，由于水蒸气被空气稀释后，可妨碍水蒸气与灭菌物品的充分接触，从而降低了水蒸气的灭菌效果。

④ 灭菌时间必须在全部灭菌药物的温度真正达到所要求的温度时算起，以确保灭菌效果。

⑤ 灭菌完毕应缓慢降压，以免压力骤然降低而冲开瓶塞，甚至使玻瓶爆炸。待压力表回零或温度下降到40～50℃时，再缓缓开启灭菌器的柜门。对于不易破损而要求灭菌后为干燥的物料，则灭菌后应立即放出灭菌器内的蒸汽，以利干燥。

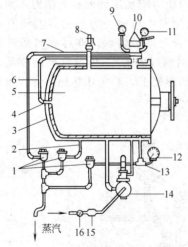

图17-6　卧式热压灭菌柜结构示意图
1—定温气阀；2—夹套回气管；3—夹套；4—柜室
蒸汽进口；5—灭菌室；6—蒸汽管；7—上排气管；
8—安全阀；9—柜室气压表；10—蒸汽控制阀；
11—夹套气压表；12—温度表；13—柜室
排气管；14—蒸汽压力调节阀；
15—蒸汽过滤器；16—蒸汽阀

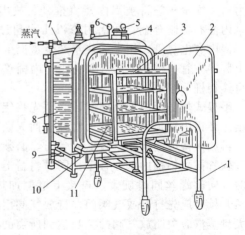

图17-7　大型卧式热压灭菌柜结构示意图
1—搬运车；2—柜门；3—铅丝网格架；
4—蒸汽控制阀门手柄；5—夹套压力表；
6—柜室压力表；7—蒸汽旋塞；8—外壳；
9—夹套回气装置；10—温度计；
11—活动格车

17.3　其他物理灭菌方法及设备

17.3.1　放射灭菌法

17.3.1.1　紫外线灭菌法

用于灭菌的紫外线波长是 200~300nm，灭菌力最强的波长为 254nm 的紫外线，可作用于核酸蛋白促使其变性；同时空气受紫外线照射后产生微量臭氧，从而起到共同杀菌的作用。紫外线进行直线传播，其强度与距离平方成比例地减弱，其穿透作用微弱，但易穿透洁净空气及纯净的水，故广泛用于纯净水、空气灭菌和表面灭菌。一般在 6~15m³ 的空间可装置 30W 紫外灯一只，灯距地面距离为 2.5~3m 为宜，室内相对湿度为 45%~60%，温度为 10~55℃，杀菌效率最理想。

（1）影响紫外线灭菌的因素

① 辐射强度与辐射时间。随着辐射强度的增加，对微生物产生致死作用所需要的辐照时间会缩短。若辐照后立刻暴露于可见光中，可促使微生物"复原"增加，因此必须保持足够的辐照时间，以保证达到灭菌效果。

② 微生物对紫外线的敏感性。细菌种类不同，对紫外线的耐受性不同，如细菌芽孢的耐受性较大。紫外线对酵母菌、霉菌的杀菌力较弱。

③ 湿度和温度。空气的湿度过大，紫外线的穿透力降低，因而灭菌效果减低。紫外线灭菌以空气的相对湿度为 45%~60% 较为适宜，温度宜于在 10~55℃ 范围。

（2）用紫外线灭菌的注意事项

① 人体照射紫外线时间过久，易产生结膜炎、红斑及皮肤烧灼等现象，因此必须在操作前开启紫外灯 30~60min，然后进行操作。在操作时仍需继续照射，应有劳动保护措施。

② 各种规格的紫外灯都有规定有效使用时限，一般在 2000h。故每次使用应登记开启时间，并定期进行灭菌效果检查。

③ 紫外灯管必须保持无尘、无油垢，否则辐射强度将大为降低。

④ 普通玻璃可吸收紫外线，故装在玻璃容器中的药物不能用紫外线进行灭菌。

⑤ 紫外线能促使易氧化的药物或油脂等氧化变质，故生产此类药物时不宜与紫外线接触。

⑥ 若水中有铁及有机物等杂质时，则紫外线灭菌效果降低。

17.3.1.2　其他辐射灭菌法

用辐射线进行灭菌的方法称为辐射灭菌法。目前应用的有穿透力较强的 γ 射线和穿透力较弱的 β 射线。其特点是灭菌过程中不升高产品的温度，特别适用于某些不耐热药物的灭菌。γ 射线是由钴-60(^{60}Co) 或铯-137(^{137}Cs) 发出的电磁波，不带电荷，穿透力很强。可使有机化合物的分子直接发生电离，产生破坏正常代谢的自由基，导致大分子化合物分解，而起杀菌作用。适用于较厚样品的灭菌，可用于固体、液体药物的灭菌。对已包装的产品也可进行灭菌，因而大大减少了污染机会。

β 射线是由电子加速器产生的高速电子流，带负电荷，穿透力较弱。通常仅用于非常薄和密度小的物质的灭菌，比 γ 射线的灭菌效果差。

辐射灭菌的特点是：①价格便宜，节约能源；②可在常温下对物品进行消毒灭菌，不破坏被辐射物的挥发性成分，适合于对热敏性药物进行灭菌；③穿透力强，灭菌均匀；④灭菌速度快，操作简单，便于连续化作业。

辐射灭菌法的主要缺点是存在放射源成本较高，防护投入大，易产生放射污染等问题。

17.3.2　过滤除菌法

使药物溶液通过无菌滤器，除去其中活的或死的细菌，而得到无菌药液的方法，称为过滤灭菌法。此法适用于对不耐热药物溶液的灭菌。但必须无菌操作，才能确保制品完全无菌。

过滤灭菌法的特点如下。

①不需要加热，可避免药物成分因过热而分解破坏。过滤可将药液中的细菌及细菌尸体一齐除去，从而减少药品中热原的产生，药液的澄明度好。②加压、减压过滤均可，加压过滤用得较多。在室温下易氧化、易挥发的药物，宜用加压过滤。另外，采用加压过滤，可避免药液污染。③过滤灭菌法应配合无菌操作技术进行。④过滤灭菌前，药液应进行预过滤，尽量除去颗粒状杂质，以便提高除菌过滤的速度。⑤药品经过滤灭菌后，必须进行无菌检查，合格后方能应用。故过滤灭菌法不能用于临床上紧急用药的需要。

过滤器材通常有滤柱、微滤膜等。滤柱系用硅藻土或垂熔玻璃等材料制成。微滤膜大多是聚合物制成，种类较多，如醋酸纤维素、硝酸纤维素、丙烯酸聚合物、聚氯乙烯、尼龙等。

思　考　题

17-1　什么叫灭菌？试述消毒与灭菌的区别。

17-2　制药生产中所用的灭菌方法有哪几种？

17-3　试述各种灭菌方法的灭菌机理及适用范围。

17-4　试述干热灭菌与湿热灭菌的不同点。

17-5　试述干热灭菌的杀菌原理。

17-6　常用的干热灭菌设备有哪几种？

17-7　试述湿热灭菌的杀菌原理。

17-8　试述卧式热压灭菌器结构。

第18章 口服固体制剂生产专用设备

口服固体制剂的剂型品种丰富、临床用药方便，因此一直长期占据着国际用药主流剂型的地位。常见的口服固体制剂包括片剂、胶囊、颗粒剂等。在制剂生产中，相同或不同制剂的不同生产工艺都要选用与之相适应的生产设备。本章主要从片剂和胶囊剂两类剂型介绍其生产的专用设备。

18.1 压片设备

片剂系指药物与适宜辅料均匀混合后压制而成的片状制剂，可供内服和外用。在世界各国药物制剂中片剂都占有重要地位，是目前临床应用最广泛的剂型之一。

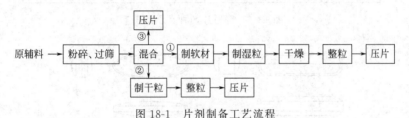

图 18-1 片剂制备工艺流程

片剂的制备方法可归纳为：①湿法制粒压片，②干法制粒压片，③（粉末或结晶）直接压片，如图 18-1 所示，其中湿法制粒压片最为常见。压片工艺等影响了对压片设备的选择。目前的压片机在追求高速高质量的同时，更注重现代制药工业和 GMP 要求，尽量杜绝或避免生产过程中的一系列人为因素的影响。本节主要从以下几方面进行介绍。

18.1.1 压片机的工作原理

将物料置于模孔中，用冲头压制成片剂的机器称为压片机。目前我国常用的压片机有单冲撞击式和多冲旋转式两种，其压片过程基本相同。此外，根据不同的要求尚有二步（三步）压制压片机和多层片压片机等。

18.1.1.1 冲和模

冲和模是压片机的基本部件，如图 18-2 所示，由上冲、中模、下冲构成。上、下冲的结构相似，其冲头直径也相等，上、下冲的冲头和中模的模孔相配合，可以在中模孔中自由上下滑动，但不会存在可以泄漏药粉的间隙。按标准不同，有 ZP 标准（GB 12253—90）冲模、IPT 国际标准冲模、EU 标准冲模以及各种非标准的专用压片机冲模及电池环冲模等。冲模的规格以冲头直径或中模孔径表示，例如 ZP 压片机标准冲模一般为6～12mm。

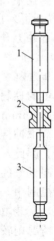

图 18-2 压片机的冲和模

1—上冲；2—中模；3—下冲

冲模在压片中受力很大，需选用合适的材质。按制造材料不同，有合金钢冲模、硬质合金冲模、陶瓷冲模、镀钛冲模等。国产冲模最常见的合金钢材料为 GCr15、9Mn2V、Cr12MoV、CrWuMn 和 9CrSi，进口冲模最常见的材料为 A2、O1、S1、S7、PHG-S 和 PHG-P。

冲头的类型多样，片剂的形状决定了所选冲头的形状。常用冲头的形状如图 18-3 所示。按片剂形状不同可划分为圆形（浅凹形、深凹形、平面斜边形、平面圆弧形）、环形、刻字、刻线、异形（椭圆形、橄榄形、多边形、不规则形等）等（见图 18-4、图 18-5）。压制不同剂量的片剂，应选择大小适宜的冲模。

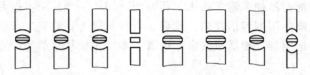

图 18-3　冲头和片剂形状

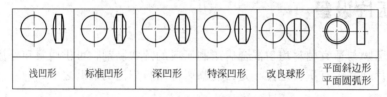

图 18-4　普通片剂种类示意图

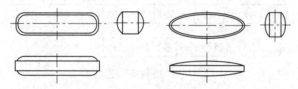

图 18-5　异型片剂种类示意图

18.1.1.2　压片机的工作过程

压片机的工作过程可以分为如下步骤：①下冲的冲头部位（其工作位置朝上）由中模孔下端伸入中模孔中，封住中模孔底；②利用加料器向中模孔中填充药物；③上冲的冲头部位（其工作位置朝下）自中模孔上端落入中模孔，并下行一定行程，将药粉压制成片；④上冲提升出孔，下冲上升将药片顶出中模孔，完成一次压片过程；⑤下冲降到原位，准备下一次填充。

18.1.1.3　压片机制片原理

（1）剂量的控制　片剂有不同的剂量要求，大剂量调节是通过选择不同冲头直径的冲模来实现的，如 $\phi6mm$、$\phi8mm$、$\phi11.5mm$ 等冲头直径。在选定冲模尺寸之后，微小的剂量调节是通过调节下冲伸入中模孔的深度，从而改变封底后中模孔的实际长度，调节模孔中药物的填充体积。因此，在压片机上应具有调节下冲在中模原始位置的机构，以满足剂量调节要求。由于不同批号的药粉配制总有比容的差异，这种微调功能是十分必要的。

在剂量控制中，加料器的动作原理也有相当的影响，比如颗粒药物是靠自重，自由落入中模孔中时，其装填情况较为疏松。如果采用多次强迫性填入方式时，模孔中将会填入较多药物，装填情况则较为密实。

（2）药片厚度及压实程度控制　药物剂量是根据处方及药典确定的，不可更改。为了满足贮运、保存和崩解时限要求，对压片时的压力也是有要求的，它将影响药片的实际厚度和外观。压片时的压力调节是通过调节上冲在模孔中的下行量来实现的。有的压片机在压片过程中不单有上冲下行动作，同时也可有下冲的上行动作，由上、下冲相对运动共同完成压片过程。但压力调节多是通过调节上冲下行量的机构来实现压力调节与控制的。

18.1.2　单冲压片机

片剂生产中早期使用的是单冲压片机。该机为小型台式压片机，噪声较大，产量为80～100 片/min，适于小批量、多品种的生产。压片时下冲固定不动，仅上冲运动加压。这种压片的方式由于片剂单侧受压、时间短、受力分布不均匀，使药片内部密度和硬度不均匀，易产生松片、裂片或片重差异大等问题。

单冲压片机由冲模、加料机构、填充调节机构、压力调节机构及出片控制机构等组成。在单冲压片机上部装有主轴，主轴右侧装有飞轮，飞轮上附有活动的手柄可作为调整压片机各个部件工作状态和手摇压片用；左侧的齿轮与电动机相连接，电动机带动齿轮作电动压片用；中间连接着三个偏心轮：①左偏心轮连接下冲连杆，带动下冲头上升、下降，起填料、压片和出片的作用；②中偏心轮连接上冲连杆，带动上冲头上升、下降，起压片作用；③右偏心轮带动加料器在中模平台上作平移、往复摆动，起着向模孔内填料、刮粉和出片的作用。单冲压片机的压力调节器附在中偏心轮上或上冲连杆上；片重调节器附在下冲的下部；出片调节器附在下冲的上部（图18-6）。

本节将主要介绍单冲压片机的加料机构、填充调节机构、压力调节机构。

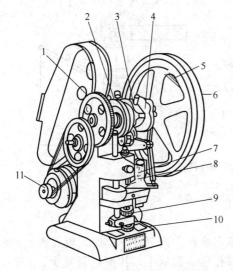

图 18-6　单冲压片机结构示意图

1—齿轮；2—左偏心轮；3—中偏心轮；4—右偏心轮；
5—手柄；6—飞轮；7—加料器；8—上冲；9—出片
调节器；10—片重调节器；11—电机

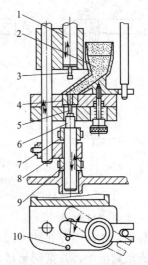

图 18-7　摆动式靴形加料器的压片机

1—上冲套；2—靴形加料器；3—上冲；
4—中模；5—下冲；6—下冲套；
7—出片调节螺母；8—拨叉；
9—填充调节螺母；10—药片

18.1.2.1　加料机构

单冲压片机的加料机构由料斗和加料器组成，二者由挠性导管连接，料斗中的颗粒药物通过导管进入加料器。由于单冲压片机的冲模在机器上的位置不动，只有沿其轴线的往复冲压动作，而加料器有相对中模孔的位置移动，因此需采用挠性导管。常用的加料器有摆动式靴形加料器及往复式靴形加料器。

（1）摆动式靴形加料器　此加料器外形如一只靴子（见图18-7），由凸轮带动做左右摆动。加料器底面与中模上表面保持微小（约 0.1mm）间隙，当摆动中出料口对准中模孔时，药物借加料器的抖动自出料口填入中模孔，当加料器摆动幅度加大后，加料口离开了中模孔，其底面即将中模上表面的颗粒刮平。此后，中模孔露出，上冲开始下降进行压片，待片剂于中模内压制成型后，上冲上升脱离开中模模孔，同时下冲也上升，并将片剂顶出中模模孔；在加料器向回摆动时，将压制好的片剂拨到盛器中，并再次向中模模孔中填充药粉。这种加料器中的药粉随加料器同时不停摆动，由于药粉的颗粒不均匀及不同原料的密度差异等，易造成药粉分层现象。

（2）往复式靴形加料器　这种加料器的外形也如靴子，其加料和刮平、推片等动作原理和前者一样，如图 18-8 所示。所不同的是加料器于往复运动中，完成向中模孔中填充药物过程。加料器前进时，加料器前端将前个往复过程中由下冲捅出中模孔的药片推到盛器之中；同时，加料器覆盖了中模模孔，出料口对准中模模孔，颗粒药物填满模孔；当加料器后退时，加料器的底面将中模上表面的颗粒刮平；其后，模孔部位露出，上、下冲相对运动，将中模孔中粉粒压成药片，此后上冲快速提升，下冲上升将药片顶出模孔，完成一次压片过程。

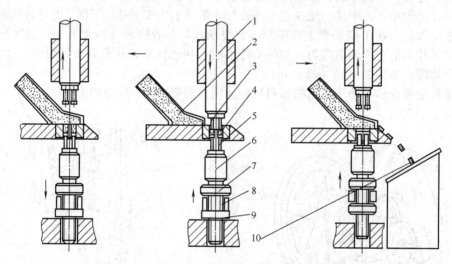

图 18-8　往复式靴形加料器

1—上冲套；2—加料器；3—上冲；4—中模；5—下冲；6—下冲套；
7—出片调节螺母；8—拨叉；9—填充调节螺母；10—药片

18.1.2.2　填充调节机构

通过调节下冲在中模孔伸入深度来改变药物填充容积。当下冲下移时，模孔内空容积增大，药物填充量增加，片剂剂量增大。反之，则模孔内容积减小，片剂剂量减少。如图18-7及图 18-8 所示，旋转调节螺母 9 即可使下冲上升或下降。当确认调节位置合适时，将螺母以销固定。这种机构又称为直接式调节机构，螺母的旋转量直接反应中模孔容积的变化量。

18.1.2.3　出片机构

在单冲压片机上，利用凸轮带动拨叉 8（见图 18-7 及图 18-8）上下往复运动，从而使下冲大幅上升，而将压制的药片从中模孔中顶出。下冲上升的最高位置也是需要调节的，通过螺母 7 来完成，旋转螺母 7 可以改变它在下冲套上的轴向位置，从而改变拨叉 8 对其作用时间的早晚和空程大小。当调节适当时，将螺母 7 用销固定。

18.1.2.4　压力调节机构

在单冲压片机上，对药片施加的是瞬时冲击力，片剂中的空气难以排尽，影响片剂质量。总的来说单冲压片机是利用主轴上的偏心凸轮旋转带动上冲做上下往复运动完成压片过程的。主要是以下两种。

（1）螺旋式压力调节机构　图 18-9 所示为螺旋式压力调节机构的压片机。通过调节上冲与曲柄相连的位置，从而改变冲程的起始位置，可以达到上冲对模孔中药物的压实程度。当进行压力调节时，先松开紧固螺母 6，旋转上冲套 7，上冲向上移时，片剂厚度加大，冲压压力减小；上冲下移时，可以减小片厚，增大冲压压力。调整达到要求时，紧固螺母 6 即可。

　　（2）偏心距式压力调节机构　图 18-10 所示为偏心距式压力调节机构的压片机。通过复合偏心机构，改变总偏心距的方法，达到调节上冲对模孔中药物的冲击压力的目的。主轴 4 上所装的偏心轮 5 具有另一个偏心套 3，需要调节压力时，旋转调节蜗杆 2，使偏心套 3（其外缘加工有涡轮齿）在偏心轮 5 上旋转，从而使总偏心距增大或减小，可以达到调节压片压力的目的。

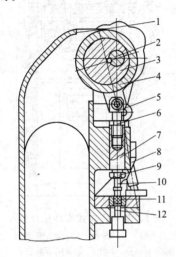
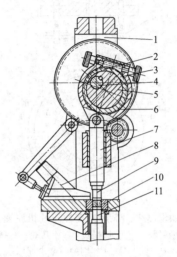

图 18-9　螺旋式压力调节机构的压片机　　　　图 18-10　偏心距式压力调节机构的压片机

1—机身；2—主轴；3—偏心轮；4—偏心轮壳；5—连杆；　1—机身；2—调节蜗杆；3—偏心套；4—主轴；5—偏心轮；
6—紧固螺母；7—上冲套；8—加料器；9—锁紧螺母；　　6—偏心轮壳；7—上冲套；8—加料器；
10—上冲；11—中模；12—下冲　　　　　　　　　9—上冲；10—中模；11—下冲

18.1.3　旋转式多冲压片机

　　旋转式压片机是片剂生产中应用最广泛的，是一种连续操作的设备，在其旋转时连续完成充填、压片、推片等动作，其原理如图 18-11 所示。具有三层环形凸边的转盘在动力传动装置的带动下等速旋转，中模以等距固定在中层环形凸边（模盘）上，在上下两层凸边（上、下冲转盘）以与中模相同的圆周等距布置相同数目的孔，孔内插有上冲及下冲，冲杆可在上、下冲转盘内垂直方向移动。上冲及下冲可以靠固定在转盘上方及下方的导轨及压轮等作用上升或下降，其升降的规律应满足压片循环的要求。操作时，利用加料器将颗粒充填于中模孔中，在转盘回转至压片部分时，上、下冲在压轮的作用下将药粉压制成片，压片后下冲上升将药片从中模内推出，等转盘运转至加料器处靠加料器的圆弧形侧边推出转盘。

　　旋转式多冲压片机从压片压力上分，有 50kN 以下、50～100kN 和 100kN 以上的；从转台转速分，一般有中速（≤30r/min）、亚高速（≈40r/min）和高速（>50r/min）压片机三档；按转盘上的模孔数分为 16 冲、19 冲、27 冲、33 冲等；按转盘旋转一周充填、压缩、出片等操作的次数，可分单压、双压、三压等。单压压片机的冲数有 12 冲、14 冲、15 冲、16 冲、19 冲、20 冲、23 冲等；双压压片机的冲数有 25 冲、27 冲、31 冲、33 冲、41 冲、45 冲、55 冲等。制药企业中又以双压和 30 多冲应用最多。

　　目前我国各药厂大多采用 ZP19 及 ZP33 等型号压片机。该系列压片机采用全封闭式结构，工作室与外界隔离，保证了压片区域的清洁，不会造成与外界的交叉污染。压片室与传动机构完全分开，与药品接触的零部件均采用不锈钢或表面特殊处理，无毒耐腐蚀；各处表面光滑，易于清洁，符合药品生产的 GMP 要求。

旋转式多冲压片机构造大致可分四部分：动力及传动部分、加料部分、压制部分、吸粉部分等，其外形如图 18-12 所示。

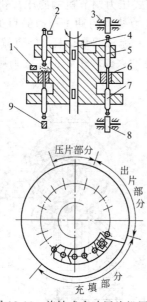

图 18-11　旋转式多冲压片机原理

1—加料器；2—上冲导轨；3—上压轮；4—转盘；
5—上冲；6—中模；7—下冲；
8—下压轮；9—下冲导轨

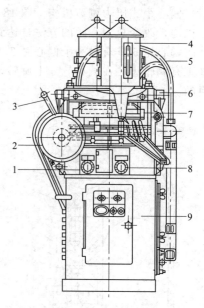

图 18-12　旋转式多冲压片机

1—后片重调节器；2—转轮；3—离合器手柄；4—加料斗；5—吸尘管；6—上压轮安全调节装置；7—中盘；8—前片重调节器；9—机座

18.1.3.1　传动系统

现有旋转压片机的传动机构大致相同，都是利用一个旋转的工作转盘，由工作转盘拖带上、下冲，经过加料填充、压片、出片等动作机构，并靠上、下冲导轨和压轮控制冲模作上下往复动作，从而压制出各种形状及大小的片剂。现以 ZP-33 型旋转压片机为例说明其传动过程，如图 18-13 所示。工作转盘传动由二级皮带和一级涡轮蜗杆组成。电动机 1 带动无级变速转盘 2 转动，由皮带将动力传递给无级变速转盘 4，再带动同轴的小皮带轮 5 转动。大小皮带轮之间使用三角皮带连接，可获得较大速比。大皮带轮通过摩擦离合器使传动轴 9 旋转。在工作转盘的下层外缘，有与其紧配合一体的涡轮与传动轴 9 上的蜗杆相啮合，带动工作转盘作旋转运动。传动轴装在轴承托架内，一端装有试车手轮 11 供手动盘车之用，另一端装有圆锥形摩擦离合器，并设有开关手柄控制开车和停车。当摘开离合器时，皮带轮将空转，工作转盘脱离开传动系统静止不动。当需要手动盘车时亦可摘开离合器，利用试车手轮 11 转动传动轴 9，带动工作转盘盘旋转，可用来安装冲模，检查压片机各部运转情况和排除故

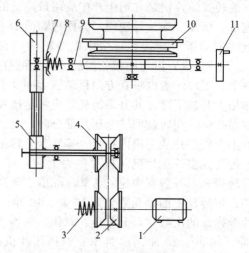

图 18-13　ZP-33 型旋转压片机
的传动系统示意图

1—电动机；2,4—变速转盘；3,8—弹簧；5—小皮带轮；6—大皮带轮；7—摩擦离合器；9—传动轴；10—工作转盘；11—手轮

障。需要特别指出旋转压片机上无级变速转盘及摩擦离合器的正常工作均由弹簧压力来保证，当机器某个部位发生故障，使其负载超过弹簧压力时，就会发生打滑，避免机器受到严重损坏。

18.1.3.2　加料机构

ZP33 型旋转压片机的加料机构是月形栅式加料器，如图 18-14 所示。月形栅式加料器固定在机架上，工作时它相对机架不动。其下底面与固定在工作转盘上的中模上表面保持一定间隙（约 0.05～0.1mm），当旋转中的中模从加料器下方通过时，栅格中的药物颗粒落入模孔中，弯曲的栅格板造成药物多次填充的形式。加料器的最末一个栅格上装有刮料板，它紧贴于转盘的工作平面，可将转盘及中模上表面的多余药物刮平和带走。月形栅式加料器多用无毒塑料或铜材铸造而成。从图 18-14 中可以看出：固定在机架上的料斗 7 将随时向加料器补充药粉，填充轨的作用是控制剂量，当下冲升至最高点时，使模孔对着刮料板以后，下冲再有一次下降，以便在刮料板刮料后，再次使模孔中的药粉振实。

图 18-15 所示为装有强迫式加料器的旋转压片机，可使物料在密封条件下完成填充过程，为密封型加料器，能最大程度确保物料的洁净。相对于自然加料，可以避免粉尘，节省物料。强制加料系统工作原理主要是利用齿轮的啮合把减速电机的单向转动转换为两个刮料叶轮的逆向转动，利用刮料叶轮强制性地把物料从料腔中填充到转台中模孔内。对于流动性较差的物料可强制性填充，近年来广泛应用于中、高速旋转压片机，可提高剂量的精确度。

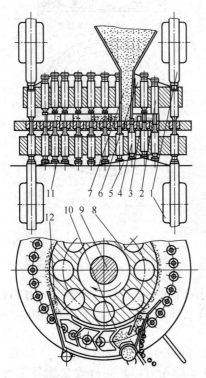

图 18-14　月形栅式加料器的 ZP 33 型旋转压片机
1—上、下压轮；2—上冲；3—中模；4—下冲；
5—下冲导轨；6—上冲导轨；7—料斗；8—转
盘；9—中心竖轴；10—栅式加料器；
11—填充轨；12—刮料板

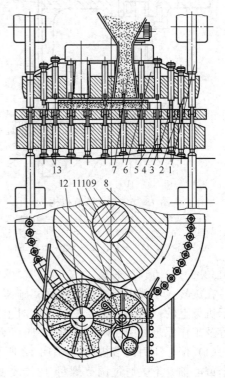

图 18-15　装有强迫式加料器的旋转压片机
1—上、下压轮；2—上冲；3—中模；4—下冲；
5—下冲导轨；6—上冲导轨；7—料斗；8—转
盘；9—中心竖轴；10—加料器；11—第一道
刮料叶；12—第二道刮料叶；13—填充轨

18.1.3.3　填充调节机构

在旋转式压片机上调节药物的填充剂量主要是靠填充轨，如图 18-16 所示。转动刻度调节盘4，即可带动轴6转动，与其固联的蜗杆轴也转动。涡轮转动时，其内部的螺纹孔使升降杆3产生轴向移动，与其固联的填充轨也随之上下移动，即可调节下冲在中模孔中的位置，从而达到调节填充量的要求。

18.1.3.4 上下冲的导轨装置

压片机在完成充填、压片、推片等过程中需不断调节上、下冲间的相对位置，调节冲杆升降的机构由导轨装置完成。上、下冲导轨均为圆环形，上冲导轨装置固定在立轴之上，位于转盘的上方，下冲导轨固定在主体的上平面，位于转盘的下方。

上冲导轨装置由导轨盘及导轨片组成。导轨盘为圆盘形，中间有轴孔，用键将其固定于立轴上，导轨盘的外缘镶有经过热处理的导轨片，用螺钉紧固在导轨盘上（图18-17）。上冲尾部凹槽沿着导轨片的凸边运转，作合规律的升降。在上冲导轨的最低点装有上压轮装置。

下冲导轨用螺钉紧固在主体之上，当下冲在运行时，它的尾部嵌在或顶在导轨槽内，随着导轨槽的坡度作有规律的升降。在下冲导轨的圆周内主体的上平面装有下压轮装置、充填调节装置等。

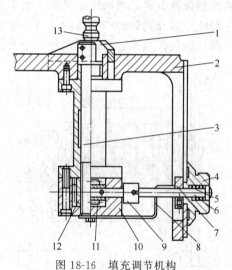

图 18-16 填充调节机构

1—填充轨；2—机架体；3—升降杆；4—刻度调节盘；
5—弹簧；6—轴；7—挡圈；8—指针；9—蜗杆轴；
10—涡轮罩；11—蜗杆；12—涡轮；13—下冲

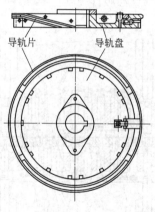

图 18-17 上冲导轨装置

18.1.3.5 压力调节装置

在旋转式压片机上真正对药物实施压力的并不是靠上冲导轨。上、下冲于加压阶段，正置于机架上的一对上、下压轮处（此时上冲尾部脱开上冲导轨），上、下压轮在压片机上的位置及工作原理如图18-18及图18-19所示。

（1）偏心压力调节机构 图18-18所示为上压轮（偏心）压力调节机构。上压轮3装在一个偏心轴5上。通过调节螺母12，改变压缩弹簧8的压力，并同时改变摇臂1的摆角，从而改变偏心轴5的偏心方位，以达到调节上压轮的最低点位置，也就改变了上冲的最低点位置。当冲模所受压力过大时，缓冲弹簧受力过大，使微动开关14动作，使机器停车，达到过载保护的作用。

图18-19所示为另一种下压轮（偏心）压力调节机构。当松开紧定螺钉15，利用梅花把手11旋动蜗杆轴2，转动涡轮13，也可改变偏心轴7的偏心方位，以达到改变下压轮最高点位置的目的，从而调节了压片时下冲上升的最高位置。

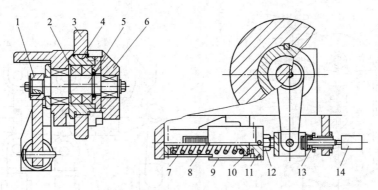

图 18-18　上压轮压力调节机构

1—摇臂；2—轴承；3—上压轮；4—键；5—上压轮轴（偏心轴）；6—压轮架；7—罩壳；8—压缩弹簧；
9—罩壳；10—弹簧座；11—轴承座；12—调节螺母；13—缓冲弹簧；14—微动开关

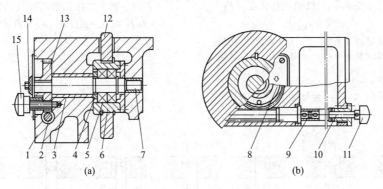

图 18-19　下压轮压力调节机构

1—机体；2—蜗杆轴；3—轴套；4—轴承垫圈；5—轴承；6—压轮芯；7—下压轮轴（偏心轴）；
8—厚度调节标牌；9—联轴节；10—接杆；11—梅花把手；12—下压轮；13—涡轮；
14—指示盘；15—紧定螺钉

（2）杠杆压力调节机构　图 18-20 所示为旋转式压片机杠杆式压力与片厚调节机构，上、下压轮分别装在上、下压轮架 2、17 上，菱形压轮架的一端分别与调节机构相联，另一端与固定支架 13 联接。调节手轮 1，可改变上压轮架的上下位置，从而调节上冲进入中模孔的深度。调节片厚调节手柄 4 使下压轮架上下运动，可以调节片剂厚度及硬度。压力由压力油缸 16 控制。这种加压及压力调节机构可保证压力稳定增加，并在最大压力时可保持一定时间，对颗粒物料的压缩及空气的排出有一定的效果，因此适用于高速旋转压片机。

18.1.4　二次（三次）压制压片机

本机适用于粉末直接压片法。粉末直接压片时，一次压制存在成型性差，转速慢等缺点，因而将一次压制压片机进行了改进，研制成二次、三次压制压片机以及把压缩轮安装成倾斜型的压片机。二次压制压片机的结构如图 18-21 所示，又称为直接压片机。片剂物料经过一次压轮或预压轮（初压轮）适当的压力压制后，移到二次压轮再进行压制，由于经过二步压制，整个受压时间延长，成型性增加，形成片剂的密度均匀，很少有顶裂现象。

18.1.5　多层片压片机

把组分不同的片剂物料按二层或三层堆积起来压缩成形的片剂叫做多层片（二层片、三层片）或者叫做积层片，这种压片机则叫做多层片压片机或积层压片机。常见的有二层片和三层片，三层片的制片过程如图 18-22 所示。

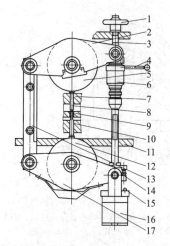

图 18-20　旋转式压片机的杠杆式压力与
片厚调节机构

1—上冲进模量调节手轮；2—上压轮架；3—吊
杆；4—片厚调节手柄；5—上压轮；6—片厚调
节机构；7—转盘；8—上冲；9—中模；10—下
冲；11—主体台面；12—下压轮；13—固定支
架；14—超压开关；15—放气阀；16—压力油
缸；17—下压轮架

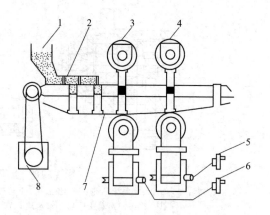

图 18-21　二次压制压片机结构示意图

1—加料斗；2—刮粉器；3—初压轮；4—二次压
轮；5—二次压轮压力调节器；6——次压轮压力
调节器；7—下冲导轨；8—电机

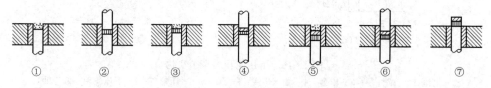

图 18-22　三层片的制片过程

① 向模孔中充填第一层物料；② 上冲下降，轻轻预压；③ 上冲上升，在第一层上充填第二层物料；④ 上冲
下降，轻轻预压；⑤ 上冲上升，在第二层上充填第三层物料；⑥ 压缩成型；⑦ 三层片由模孔中推出

18.1.6　压片设备的自动化系统

18.1.6.1　21 CFR Part Ⅱ 的应用

1997 年 8 月，美国 FDA 颁发著名的 21 CFR Part Ⅱ，旨在保证制药企业电子记录与电子签名（ER/ES）的可靠性、完整性和保密性，确保符合 GMP 要求。目前国外尤其是欧洲的压片机都普遍执行了 21 CFR Part Ⅱ，主要体现在以下几方面。

① 对压片机实施全方位的自动控制。即对各种操作数据和事故数据进行测量、读取、监控、定时贮存和打印报表等，如自动对预压力、主压力、出片力、压力平均值、单个冲模压力值、填料深度、预压上冲入模深度、主压上冲入模深度、预压片厚、主压片厚、冲模负载允许值、产量、转台速度、加料电机速度、润滑和故障等数据。

② 通过验证，确保上述数据采集和记录的准确性、真实性、可靠性和完整性。

③ 设置多级密码，对访问人的权限进行限制和对文档加密，保证数据设置、运行、读取和管理的安全。

④ 所有原始数据都不可被人为修改，保证结果的可靠性和真实性，这些安全性数据格式"保证了数据的变动是在整体检查控制下进行的"。同时加盖时间戳，随时可检索。

18.1.6.2　片剂的在线检测

以前片剂的在线检测通常是通过人工抽检来完成，导致采集产品信息慢，无法与压片机自动控制系统实现联动，劳动强度大，不符合 GMP 要求。目前的在线检测技术已能很好地解决这些问题，可作为独立装置直接与压片机出片装置连接，对片剂随机抽取样品，迅速对片剂的重量、片剂厚度和硬度作出分析，随即将分析报告通过通讯电缆传递给压片机控制系统，压片机控制系统根据检测信息迅速作出判断和调整。例如，德国 Fette 的 Checkmaster 4.1 型在线检测仪和比利时 GEA 的自动片剂检测仪（Automatic Tablet Tester for On-line Quality Control）。

18.1.6.3　远程监测和远程诊断系统

随着网络、虚拟技术、宽带等高新技术的迅猛发展，以及高速全自动计算机控制压片机的广泛应用，压片机的远程监测和远程诊断技术已成为压片机行业的一个发展方向。一个完整的系统包括人员、设备、网络等，分别完成故障的检测、分析、反馈、下达及实时服务过程，以保证系统的有效运行。简单地说，它是一个开发的分布式系统，主要由检测设备、传输设备、传输通道、信息处理系统、网络管理和诊断系统构成。

通过此系统的建立，可提高维修的准确性和及时性，实时排除故障，节约大量的人力和物力，提高压片机生产厂商的售后服务响应能力和速度，同时提高企业的经济效益。但目前只有发达国家较先进的压片机具有此功能，在我国仅处于刚起步的尝试阶段。

18.1.7　新型压片机及压片技术

18.1.7.1　快速装卸和清洗

以前压片机一直沿用的是由冲杆和中模组合的冲模，每次装卸工作量大，效率低，生产成本高。而当前德国的 Fette、Korsch 和英国 Manesty 等公司研制成功的具有自主知识产权的可移动转盘或可换转台技术很好地解决了这个问题。此外，比利时 Courtoy 公司采用集成组合的设计技术，压片机上靠近转台所有接触成品的零部件都可装在一个可更换的压缩的模块化组件 ECM(exchange compression module) 上，这种集成化、模块化技术也解决了上述问题。这些新的理念和技术充分体现和满足了现代制药工业对设备提出的既可快速装卸、便于清洗、保证清洗质量，又能降低劳动强度和提高工作效率的要求。

18.1.7.2　在位冲洗

为更大程度提高设备利用率，降低使用成本，使设备清洗更规范，在位清洗 WIP (washing-in-place) 的理念在压片机上虽然时间不长，但发展很快，像德国的 Korsch 和 Fette、意大利的 IMA 和日本的 Kikusui 等品牌都已应用。

18.1.7.3　全封闭、一体化的片剂成型系统

由于国内多数压片机压片过程是敞开的，压片过程断裂的工序致使压片间的粉尘和泄漏是目前国内药厂的通病。而国外压片机注重输入输出环节的密闭性，尽可能减少交叉污染及粉尘飞扬，如 Fette 公司研制成功的全封闭、一体化的片剂成型系统，包括上料、压片、除尘、筛片、检测等多台设备，以及这些设备的连接。这种一体化的片剂成型系统提供了有效的防护，缩短了停工时间，成为未来压片机的一个发展方向。

18.1.8　压片机和冲模的选型

18.1.8.1　压片机选型

用户首先应根据所压片剂物料本身的特性和预压制成的形状，然后依据生产规模、产量、压片力、压片直径等方面考虑，进而选择压片机的规格型号和结构（单冲或多冲；中速、亚高速或高速等）。

18.1.8.2　冲模选型

冲模是压片机上不可缺少的一种附件。压片机选型后如何正确的选择合适的冲模也是一件十分重要的工作。目前模具的品种、规格和型号约有 30 种之多，给制药企业的选型工作带来一定的难题。对于模具的安装尺寸，用户可以根据所用压片机说明的配用冲模选择标准

类型冲模。标准类型冲模主要包括 ZP 系列、T 系列和 I 系列。ZP 系列是国产品牌，国内应用最广泛，适于中、低速和亚高速旋转式压片机。T 系列和 I 系列有利于国产压片机和模具分别适于美国和欧洲市场，适于高速旋转式压片机，也可在中、低速和亚高速旋转式压片机上使用。

对于模具的冲头直径和片形，用户可根据上述标准类型冲模对应的尺寸选择。

模具材料的选择应具备耐磨损、抗冲击两大特点。一般采用碳素工具钢、轴承钢、硬质合金等。国内多采用轴承钢，少数采用进口模具钢。对于模具材质的选择，用户应综合考虑使用模具运行成本的高低、性价比和可靠性。而其热处理质量的好坏决定了模具的内在质量如抗磨性、机械韧性等，这需要模具制造商加强生产中的内部质量控制，为用户提供高性价比的模具。

对于特殊的压片要求，用户可根据自己的特殊需要进行定制非标冲模。

18.2   包衣设备

包衣是压片工序之后常用的一种制剂工艺，是指在片剂（片芯、素片）表面包上适宜材料的衣层，使片内药物与外界隔离。早期包衣目的是为增加制剂的稳定性，避免药物受其他原辅料或外界环境影响而发生化学或物理变化。现在的主要目的是为控制药物的定时、定速、定位释放。根据衣层材料及溶解特性不同，常分为糖衣片、薄膜衣片、肠溶衣片及膜控释片等；根据工艺不同可分为湿法包衣和干法包衣。目前国内常用的包衣方法主要有滚转包衣法（普通滚转包衣法、埋管包衣法和高效包衣法）、流化包衣法和压制包衣法。

18.2.1   滚转包衣设备

18.2.1.1   普通包衣锅

普通包衣锅又称为荸荠包衣锅，可用于包糖衣、薄膜衣和肠溶衣，是最基本、最常用的滚转式包衣设备，国内厂家目前基本使用这种包衣锅进行包衣操作，如图 18-23 所示。整个设备由四部分组成：包衣锅、动力系统、加热鼓风系统和排风或吸粉装置系统。包衣锅一般用不锈钢或紫铜衬锡等性质稳定并有良好导热性的材料制成，常见形状有荸荠形和莲蓬形。片剂包衣时以采用荸荠形较为合适，微丸剂包衣时则采用莲蓬形为妥。包衣锅的大小和形状可根据厂家生产的规模加以设计。一般直径为 1000mm，深度为 550mm。片剂在锅内不断翻滚的情况下，多次添加包衣液，并使之干燥，这样就使衣料在片剂表面不断沉积而成膜层。

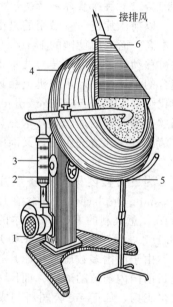

图 18-23   普通包衣锅
1—鼓风机；2—衣锅角度调节器；
3—电加热器；4—包衣锅；
5—辅助加热器；6—吸粉罩

包衣锅安装在轴上，由动力系统带动轴一起转动。为了使片剂在包衣锅中既能随锅的转动方向滚动，又有沿轴方向的运动，该轴常与水平呈 30°～40°倾斜；轴的转速可根据包衣锅的体积、片剂性质和不同包衣阶段加以调节。生产中常用的转速范围为 12～40r/min。

加热系统主要对包衣锅表面进行加热，加速包衣溶液中溶剂的挥发。常用的方法为电热丝加热和干热空气加热。目前，国外已基本采用热空气加热。根据包衣过程调节通入热空气的温度和流量，干燥效果迅速，同时采用排风装置帮助吸除湿气和粉尘。

　　包衣时将药片置于转动的包衣锅内，加入包衣材料溶液，使之均匀分散到各个片剂的表面上，必要时加入固体粉末以加快包衣过程。有时加入包衣材料的混悬液，加热、通风使之干燥。按上法包若干次，直到达到规定要求。

　　采用普通包衣锅包衣是一个劳动强度大，效率低，生产周期长的过程。特别是包糖衣片时，所包的层次很多，实际生产中包一批糖衣片往往需要十多小时到三十多小时。又由于包衣料液一般由人工加入，不同操作经验的人往往使片剂质量难以一致，有时对片剂的一些重要技术参数，如崩解时间、溶出速率等重现性也差。鉴于普通包衣锅包衣的上述缺点，国外一些生产厂家对普通包衣锅进行了一系列的改造。

　　① 锅内加挡板，以改善片剂在锅内的滚动状态。挡板的形状、数量可根据包衣锅的形状、包衣片剂的形状和脆碎性进行设计和调整。由于挡板对滚动片剂的阻挡，克服了包衣锅的"包衣死角"，片剂衣层分布均匀度提高，包衣周期也可适当缩短。

　　② 包衣料液用喷雾方式加入锅内，增加包衣的均匀性。普通包衣锅包衣料液一般用勺子分次加入，此法加液不均匀，特别不适于包薄膜衣，而改进的包衣锅则附加了喷液装置。为提高雾化质量，可采用无气喷雾包衣或空气喷雾包衣技术。无气喷雾包衣是利用柱塞泵使包衣液达到一定压力后再通过喷嘴小孔雾化喷出，其包衣设备及管道的安装如图 18-24 所示。该法借助于压缩空气推动的高压无气泵对包衣液加压后使其在喷嘴内雾化，故包衣液的挥发不受雾化过程的影响。整个包衣工序可由计算机集中控制。将按照常规操作顺序编排的自动操作程序输入控制器后，操作人员只需打开控制箱开关即可让机器自动运转并完成整个包衣过程，一台程序控制器能够同时控制多台包衣锅。由于减少了人的操作误差，产品质量重现性好，技术参数稳定。无气喷雾包衣适用于包薄膜衣和糖衣。由于压缩空气只用于对液体加压并使其循环，因此对空气要求相对较低。但包衣时液体喷出量较大，只适用于大规模生产，且生产中还需要严格调整包衣液喷出速度，包衣液雾化程度以及片床温度、干燥空气温度和流量三者之间的平衡。

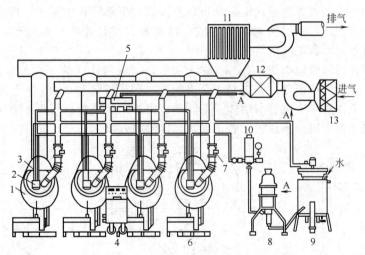

图 18-24　高压无气喷雾包衣设备及管道安装示意图

1—包衣锅；2—喷头；3—湿空气收集罩；4—程序控制箱；5—贮气罐；6—煤气加热装置；
7—自动风门；8—高压无气泵；9—带夹套的贮液箱；10—稳压过滤器；11—热交换器；
12—加热器；13—空气过滤器

　　与无气喷雾包衣不同，空气喷雾包衣通过压缩空气雾化包衣液，故小量包衣液就能达到较理想雾化程度，包衣液损失相对减少。小规模生产中常采用，但空气喷雾包衣对压缩空气要求较高，一些有机溶剂在雾化时即开始挥发，因此空气喷雾包衣更适用于包水性薄膜衣。

18.2.1.2　埋管喷雾包衣锅

当用水为分散介质包薄膜衣时，可用埋管喷雾包衣法，以加速水分挥发。喷雾系统为一内装喷头的埋管，在包衣时插入包衣锅翻动的床层内，直接将包衣材料喷在片芯上，加热后的压缩空气也伴随雾化过程同时从埋管中吹出，穿透整个床层，并从上方排气口排出。埋管喷雾包衣体系见图18-25。包衣液从贮液罐中由泵打出，进入气流式喷头连续雾化喷出，而控制箱则能够调节和控制加热温度、包衣液流量、排气温度等，能够连续进行包衣操作。

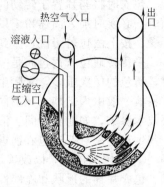

图 18-25　埋管喷雾包衣体系

埋管喷雾包衣法设备简单，能耗低，普通包衣锅装上埋管和喷雾系统也能进行生产。埋管喷雾包衣法也可用于包糖衣，但喷雾雾粒相对粗一些，同时必须达到片面润湿，否则未被吸收的雾粒干燥后会析出结晶，使片面粗糙。

18.2.1.3　高效包衣机

高效包衣机的结构、原理与传统的敞口包衣锅完全不同。敞口包衣锅工作时，热风仅吹在片芯层表面，并被反面吸出。热交换仅限于表面层，且部分热量由吸风口直接吸出而没利用，浪费了部分热源。而高效包衣机干燥时热风是穿过片芯间隙，并与表面的水分或有机溶剂进行热交换。这样热源得到充分的利用，片芯表面的湿液充分挥发，因而干燥效率很高。

高效包衣机的锅型结构大致可分为网孔式、间隙网孔式和无孔式三类。

(1) 网孔式高效包衣机　网孔式高效包衣机如图 18-26 所示，图中包衣锅的整个圆周都带有 $\phi 1.8 \sim 2.5 mm$ 圆孔。经过滤并被加热的净化空气从锅的右上部通过网孔进入锅内，热空气穿过运动状态的片芯间隙，由锅底下部的网孔穿过再经排风管排出。由于整个锅体被包在一个封闭的金属外壳内。因而热气流不能从其他孔中排出。

热空气流动的途径可以是逆向的，即可以从锅底左下部网孔中穿入，再经右上方风管排出。前一种称为直流式，后一种称为反流式。这两种方式是片芯分别处于"紧密"和"疏松"的状态，可根据品种不同进行选择。

(2) 间隔网孔式高效包衣机　如图 18-27 所示，间隔网孔式的开孔部分不是整个圆周，而是按圆周的几个等份的部分。图中是 4 个等份，也即沿着每隔 90°开一个网孔区域，并与四个风管联结。工作时 4 个风管与锅体一起转动。由于 4 个风管分别与 4 个风门连通，风门旋转时分别间隔地被出风口接通每一管道而达到排湿的效果。

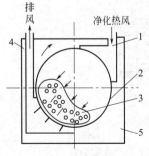

图 18-26　网孔式高效包衣机
1—进气管；2—锅体；3—片芯；
4—排风管；5—外壳

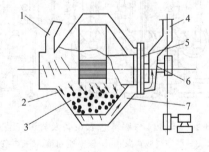
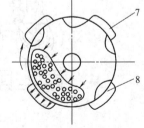

图 18-27　间隔网孔式高效包衣机
1—进风管；2—锅体；3—片芯；4—出风管；5—风门；
6—旋转主轴；7—风管；8—网孔区

图 18-28 中旋转风门 2 的 4 个圆孔与锅体 4 个管道相连，管道圆口正好与固定风门的圆口对准，处于通风状态。这种间隙的排湿结构使锅体减少了打孔的范围，减轻了加工量。同

时热量也得到充分的利用，节约了能源，不足之处是风机负载不均匀，对风机有一定的影响。

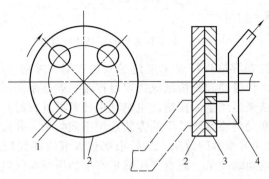

图 18-28　间隔网孔式高效包衣机风门结构
1—锅体管路；2—旋转风门；3—固定风门；4—排风管

（3）无孔式高效包衣机　无孔式高效包衣机是指锅的圆周没有圆孔，其热交换通过另外的形式进行。目前有两种：一是将布满小孔的 2～3 个吸气桨叶浸没在片芯内，使加热空气穿过片芯层，再穿过桨叶小孔进入吸气管道内被排出（见图 18-29），即进风管 6 引入干净热空气，通过片芯层 4 再穿过桨叶 2 的网孔进入排风管 5 并被排出机外；二是一种较新颖的锅型结构，目前已在国际上得到应用，其流通的热风是由旋转轴的部位进入锅内，然后穿过运动着的片芯层，通过锅的下部两侧而被排出锅外（图 18-30）。

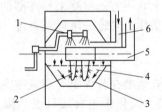

图 18-29　无孔式高效包衣机
1—喷枪；2—桨叶；3—锅体；4—片芯层；
5—排风管；6—进风管

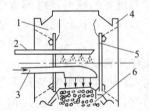

图 18-30　新颖无孔式高效包衣机
1—后盖；2—液管；3—进风管；
4—前盖；5—锅体；6—片芯层

这种新颖的无孔式高效包衣机所以能实现一种独特的通风路线，是靠锅体前后两面的圆盖特殊的形状。在锅的内侧绕圆周方向设计了多层斜面结构。锅体旋转时带动圆盖一起转动，按照旋转的正反方向而产生两种不同的效果（图 18-31）。当正转时（顺时针方向），锅体处于工作状态，其斜面不断阻挡片芯流入外部，而热风却能从斜面处的空当中流出。当反转时（逆时针方向），此时处于出料状态，这时由于斜面反向运动，使包好的药片沿切线方向排出。

图 18-31　新颖无孔式高效
包衣机工作状态

无孔高效包衣机设计上具有新的构思，除了能达到与有孔同样的效果外，由于锅体表面平整、光洁、对运动着的物料没有任何损伤，在加工时也省却了钻孔这一工序。该机器除适用片剂，也适用于微丸等的包衣。

高效包衣机是由多组装置配套而成的整体，除主体包衣锅外，大致可分为四大部分：定量喷雾系统，供气（送风）和排风系统，以及程序控制设备。其组合简图见图 18-32。

图 18-32　高效包衣机的配套装置组合

　　定量喷雾系统是将包衣液按程序要求定量送入包衣锅，并通过喷枪口雾化喷到片芯表面。该系统由液缸、泵、计量器和喷枪组成。定量控制一般是采用活塞定量结构。它是利用活塞行程确定容积的方法来达到量的控制，也有利用计时器进行时间控制流量的方法。喷枪是由气动控制，按有气和无气喷雾两种不同方式选用不同喷枪，并按锅体大小和物料多少放入 2～6 只喷枪，以达到均匀喷洒的效果。另外根据包衣液的特性选用有气或无气喷雾，并相应选用高压无气泵或电动蠕动泵。而空气压缩机产生的压缩空气经空气清洁器后供给自动喷枪或无气泵。

　　送风、供热系统是由中效和高效滤过器、热交换器组成。用于排风系统产生的锅体负压效应，使外界的空气通过过滤器，并经过加热后达到锅体内部。热交换器有温度检测，操作者可根据情况选择适当的进气温度。

　　排风系统是由吸尘器、鼓风机组成。从锅体内排出的湿热空气经吸尘器后再由鼓风机排出。系统中可以接装空气过滤器，并将部分过滤后的热空气返回到送风系统中重新利用，以达到节约能源的目的。

　　送风和排风系统的管道中都装有风量调节器，可调节进、排风量的大小。

　　程序控制设备的核心是可编程序控制器或微机处理。它一方面接受来自外部的各种检测信号，另一方面向各执行元件发出各种指令，以实现对锅体、喷枪、泵以及温度、湿度、风量的控制。

18.2.2　流化床包衣设备

　　流化包衣法与流化喷雾造粒工作原理相近，即将包衣液喷在悬浮于一定流速空气中的片剂表面。同时，加热的空气使片剂表面溶剂挥发而成膜。流化床包衣法目前只限于包薄膜衣，除片剂外，微丸剂、粉末、颗粒剂等也可包衣。由于包衣时片剂由空气悬浮并翻动，衣料在片面包覆均匀，对包衣片剂的硬度要求也低于普通包衣锅包衣。主要从以下两种方式对其进行分类。

18.2.2.1　包衣液的雾化喷入方法

　　流化床包衣机的核心是包衣液的雾化喷入方法，一般有顶部、侧面切向和底部 3 种安装位置，如图 18-33 所示。喷头通常是压力式喷嘴。随着喷头安装位置的不同，流化床结构也有较大差异。

　　(1) 顶部喷头　多数用于锥形流化床，颗粒在器中央向上流动，接受顶喷雾化成液沫后向四周落下，被流化气体冷却固化或蒸发干燥。

　　(2) 侧面切向喷头　底部平放旋转圆盘，中部有锥体凸出，底盘与器壁的环隙中引入流化气体，颗粒从切向喷嘴接受雾化雾滴，沿器壁旋转向上，到浓相面附近向心且向下，下降碰到底盘锥体时，又被迫向外，如此循环流动，当其沿器壁旋转向上时，被环隙中引入的流化气体冷却固化或蒸发干燥成膜层。

　　(3) 底部喷头　多数用于导流筒式流化床，颗粒在导流筒底部接受底喷雾化液沫，随流化气体在导流筒内向上，到筒顶上方时向外，并从导流筒与器壁之间环形空间中落下，在筒内向上和筒外向下过程中，均被流化气体并流或逆流冷却固化或蒸发干燥。导流筒式流化床的分布板是特殊设计的，导流筒投影区域内开孔率较大，区域外开孔率较小，使导流筒内气流速度大，保证筒内颗粒向上流动，稳定颗粒循环流动。

18.2.2.2　流化的动力来源及形式

　　使用气流或机械力同时作用使流化床内的物料呈现沸腾或强制规则运动状，将辅料或母液均匀喷入使之团聚成粒或层积放大，可达到制粒或包衣的效果，可在一台设备内完成，性价比高。根据流化的动力来源及形式的不同可将其分为以下六种。

　　(1) 均匀垂直向上气流的流化床制粒包衣技术　物料的运动状态为"沸腾状"，特性为不规则运动、边制粒边干燥、流化速度的范围较宽，操作弹性较大。分风层的特性是均匀的开孔。这类机型也是基本的机型，能配以振动流化技术。包衣时，保持良好的沸腾状态和极小的喷量，可得到良好的包衣效果。主要有两种情况：粉末包衣为大液滴，高温进风，小喷量；薄层包衣为小液滴，低进温，小喷量。

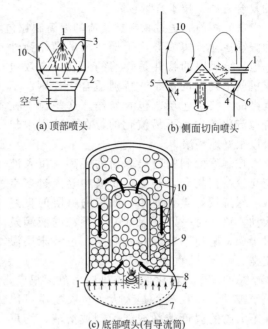

(a) 顶部喷头　　　　(b) 侧面切向喷头

(c) 底部喷头(有导流筒)

图 18-33　流化床包衣机结构

1—喷嘴(气流式或压力式)；2—流化床浓相；3—流化床稀相；4—空气流；5—环隙；6—旋转盘(可调节高度)；7—空气分布板；8—雾化包衣液；9—包衣区；10—颗粒流向

　　(2) 旋转向上气流的旋流床制粒包衣技术　物料的运动状态为"旋转沸腾状"，特性为粒子旋转向上运动＋不规则运动、边制粒边干燥、平面流化速度比第一种大、风速操作弹性也比较大。分风层的特性是层叠放射状的斜向上进风间隙。粒子在床内除了沸腾运动，还有旋转运动，粒子间有挤压作用，在制粒包衣方面具有相对的优越性。包衣时低进温、大风量、适应的喷量，可保持足够床层温度，避免粘连。包层时，高进温，大风量，大喷量，可以少量粘连，黏结强度不够，自然会再分开。

　　(3) 向上气流和旋转盘共同作用的旋转床制粒包衣技术　物料的运动状态为"麻花状"，特性也为旋转向上运动，侧重于先制粒后干燥、所需风量最小、保持物料不漏下就行。分风层的特性是一个圆形间隙。这类机型偏重于粒子的旋转和翻滚运动。粒子在床内作麻花形式的三维旋转运动，粒子之间具有更大的相互搓动、挤压作用，在颗粒的塑造方面和易产生静电而粘壁的物料制粒方面，具有相对的优越性。颗粒外表粉末包层时，喷量适当，以防晶核破坏，包层加粉时，宁少勿多，避免产生小晶核。

　　(4) 不均匀垂直向上气流（即喷动）的喷动床制粒包衣技术　物料的运动状态为"喷泉状"，特性也为局部物料向上喷动运动，整个物料层内物料呈现穿过导向管的环状循环运动、侧重于制粒包衣过程中的干燥效果、平面的流化速度最大、风量的操作弹性最小。分风层的特性是有一个喷泉导向管。这类机型是针对颗粒包衣开发出的，粒子在床内除了沸腾运动，还有重要的环状循环运动，粒子在导向筒内具有高度分散性，在直径 0.4～1.2mm 颗粒包衣方面具有相对的优越性。

　　(5) 向上气流和向下气流共同作用的复合床制粒包衣技术　根据下部进风分风层的不同，物料运动状态有两种：沸腾状和旋转向上运动。特性为不规则运动或旋转向上运动加不规则运动。边制粒边干燥、流化速度的范围较宽，操作弹性较大。床体上下面积比例根据不同物料、不同要求变化很大。这类机型通过上部的雾化器雾化料液，与上部进风接触、干燥，得到不干的颗粒，通过下部进风使其沸腾、团聚造粒、烘干，然后在下部出料。是新式的复合机型，技术含量较高。

（6）滚筒和透过物料层气流的滚筒制粒包衣技术　物料的运动状态为"翻滚状"，特性为滚动运动、边喷雾边干燥，风量操作弹性一般。分风层的特性是均匀的开孔，高效包衣机就是典型的例子。特别适合于规则、不规则的大粒子包层、包衣操作。这些粒子在普通流化床中是不易流化的，在这种床中却可以很好地翻滚。

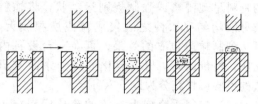

图18-34　压制包衣过程

控制喷枪到物料层表面的距离，包衣液应充分搅拌均匀，避免包衣液中卷入过多空气，保持较好雾化效果，保持物料层的良好滚动。包衣时一定要保证喷上颗粒的液滴及时干燥，避免颗粒间相互黏结，正常床层温差在2～7℃之间。

总的来说，流化床包衣机应用范围很广，只要被涂颗粒粒径不是太大，包衣物质可以在不太高的温度熔融或能配制成溶液，均可应用流化床薄膜包衣机。

18.2.3　压制包衣设备

压制法包衣亦称干法包衣，是用包衣材料将片芯包裹后在压片机上直接压制成型。该法可包糖衣、肠溶衣或药物衣，适用于对湿热敏感药物的包衣，也适用于长效多层片的制备或有配伍禁忌药物的包衣。压制过程如图18-34所示。常用的压制包衣机是将两台旋转式压片机用单传动轴配成套，以特制的传动器将压成的片芯送至另一台压片机上进行包衣，见图18-35。传动器是由传递杯和柱塞以及传递杯和杆相连接的转台组成。片芯用一般方式压制，当片芯从模孔推出时，即由传递杯捡起，通过桥道输送到包衣转台上。桥道上有许多小孔眼与吸气泵相连接，吸除片面上的粉尘，可防止在传递时片芯颗粒对包衣颗粒的混杂。在包衣转台上一部分包衣料填入模孔中作为底层，然后置片芯于其上，再加上包衣材料填满模孔，压成最后的包衣片。在机器运转中，不需中断操作即可抽取片芯样品进行检查。

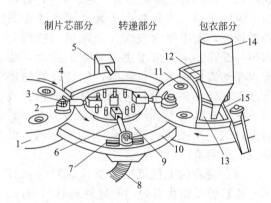

图18-35　压制包衣机结构

1—片模；2—传递杯；3—负荷塞柱；4—传感器；5—检出装置；6—弹性传递导臂；7—除粉尘小孔眼；8—吸气管；9—计数器轴环；10—桥道；11—沉入片芯；12—充填片面及周围用包衣颗粒；13—充填片底用的包衣颗粒；14—包衣颗粒漏斗；15—饲料框

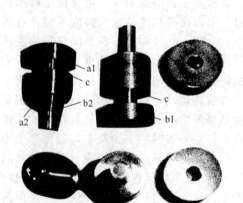

图18-36　一步干法包衣压片机冲头与冲模

a1—上中心冲；a2—上外周冲；b1—下中心冲；b2—下外周冲；c—中心冲与外周冲的连接部分

该设备还采用一种自动控制装置，检查不含片芯的空白片并自动将其抛出；如果片芯在传递过程中被粘住不能置于模孔中时，装置也将其抛出。另外，还附有一种分路装置，能将不符合要求的片子与大量合格的片子分开。

考虑到传统干法包衣仪器高成本及片芯传递系统易造成无芯、双芯、移位等缺点，现在又研制出一步干法包衣压片机（one-step dry-coated tablets，OSDRC），其冲头含有双层结构：中心冲和外周冲。内冲压制片芯，外冲包衣，通过调节内外冲的高低制备，如图 18-36 所示，包括上中心冲、上外周冲、下中心冲和下外周冲。中心冲直径为 6mm，外周冲直径为 8mm。该系统可以装备在旋转压片机上用于工业化大生产。一步干法包衣压片过程包括 3 个主要步骤：①压制第一外包衣层（1st-outer layer）；②压制核心片；③压制整个包衣片，包括第二外包衣层（2nd-outer layer）。

具体压片过程如图 18-37 所示：在压制第一外包衣层时，下中心冲 b1 首先下降，在 b1 和下外周冲 b2 的内壁之间形成一个空间，包衣粉末充填进入这个空间。上中心冲 a1 下降，对包衣粉末进行预压。外包衣层预压完成之后，b1 再次向下移动，a1 向上移动，填充含药粉末，a1 下降对含药辅料进行预压。随后，b2 下降，与 b1 平齐，装填剩余的包衣粉末制成包衣片。

在最后一步压制时，上中心冲和上外周冲通过连接部分 c 连接成为一个整体，下中心冲与下外周冲也通过 c 连接成为一个整体，外周冲与中心冲的冲头部形成一个平面（与传统的压片机的冲头一样），上冲和下冲以同样的速度和压力将整个包衣片压制成功。

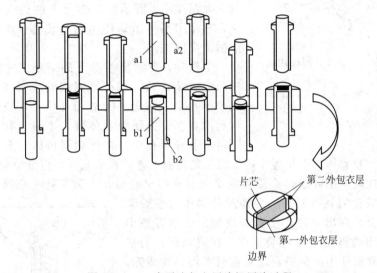

图 18-37 一步干法包衣压片机压片过程

由此看出，采用一步干法包衣机简化了制备步骤，提高了包衣片的质量，节省制备时间，降低了成本，国内对此研究报道较少，有很好的应用前景。

18.3 胶囊剂生产设备

将药物装入胶囊而制成的制剂称为胶囊剂。胶囊剂不仅外形美观，服用方便，而且具有遮盖不良气味，提高药物稳定性，控制药物释放等作用，是目前应用最广泛的药物剂型之一。根据胶囊硬度和封装方法不同，可分为硬胶囊剂和软胶囊剂两种。其中硬胶囊剂是将药物粉末、颗粒、小片或微丸等直接装填于胶壳中而制成的制剂；软胶囊剂是用滴制法或滚模压制法将加热熔融的胶液制成胶皮或胶囊，并在囊皮未干之前包裹或装入药物而制成的制剂。

硬胶囊一般呈圆筒形，由胶囊体和胶囊帽套合而成。胶囊体的外径略小于胶囊帽的内径，两者套合后可通过局部凹槽锁紧，也可用胶液将套口处黏合，以免两者脱开而使药物散落。软胶囊一般为球形、椭圆形或圆筒形，也可以是其他形状，药物填充量通常为一个剂量。

18.3.1　硬胶囊剂生产设备

硬胶囊填充机是生产硬胶囊剂的专用设备,对于品种单一、生产量较大的硬胶囊剂多采用全自动胶囊填充机。

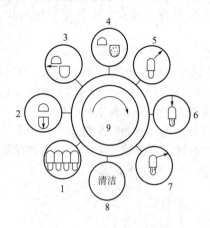

图 18-38　主工作盘及各区域功能

1—排序与定向区;2—拔囊区;3—体帽错位区;4—药物填充区;5—废囊剔除区;6—胶囊闭合区;7—出囊区;8—清洁区;9—主工作盘

按照主工作盘的运动方式,全自动胶囊填充机可分为间歇回转和连续回转两种类型。虽然两者在执行机构的动作方面存在差异,但其生产的工艺过程几乎相同。现以间歇回转式全自动胶囊填充机为例,介绍硬胶囊填充机的结构与工作原理。

间歇回转式全自动胶囊填充机的工作台面上设有可绕轴旋转的主工作盘,其可带动胶囊板作周向旋转。围绕主工作盘设有空胶囊排序与定向装置、拔囊装置、剔除废囊装置、闭合胶囊装置、出囊装置和清洁装置等,如图 18-38 所示。工作台下的机壳内设有传动系统,其作用是将运动传递给各装置或机构,以完成相应的工序操作。

工作时,自贮囊斗落下的杂乱无序的空胶囊经排序与定向装置后,均被排列成胶囊帽在上的状态,并逐个落入主工作盘的上囊板孔中。在拔囊区,拔囊装置利用真空吸力使胶囊体落入下囊板孔中,而胶囊帽则留在上囊板孔中。在体帽错位区,上囊板连同胶囊帽一起移开,使胶囊体的上口置于定量填充装置的下方。在填充区,定量填充装置将药物填充进胶囊体。在废囊剔除区,剔除装置将未拔开的空胶囊从上囊板孔中剔除。在胶囊闭合区,上、下囊板孔的轴线对正,并通过外加压力使胶囊帽与胶囊体闭合。在出囊区,闭合胶囊被出囊装置顶出囊板孔,并经出囊滑道进入包装工序。在清洁区,清洁装置将上、下囊板孔中的药粉、胶囊皮屑等污染物清除。随后,进入下一个操作循环。由于每一区域的操作工序均要占用一定的时间,因此主工作盘是间歇转动的。

18.3.1.1　空胶囊的排序与定向

为防止胶囊变形,出厂的空心硬胶囊均为体帽合一的空心套合胶囊。使用前,首先要对空心胶囊进行定向排列,并将排列好的胶囊落入囊座模板的孔中,保证囊帽在上、囊体在下,为后续填充做好准备。

空胶囊排序装置如图 18-39 所示。落料器的上部与贮囊斗相通,内部设有多个圆形孔道,每一孔道下部均设有卡囊簧片。工作时,落料器作上下往复滑动,使空胶囊进入落料器的孔中,并在重力作用下下落。当落料器上行时,卡囊簧片将一个胶囊卡住。落料器下行时,

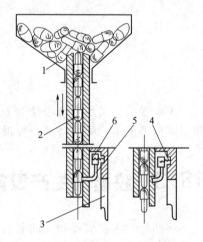

图 18-39　空胶囊排序装置结构与工作原理

1—贮囊斗;2—落料器;3—压囊爪;4—弹簧;5—卡囊簧片;6—簧片架

簧片架产生旋转,卡囊簧片松开胶囊,胶囊在重力作用下由下部出口排出。当落料器再次上行并使簧片架复位时,卡簧片又将下一个胶囊卡住。可见,落料器上下往复滑动一次,每一孔道均输出一粒胶囊。

由排序装置排出的空胶囊有的帽在上,有的帽在下。为便于空胶囊的体帽分离,需进一步将空胶囊按帽在上、体在下的方式进行排列。空胶囊的定向排列可由定向装置完成,该装

置设有定向滑槽和顺向推爪，推爪可在槽内作水平往复运动，如图 18-40 所示。

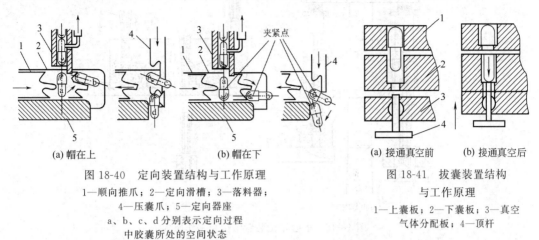

(a) 帽在上　　　　　　　(b) 帽在下　　　　　　　(a) 接通真空前　　(b) 接通真空后

图 18-40　定向装置结构与工作原理　　　　　　图 18-41　拔囊装置结构

1—顺向推爪；2—定向滑槽；3—落料器；　　　　　　　与工作原理

4—压囊爪；5—定向器座　　　　　　1—上囊板；2—下囊板；3—真空

a、b、c、d 分别表示定向过程　　　　　气体分配板；4—顶杆

中胶囊所处的空间状态

　　工作时，胶囊依靠自重落入定向滑槽中。由于定向滑槽的宽度（与纸面垂直的方向上）略大于胶囊体的直径而略小于胶囊帽的直径，因此滑槽对胶囊帽有一个夹紧力，但并不接触胶囊体。由于结构上的特殊设计，顺向推爪只能作用于直径较小的胶囊体中部。因此，当顺向推爪推动胶囊体运动时，胶囊体将围绕滑槽与胶囊帽的夹紧点转动，使胶囊体朝前，并被推向定向器座边缘。此时，垂直运动的压囊爪使胶囊体翻转 90°，并将其垂直推入囊板孔中。

18.3.1.2　空胶囊的体帽分离

　　经定向排序后的空胶囊还需将囊体与囊帽分离开来，以便药物填充。空胶囊的体帽分离操作可由拔囊装置完成。该装置由上、下囊板及真空系统组成，如图 18-41 所示。

　　当空胶囊被压囊爪推入囊板孔后，气体分配板上升，其上表面与下囊板的下表面贴严。此时，真空接通，顶杆随气体分配板同步上升并伸入到下囊板的孔中，使顶杆与气孔之间形成一个环隙，以减少真空空间。上、下囊板孔的直径相同，且都为台阶孔，上、下囊板台阶小孔的直径分别小于囊帽和囊体的直径。当囊体被真空吸至下囊板孔中时，上囊板孔中的台阶可挡住囊帽下行，下囊板孔中的台阶可使囊体下行至一定位置时停止，以免囊体被顶杆顶破，从而达到体帽分离的目的。

18.3.1.3　填充药物

　　当空胶囊体、帽分离后，上、下囊板孔的轴线随即错开，接着药物定量填充装置将定量药物填入下方的胶囊体中，完成药物填充过程。

　　药物定量填充装置的类型很多，如插管定量装置、模板定量装置、活塞-滑块定量装置和真空定量装置等。不同的填充方式适应于不同药物的分装，需按药物的流动性、吸湿性、物料状态（粉状或颗粒状、固态或液态）选择填充方式和机型，以确保生产操作和分装重量差异符合《中华人民共和国药典》的要求。

　　(1) 插管定量装置　插管定量装置分为间歇式和连续式两种，如图 18-42 所示。

　　间歇式插管定量装置是将空心定量管插入药粉斗中，利用管内的活塞将药粉压紧，然后定量管升离粉面，并旋转 180° 至胶囊体的上方。随后，活塞下降，将药粉柱压入胶囊体中，完成药粉填充过程。由于机械动作是间歇式的，故为间歇式插管定量装置。调节药粉斗中的药粉高度以及定量管内活塞的冲程，可调节药粉的填充量。此外，为减少填充误差，药粉在粉斗中应保持一定的高度并具有良好的流动性。

　　连续式插管定量装置也是采用定量管来定量的，但其插管、压紧、填充操作是随机器本

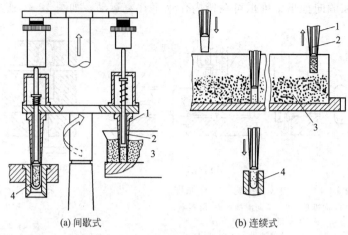

(a) 间歇式　　　　　　(b) 连续式

图 18-42　插管定量装置结构与工作原理

1—定量管；2—活塞；3—药粉斗；4—胶囊体

身在回转过程中连续完成的。由于填充速度较快，因此插管在药粉中的停留时间很短，故对药粉的要求更高，如药粉不仅要有良好的流动性和一定的可压缩性，而且各组分的密度应相近，且不易分层。为避免定量管从药粉中抽出后留下的空洞影响填充精度，药粉斗中常设有刮板、耙料器等装置，以控制药粉的高度，并使药粉保持均匀和流动。

（2）模板定量装置　模板定量装置的结构与工作原理如图 18-43 所示，其中图（a）将圆柱形定量装置及其工作过程展成了平面形式。药粉盒由定量盘和粉盒圈组成，工作时可带着药粉作间歇回转运动。定量盘沿圆周设有若干组模孔（图中每一单孔代表一组模孔），剂量冲头的组数和数量与模孔的组数和数量相对应。

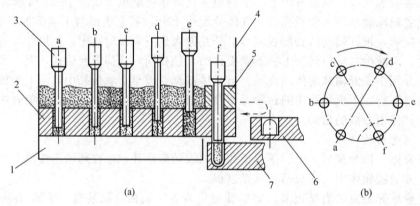

(a)　　　　　　(b)

图 18-43　模板定量装置结构与工作原理

1—底盘；2—定量盘；3—剂量冲头；4—粉盒圈；5—刮粉器；6—上囊板；7—下囊板

工作时，凸轮机构带动各组冲杆做上下往复运动。当冲杆上升后，药粉盒间歇旋转一个角度，同时药粉自动将模孔中的空间填满。随后冲杆下降，将模孔中的药粉压实一次。此后，冲杆再次上升，药粉盒又旋转一个角度，药粉再次将模孔中的空间填满，冲杆再次将模孔中的药粉压实一次。如此旋转一次，填充一次，压实一次，直至第 f 次时，定量盘下方的底盘在此处有一半圆形缺口，其空间被下囊板占据，此时剂量冲杆将模孔中的药粉柱推入胶囊体，即完成一次填充操作。

模板定量装置中各冲杆的高低位置可以调节，其中 e 组冲杆最高，f 组冲杆最低。此外，在 f 组冲杆处还有一个不运动的刮粉器，利用刮粉器与定量盘之间的相对运动，可将定量盘表面的多余药粉刮除。

（3）活塞-滑块定量装置　常见的活塞-滑块定量装置如图 18-44 所示。在料斗的下方有多个平行的定量管，每一定量管内均有一个可上下移动的定量活塞。料斗与定量管之间设有可移动的滑块，滑块上开有圆孔。当滑块移动并使圆孔位于料斗与定量管之间时，料斗中的药物经圆孔流入定量管。随后滑块移动，将料斗与定量管隔开。此时，定量活塞下移至适当位置，使药物经支管和专用通道填入胶囊体。调节定量活塞的上升位置可控制药物的填充量。

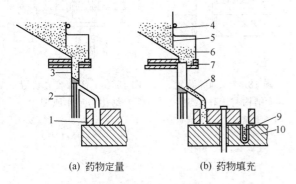

图 18-44　活塞-滑块定量装置结构与工作原理
1—填料器；2—定量活塞；3—定量管；4—料斗；5—物料
高度调节板；6—药物颗粒或微丸；7—滑块；8—支管；
9—胶囊体；10—下囊板

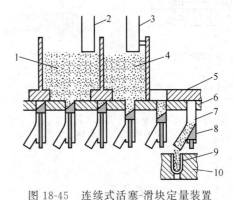

图 18-45　连续式活塞-滑块定量装置
结构与工作原理
1—第一料斗；2,3—加料器；4—第二料斗；
5—滑块底盘；6—转盘；7—定量圆筒；8—定
量活塞；9—胶囊体；10—下囊板

图 18-45 所示为一种连续式活塞-滑块定量装置，其核心构件为一转盘，图中已将圆柱形定量装置及其工作过程展成了平面形式。转盘上设有若干个定量圆筒，每一圆筒内均有一个可上下移动的定量活塞。工作时，定量圆筒随转盘一起转动。当定量圆筒转至第一料斗下方时，定量活塞下行一定距离，使第一料斗中的药物进入定量圆筒。当定量圆筒转至第二料斗下方时，定量活塞又下行一定距离，使第二料斗中的药物进入定量圆筒。当定量圆筒转至下囊板的上方时，定量活塞下行至适当位置，使药物经支管填充进胶囊体。随着转盘的转动，药物填充过程可连续进行。由于该装置设有两个料斗，因此可将两种不同药物的颗粒或微丸，如速释微丸和控释微丸装入同一胶囊中，从而使药物在体内迅速达到有效治疗浓度并维持较长的作用时间。

（4）真空定量装置　真空定量装置是一种连续式药物填充装置，其工作原理是先利用真空将药物吸入定量管，然后再利用压缩空气将药物吹入胶囊体，如图 18-46 所示。定量管内设有定量活塞，活塞的下部安装有尼龙过滤器。在取料或填充过程中，定量管可分别与真空系统或压缩空气系统相连。取料时，定量管插入料槽，在真空的作用下，药物被吸入定量管。填充时，定量管位于胶囊体的上部，在压缩空气的作用下，将定量管中的药物吹入胶囊体。调节定量活塞的位置可控制药物的填充量。

18.3.1.4　剔除装置

个别空胶囊可能会因某种原因而使体帽未能分开，这些空胶囊一直滞留于上囊板孔中，但并未填充药物。为防止其混入成品中，应在胶囊闭合前将其剔除出去。

剔除装置的结构与工作原理如图 18-47 所示，其核心构件是一个可上下往复运动的顶杆架，上面设有与囊板孔相对应的顶杆。当上、下囊板转动时，顶杆架停留在下限位置。当上、下囊板转动至剔除装置并停止时，顶杆架上升，使顶杆伸入到上囊板孔中。若囊板孔中仅有胶囊帽，则上行的顶杆对囊帽不产生影响。若囊板孔中存有未拔开的空胶囊，则上行的顶杆将其顶出囊板孔，并被压缩空气吹入集囊袋中。

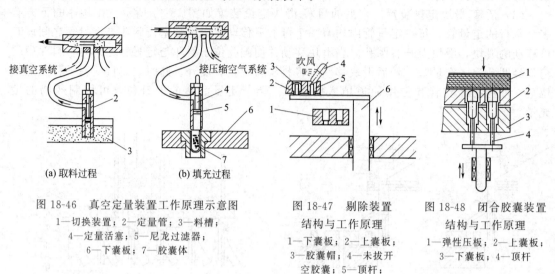

图 18-46 真空定量装置工作原理示意图
1—切换装置；2—定量管；3—料槽；
4—定量活塞；5—尼龙过滤器；
6—下囊板；7—胶囊体

图 18-47 剔除装置
结构与工作原理

1—下囊板；2—上囊板；
3—胶囊帽；4—未拔开
空胶囊；5—顶杆；
6—顶杆架

图 18-48 闭合胶囊装置
结构与工作原理

1—弹性压板；2—上囊板；
3—下囊板；4—顶杆

18.3.1.5 闭合胶囊装置

闭合胶囊装置由弹性压板和顶杆组成，其结构与工作原理如图 18-48 所示。当上、下囊板的轴线对中后，弹性压板下行，将胶囊帽压住。同时，顶杆上行伸入下囊板孔中顶住胶囊体下部。随着顶杆的上升，胶囊体、帽闭合并锁紧。调节弹性压板和顶杆的运动幅度，可使不同型号的胶囊闭合。

18.3.1.6 出囊装置

出囊装置的主要部件是一个可上下往复运动的出料顶杆，其结构与工作原理如图 18-49 所示。当囊板孔轴线对中的上、下囊板携带着闭合胶囊旋转时，出料顶杆处于低位，即位于下囊板下方。当携带闭合胶囊的上、下囊板旋转至出囊装置上方并停止时，出料顶杆上升，其顶端自下而上伸入上、下囊板的囊板孔中，将闭合胶囊顶出囊板孔。随后，压缩空气将顶出的闭合胶囊吹入出囊滑道中，并被输送至包装工序。

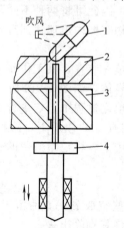

图 18-49 出囊装置结构与工作原理

1—闭合胶囊；2—上囊板；3—下囊板；4—出料顶杆

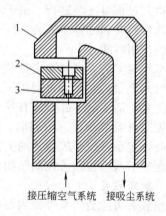

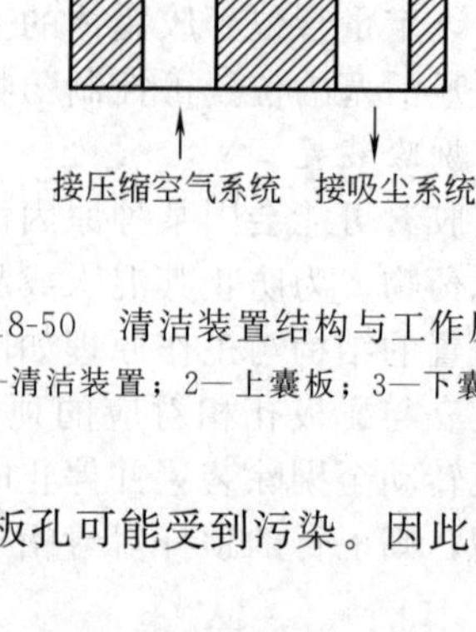

图 18-50 清洁装置结构与工作原理

1—清洁装置；2—上囊板；3—下囊板

18.3.1.7 清洁装置

上、下囊板经过拔囊、填充药物、出囊等工序后，囊板孔可能受到污染。因此，上、下囊板在进入下一周期操作循环之前，应通过清洁装置对其囊板孔进行清洁。清洁装置实际是一个设有风道和缺口的清洁室（图 18-50）。当囊孔轴线对中的上、下囊板旋至清洁装置的缺口处时，压缩空气系统接通，囊板孔中的药粉、囊皮屑等污染物被压缩空气自下而上吹出囊孔，并被吸尘系统吸入吸尘器。随后，上、下囊板离开清洁室，开始下一周期的循环操作。

18.3.2 软胶囊剂生产设备

成套的软胶囊剂生产设备包括明胶液熔制设备、药液配制设备、软胶囊压（滴）制设备、软胶囊干燥设备、回收设备等。下面主要介绍滚模式软胶囊机和滴制式软胶囊机。

18.3.2.1 滚模式软胶囊机

滚模式软胶囊机的外形如图 18-51 所示。主要由软胶囊压制主机、输送机、干燥机、电控柜、明胶桶和料桶等多个单体设备组成，各部分的相应位置如图 18-52 所示，药液桶 6、明胶桶 7 吊置在高处，按照一定流速向主机上的明胶盒和供料斗内流入明胶和药液，其余各部分则直接安置在工作场地的地面上。

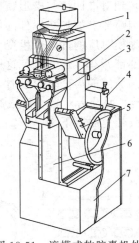

图 18-51 滚模式软胶囊机外形

1—供料斗；2—机头；3—下丸器；4—明胶盒；
5—油辊；6—机身；7—机座

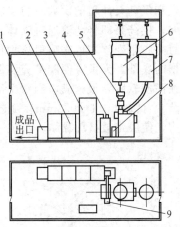

图 18-52 滚模式软胶囊机总体布置

1—风机；2—干燥机；3—电控柜；4—链带输送机；
5—主机；6—药液桶；7—明胶桶；
8—剩胶桶；9—废囊桶

下面介绍其主要机构的结构原理。

（1）胶带成型装置 由明胶、甘油、水及防腐剂、着色剂等附加剂加热熔制而成的明胶液，放置于吊挂着的明胶桶中，将其温度控制在 60℃左右。明胶液通过保温导管靠自身重量流入到位于机身两侧的明胶盒中。明胶盒是长方形的，其纵剖面见图 18-53 所示。通过将电加热元件置于明胶盒内而使得盒内明胶保持在 36℃左右，使其恒温，既能保持明胶的流动性，又能防止其冷却凝固，从而有利于胶带的生产。在明胶盒后面及底部各安装了一块可以调节的活动板，通过调节这两块活动板，使明胶盒底部形成一个开口。通过前后移动流量调节板来加大或减小开口使胶液流量增大或减小，通过上下移动厚度调节板，调节胶带成形的厚度。明胶盒的开口位于旋转的胶带鼓轮的上方，随着胶带鼓轮的平稳转动，明胶液通过明胶盒下方的开口，依靠自身重量涂布于胶带鼓

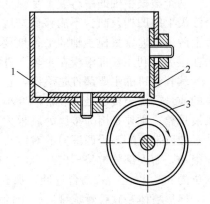

图 18-53 明胶盒示意图

1—流量调节板；2—厚度
调节板；3—胶带鼓轮

轮的外表面上。鼓轮的宽度与滚模长度相同。胶带鼓轮的外表面很光滑，其表面粗糙度≤0.8μm。要求胶带鼓轮的转动平稳，从而保证生成的胶带均匀。有冷风（温度在 8～12℃较好）从主机后部吹入，使得涂布于胶带鼓轮上的明胶液在鼓轮表面上冷却而形成胶带。在胶带成型过程中还设置了油辊系统，保证胶带在机器中连续、顺畅地运行，油辊系统是由上、下两个平行钢辊引胶带行走，有两个"海绵"辊子在两钢辊之间，通过辊子中心供油，为了使胶带表面更加光滑，可以利用"海绵"毛细作用吸饱可食用油并涂敷在经过其表面的胶带上。

（2）软胶囊成型装置　制备成型的连续胶带，经过油辊系统和导向筒，被送到两个辊模与软胶囊机上的楔型喷体之间（图 18-54），喷体的曲面与胶带良好贴合，形成密封状态，从而使空气不能够进入到已成型的软胶囊内。在运行过程中，一对滚模按箭头方向同步转动，喷体则静止不动。滚模的结构如图 18-55 所示，有许多凹槽（相当于半个胶囊的形状）均匀分布在其圆周的表面，在滚模轴向凹槽的排数与喷体的喷药孔数相等，而滚模周向上凹槽的个数和供药泵冲程的次数及自身转速相匹配。当滚模转到对准凹槽与楔形喷体上的一排喷药孔时，供药泵即将药液通过喷体上的一排小孔喷出。因喷体上的加热元件的加热使得与喷体接触的胶带变软，依靠喷射压力使两条变软的胶带与滚模对应的部位产生变形，并挤到滚模凹槽的底部，为了方便胶带充满凹槽，在每个凹槽底部都开有小通气孔，这样，由于空气的存在而使软胶囊很饱满，当每个滚模凹槽内形成了注满药液的半个软胶囊时，凹槽周边的回形凸台（高约 0.1～0.3mm）随着两个滚模的相向运转，两凸台对合，形成胶囊周边上的压紧力，使胶带被挤压黏结，形成一颗颗软胶囊，并从胶带上脱落下来。

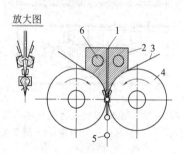

图 18-54　软胶囊成型装置
1—药液进口；2—喷体；3—胶带；
4—滚模；5—软胶囊；6—电热元件

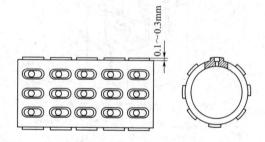

图 18-55　滚模结构

　　两个滚模主轴的平行度，是保证生产正常软胶囊的一个关键。如果两轴不平行，那么两个滚模上的凹槽及凸台不能够良好地对应，胶囊不能可靠地被挤压黏合，也不能顺利地从胶带上脱落。通常滚模主轴的平行度要求在全长不大于 0.05mm。为了确保滚模能均匀接触，需在组装后利用标准滚模在主轴上进行漏光检查。

　　软胶囊机的主要部件是滚模，它的设计与加工既影响软胶囊的接缝黏合度，也影响软胶囊的质量。由于接缝处的胶带厚度小于其他部位，有时会在贮存及运输过程中产生接缝开裂漏液现象，主要是因为接缝处胶带太薄，黏合不牢所致。当凸台高度合适时，凸台外部空间基本被胶带填满，当两滚模的对应凸台互相对合挤压胶带时，胶带向凸台外部空间扩展的余地很小，而大部分被挤压向凸台的空间。接缝处将得到胶带的补充，此处胶带厚度可达其他部位的85%以上。若凸台过低，那么就会产生切不断胶带，软胶囊黏合不上等不良后果。

　　楔形喷体是软胶囊成型装置中的另一关键设备。如图 18-56 所示，喷体曲面的形状将会影响软胶囊质量。在软胶囊成型过程中，胶带局部被逐渐拉伸变薄，喷体曲面与滚模外径相吻合，如不能吻合，胶带将不易与喷体曲面良好贴合，那样药液从喷体的小孔喷出后，就会沿喷体与胶带的缝隙外渗，既降低软胶囊接缝处的黏合强度，又影响软胶囊质量。

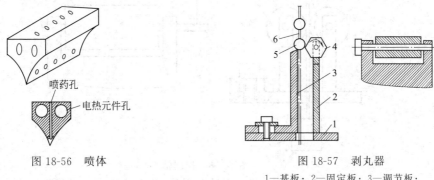

图 18-56　喷体

图 18-57　剥丸器

1—基板；2—固定板；3—调节板；
4—滚轴；5—胶囊；6—胶带

在喷体内装有管状加热元件，与喷体均匀接触，从而保证喷体表面温度一致，使胶带受热变软的程度处处均匀一致，当其接受喷体药液后，药液的压力使胶带完全地充满滚模的凹槽。滚模上凹槽的形状、大小不同，即可生产出形状、大小各异的软胶囊。

（3）药液计量装置　制成合格的软胶囊的另一项重要技术指标是药液装量差异的大小，要得到装量差异较小的软胶囊产品，首先需要保证向胶囊中喷送的药液量可调；其次保证供药系统密封可靠，无漏液现象。使用的药液计量装置是柱塞泵，其利用凸轮带动的 10 个柱塞，在一个往复运动中向楔形喷体中供药两次，调节柱塞行程，即可调节供药量大小。

（4）剥丸器　在软胶囊经滚模压制成型后，有一部分软胶囊不能完全脱离胶带，此时需要外加一个力使其从胶带上剥离下来，所以在软胶囊机中安装了剥丸器，结构如图 18-57 所示，在基板上面焊有固定板，将可以滚动的六角形滚轴安装在固定板上方，利用可以移动的调节板控制滚轴与调节板间的缝隙，一般将两者之间缝隙调至大于胶带厚度、小于胶囊外径，当胶带通过缝隙间时，靠固定板上方的滚轴，将不能够脱离胶带的软胶囊剥落下来。被剥落下来的胶囊沿筛网轨道滑落到输送机上。

（5）拉网轴　在软胶囊的生产中，软胶囊不断地从胶带上剥离下来，同时产生网状的废胶带，需要回收和重新熔制，为此在剥丸机下方安装了拉网轴，将网状废胶带拉下，收集到剩胶桶内。其结构如图 18-58 所示，焊一支架在基板上，其上装有滚轴，在基板上还安装有可以移动的支架，其上也装有滚轴。两个滚轴与链传动系统相接，并能够相向转动，两滚轴的长度均长于胶带的宽度。在生产中，首先将剥落了胶囊的网状胶带夹入两滚轴中间，通过调节两滚轴的间隙，使间隙小于胶带的厚度，这样当两滚轴转动时，就将网状废胶带垂直向下拉紧，并送入下面的剩胶桶内回收。

18.3.2.2　滴制式软胶囊机

滴制式软胶囊机（滴丸机）是将胶液与油状药液两相通过滴丸机喷头按不同速度喷出，当一定量的明胶液将定量的油状液包裹后，滴入另一种不相混溶的冷却液中。胶液接触冷却液后，由于表面张力作用而使之形成球形，并逐渐凝固成软胶囊。滴制法制备软胶囊的装置见图 18-59，主要由原料贮槽、定量装置、喷头和冷却器、电气自控系统、干燥部分组成，其中双层喷头外层通入 75～80℃ 的明胶溶液，内层则通入 60℃ 的油状药物溶液。在生产中，喷头滴制速度的控制十分重要。

在软胶囊的滴制过程中，其分散装置包括凸轮、连杆、柱塞泵、喷头、缓冲管等，如图 18-60 所示。明胶与油状药液分别由柱塞泵 3 喷出，明胶通过连管由上部进入喷头 4、药液经过缓冲管 6 由侧面进入喷头，两种液体垂直向下喷到充有稳定流动的冷却液的视盅 5 内，若操作得当，经过冷却系统内的冷却液的冷却固化，即可得球形软胶囊。柱塞泵内柱塞的往

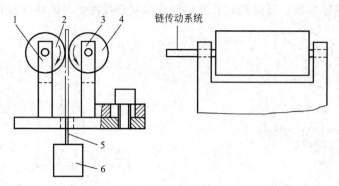

图 18-58　拉网轴
1—支架；2—滚轴；3—可移动支架；4—滚轴；5—网状废胶带；6—剩胶桶

复运动由凸轮 1 通过连杆 2 推动完成，两种液体喷出时间的调整由调节凸轮的方位确定。

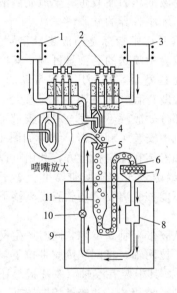

图 18-59　滴制式软胶囊机结构与工作原理示意图
1—原料贮槽；2—定量装置；3—明胶液贮槽；
4—喷嘴；5—液体石蜡出口；6—胶丸出口；
7—过滤器；8—液体石蜡贮箱；9—冷却箱；
10—循环泵；11—冷却柱

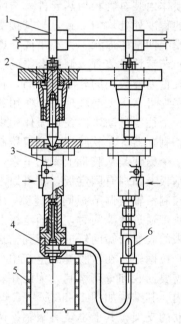

图 18-60　软胶囊的分散装置
1—凸轮；2—连杆；3—柱塞泵；
4—喷头；5—视盅；6—缓冲管

图 18-61 所示为喷头结构。在软胶囊制备中，明胶液与油状药物的液滴分别由柱塞泵压出，将药物包裹到明胶液膜中以形成球形颗粒，这两种液体应分别通过喷头套管的内、外侧，在严格的同心条件下，先后有序地喷出才能形成正常的胶囊，而不致产生偏心、拖尾、破损等不合格现象。如图 18-61 所示，药液由侧面进入喷头并从套管中心喷出，明胶从上部进入喷头，通过两个通道流至下部，然后在套管的外侧喷出，在喷头内两种液体互不相混。从时间上看两种液体喷出顺序是明胶喷出时间较长，而药液喷出过程应位于明胶喷出过程的中间位置。同时，明胶液和药液的计量可采用泵打法。泵打法计量可采用柱塞泵或三柱塞泵，最简单的柱塞泵如图 18-62 所示。泵体 2 中有柱塞 1 可以做垂直方向的往复运动，当柱塞 1 上行超过药液进口时，将药液吸入，当柱塞下行时，将药液通过排出阀 3 压出，由出口管 5 喷出，喷出结束时出口阀的球体在弹簧 4 的作用下，将出口封闭，柱塞又进入下一个循环。

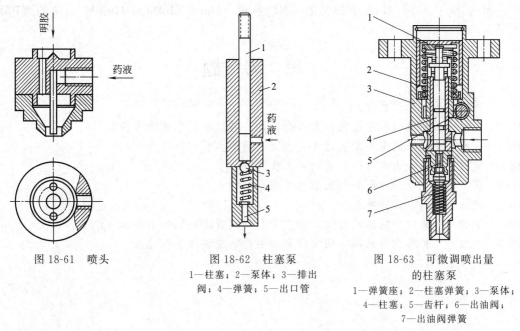

图 18-61　喷头

图 18-62　柱塞泵
1—柱塞；2—泵体；3—排出
阀；4—弹簧；5—出口管

图 18-63　可微调喷出量
的柱塞泵
1—弹簧座；2—柱塞弹簧；3—泵体；
4—柱塞；5—齿杆；6—出油阀；
7—出油阀弹簧

目前使用的柱塞泵的另一种形式见图 18-63 所示。该泵的机构是采用动力机械的油泵原理。当柱塞 4 上行时，液体从进油孔进入柱塞下方，待柱塞下行时，进油孔被柱塞封闭，使室内油压增高，迫使出油阀 6 克服出油阀弹簧 7 的压力而开启，此时液体由出口管排出，当柱塞下行至进油孔与柱塞侧面凹槽相通时，柱塞下方的油压降低，在弹簧力的作用下出油阀将出口管封闭。喷出的液量由齿杆 5 控制柱塞侧面凹槽的斜面与进油孔的相对角度来调节。该泵优点是可微调喷出量，因此滴出的药液剂量更准确。

图 18-64 所示为常用的三活塞计量泵的计量原理示意图。泵体内有 3 个作往复运动的活塞，中间的活塞起吸液和排液作用，两边的活塞具有吸入阀和排出阀的功能。通过调节推动活塞运动的凸轮方位可控制 3 个活塞的运动次序，进而可使泵的出口喷出一定量的液滴。

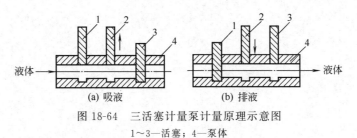

(a) 吸液　　　　　　　(b) 排液

图 18-64　三活塞计量泵计量原理示意图
1～3—活塞；4—泵体

18.3.2.3　软胶囊设备的发展方向

软胶囊的特性和生产过程对设备提出了很高的要求，需要用高品质的生产设备来保证。其设备发展的重点应在以下几方面：模块化数控型设备、免溶剂清洗系统设备、采用水冷却系统替代现在的风冷系统、先进的药剂泵系统、干燥系统等。

18.3.3　液体硬胶囊剂灌装设备

软胶囊剂填充液体是较成熟的制剂工艺，但与硬胶囊相比，软胶囊水分和氧透过率高，不利药物储存；胶皮易失水老化，导致产品崩解不合格。因此出现了液体硬胶囊剂灌装技术的研究，取得较快的发展。目前国外已有自动的高速液体硬胶囊剂灌装设备用于工业化大生产，如 Robert Bosch GmbH 公司的 GKF 系列，Harro Höfliger GmbH 公司的 KFM 系列等。

思　考　题

18-1　说明压片机工作原理。

18-2　旋转式压片机的压片过程分为几个阶段？各阶段是怎样进行的？

18-3　说明片剂生产的主要工艺过程，主要采用哪些生产设备？

18-4　包衣机主要分为哪几类？说明其工作原理。

18-5　说明普通包衣机与压制包衣机有哪些不同？

18-6　胶囊制剂具有哪些特点？

18-7　说明硬胶囊填充的工艺过程，指出半自动胶囊填充机的主要部件组成。

18-8　依据滴丸机结构示意图，阐述滴制法生产软胶囊的制备过程。

第19章 液体灭菌制剂生产专用设备

灭菌制剂系指采用某一物理、化学方法杀灭或除去所有活的微生物繁殖体和芽孢的一类药物制剂，主要指直接注入体内或接触创伤面、黏膜等的一类制剂。液体灭菌制剂包括注射用制剂（如注射剂、输液、注射粉针等）、眼用制剂（如滴眼剂等）和创面用制剂（如溃疡、烧伤及外伤用溶液）等。

注射用制剂系指由药物制成的专供注入肌体内的一种制剂。主要由药物、溶剂、附加剂及特制的容器所组成。根据使用目的不同，有不同的分类方法：①按其分散系统可分为溶液型（包括水溶性注射剂和非水溶性注射剂）、混悬型、乳剂型注射剂及临用前配成液体的注射用无菌粉末；②按给药途径主要有静脉注射、肌肉注射、皮内与皮下注射、穴位注射、脊椎腔注射、动脉注入（化疗、造影用）七种；③按临床用途可分为小针注射剂（针剂）、大容量注射剂（输液剂）、注射用粉针剂三种。对于注射剂所用包装容器，按其材质的不同可分为玻璃容器和塑料容器两大类；按分装剂量的不同，又可分为单剂量装、多剂量装和大剂量装容器。单剂量装的容器是供灌装液体或粉末用的，一般由中性硬质玻璃制成，俗称安瓿。

注射用制剂虽然出现较晚，但由于其具有独特的优点，目前已发展成为一种临床应用最广泛的剂型之一，成为一种不可替代的给药途径。本章主要从针剂、输液剂和粉针剂三种剂型论述其生产工艺及设备。

19.1 小容量注射剂生产设备

小容量注射剂是采用针头注射方法将药物直接注入人体的一种制剂，俗称针剂。小容量水溶性注射剂又称水针剂，是各类注射剂中应用最广泛，也是最具代表性的一类注射剂。

水针剂的生产有灭菌和无菌两种工艺。在灭菌生产工艺中，由原料及辅料生产成品的过程是带菌的，生产出的成品经高温灭菌后达到无菌要求。该工艺设备简单，生产成本较低，但药品必须能够承受灭菌时的高温，且药效不受影响。在无菌生产工艺中，由原料及辅料生产成品的每个工序都要实行无菌处理，各工序的设备和人员也必须有严格的无菌消毒措施，以确保产品无菌。该工艺的生产成本较高，常用于热敏性药物注射剂的生产。

目前我国的水针剂生产大多采用灭菌工艺，主要包括安瓿的洗涤、干燥灭菌、灌封、灭菌检漏、灯检和印字包装等过程。本节主要讨论安瓿的洗涤、灌封、真空检漏和灯检等工艺生产过程所涉及的主要设备。

我国目前针剂生产所使用的容器多为玻璃安瓿。新国标 GB 2637—1995 规定水针使用的安瓿一律为曲颈易折安瓿，以前使用的直颈安瓿、双联安瓿等均已淘汰。多数安瓿用无色玻璃制成，利于检查药液澄明度；对需遮光的药品采用棕色玻璃制成。安瓿的规格有1mL、2mL、5mL、10mL 和 20mL 共 5 种。其外形如图 19-1 所示。

19.1.1 安瓿的洗涤设备

安瓿在其制造及运输过程中难免会被微生物及尘埃粒子所污染，为此在灌装针剂药液前必须进行洗涤，要求在最后一次清洗时，须采用经微孔滤膜精滤过的注射用水加压冲洗，然后再经灭菌干燥方能灌注药液。下面介绍目前常用的三种洗涤设备。

19.1.1.1 喷淋式安瓿洗瓶机组

喷淋式安瓿洗瓶机组由喷淋机、甩水机、蒸煮箱、水过滤器及水泵等机件组成。

安瓿喷淋机主要由传送带、淋水喷嘴及水循环系统三部分组成，如图19-2所示。工作时，安瓿以口朝上的方式整齐排列于安瓿盘内，并在输送带的带动下，逐一通过各组喷嘴下方。同时，水以一定的压力和速度由各组喷嘴喷出，所产生的冲淋力将瓶内外的污垢冲净，并将安瓿内注满水。由于冲淋下来的污垢将随水一起汇入集水箱，故在循环水泵后设置了一台过滤器，该过滤器可不断对洗涤水进行过滤净化，从而可保证洗涤水的清洁。其优点是结构简单，效率高。缺点是耗水量大，且个别安瓿可能会因受水量不足而难以保证淋洗效果。

图 19-1 曲颈易折安瓿外形示意图

为克服上述缺点，可增设一排能往复运动的喷射针头。工作时，针头可伸入到传送到位的安瓿瓶颈中，直接冲洗安瓿内壁，提高了淋洗效果。此外，也可以增设翻盘机构，并在下面增设一排向上的喷射针头。当安瓿盘入机后，利用翻盘机构使安瓿口朝下，上面的喷嘴冲洗安瓿外壁，下面的针头自下而上冲洗安瓿内壁，使冲淋下的脏物污垢能及时流出，故能提高淋洗效果。

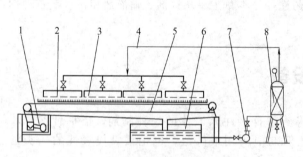

图 19-2 安瓿喷淋机
1—电机；2—安瓿盘；3—淋水喷嘴；4—进水管；5—传送带；6—集水箱；7—泵；8—过滤器

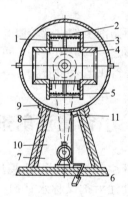

图 19-3 安瓿甩水机
1—安瓿；2—固定杆；3—铝盘；4—离心架框；5—丝网罩盘；6—刹车踏板；7—电机；8—机架；9—外壳；10—皮带；11—出水口

安瓿经冲淋并注满水后，需送入蒸煮箱消毒。在蒸煮箱内通蒸汽加热约30min，随即趁热将蒸煮后的安瓿送入甩水机将安瓿内积水甩干。图19-3所示为常见的安瓿甩水机，主要由外壳、离心架框、固定杆、不锈钢丝网罩盘、机架、电机及传动机件组成。离心架框上焊有两根固定安瓿盘的压紧栏杆，机器开动后利用安瓿盘离心力原理将水甩净。然后再送往喷淋机上灌水，再经蒸煮消毒、甩水，如此反复洗涤2~3次即可达到清洗要求。

19.1.1.2 气水喷射式安瓿洗瓶机组

气水喷射式安瓿洗瓶机组主要由供水系统、压缩空气及其过滤系统、洗瓶机三大部分组成。洗涤时，利用洁净的洗涤水及经过过滤的压缩空气，通过喷嘴交替喷射每个安瓿内外，将其喷洗干净,是二水二气的冲洗吹净程序。压缩空气压力约 0.3MPa,洗涤水由压缩空气压送,并维持一定的压力和流量,水温大于 50℃。洗瓶过程中水和气的交替分别由偏心轮与电磁喷水(气)阀及行程开关自动控制,操作中保持喷头与安瓿动作协调。整个机组的关键设备是洗瓶机。

图 19-4 所示为气水喷射式安瓿洗瓶机组的工作原理。

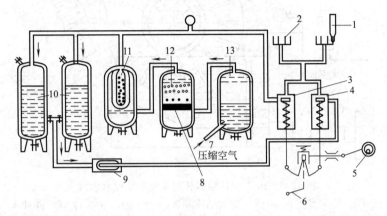

图 19-4　气水喷射式安瓿洗瓶机组工作原理示意图

1—安瓿;2—针头;3—喷气阀;4—喷水阀;5—偏心轮;6—脚踏板;7—压缩空气进口;
8—木炭层;9,11—双层涤纶袋滤器;10—水罐;12—瓷环层;13—洗气罐

19.1.1.3　超声波安瓿洗瓶机

超声波安瓿洗瓶机是目前制药工业界较为先进且能实现连续生产的洗瓶设备。其作用机理如下。

在超声振荡作用下,水与物体的接触表面将产生空化现象。所谓空化是在声波作用下,液体中产生微小气泡,小气泡在超声波作用下逐渐长大,当尺寸适当时产生共振而闭合。在小泡湮灭时自中心向外产生微驻波,随之产生高压、高温,小泡涨大时会摩擦生电,湮灭时又中和,伴随有放电、发光现象,气泡附近的微冲流增强了流体搅拌及冲刷作用。超声波的洗涤效果是其他清洗方法不能比拟的,当将安瓿浸没在超声波清洗槽中时,它不仅保证外壁洁净,也可保证安瓿内部无尘、无菌,而达到洁净指标。

一般安瓿清洗时以蒸馏水作为清洗液。清洗液温度越高,越可加速污物溶解。同时,温度越高,清洗液的黏度越小,振荡空化效果越好。但温度增高会影响压电陶瓷及振子的正常工作,易将超声能转化成热能,做无用功,所以通常将温度控制在 60~70℃为宜。

工业上常用连续操作的机器来实现大规模处理安瓿的要求。运用针头单支清洗技术与超声技术相结合的原理就构成了连续回转超声洗瓶机,其原理如图 19-5 所示。

清洗流程:利用一个水平卧装的轴,拖动有 18 排针管的针鼓转盘间歇旋转,每排针管有 18 支针头,构成共有 324 个针头的针鼓。与转盘相对的固定盘上,于不同工位上配置有不同的水、气管路接口,在转盘间歇转动时,各排针头座依次与循环水、压缩空气、新鲜蒸馏水等接口相通。

从图 19-5 所标的顺序看,安瓿被引进针管后先灌满循环水(1、2 工位),而后于 60℃的超声水槽中经过五个工位(3~7 工位),共停留 25s 左右接受超声波空化清洗,使污物振散、脱落或溶解。针鼓旋转带出水面后的安瓿空两个(8、9)工位再经三个(10~12)工位的循环水倒置冲洗,进行一次空气吹除(13 工位),于第 14 工位接受新鲜蒸馏水的最后倒置冲洗,而后再经两个工位的空气吹净(15、16 工位),即可确保安瓿的洁净质量。最后处于水平位置的安瓿由洁净的压缩空气推出清洗机。

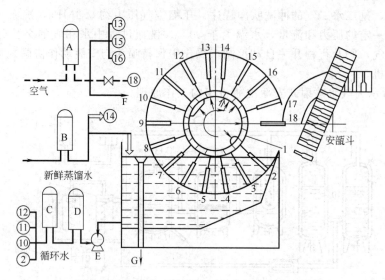

图 19-5　18 工位连续回转超声洗瓶原理示意图

1—引瓶；2—注循环水；3~7—超声波空化清洗；8,9—空位；10~12—循环水冲洗；
13—吹气排水；14—注新蒸馏水；15,16—吹净化气；17—空位；18—吹气送瓶；
A~D—过滤器；E—循环泵；F—吹除玻璃屑；G—溢流回收

回转超声波安瓿洗瓶机的特点：采用了多功能的自控装置；以针鼓上回转的铁片控制继电器触点来带动水、气路的电磁阀启闭；利用水槽液位带动限位棒使晶体管继电器启闭，从而得以控制循环水泵；预先调节电接点压力式温度计的上、下限，控制接触器的常开触点，使得电热管工作，保持水温。另有一个调节用电热管，供开机时迅速升温用，当水达到上限时打开常闭触点，关闭调节用电热管。

19.1.2　安瓿灌封设备

将规定剂量的过滤洁净的药液灌入经清洗、干燥及灭菌后的安瓿，并加以封口的过程称为灌封。灌封是注射剂装入容器的最后一道工序，也是最重要的工序。注射剂质量直接由灌封区域环境和灌封设备决定。因此，灌封区域是整个注射剂生产车间的关键部位，应保持较高的洁净度。同时，灌封设备的合理设计及正确使用也直接影响注射剂产品质量的优劣。

安瓿的灌封操作可在安瓿灌封机上完成。目前国内药厂所采用的安瓿灌封设备主要是拉丝灌封机，为满足不同规格安瓿灌封的要求，共有 1~2mL、5~10mL 和 20mL 三种机型。虽然这三种机型不能通用，但其结构特点差别不大，灌封过程基本相同。现以 1~2mL 安瓿灌封机为例介绍安瓿灌封机的结构与工作原理。

安瓿灌封的工艺过程一般应包括：安瓿的排整、灌注、充气、封口等工序。

空安瓿的排整是将密集堆排的灭菌安瓿依照灌封机的要求，在一定的时间间隔（灌封机动作周期）内，将定量的（固定支数）安瓿按一定的距离间隔排放在灌封机的传送装置上。

灌注是将净制后的药液经计量，按一定体积注入安瓿中去。为适应不同规格、尺寸的安瓿要求，计量机构应便于调节。由于安瓿颈部尺寸较小，经计量后的药液需使用类似注射针头状的灌注针灌入安瓿。又因灌封是数支安瓿同时灌注，故灌封机相应地有数套计量机构和灌注针头。

充氮是为了防止药品氧化，需要向安瓿内药液上部的空间充入惰性气体，如氮气、二氧化碳。此外有时在灌注前还得预充氮，提前以氮气置换其中的空气。充氮的过程是通过氮气管线端部的针头插入安瓿内的瞬间完成的。

封口是用火焰将已灌注药液且充氮后的安瓿颈部熔融密封。加热时安瓿需自转，使颈部均匀受热熔化。为确保封口不留毛细孔隐患，现代多采用拉丝封口工艺。拉丝封口不仅是瓶颈玻璃自身的融合，而且用拉丝钳将瓶颈上部多余的玻璃靠机械动作强力拉走，加上安瓿自身的旋转动作，可以保证封口严密不漏，且使封口处玻璃薄厚均匀，而不易出现冷爆现象。

19.1.2.1　传送部分

传送部分的结构与工作原理如图 19-6 所示。安瓿斗与水平呈 45°倾角，底部设有梅花盘，盘上开有轴向直槽，槽的横截面尺寸与安瓿外径相当。梅花盘由链条带动，每旋转 1/3 周即可将 2 支安瓿推至固定齿板上。固定齿板由上、下两条齿板构成，每条齿板的上端均设有三角形槽，安瓿上下端可分别置于三角形槽中，并与水平成 45°角，以便灌装药液。移瓶齿板也有上、下两条，与固定齿板等距的装置在其内侧，齿形为椭圆形，以防送瓶过程中将瓶撞碎。移瓶齿板通过连杆与偏心轴相连。在偏心轴带动移瓶齿板向上运动的过程中，先将安瓿从固定齿板上托起，然后超过固定齿板的齿顶，接着偏心轴带动移瓶齿板前移两格并将安瓿重新放入固定齿板中，然后移瓶齿板空程返回。因此，偏心轴每转一周，固定齿板上的安瓿将前移 2 个齿距。随着偏心轴的转动，安瓿将不断前移，并依次通过灌注区和封口区，完成灌封过程。在偏心轴的一个转动周期内，前 1/3 个周期用来使移瓶齿板完成托瓶、移瓶和放瓶动作；在后 2/3 个周期内，安瓿在固定齿板上滞留不动，以便完成灌注、充氮和封口等工序操作。完成灌封的安瓿在进入出瓶斗前仍与水平呈 45°倾斜。但出瓶斗前设有一块舌板，该板呈一定角度倾斜。在移瓶齿板推动的惯性力作用下，安瓿在舌板处转动 40°，并呈竖立状态进入出瓶斗。

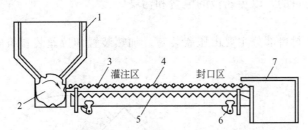

图 19-6　安瓿灌封机传送部分结构与工作原理示意图

1—安瓿斗；2—梅花盘；3—安瓿；4—固定齿板；5—移瓶齿板；6—偏心轴；7—出瓶斗

19.1.2.2　灌注部分

灌注部分主要由凸轮杠杆装置、吸液灌液装置和缺瓶止灌装置组成，其结构与工作原理如图 19-7 所示。

凸轮杠杆装置主要由压杆 15、顶杆座 17、顶杆 18、扇形板 19 和凸轮 20 等部件组成。扇形板的作用是将凸轮的连续转动转换为顶杆的上下往复运动。当灌装工位有安瓿时，上升的顶杆顶在电磁阀 16 伸入顶杆座的部分，使与电磁阀连在一起的顶杆座上升，从而使压杆一端上升，另一端下压。当顶杆下降时，压簧 9 可使压杆复位。可见，在有安瓿的情况下，凸轮的连续转动最终被转换为压杆的摆动。

吸液灌液装置主要由针头 4、针头托架座 6、针头托架 7、单向玻璃阀 8 及 12、压簧 9、针筒芯 10 和针筒 11 等部件组成。针头固定在托架上，托架可沿托架座的导轨上下滑动，使针头伸入或离开安瓿。当压杆 15 顺时针摆动时，压簧 9 使针筒芯向上运动，针筒的下部将产生真空，此时单向玻璃阀 8 关闭、12 开启，药液罐中的药液被吸入针筒。当压杆 15 逆时针摆动而使针筒芯向下运动时，单向玻璃阀 8 开启，12 关闭，药液经管道及伸入安瓿内的针头 4 注入安瓿，完成药液灌装操作。一般针剂在药液灌装后需充入惰性气体如氮气或二氧化碳，以提高制剂的稳定性。充气针头（图中未示出）与灌液针头并列安装于同一针头托架上，一起动作，即灌装后随即充入气体。

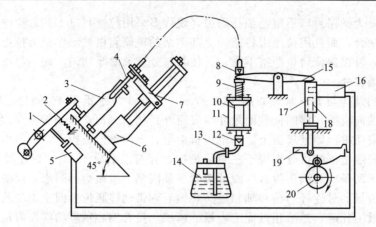

图 19-7　安瓿灌封机灌注部分结构与工作原理示意图

1—摆杆；2—拉簧；3—安瓿；4—针头；5—行程开关；6—针头托架座；7—针头托架；
8,12—单向玻璃阀；9—压簧；10—针筒芯；11—针筒；13—螺丝夹；14—贮液罐；
15—压杆；16—电磁阀；17—顶杆座；18—顶杆；19—扇形板；20—凸轮

　　缺瓶止灌装置主要由摆杆 1、拉簧 2、行程开关 5 和电磁阀 16 组成。当由于某种原因而使灌液工位出现缺瓶时，拉簧将摆杆下拉，并使摆杆触头与行程开关触头接触。此时，行程开关闭合，电磁阀开始动作，将伸入顶杆座的部分拉出，这样顶杆 18 就不能使压杆 15 动作，从而达到止灌的目的，以免药液的浪费和污染。

19.1.2.3　封口部分

　　（1）拉丝封口　封口部分主要由压瓶装置、加热装置和拉丝装置组成，其结构与工作原理如图 19-8 所示。

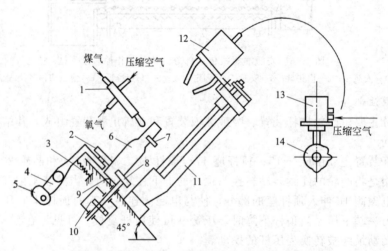

图 19-8　安瓿灌封机封口部分结构与工作原理示意图

1—燃气喷嘴；2—压瓶滚轮；3—拉簧；4—摆杆；5—压瓶凸轮；6—安瓿；7—固定齿板；8—滚轮；
9—半球形支头；10—涡轮蜗杆箱；11—钳座；12—拉丝钳；13—气阀；14—凸轮

　　压瓶装置主要由压瓶滚轮 2、拉簧 3、摆杆 4、压瓶凸轮 5 和涡轮蜗杆箱 10 等部件组成。压瓶滚轮的作用是防止拉丝钳拉安瓿颈丝时安瓿随拉丝钳移动。

　　加热装置的主要部件是燃气喷嘴，所用燃气是由煤气、氧气和压缩空气的混合气，封口的温度一般在 1400℃ 左右。

　　拉丝机构按传动形式分为气动拉丝和机械拉丝。前者借助凸轮和气阀控制压缩空气进入拉丝钳管路而使钳口启闭，结构简单、造价低，但噪声大并有排气污染等缺点；后者是通过连杆-凸轮机构带动钢丝绳从而控制钳口启闭，结构复杂，制造精度高，但无污染、噪声低，适于无气源的场所。

以气动拉丝装置为例，主要由钳座 11、拉丝钳 12、气阀 13 和凸轮 14 等部件组成。钳座上设有导轨，拉丝钳可沿导轨上下滑动。当安瓿被移瓶齿板送至封口工位时，其颈部靠在固定齿板的齿槽上，下部放在涡轮蜗杆箱的滚轮上，底部则放在呈半球形的支头上，而上部由压瓶滚轮压住不能移动。此时，涡轮转动带动滚轮旋转，从而使安瓿绕自身轴线旋转，同时来自于喷嘴的高温火焰对瓶颈加热。当瓶颈呈熔融状态时，拉丝钳张口向下，当到达最低位置时，拉丝钳收口，将安瓿颈部钳住，随后拉丝钳向上将安瓿熔化丝头抽断，从而使安瓿闭合。当拉丝钳运动至最高位置时，钳口启闭两次，将拉出的玻璃丝头甩掉。安瓿封口后，压瓶凸轮 5 和摆杆 4 使压瓶滚轮松开，移瓶齿板将安瓿送出。

（2）激光封口　采用火焰拉丝存在一些缺点，如玻璃屑可能在封口时进入安瓿药液中、封口处差异较大等。鉴于此，国际上的制药企业如德国 BOSCHI 公司等已开发出用激光封口技术取代了传统的燃气封口方式。激光封口技术是激光发射光源发射一定波长的激光束，该光束被玻璃安瓿吸收并转化成热量，当其升到一定值时，安瓿口熔化再封口。封口使用的多为 CO_2 激光束。在用激光熔封安瓿时，瓶口温度升高较其他部位快，玻璃可能开裂。通常采用 2 种方法降低安瓿开裂的可能性：一是采用散焦激光束降低加热区的温度梯度；二是采用高速多层扫描平衡地加热玻璃安瓿。总的来说激光封口具有很多优点，更符合 GMP 规范。如激光不产生微粒；封口时，不产生热量，不需排热装置；无空气扰动，不产生空气紊流；不需管道，结构相对简单，无磨损零件等。

19.1.3　安瓿洗、烘、灌封联动机

安瓿洗、烘、灌封联动机由安瓿超声洗瓶机、隧道灭菌箱和多针拉丝安瓿灌封机三部分组成，集安瓿洗瓶、烘干灭菌、灌封于一体。除了可以连续操作之外，每台单机还可以根据工艺需要，进行单独的生产操作。其结构及工作原理如图 19-9 所示，主要特点如下。

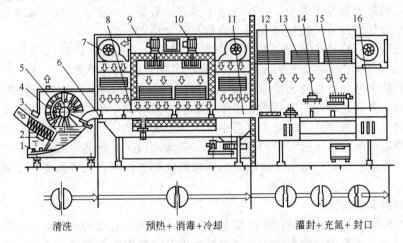

图 19-9　安瓿洗、烘、灌封联动机结构及工作原理

1—水加热器；2—超声波换能器；3—喷淋水；4—冲水、气喷嘴；5—转鼓；6—预热器；
7，10—风机；8—高温灭菌区；9—高效过滤器；11—冷却区；12—不等距螺杆分离；
13—洁净层流罩；14—充气灌药工位；15—拉丝封口工位；16—成品出口

① 采用了先进的超声波清洗、多针水气交替冲洗、热空气层流消毒、层流净化、多针灌装和拉丝封口等先进生产工艺和技术，全机结构清晰、明朗、紧凑，不仅节省了车间、厂房场地的投资，而且减少了半成品的中间周转，使药物受污染的可能降低到最小限度。

② 适合于 1mL、2mL、5mL、10mL、20mL 五种安瓿规格，通用性强，规格更换件少，更换容易。但安瓿洗、烘、灌封联动机价格昂贵，部件结构复杂，对操作人员的管理知识和操作水平要求较高，维修也较困难。

③ 全机设计考虑了运转过程的稳定可靠性和自动化程度，采用了先进的电子技术和微机控制，实现机电一体化，使整个生产过程达到自动平衡、监控保护、自动控温、自动记录、自动报警和故障显示。

19.1.4　灭菌检漏设备

19.1.4.1　灭菌柜

对于灭菌法生产的安瓿，常于灌封后立即进行灭菌消毒，以杀死可能混入药液或附在安瓿内壁的细菌，而灭菌消毒与真空检漏可用同一个密闭容器。当利用湿热法的蒸汽高温灭菌未冷却降温之前，立即向密闭容器注入着色水，将安瓿全部浸没后，安瓿内的气体与药水遇冷成负压。这时如遇有封口不严密的安瓿也会出现着色水渗入安瓿的现象，故可同机实现灭菌和检漏工艺。国内一般常用双扉式灭菌柜，具有高温灭菌、色水检漏和冲洗色迹三个功能。

色水检漏的目的是检查安瓿封口的严密性，以保证安瓿灌封后的密封性。使用真空检漏技术的原理是将置于真空密闭容器中的安瓿于 0.09MPa 的真空度下保持 15min 以上时间。使封口不严密的安瓿内部也处于相应的真空状态，其后向容器中注入着色水（红色或蓝色水），将安瓿全部浸没于水中，着色水在压力作用下将渗入封口不严密的安瓿内部，使药液染色，从而与合格的、密封性好的安瓿得以区别。

19.1.4.2　新型检漏机

传统检漏法操作繁琐且可靠性较差，因此国外的公司已开发研制出一些新型的检漏机，如高频高压电流检漏机、连续摄像成影灯检机等，凭借新型的自动化技术检测精度极高。

高频高压电流检漏机其原理是运用高电压技术将一高频高压电流加于安瓿表面（如封口处、容器颈部、瓶体等），遇有微小针孔（$0.85\mu m$ 以上）和微细裂缝（$0.5\mu m$ 以上）时，高频高压电流的数值会发生改变，并通过电子传感装置显示，再通过剔除装置剔除不合格的产品，由电子分析统计装置统计出合格产品数与不合格产品数。

连续摄像成影灯检机最具代表性的是德国 Serdenader 公司生产的 Seidenader Ⅵ 和 BFS（blow-fill-seal）灯检机。以 Seidenader Ⅵ 灯检机为例，其检测原理是：每一个待检品都要经过 3 个异物检测站，首先待测品通过每个检测位置上的伺服传动装置的作用，高速旋转；然后伺服传动装置停止转动，容器因此也停止转动，但容器中的液体由于惯性作用仍保持旋转，液体中的异物也跟着转动。整个过程中有一个中央检测镜同步跟踪待测品的运动，并且通过摄像头摄取待测品运动过程中的各个图像。图像再被传输到图像处理器中与标准品进行一个像素一个像素的比较。每一个待测品的图像数据都被保存在处理器中，以确保检测的真实性和可靠性。

19.1.5　异物检查设备

注射剂的澄明度检查是保证注射剂质量的关键。因为注射剂生产过程中难免会带入一些异物，如未滤去的不溶物、容器或滤器的剥落物以及空气中的尘埃等，这些异物在体内会引起肉芽肿、微血管阻塞及肿块等不同的损坏。带有异物的注射剂通过澄明度检查必须剔除。

经灭菌检漏后的安瓿通过一定照度的光线照射，用人工或光电设备可进一步判别是否存在破裂、漏气、装量过满或不足等问题。空瓶、焦头、泡头或有色点、混浊、结晶、沉淀以及其他异物等不合格的安瓿可得到剔除。

19.1.5.1　人工灯检

人工目测检查主要依靠待测安瓿被振摇后药液中微粒的运动从而达到检测目的。按照我国 GMP 的有关规定，一个灯检室只能检查一个品种的安瓿。检查时一般采用 40W 青光的日光灯作光源，并用挡板遮挡以避免光线直射入人眼内，背景应为黑色或白色（检查有色异物时用白色），使其有明显的对比度，提高检测效率。检测时将待测安瓿置于检查灯下距光源约 200mm 处轻轻转动安瓿，目测药液内有无异物微粒。

19.1.5.2 安瓿异物光电自动检查仪

安瓿异物自动检查仪的原理是采用将待测安瓿高速旋转随后突然停止的方法，通过光电系统将动态的异物和静止的干扰物加以区别，从而达到检出异物的目的。利用旋转的安瓿带动药液一起旋转，当安瓿突然停止转动时，药液由于惯性会继续旋转一段时间。在安瓿停转的瞬间，以束光照射安瓿，在光束照射下产生变动的散射光或投影，背后的荧光屏上即同时出现安瓿及药液的图像。利用光电系统采集运动图像中（此时只有药液是运动的）微粒的大小和数量的信号，并排除静止的干扰物，再经电路处理可直接得到不溶物的大小及多少的显示结果。再通过机械动作及时准确地将不合格安瓿剔除。光电检出系统有两种方法：散射光法和透射光法。前者利用安瓿内动态异物产生散射光线的原理检出异物；后者利用动态异物遮掩光线产生投影的原理检出异物。

图 19-10 所示为安瓿澄明度光电自动检查仪的主要工位。待检安瓿放入不锈钢履带上输送进拨瓶盘，拨瓶盘和回转工作台同步作间歇运动，安瓿 4 支一组间歇地进入回转工作转盘，各工位同步进行检测。第一工位是顶瓶夹紧。第二工位高速旋转安瓿带动瓶内药液高速旋转。第三工位异物检查，安瓿停止转动，瓶内药液仍高速运动，光源从瓶底部透射药液，检测头接收其中异物产生的散射光或投影，然后向微机输出检测信号。异物检查原理如图 19-11 所示。第四工位是空瓶、药液过少检查，光源从瓶侧面透射，检测头接收信号整理后输入微机程序处理，如图 19-12 所示。第五工位是对合格品和不合格品由电磁阀动作，不合格品从废品出料轨道予以剔除，合格品则由正品轨道输出。

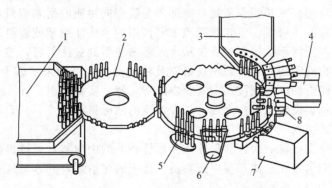

图 19-10 安瓿澄明度光电自动检查仪的主要工位示意图

1—输瓶盘；2—拨瓶盘；3—合格贮瓶盘；4—不合格贮瓶盘；5—顶瓶；
6—转瓶；7—异物检查；8—空瓶、药液过少检查

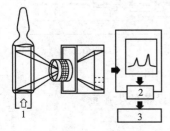

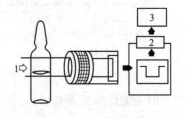

图 19-11 异物检查原理　　　　　　　　图 19-12 空瓶、药液量过少检查

1—光；2—处理；3—合格品与不合格品的分选　　　1—光；2—处理；3—合格与不合格品的分选

19.1.5.3　X射线检测机

对于非透明的样品以及如注射针头一类的产品，灯检机无法检测其质量的优劣，而X射线检测机则可弥补灯检机此方面的不足。X射线检测机的原理是：X射线发射器（安装在特定导向系统的固定位置）发射X射线，穿透粉末或高密度待测物后，X射线的信号接收器接收信号，并将之转换成数字图像。数字图像再通过图像处理工具进行分析。待测品被送往可编程控制器PLC(programmable logic controller)，由PLC激活废品剔除系统，从而剔除不合格的产品。该设备的优点在于可以检测不透明的溶液、粉末和冻干产品。通过计算机文档处理系统将不合格产品成像显示。检测线装配有智能的电脑控制系统，不需人工操作。

19.1.5.4　连续摄像成影灯检机

连续摄像成影灯检机可装载在注射剂生产线上，对容器进行全程在线检测。当注射容器通过传输带传送到检测器中时，当检测出有形状不合格、容器表面有裂纹时，剔除系统将不合格容器剔除。当药液灌装完毕并且封口后，检测器也会检测其中是否含有不溶性的微粒或杂质。

19.1.6　其他小剂量容器发展趋势

传统针剂早期一直使用安瓿瓶内包材，存在许多难以避免的缺陷，对人体造成不安全注射，例如安瓿瓶在进行不规则破坏性开口时会产生很多玻璃屑，部分会进入药液中，随同药液进入人体造成伤害；安瓿包装的注射剂在实施注射时药液要暴露在没有洁净度要求的空气中，空气中的微粒和微生物会污染药液；或在注射中一般都要用一次性注射器完成，增加了污染药液的概率等。因此现在又发展了许多先进的小容量注射剂包装形式。

19.1.6.1　卡式瓶

在2002年由德国邦吉公司推出卡式瓶后受到世界制药行业的青睐，发展很快。我国医药企业已于2004年开始使用。卡式瓶（又称为笔式注射器用硼硅玻璃套筒）就是没有底的管制抗生素瓶，瓶口用胶塞和铝盖密封，底部用与胶塞同材质的活塞密封，装入药液后就是一个没有针头和推杆的注射器。卡式瓶置入重复使用的卡式注射架或注射笔中使用，使用过程中药液不与注射器任何部位接触，直接从卡式瓶内注射到被注射者，整个过程不会有操作污染和环境污染药物的问题。卡式瓶不仅可以装注射液，也可用来装冻干粉末和无菌粉末。后二者在实施注射前将加压溶剂注入卡式瓶内溶解，然后实施注射。

此外卡式瓶的包装设备也日益火爆，如卡式瓶的贴标机等。

19.1.6.2　预充式注射剂

预充式注射剂是直接将一次性注射器作为水针药品的内包装，通过机械化工序完成药液的灌装程序，适合于包装在液体剂型中药物活性稳定的注射剂，其容量从0.5～20mL不等。其简单示意图如图19-13所示。

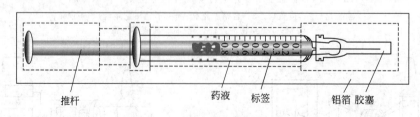

图 19-13　预充式注射剂示意图

其生产的关键设备是灌装机，国内目前还没有同类设备的生产商。

19.1.6.3　小药水瓶

随着越来越多的敏感性药物研究，低浓度活性成分制剂的研制以及缩短研发时间对药品包装提出了新的要求。德国的Schott公司研制出Schott Type Ⅰ Plus®药水瓶，该药水瓶可以显著地降低药品与容器之间的相互作用，从而降低由于吸收、降解等原因导致的活性成分损失的概率。Schott Type Ⅰ Plus® 药水瓶由药用 Ⅰ 型玻璃制成，容器内壁通过化学键键合有一层极薄的、纯度极高的 SiO_2 层。表面光洁，纯度高，化学惰性。与普通药水瓶一样可以被清洗、装填、封口、灯检及灭菌。可以装填易被容器内表面吸收的低浓度蛋白质类制品；放射性的诊断剂；易降解的制剂；处方中含有柠檬酸盐、EDTA 等络合剂的制品；采用终端消毒，具有高 pH(pH＞9) 的制剂；对 pH 值敏感或离子敏感的制剂；处方中含有可与金属离子（Al^{3+}、Ca^{2+}、Fe^{2+}、Fe^{3+}、Ba^{2+}）反应的活性成分或辅助成分。

19.2　输液剂生产设备

　　输液剂是指由静脉以及胃肠道以外的其他途径滴注入体内的大剂量注射剂，一般输入的剂量在 100mL 以上甚至数千毫升。输液剂的生产过程以及质量要求基本与水针剂相同，但由于输液剂的容量远大于注射剂，其生产过程中还有一些专用的设备。目前，国内使用的大多数输液剂仍采用玻璃瓶灌装。

　　输液剂生产联动线流程如图 19-14 所示。玻璃输液瓶由理瓶机理瓶经转盘送入外洗（瓶）机，刷洗瓶外表面，然后由输送带进入洗瓶机组（滚筒式洗瓶机或箱式洗瓶机），洗净的玻璃瓶直接进入灌装机，灌满药液立即封口（经盖膜、胶塞机、翻胶塞机、轧盖机）和灭菌。灭菌以后灯检、贴标签、打批号、装箱，进入流通领域成为商品。

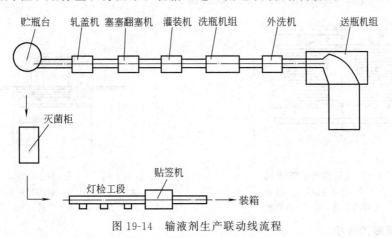

图 19-14　输液剂生产联动线流程

19.2.1　理瓶机

　　玻璃瓶灌装一般均为多次性使用，就需要在使用前对输液瓶进行认真的清洗，以消除各种可能存在的危害到产品质量及使用安全的因素，因此，洗瓶是输液剂生产中的一个重要工序，洗涤质量的好坏直接影响产品质量的优劣。由玻璃厂来的瓶子，通常由人工拆除外包装，送入理瓶机。也有用真空或压缩空气拎取瓶子送至理瓶机，再经洗瓶机完成洗瓶工作。

　　理瓶机的作用是将拆包取出的瓶子按顺序排列起来，并逐个输送给洗瓶机。理瓶机形式很多，常见的有圆盘式理瓶机及等差式理瓶机。

　　圆盘式理瓶机如图 19-15 所示。低速旋转的圆盘上搁置着待洗的玻璃瓶，固定的拨杆将运动着的瓶子拨向转盘周边，经由周边的固定围沿将瓶子引导至输送带上。

　　等差式理瓶机如图 19-16 所示。数根平行等速的传送带被链轮拖动着一致向前，传送带上的瓶子随着传送带前进。与其相垂直布置的差速输送带，利用不同齿数的链轮变速达到不同速度要求，第 Ⅰ、第 Ⅱ 输送带以较低速度运行，第 Ⅲ 输送带的速度是第 Ⅰ 输送带的 1.18

倍，第Ⅳ带的速度是第Ⅰ带的1.85倍。差速是为了达到在将瓶子引出机器的时候，避免形成堆积从而保持逐个输入洗瓶的目的。在超过输瓶口的前方还有一条第Ⅴ带，其与第Ⅰ带的速度比是0.85，而且与前四根带子的传动方向相反，其目的是把卡在出瓶口处的瓶子迅速带走。

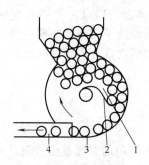

图 19-15　圆盘式理瓶机

1—转盘；2—拨杆；3—固定围沿；4—输送带

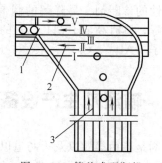

图 19-16　等差式理瓶机

1—玻璃瓶出口；2—差速进瓶机；3—等速进瓶机

19.2.2　外洗瓶机

外洗瓶机是清洗输液瓶外表面的设备。清洗方法为：毛刷固定两边，瓶子在输送带的带动下从毛刷中间通过，达到清洗目的。也有毛刷旋转运动，瓶子通过时产生相对运动，使毛刷能全部洗净瓶子表面，毛刷上部安有喷淋水管，可及时冲走刷洗的污物。

图 19-17 和图 19-18 所示为这两种外洗方法。

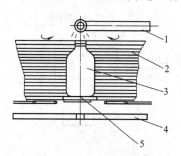

图 19-17　毛刷固定外洗机

1—淋水管；2—毛刷；3—瓶子；
4—传动装置；5—输送带

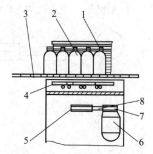

图 19-18　毛刷转动外洗机

1—毛刷；2—瓶子；3—输送带；4—传动齿轮；
5,7—皮带轮；6—电机；8—三角带

19.2.3　玻璃瓶清洗机

玻璃瓶清洗机的形式很多，有滚筒式、箱式等。

19.2.3.1　滚筒式洗瓶机

滚筒式洗瓶机是一种带毛刷刷洗瓶内腔的清洗机。该机主要特点是结构简单、操作可靠、维修方便、占地面积小，粗洗、精洗分别置于不同洁净级别的生产区内，不产生交叉污染。

如图 19-19 所示，该机由两组滚筒组成，一组滚筒为粗洗段；另一组滚筒为精洗段，中间用长 2m 的输送带连接。因此精洗段可置于洁净区内，洗净的瓶子不会被空气污染。粗洗段由前滚筒与后滚筒组成，滚筒作间歇转动。进入滚筒的空瓶数是由设置在滚筒前端的拨瓶轮控制的，一次可以是 2瓶、3瓶、4瓶或更多。更换不同齿数的拨瓶轮则可得到所需要的进瓶数。

滚筒式洗瓶机的工作位置如图 19-20 所示。载有玻璃瓶的滚筒转动到设定的位置 1 时，碱液注入瓶内；当带有碱液的玻璃瓶处于水平位置时，毛刷进入瓶内刷洗瓶内壁约 3s，之

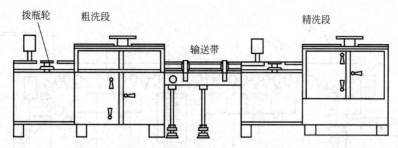

图 19-19　滚筒式洗瓶机外形

后毛刷退出。滚筒转到下两个工位逐一由喷液管对瓶内腔冲碱液，当瓶子处于进瓶通道停歇位置时，拨瓶轮同步送来的待洗空瓶将冲洗后的瓶子推向后滚筒进行常水外淋、内刷、内冲洗。经粗洗后的玻璃瓶经输送带送入精洗滚筒进行清洗，精洗滚筒取消了毛刷部分，其他结构与粗洗滚筒基本相同，滚筒下部设置了回收注射用水喷嘴和注射用水喷嘴，前滚筒利用回收注射用水作外淋内冲，后滚筒利用注射用水作内冲并沥水，从而保证了洗瓶质量。

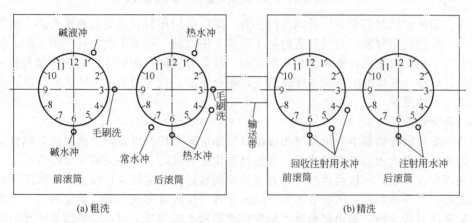

图 19-20　滚筒式洗瓶机的工作位置示意图

19.2.3.2　箱式洗瓶机

箱式洗瓶机整机是个密闭系统，是由不锈钢铁皮或有机玻璃罩子罩起来工作的。箱式洗瓶机工位如图 19-21 所示，玻璃瓶在机内的工艺流程为：

热水喷淋—碱水喷淋—热水喷淋—冷水喷淋—喷水毛刷清洗—冷水喷淋—蒸馏水喷淋—沥干

（两道）　　（两道）　　（两道）　　（两道）　　（两道）　　（两道）　（三喷两淋）（三工位）

其中"喷"是指用 $\phi 1mm$ 的喷嘴由下向上往瓶内喷射具有一定压力的流体，可产生较大的冲刷力。"淋"是指用 $\phi 1.5mm$ 的淋头，提供较多的洗水由上向下淋洗瓶外，以达到将脏物带走的目的。

洗瓶机上部装有引风机，将热水蒸气、碱蒸气强制排出，并保证机内空气是由净化段流向箱内。各工位装置都在同一水平面内呈直线排列，其状如图 19-21 所示。在各种不同淋液装置的下部均设有单独的液体收集槽，其中碱液是循环使用的。为防止各工位淋溅下来的液滴污染轨道下边的空瓶盒，在箱体内安装有一道隔板收集残液。

玻璃瓶在进入洗瓶机轨道之前是瓶口朝上的，利用一个翻转轨道将瓶口翻转向下，并使瓶子成排（一排 10 支）落入瓶盒中。瓶盒在传送带上是间歇移动前进的。因为各工位喷嘴要对准瓶口喷射，所以要求瓶子相对喷嘴有一定的停留时间。同时旋转的毛刷也有探入、伸出瓶口和在瓶内作相对停留时间（3.5s）的要求。玻璃瓶在沥干后，仍需利用翻转轨道脱开瓶盒落入局部层流的输送带上。

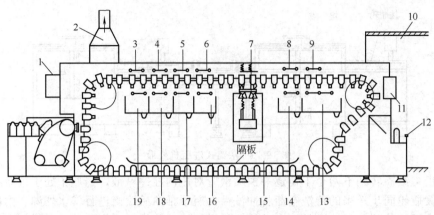

图 19-21　箱式洗瓶机工位

1,11—控制箱；2—排风管；3,5—热水喷淋；4—碱水喷淋；6,8—冷水喷淋；7—喷水毛刷清洗；
9—蒸馏水喷淋；10—出瓶净化室；12—手动操纵杆；13—蒸馏水收集槽；14,16—冷水收集槽；
15—残液收集槽；17,19—热水收集槽；18—碱水收集槽

目前，国外多数制药企业以及国内的合资厂家已采用塑料容器灌装输液产品。由于塑料输液瓶为一次性使用容器，且其制备均是在灌装工序之前，省却了洗瓶这一步工序。使用无菌压缩空气的塑料吹塑机将瓶子直接吹制成型，计量装置即将规定容量的液体灌入瓶内，紧接着将瓶口封住。这样的生产流水线体积小，配合紧凑，完全符合 GMP 要求，进一步确保了输液剂产品的质量。

19.2.4　灌装设备

输液剂灌装设备的基本要求是与药液接触的部位因摩擦有可能产生微粒时，如计量泵注射式，此种灌装形式须加终端过滤器；灌装易氧化的药液时，设备应有充氮装置等。

灌装机有许多形式，按运动形式分有直线式间歇运动、旋转式连续运动；按灌装方式分有常压灌装、负压灌装、正压灌装和恒压灌装 4 种；按计量方式分有流量定时式、量杯容积式、计量泵注射式 3 种。如用塑料瓶，则常在吹塑机上成型后于模具中立即灌装和封口，再脱模出瓶，这样更易实现无菌生产。下面介绍两种常用的灌装机。

19.2.4.1　量杯式负压灌装机

量杯式负压灌装机如图 19-22 所示。该机由药液量杯、托瓶装置及无级变速装置三部分组成。盛料桶中装有 10 个计量杯，量杯与灌装套用硅橡胶管连接，玻璃瓶由螺杆式输瓶器经拨瓶星轮送入转盘的托瓶装置，托瓶装置由圆柱凸轮控制升降，灌装头套住瓶肩形成密封空间，通过真空管道抽真空，药液负压流进瓶内。

该机的优点是：量杯计量、负压灌装，药液与其接触的零部件无相对机械摩擦，无微粒产生，保证了药液在灌装过程中的澄明度；计量块调节计量，调节方便简捷。

该机为回转式，量杯式负压灌装机大多是 10 个充填头，产量约为 60 瓶/min。机器设有无瓶不灌装。缺点是机器回转速度加快时，量杯药液产生偏斜，可能造成计量误差。

19.2.4.2　计量泵注射式灌装机

计量泵注射式灌装机通过注射泵对药液进行计量并在活塞压力下将药液充填于容器中。充填头有 2 头、4 头、6 头、8 头、12 头等。机型有直线式和回转式两种。

图 19-23 所示为八泵直线式灌装机，输送带上洗净的玻璃瓶每 8 个一组由两星轮分隔定位，V 形卡瓶板卡住瓶颈，使瓶口准确对准充氮头和进液阀出口。灌装前，先由 8 个充氮头向瓶内预充氮气，灌装时边充氮边灌液。充氮头、进液阀及计量泵活塞的往复运动都是靠凸轮控制。从计量泵泵出来的药液先经终端过滤器再进入进液阀。

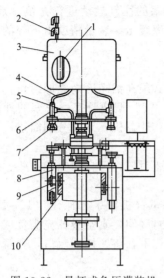

图 19-22　量杯式负压灌装机

1—计量标；2—进液调节阀；3—盛料桶；4—硅橡胶管；
5—真空吸管；6—瓶肩定位套；7—橡胶喇叭口；
8—瓶托；9—滚子；10—升降凸轮

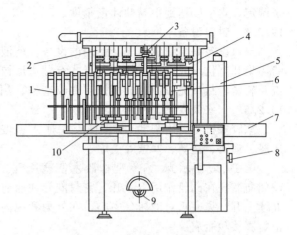

图 19-23　八泵直线式灌装机

1—预充氮头；2—进液阀；3—灌装头位置调节手柄；
4—计量缸；5—接线箱；6—灌装头；7—灌装台；
8—装量调节手柄；9—装置调节手柄；10—星轮

由于采用容积式计量，计量调节范围较广，从 100～500mL 之间可按需要调整，改变进液阀出口形式可对不同容器进行灌装，如玻璃瓶、塑料瓶、塑料袋及其他容器。因为是活塞式强制充填液体，可适应不同浓度液体的灌装。无瓶时计量泵转阀不打开，可保证无瓶不灌液。药液灌注完毕后，计量泵活塞杆回抽时，灌注头止回阀前管道中形成负压，灌注头止回阀能可靠地关闭，加之注射管的毛细管作用，可靠地保证了灌装完毕不滴液。注射泵式计量，与药液接触的零部件少，没有不易清洗的死角，清洗消毒方便。计量泵既有粗调定位，控制药液装量，又有微调装置控制装量精度。

19.2.4.3　计量调节方式

（1）量杯式计量　如图 19-24 所示，它是以容积定量，药液超过液流缺口就自动从缺口流入盛料桶，这是计量粗定位。误差调节是通过计量调节块在计量杯中所占的体积而定，旋动调节螺母使计量块上升或下降，从而达到装量精确的目的。吸液管与真空管路接通，使计量杯的药液负压流入输液瓶内。计量杯下部的凹坑使药液吸净。

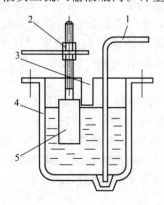

图 19-24　量杯式计量

1—吸液管；2—调节螺母；3—量杯缺口；
4—计量杯；5—计量调节块

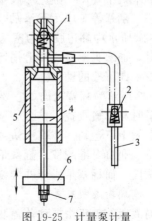

图 19-25　计量泵计量

1,2—单向阀；3—灌装管；4—活塞；5—计量缸；
6—活塞升降板；7—微调螺母

（2）计量泵计量　如图19-25所示，计量泵是以活塞的往复运动进行充填，常压灌装。计量原理同样是以容积计量。首先粗调活塞行程，达到灌装量，装量精度由下部的微调螺母来调定，它可以达到很高的计量精度。

19.2.5　封口设备

封口设备是与灌装机配套使用的设备，药液灌装后必须在洁净区内立即封口，免除药品的污染和氧化。我国使用的封口形式有翻边形橡胶塞和"T"型橡胶塞，胶塞的外面再盖铝盖并轧紧，封口完毕。封口机械有塞胶塞机、翻胶塞机、轧盖机，下面分别简述。

19.2.5.1　塞胶塞机

塞胶塞机主要用于"T"型橡胶塞对A型玻璃输液瓶封口，可自动完成输瓶、螺杆同步送瓶、理塞、送塞、塞塞等工序。

图19-26所示为"T"型橡胶塞塞塞原理。当夹塞爪（机械手）抓住"T"型橡胶塞，玻璃瓶瓶托在凸轮作用下上升，密封圈套住瓶肩形成密封区间，真空吸孔充满负压，玻璃瓶继续上升，夹塞爪对准瓶口中心，在外力和瓶内真空作用下，将塞插入瓶口，弹簧始终压住密封圈接触瓶肩。

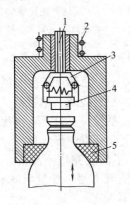

图19-26　"T"型橡胶塞塞塞原理
1—真空吸孔；2—弹簧；3—夹塞爪；
4—"T"型橡胶塞；5—密封圈

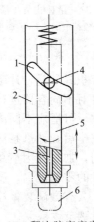

图19-27　翻边胶塞塞塞原理
1—螺旋槽；2—轴套；3—真空吸孔；
4—销；5—加塞头；6—翻边胶塞

19.2.5.2　塞塞翻塞机

塞塞翻塞机主要用于翻边形胶塞对B型玻璃输液瓶进行封口，可自动完成输瓶、理塞、送塞、塞塞、翻塞等工序。塞塞翻塞机由理塞振荡料斗、水平振荡输送装置和主机组成。

图19-27所示为翻边胶塞的塞塞原理。加塞头插入胶塞的翻口时，真空吸孔吸住胶塞。对准瓶口时，加塞头下压，杆上销钉沿螺旋槽运动，塞头既有向瓶口压塞的功能，又有模拟人手旋转胶塞向下按的动作。

图19-28所示为翻塞机构。它要求翻塞效果好，且不损坏胶塞，普遍设计为五爪式翻塞机，爪子平时靠弹簧收拢，整个翻塞机构随主轴作回转运动，翻塞头顶杆在平面凸轮或圆柱凸轮轨道上做上下运动。玻璃瓶进入回转的托盘后，翻塞杆沿凸轮槽下降，瓶颈由V形块或花盘定位，瓶口对准胶塞。翻塞爪插入橡胶塞，由于下降距离的限制，翻塞芯杆抵住胶塞大头内径平面，而翻塞爪张开并继续向下运动，达到张开塞子翻口的作用。

19.2.5.3　玻璃输液瓶轧盖机

玻璃输液瓶轧盖机由振动落盖装置、掀盖头、轧盖头等组成，能够进行电磁振荡输送和整理铝盖、挂铝盖、轧盖。轧盖时瓶子不转动，而轧头绕瓶旋转。轧头上设有三把轧刀，呈正三角形布置，轧刀收紧由凸轮控制，轧刀的旋转是由专门的一组皮带变速机构来实现的，

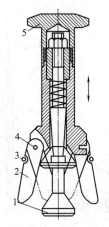

图 19-28　翻塞机构
1—芯杆；2—爪子；3—弹簧；
4—铰链；5—顶杆

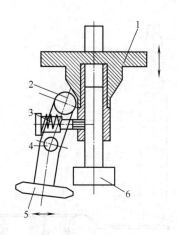

图 19-29　轧刀机构
1—凸轮收口座；2—滚轮；3—弹簧；
4—转销；5—轧刀；6—压瓶头

且转速和轧刀的位置可调。

如图 19-29 所示，整个轧刀机构沿主轴旋转，又在凸轮作用下作上下运动。三把轧刀均能自行以转销为轴自行转动。轧盖时，压瓶头抵住铝盖平面，凸轮收口座继续下降，滚轮沿斜面运动，使三把轧刀（图中只绘一把）向铝盖下沿收紧并滚压，即起到轧紧铝盖作用。

19.2.6　软袋包装输液剂

输液剂的包装形式除玻璃瓶外，还有塑料瓶、聚氯乙烯（PVC）软袋、非 PVC 软袋等。由于塑料袋装输液制造简便，质轻耐压，运输方便等特点而发展较快。其中 PVC 软袋虽价格低，但存在很多缺点，且质量不够稳定，故我国国家食品药品监督管理局（SFDA）已明令不得使用。非 PVC 软袋包装除了单室袋包装，还包括液液双室袋、粉液双室袋、液液多室袋等包装，其中双室袋包装应用较多。

双室袋注射剂又称即配型注射剂，为非 PVC 多层共挤膜包装的软袋输液，密闭系统注输，无回气，不需进气孔，可加液输液，且储存空间小，不易破碎，具有使用方便、安全的特点，可大大降低药物输液被病房中的活性微生物、热原和不溶性微粒等污染的概率，提高输液的安全性。双室袋注射液的生产设备结构复杂、系统联动性强、自动化程度高、系统对接要求稳定性高。国内还处于摸索和培养人员阶段。

19.3　粉针剂生产设备

粉针剂是以固体形态封装，使用前加入注射用水或其他溶剂，将药物溶解而使用的一类灭菌制剂。凡是在水溶液中不稳定的药物，如某些抗生素、一些酶制剂及血浆等生物制剂，均需制成注射用无菌粉针剂。近年来也有将中药注射剂研制成粉针以提高其稳定性，如双黄连粉针、茵栀黄粉针等。

根据生产工艺条件，注射用粉针剂分为两大类：注射用冷冻干燥产品系将药物配制成无菌水溶液，经冷冻干燥法制得的粉末密封后得到的产品；注射用无菌分装产品系采用灭菌溶剂结晶法、喷雾干燥法制得的无菌原料药直接分装密封后得到的产品。冷冻干燥产品的生产设备已经在第 15 章中介绍，本节主要介绍无菌分装粉针剂的生产工艺设备。

无菌分装粉针剂生产是以设备联动线的形式来完成的，其工艺流程如图 19-30 所示。

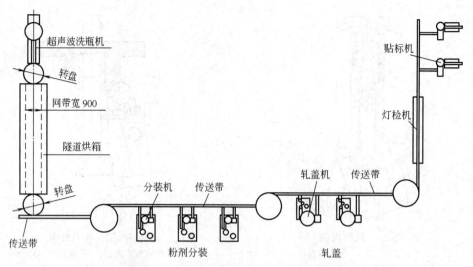

图 19-30 粉针剂生产设备联动线工艺流程

粉针剂生产过程包括粉针剂玻璃瓶的清洗、灭菌和干燥、粉针剂充填、盖胶塞、轧封铝盖、半成品检查、粘贴标签等。

目前，国内粉针剂的分装容器大致可分西林瓶、直管瓶和安瓿瓶三种类型，就产量而言，西林瓶分装占粉针产量的绝大部分，直管瓶分装只占少量，而安瓿瓶分装极少，主要供冷冻干燥制品用。尽管直管瓶分装成本低，贮存期长，但由于医疗使用上不方便，因而今后将逐渐被西林瓶取代。安瓿瓶的分装，设备能耗大，目前只适用小品种生产。下面将介绍西林瓶的分装设备。

19.3.1 西林瓶洗瓶机

目前对于西林瓶清洗国内绝大多数厂家使用毛刷式洗瓶机，先进的有超声波洗瓶机。

19.3.1.1 毛刷洗瓶机

毛刷洗瓶机是粉针剂生产中应用较早的一种洗瓶设备，通过设备上设置的毛刷，去除瓶壁上的杂物，实现清洗目的。毛刷洗瓶机主要由输瓶转盘、旋转主盘、刷瓶机构、翻瓶轨道、机架、水气系统、机械传动系统以及电气控制系统等组成。其外形如图 19-31 所示。

通过人工或机械方法将需清洗的玻璃瓶成组瓶口向上送入输瓶转盘中，经过输瓶转盘整理排列成行输送到旋转主盘的齿槽中，经过淋水管时瓶内灌入洗瓶水，圆毛刷在上轨道斜面的作用下伸入瓶内以 450r/min 的转速刷洗瓶内壁，此时瓶子在压瓶机构的压力下自身不能转动，待瓶子随主盘旋转脱离压瓶机构时，瓶子在圆毛刷张力作用下开始旋转，经过固定的长毛刷与底部的月牙刷时，瓶外壁与瓶底得到刷洗，圆毛刷与旋转主盘同步旋转一段

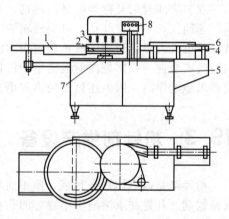

图 19-31 毛刷洗瓶机
1—输瓶转盘；2—旋转主盘；3—刷瓶机构；
4—翻瓶轨道；5—机架；6—水气系统；
7—机械传动系统；8—电气控制系统

距离后，毛刷上升脱离玻璃瓶，玻璃瓶被旋转主盘推入螺旋翻瓶轨道，在推进过程中瓶口翻转向下，进行离子水和注射用水两次冲洗，再经洁净压缩空气吹干水分，而后翻瓶轨道将玻璃瓶再翻转使瓶口向上，洗净的西林瓶仍然以整齐的站立状态出瓶，送入下道工序。

19.3.1.2　超声波洗瓶机

超声波洗瓶机由超声波水池、冲瓶传送装置、冲洗部分和空气吹干等部分组成。其工作原理在 19.1.1.3 超声波安瓿洗瓶机中已经详细叙述，这里不再介绍。

19.3.2　粉针分装设备

粉针分装设备的功能是将药物定量灌入西林瓶内，并加上橡皮塞。这是无菌粉针生产过程中最重要的工序，依据计量方式的不同常用两种形式：一种为螺杆分装机；一种是气流分装机。两种方法都是按体积计量的，因此药粉的黏度、流动性、比容积、颗粒大小和分布都直接影响到装量的精度，也影响到分装机构的选择。

在装粉后及时盖塞是防止药品再污染的最好措施，所以盖塞及装粉多是在同一装置上先后进行的。轧铝盖是防止橡胶塞绷弹的必要手段，但为了避免铝屑污染药品，轧铝盖都是与前面的工序分开进行的，甚至不在同室进行。

19.3.2.1　螺杆式分装机

螺杆式分装机是利用螺杆的间歇旋转将药物装入瓶内达到定量分装的目的。螺杆式分装机由进瓶转盘、定位星轮、饲料器、分装头、胶塞振荡饲料器、盖塞机构和故障自动停车装置组成，有单头分装机和多头分装机两种。螺杆分装机具有结构简单，无需净化压缩空气及真空系统等附属设备，使用中不会产生漏粉、喷粉现象，调节装量范围大以及原料药粉损耗小等优点，但速度较慢。

图 19-32 所示为一种螺杆分装头。粉剂置于料斗中，在料斗下部有落粉头，其内部有单向间歇旋转的计量螺杆，每个螺距具有相同的容积，计量螺杆与导料管的壁间有均匀及适量的间隙（约 0.2mm），螺杆转动时，料斗内的药粉则被沿轴移送到送药嘴 8 处，并落入位于送药嘴下方的药瓶中，精确地控制螺杆的转角就能获得药粉的准确计量，其容积计量精度可达 ±2%。为使粉剂加料均匀，料斗内还有一搅拌桨，连续反向旋转以疏松药粉。

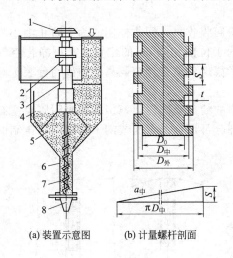
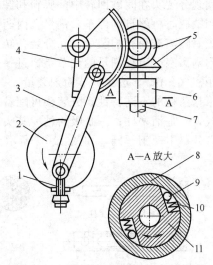

图 19-32　螺杆分装头

1—传动齿轮；2—单向离合器；3—支承座；
4—搅拌叶；5—料斗；6—导料管；
7—计量螺杆；8—送药嘴

(a) 装置示意图　(b) 计量螺杆剖面

图 19-33　螺杆计量的控制与调节机构

1—调节螺丝；2—偏心轮；3—曲柄；
4—扇形齿轮；5—中间齿轮；6—单向离合器；
7—螺杆轴；8—离合器套；9—制动滚珠；
10—弹簧；11—离合器轴

控制离合器间歇定时"离"或"合"是保证计量准确的关键，图 19-33 所示为螺杆计量的控制与调节机构，扇形齿轮 4 通过中间齿轮 5 带动离合器套 8，当离合器套顺时针转动时，靠制动滚珠 9 压迫弹簧 10，离合器轴 11 也被带动，与离合器轴同轴的搅拌叶和计量螺杆一同回转。当偏心轮带着扇形齿轮反向回转时，弹簧不再受力，滚珠只自转，不拖带离合器轴转动。现在也有使用两个反向弹簧构成成单向离合器的，较滚珠式离合器简单、可靠。

利用调节螺丝 1 可改变曲柄在偏心轮上的偏心距，从而改变扇形齿轮的连续摆动角度，达到改变计量螺杆转角，以便剂量得到微量调节的目的。当装量要求变化较大时则需更换具有不同螺距及根径尺寸的螺杆，才能满足计量要求。

19.3.2.2　气流分装机

气流分装机原理是利用真空吸取定量容积粉剂，通过净化干燥压缩空气将粉剂吹入包装容器中，其装量误差小、速度快、机器性能稳定。这是一种较为先进的粉针分装设备，实现了机械半自动流水线生产，提高了生产能力和产品质量，减轻了工人劳动强度。但该机辅助设备多、价格高，特别对药粉细度、粒度要求较高。若药粉中细粉较多即影响生产成品率。

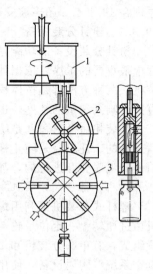

图 19-34　粉剂气流分装系统工作原理
1—装粉筒；2—搅粉斗；
3—粉剂分装头

AFG320A 型气流分装机是目前我国引进最多的一种，由粉剂分装系统、盖胶塞机构、床身及主传动系统、玻璃瓶输送系统、拨瓶转盘机构、真空系统、压缩空气系统几部分组成。

粉剂气流分装系统工作原理如图 19-34 所示。搅粉斗内搅拌浆每吸粉一次旋转一周，其作用是将装粉筒落下的药粉保持疏松，并协助将药粉装进粉剂分装头的定量分装孔中。真空接通，药粉被吸入定量分装孔内并有粉剂吸附隔离塞阻挡，让空气逸出；当粉剂分装头回转 180° 至装粉工位时，净化压缩空气通过吹粉阀门将药粉吹入瓶中。分装盘后端面有与装粉孔数相同且和装粉孔相通的圆孔，靠分配盘与真空和压缩空气相连，实现分装头在间歇回转中的吸粉和卸粉。

当缺瓶时机器自动停车，剂量孔内药粉经废粉回收收集，回收使用。为了防止细小粉末阻塞吸附隔离塞而影响装量，在分装孔转至与装粉工位前相隔 60° 的位置时，用净化空气吹净吸附隔离塞。装粉剂量的调节是通过一个阿基米德螺旋槽来调节隔离塞顶部与分装头圆柱面的距离（孔深），达到调节粉剂装量。

根据药粉的不同特性，分装头可配备不同规格的粉剂吸附隔离塞。粉剂吸附隔离塞有两种形式，一是活塞柱；一是吸粉柱。其头部滤粉部分可用烧结金属或细不锈钢纤维压制的隔离刷，外罩不锈钢丝网，如图 19-35 所示。

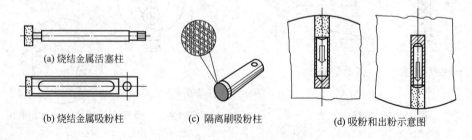

(a) 烧结金属活塞柱

(b) 烧结金属吸粉柱　　(c) 隔离刷吸粉柱　　(d) 吸粉和出粉示意图

图 19-35　粉剂吸附隔离塞

经处理后的胶塞在胶塞振荡器中，由振荡盘送入导轨内，再由吸塞嘴通过胶塞卡扣在盖塞点，将胶塞塞入瓶口中。

压缩空气系统是由动力部门送来的压缩空气预先进行净化和干燥，并经过除菌处理。空气通过机内过滤器后分成两路，分别通过压缩空气缓冲缸上下室及通过气量控制阀门，一路通过吹析阀门接入装粉盘吹气口，用于卸粉；另一路则直接接入清扫器，用于清理卸粉后的装粉孔。

真空系统的真空管由装粉盘清扫口接入缓冲瓶，再通过真空滤粉器接入真空泵，通过该泵附带的排气过滤器接至无菌室外排空。

19.3.3　粉针轧盖设备

粉针剂一般易吸湿，在有水分的情况下药物稳定性下降，因此粉针在分装塞胶塞后应轧上铝盖，保证瓶内药粉密封不透气，确保药物在贮存期内的质量。粉针轧盖机按工作部件可分单刀式和多头式。按轧盖方式可分为卡口式和滚压式。国内最常用的是单刀式轧盖机。

（1）单刀式轧盖机　单刀式轧盖机主要由进瓶转盘、进瓶星轮、轧盖头、轧盖刀、定位器、铝盖供料振荡器等组成。工作时，盖好胶塞的瓶子由进瓶转盘送入轨道，经过铝盘轨道时铝盖供料振荡器将铝盖放置于瓶口上，由撑牙齿轮控制的一个星轮将瓶子送入轧盖头部分，底座将瓶子顶起，由轧盖头带动作高速旋转，由轧盖刀压紧铝盖的下边缘，同时瓶子旋转，即将铝盖下缘轧紧于瓶颈上。

（2）多头式轧盖机　多头式轧盖机的工作原理与单刀式轧盖机相似，只是轧盖头由一个增加为几个，同时机器由间隙运动变为连续运动。其工作特点是速度快，产量高，有些进口设备安装有电脑控制系统，可预先输入一些操作参数，机器能够按照程序自行进行操作，一般不需工人看管，可大大节约劳动力，但这样的设备对瓶子的各种尺寸规格要求严格。

思　考　题

19-1　安瓿洗、烘、灌封联动机的主要构造，具有什么特点？

19-2　绘出安瓿洗、烘、灌封联动机的示意图，并指出各部分的作用。

19-3　简述超声波清洗的原理。

19-4　输液剂罐装有哪几种计量方法？说明其工作原理。

19-5　粉针剂分装有哪几种方法？说明其工作原理。

第 20 章　药用包装设备

　　药用包装设备为药品的现代化加工和大批量生产提供了必要的保证。由于药品是特殊的商品，其生产也有特殊性，药品包装从材料到包装方式，从环境要求到标识处理等都很严格，限制条件苛刻。因此使得药用包装设备已发展成为一个相对独立的机械行业。

20.1　药用包装设备概述

20.1.1　药品包装的作用

　　药物制剂包装系指选用适宜的材料和容器，利用一定技术对药物制剂的成品进行分（灌）、封、装、贴签等加工过程的总称。药品包装是药品生产的继续，是对药品施加的最后一道工序。对绝大多数药品来说，只有进行了包装，药品生产过程才算完成。一个（种）药品，从原料、中间体、成品、制剂、包装到使用，一般要经过生产和流通（含销售）两个领域。在整个转化过程中，药品包装起着重要的桥梁作用，有其特殊的功能。

　　（1）保护药品

　　①药品包装应对药品质量起着保护作用。如避光、防潮、防霉、防虫蛀、避免与空气接触等，以提高药品的稳定性、延缓药品变质。②药品包装应与药品的临床应用要求相配合。如与各类药物剂型的使用要求、使用方法配合，与用药疗程配合（按程序单元规格包装），与用药剂量配合（如单剂量包装、计划生育用药的计日、计数包装等），且应便于患者按剂量准确使用，防止待用过程中的药品污染、失效、变质，减少浪费。③药品包装应便于分发和账务统计，并应符合贮运要求，能耐受运输过程中的撞击震动，保护药品不致破碎损失。

　　（2）方便流通和销售

　　①包装要适应生产的机械化、专业化和自动化的需要，符合药品社会化生产的要求。②要从贮运过程和使用过程的方便性出发，考虑药品包装的尺寸、规格、形态等。③既要适应流通过程中的仓储、货架、陈列的方便，也要适应临床过程中的摆设、室内的保管等。④便于回收利用及绿色环保等。⑤促进销售，提高附加值。药品包装是消费者购买的最好媒介，其消费功能是通过药品包装装潢设计来体现的。精巧的造型、醒目的商标、得体的文字、明快的色彩，均会对购药行为产生影响。

　　（3）包装防伪　药品的防伪包装可降低药品造假的可能性。目前国际上已有多种防伪技术，如全息防伪、油墨防伪、纸张或特殊材质防伪、定位烫印防伪、镭射膜防伪等。而我国的医药企业的防伪包装技术比较落后，未来有很大的发展空间。

20.1.2　药品包装的分类

　　药物制剂包装主要分为单剂量包装、内包装和外包装三类。

　　①　单剂量包装　指对药物制剂按照用途和给药方法对药物成品进行分剂量并进行包装的过程，如将颗粒剂装入小包装袋，将注射剂采用玻璃安瓿包装，将片剂、胶囊剂装入泡罩式铝塑材料中的分装过程等，此类包装也称分剂量包装。

②　内包装　指将数个或数十个成品装于一个容器或材料内的过程称为内包装，如将数粒成品片剂或胶囊包装入一板泡罩式的铝塑料包装材料中，然后装入一个纸盒、塑料袋、金属容器等，以防止潮气、光、微生物、外力撞击等因素对药品造成破坏性影响。

③　外包装　将已完成内包装的药品装入箱中或其他袋、桶和罐等容器中的过程称为外包装。进行外包装目的是将小包装的药品进一步集中于较大容器内，以便药品贮存和运输。

20.1.3　包装机械的分类

（1）按包装机械的自动化程度分类

①　全自动包装机　全自动包装机是自动供送包装材料和内装物，并能自动完成其他包装工序的机器。

②　半自动包装机　半自动包装机是由人工供送包装材料和内装物，但能自动完成其他包装工序的机器。

（2）按包装产品的类型分类

①　专用包装机　专用包装机是专门用于包装某一种产品的机器。

②　多用包装机　多用包装机是通过调整或更换有关工作部件，可以包装两种或两种以上产品的机器。

③　通用包装机　通用包装机是在指定范围内适用于包装两种或两种以上不同类型产品的机器。

（3）按包装机械的功能分类　包装机械按功能不同可分为：充填机械、灌装机械、裹包机械、封口机械、贴标机械、清洗机械、干燥机械、杀菌机械、捆扎机械、集装机械、多功能包装机械，以及完成其他包装作业的辅助包装机械。我国国家标准采用的就是这种分类方法。

（4）包装生产线　由数台包装机和其他辅助设备联成的能完成一系列包装作业的生产线，即包装生产线。

在制药工业中，一般是按制剂剂型及其工艺过程进行分类。

20.1.4　药用包装机械的组成

药用包装机械作为包装机械的一部分，包括以下 8 个组成要素。

①　药品的计量与供送装置　指将被包装药品进行计量、整理、排列，并输送至预定工位的装置系统。

②　包装材料的整理与供送系统　指将包装材料进行定长切断或整理排列，并逐个输送至锁定工位的装置系统。有的在供送过程中还完成制袋或包装容器竖起、定型、定位。

③　主传送系统　指将被包装药品和包装材料由一个包装工位顺序传送到下一个包装工位的装置系统。单工位包装机则没有主传送系统。

④　包装执行机构　指直接进行裹包、充填、封口、贴标、捆扎和容器成型等包装操作的机构。

⑤　成品输出机构　指将包装成品从包装机上卸下、定向排列并输出的机构。有的机器是由主传送系统或靠成品自重卸下。

⑥　动力机与传送系统　指将动力机的动力与运动传递给执行机构和控制元件，使之实现预定动作的装置系统。通常由机、电、光、液、气等多种形式的传动、操纵、控制以及辅助等装置组成。

⑦　控制系统　由各种自动和手动控制装置等所组成，是现代药物制剂包装机的重要组成部分，包括包装过程及其参数的控制、包装质量、故障与安全的控制等。

⑧　机身　用于支承和固定有关零部件，保持其工作时要求的相对位置，并起一定的保护、美化外观的作用。

20.1.5 药用包装机械发展趋势

制药包装机械是通用包装机械中技术含量和要求较高的一个分支。在发达国家，药品包装占据了药品价值的 30%，然而中国低于 10%。因此我国的药品包装行业尤其是包装机械有着很大的发展空间，以期要打破国内制药机械小而散的局面，逐步增加在全球药品包装行业的市场占有率。

准确地说就是包装机械要向高精尖的方向发展。一是，提高整个包装链的自动化水平和质量水平。二是，为适应机械功能多元化医院产品已趋向精致化和多元化方向发展，多元化、具有多种切换功能、能适应多种包材和模具更换的包装机械更能适应市场需求。

20.2 固体制剂包装设备

对于两种最常用的固体制剂剂型，片剂与胶囊剂的包装形式可以完全一样。这是因为，从包装设计和剂型对包装机械的适应性，两者有较相近的物性，本质上也大致相同；唯一需要考虑的是，胶囊中明胶及其本身的水量会引起其硬度和脆性的变化，以及由于胶囊与内装药物相互作用会导致胶囊不能崩解。

对于片剂和胶囊剂，其包装虽然有各种类型，但不外乎有如下三类：

① 条带状包装，亦称条式包装，其中主要是条带状热封合（SP）包装；

② 泡罩式包装（PTP），亦称水泡眼包装；

③ 瓶包装或袋之类的散包装。

第①、②类适合于患者使用的药剂包装，第③类包括玻璃瓶和塑料瓶包装。片剂与胶囊剂的产量大，迫切需要实现生产和包装的机械化与自动化。

20.2.1 自动制袋装填包装机

自动制袋装填包装机常用于包装颗粒冲剂、片剂、粉状以及流体和半流体物料。其特点是直接用卷筒状的热封包装材料，自动完成制袋、计量和充填、排气或充气、封口和切断等多种功能。热封包装材料主要有各种塑料薄膜以及由纸、塑料、铝箔等制成的复合材料，它们具有防潮阻气、易于热封和印刷、质轻柔、价廉、易于携带和开启等优点。

自动制袋装填包装机普遍采用的包装流程如图 20-1 所示。根据不同的机型，包装流程及其结构会有所差别，但其包装原理却大同小异。

自动制袋装填包装机的类型多种多样，按总体布局分为立式和卧式两大类；按制袋的运动形式来分，有连续式和间歇式两大类。下面主要介绍在冲剂、片剂包装中广泛应用的立式自动制袋装填包装机的原理和结构。

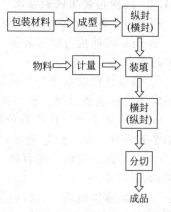

图 20-1 自动制袋装填包装工艺流程

20.2.1.1 立式自动制袋装填包装机的原理

（1）立式间歇制袋中缝封口包装机 此类机型包装原理如图 20-2 所示。卷筒薄膜 3 经导辊 2 被引入成型器 4，通过成型器 4 和加料管 5 以及成型筒 6 的作用，形成中缝搭接的圆筒形。其中加料管 5 的作用为：外作制袋管，内为输料管。

封合时，纵封器 7 垂直压合在套于加料管 5 外壁的薄膜搭接处，加热形成牢固的纵封。其后，纵封器回退复位，由横封牵引器 8 闭合对薄膜进行横封同时向下牵引一个袋的距离，并在最终位置加压切断。可见，每一次横封可以同时完成上袋的下口和下袋的上口封合。而物料的充填是在薄膜受牵引下移时完成的。

（2）立式双卷膜制袋和单卷膜等切对合成型制袋四边封口包装机 此类包装机可制造四边封口的包装袋型。双卷膜制袋包装机采用两卷薄膜进行连续制袋，左右薄膜卷料对称配置，经各自的导辊被纵封滚轮牵引，进入引导管处汇合。薄膜在牵引的同时被封合两边缘，形成两条纵封缝。在横封辊闭合后，物料由加料器进入，随后完成横封切断，分离上下包装袋。

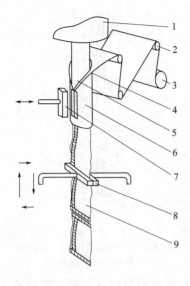

图 20-2 立式间歇制袋中缝封口包装原理
1—供料器；2—导辊；3—卷筒薄膜；4—成型器；
5—加料管；6—成型筒；7—纵封器；
8—横封牵引器；9—成品袋

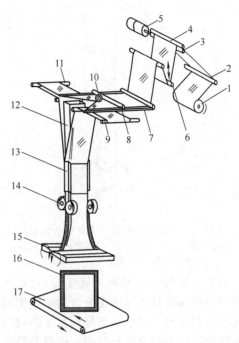

图 20-3 等切对合成型制袋四边封口包装原理
1—包装卷膜；2—导辊；3—供纸辊；4,8—压辊；
5—供纸电机；6—浮辊；7—缺口导板；
9,11—转向导辊；10—分切滚刀；12—入料筒；
13—成型器；14—纵封滚轮；15—横封辊；
16—成品袋；17—卸料输送机

单卷膜等切对合成型制袋四边封口包装机只采用一卷薄膜制袋，其制袋过程是先将薄膜对中等切分离，然后两半材料复合成型。工作原理如图 20-3 所示，包装采用单筒卷膜，由供纸电机 5 驱动供纸辊 3 松卷，薄膜经系列导辊后送入缺口导板 7。在进入直角缺口前，薄膜被分切滚刀 10 对中分切，一分为二的薄膜由缺口翻折，分别经左右导辊 9、11 转向导引后，形成对合状态。然后，薄膜在入料筒 12 和成型器 13 的联合导引下形成对合筒型，受纵封滚轮 14 的连续牵引并实现纵缝封合。纵封后的袋筒进入横封装置 15，被横封切断，同时，装填物料。最后包装成品被输送机 17 送出。

（3）立式连续制袋三边封口包装机 此种包装机的包装原理如图 20-4 所示。卷筒薄膜 1 在纵封滚轮 5 的牵引下，经导辊进入制袋成型器 3 形成纸管状。纵封滚轮在牵引的同时封合纸管对接两边缘。随后由横封辊 6 闭合实行横封切断。同样，每次横封动作可同时完成上袋的下口和下袋的上口封合，并切断分离。物料的充填是在纸管受纵封牵引下行至横封闭合前完成的。

这种机型是一种广泛应用的机型，因其包装原理的合理性和科学性而成为较多采用的设计方案。根据这一包装原理可设计出多种的袋型。例如，在如图 20-4 所示的基础上增加一对纵封滚轮，使两对纵封滚轮对称布置在纸管两边缘，同时进行牵引纵封则形成两条纵封缝，经横封后产生的袋型则为四边封口袋。采用这种制袋方法主要是以美观为出发点，因为增加的一条纵封缝在包装袋结构上是"多余"的，称作"假封"，但它却起到一种对称美的作用。

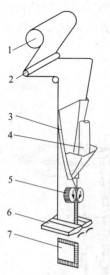
图 20-4　立式连续制袋三边封口包装原理
1—卷筒薄膜；2—导辊；3—成型器；4—加料器；
5—纵封滚轮；6—横封辊；7—成品袋

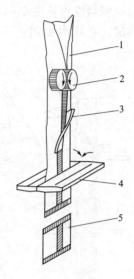
图 20-5　中缝对接两端封口包装原理
1—薄膜；2—纵封滚轮；3—导向板
4—横封辊；5—成品袋

　　另外，把图 20-4 中横封辊旋转 90°布置，使纵封的封合面与横封的封合面成垂直状态，则可产生另一种袋型（需配套合适的成型器），如图 20-5 所示。包装薄膜 1 经成型器被纵封滚轮 2 牵引纵封，随后经过导向板 3 并被与纵封面成垂直布置的横封辊 4 封合切断，形成一个中缝对折两端封合的包装袋，也就是平常所说的"枕式包装"。

20.2.1.2　立式连续制袋装填包装机总体结构

　　立式连续制袋装填包装机有一系列的多种型号，适用于不同的物料以及多种规格范围的袋型。虽然如此，但其外部及内部结构是基本相似的，以下介绍其共通的结构和包装原理。

　　典型的立式连续制袋装填包装机总体结构如图 20-6 所示。整机包括七大部分：传动系统、薄膜供送装置、袋成型装置、纵封装置、横封及切断装置、物料供给装置以及电控检测系统。

　　如图 20-6 中所示，机箱 18 内安装有动力装置及传动系统，驱动纵封滚轮 11 和横封辊 14 转动，同时传送动力给定量供料器 7 使其工作给料。

　　卷筒薄膜 4 安装在退卷架 5 上，可以平稳地自由转动。在牵引力的作用下，薄膜展开经导辊组 3 引导送出。导辊对薄膜起到张紧平整以及纠偏的作用，使薄膜能正确地平展输送。

　　袋成型装置的主要部件是一个制袋成型器 8，它使薄膜由平展逐渐形成袋型，是制袋的关键部件。它有多种的设计形式，可根据具体的要求而选择。制袋成型器在机上通过支架固定在安装板 10 上，可以调整位置。在操作中，需要正确调整成型器对应纵封滚轮 11 的相对位置，确保薄膜成型封合的顺利和正确。

　　纵封装置主要是一对相对旋转的纵封滚轮 11，其外圆周滚花，内装发热元件，在弹簧力作用下相互压紧。纵封滚轮有两个作用，其一是对薄膜进行牵引输送；其二是对薄膜成型后的对接纵边进行热封合。这两个作用是同时进行的。

　　横封装置主要是一对横封辊 14，相对旋转，内装发热元件。其作用也有两个：其一是对薄膜进行横向热封合。一般情况下，横封辊旋转一周进行一次或两次的封合动作。当每个横封辊上对称加工有两个封合面时，旋转一周，两辊相互压合两次。其二是切断包装袋，这是在热封合的同时完成的。在两个横封辊的封合面中间，分别装嵌有刃刀及刀板，在两辊压合热封时能轻易地切断薄膜。在一些机型中，横封和切断是分开的，即在横封辊下另外配置有切断刀，包装袋先横封再进入切断刀分割。不过，这种方法已较少采用，因为不但机构增加了，而且定位控制也变得复杂。

　　物料供给装置是一个定量供料器 7。对于粉状及颗粒物料，主要采用量杯式定容计量，量杯容积可调。图示定量供料器 7 为转盘式结构，从料仓 6 流入的物料在其内由若干个圆周分布的量杯计量，并自动充填入成型后的薄膜管内。

　　电控检测系统是包装机工作的中枢系统。在此机的电控柜上可按需设置纵封温度、横封温度以及对印刷薄膜设定色标检测数据等，这对控制包装质量起到至关重要的作用。

20.2.2　泡罩包装机

　　泡罩包装机是将透明塑料薄膜或薄片制成泡罩，用热压封合、黏合等方法将产品封合在泡罩与底板之间的机器。

20.2.2.1　泡罩包装机的工艺流程

　　由于塑料膜多具有热塑性，在成型模具上使其加热变软，利用真空或正压，将其吸（吹）塑成与待装药物外形相近的形状及尺寸的凹泡，再将单粒或双粒药物置于凹泡中，以铝箔覆盖后，用压辊将无药物处（即无凹泡处）的塑料膜及铝箔挤压粘接成一体。根据药物的常用剂量，将若干粒药物构成的部分（多为长方形）切割成一片，就完成了铝塑包装的过程。

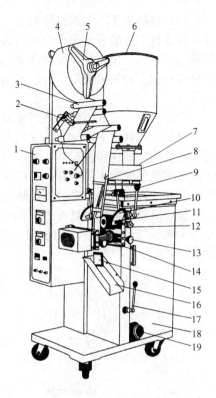

图 20-6　立式连续制袋装填包装机

1—电控柜；2—光电检测装置；3—导辊；
4—卷筒薄膜；5—退卷架；6—料仓；
7—定量供料器；8—制袋成型器；
9—供料离合手柄；10—成型器安
装板；11—纵封滚轮；12—纵封
调节旋钮；13—横封调节旋钮；
14—横封辊；15—包装成品；
16—卸料槽；17—横封合手柄；
18—机箱；19—调速旋钮

　　在泡罩包装机上需要完成薄膜输送、加热、凹泡成型、加料、印刷、打批号、密封、压痕、冲裁等工艺过程，如图 20-7 所示。在工艺过程中对各工位是间歇过程，就整体讲则是连续的。

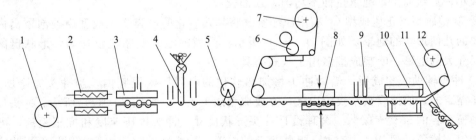

图 20-7　泡罩包装机工艺流程

1—塑料膜辊；2—加热器；3—成型；4—加料；5—检整；6—印字；
7—铝箔辊；8—热封；9—压痕；10—冲裁；11—成品；12—废料辊

（1）薄膜输送 泡罩包装机是一种多功能包装机，各个包装工序分别在不同的工位上进行。包装机上设置有若干个薄膜输送机构，其作用是输送薄膜并使其通过上述各工位，完成泡罩包装工艺。国产各种类型泡罩包装机采用的输送机构有槽轮机构、凸轮-摇杆机构、凸轮分度机构、棘轮机构等，可根据输送位置的准确度、加速度曲线和包装材料的适应性进行选择。

（2）加热 将成型膜加热到能够进行热成型加工的温度，这个温度是根据选用的包装材料确定的。对硬质PVC而言，较容易成型的温度范围为 $110\sim130℃$。此范围内PVC薄膜具有足够的热强度和伸长率。温度的高低对热成型加工效果和包装材料的延展性有影响，因此要求对温度控制相当准确。但应注意：这里所指的温度是PVC薄膜实际温度，是用点温计在薄膜表面上直接测得的（加热元件的温度比这个温度高得多）。

国产泡罩包装机加热方式有辐射加热和传导加热。大多数热塑性包装材料吸收 $3.0\sim3.5\mu m$ 波长红外线发射出的能量。因此最好采用辐射加热方法对薄膜加热，如图 20-8（a）所示。

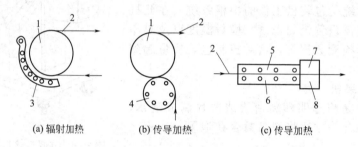

(a) 辐射加热　　(b) 传导加热　　(c) 传导加热

图 20-8　加热方式

1—成型模；2—薄膜；3—远红外加热器；4—加热辊；5—上加热板；
6—下加热板；7—上成型模；8—下成型模

传导加热又称接触加热。这种加热方法是将薄膜夹在成型模与加热辊之间［见图 20-8（b）］，或者夹在上下加热板之间［见图 20-8（c）］。这种加热方法已经成功地应用于聚氯乙烯（PVC）材料加热。

加热元件以电能作为热源，这是因为其温度易于控制。加热器有金属管状加热器、乳白石英玻璃管状加热器和陶瓷加热器。前者适用于传导加热，后两者适用于辐射加热。

（3）成型 成型是整个包装过程的重要工序，成型泡罩方法可分以下四种。

① 吸塑成型（负压成型） 利用抽真空将加热软化的薄膜吸入成型膜的泡罩窝内成一定几何形状，从而完成泡罩成型，如图 20-9（a）所示。吸塑成型一般采用辊式模具，成型泡罩尺寸较小，形状简单，泡罩拉伸不均匀，顶部较薄。

② 吹塑成型（正压成型） 利用压缩空气将加热软化的薄膜吹入成型模的泡罩窝内，形成需要的几何形状的泡罩，如图 20-9（b）所示。成型的泡罩壁厚比较均匀，形状挺阔，可成型尺寸大的泡罩。吹塑成型多用于板式模具。

③ 冲头辅助吹塑成型 借助冲头将加热软化的薄膜压入模腔内，当冲头完全压入时，通入压缩空气，使薄膜紧贴模腔内壁，完成成型加工工艺，如图 20-9（c）所示。冲头尺寸约为成型模容腔的 $60\%\sim90\%$。合理设计冲头形状尺寸、冲头推压速度和推压距离，可获得壁厚均匀、棱角挺阔、尺寸较大、形状复杂的泡罩。冲头辅助吹塑成型多用于平板式泡罩包装机。

④ 凸凹模冷冲压成型 当采用包装材料刚性较大［如复合铝（PA/ALU/PVC）］时，热成型方法显然不能适用，而是采用凸凹模冷冲压成型方法，即凸凹模合拢，对膜片进行成

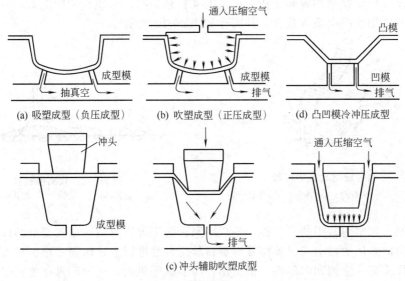

(a) 吸塑成型（负压成型）　(b) 吹塑成型（正压成型）　(d) 凸凹模冷冲压成型

(c) 冲头辅助吹塑成型

图 20-9　泡罩成型方式

型加工，如图 20-9(d) 所示，其中空气由成型模内的排气孔排出。

（4）充填　向成型后的塑料凹槽中填充药物可以使用多种形式加料器，并可以同时向一排（若干个）凹槽中装药，常用图 20-10 所示的旋转隔板加料器及图 20-11 所示的弹簧软管加料器。可以通过严格机械控制，间隙地单粒下料于塑料凹槽中；也可以一定速度均匀地铺撒式下料，同时向若干排凹槽中加料。在料斗与旋转隔板间通过刮板或固定隔板限制旋转隔板凹槽或孔洞中，只落入单粒药物。旋转隔板的旋转速度应与带泡塑料膜的移动速度匹配，即保证膜上每排凹槽均落入单粒药物。塑料膜上有几列凹泡就需相应设置有足够旋转隔板长度或个数。对于图 20-10 所示左侧的水平轴隔板，有时不设软皮板，但对于塑膜宽度上两侧必须设置围堰及挡板，以防止药物落到膜外。

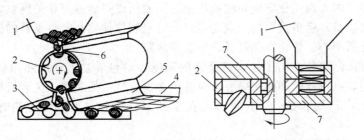

图 20-10　旋转隔板加料器

1—料斗；2—旋转隔板；3—带泡塑料膜；4—围堰；
5—软皮板；6—刮板；7—固定隔板

图 20-11 所示的弹簧软管多是不锈钢细丝缠绕的密纹软管，常用于硬胶囊剂的铝塑泡罩包装，软管的内径略大于胶囊外径，可以保证管内只存贮单列胶囊。应注意保证软管不发生死弯，即可保证胶囊在管内流动通畅，通常借助整机的振动，软管自行抖动，即可使胶囊总堆贮于下端出口处。如图 20-11 所示的卡簧机构形式很多，可以利用棘轮，间歇拨动卡簧启闭，而保证每掀动一次，只放行一粒胶囊，也可以利用间隙往复运动启闭卡簧，每次放行一粒胶囊。在机构设置中，常是一排软管，由一个间歇机构保证联动。

（5）检整　利用人工或光电检测装置在加料器后边及时检查药物填落的情况，必要时可以人工补片或拣取多余的丸粒。较普遍使用的是利用机械软刷，在塑料膜前进中，伴随着慢速推扫。由于软刷紧贴着塑料膜工作，多余的丸粒总是赶往未填充的凹泡方向，又由于软刷推扫，空缺的凹泡也必会填入药粒，其工作如图 20-12 所示。

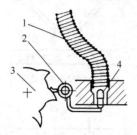 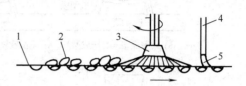

图 20-11　弹簧软管加料器
1—弹簧软管；2—卡簧片；3—棘轮；4—待装药物

图 20-12　软刷推扫器
1—塑料膜；2—药物；3—旋转软刷；
4—围堰；5—软皮板

（6）印刷　铝塑包装中药品名称、生产厂家、服用方法等应向患者提示的标注都需印刷到铝箔上。当成卷的铝箔引入机器将要与塑料膜压合前进行上述印刷工作。机器上向铝箔印字的机构同样需有一系列如匀墨轮、钢质轮、印字板等机构，此处不再介绍。印刷中所用的无毒油墨，还应具有易干的特点，以确保字迹清晰、持久。

（7）热封　成型膜泡罩内充填好药物，覆盖膜即覆盖其上，然后将两者封合。其基本原理是使内表面加热，然后加压使其紧密接触，形成完全焊合，所有这一切是在很短时间内完成的。热封有两种形式：辊压式和板压式。

① 辊压式　将准备封合的材料通过转动的两辊之间，使之连续封合，但是包装材料通过转动的两辊之间并在压力作用下停留时间极短，若想得到合格热封，必须使辊的速度非常慢或者包装材料在通过热封辊前进行充分预热。

② 板压式　当准备封合的材料到达封合工位时，通过加热的热封板和下模板与封合表面接触，并将其紧密压在一起进行焊合，然后迅速离开，完成一个包装工艺循环。板式模具热封包装成品比较平整，封合所需压力大。

热封板（辊）的表面用化学铣切法或机械滚压法制成点状或网状的网纹，提高封合强度和包装成品外观质量。但更重要的一点是在封合时起到拉伸热封部位材料的作用，从而消除收缩褶皱。但必须小心，防止在热封过程中戳穿薄膜。

我国法律对产品包装作出了越来越严格的限制，对包装物上标示和印刷提出了更高要求，药品泡罩包装机行业标准中明确要求包装机必须有打批号装置。包装机打印一般采用凸模模压法印出生产日期和批号。打批号可在单独工位进行，也可以与热封、压痕同工位进行。

（8）压痕　一片铝塑包装药物可能适于服用多次，为了使用方便，可在一片上冲压出易裂的断痕，用手即可方便地将一片断裂成若干小块，每小块为可供一次的服用量。

（9）冲裁　将封合后的带状包装成品冲裁成规定的尺寸称为冲裁工序。为了节省包装材料，希望不论是纵向还是横向冲裁刀的两侧均是每片包装所需的部分，尽量减少冲裁余边，因为冲裁余边不能再利用，只能废弃。由于冲裁后的包装片边缘锋利，常需将四角冲成圆角，以防伤人。冲裁成品后所余的边角仍是带状的，在机器上利用单独的辊杆将其收拢。

20.2.2.2　泡罩包装机的结构

泡罩包装机按结构形式可以分为平板式、辊板式和辊筒式三大类。

（1）平板式泡罩包装机　泡罩成型和热封合模具均为平板形。如图 20-13 所示。

平板式泡罩包装机的特点：①热封时，上、下模具平面接触，为了保证封合质量，要有足够的温度和压力以及封合时间，不易实现高速运转；②热封合消耗功率较大，封合牢固程度不如辊筒式封合效果好，适用于中小批量药品包装和特殊形状物品包装；③泡窝拉伸比大，泡窝深度可达 35mm，满足大蜜丸、医疗器械行业的需求。

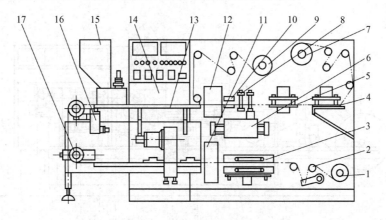

图 20-13　平板式泡罩包装机

1—塑料膜辊；2—张紧轮；3—加热装置；4—冲裁站；5—压痕装置；6—进给装置；
7—废料辊；8—气动夹头；9—铝箔辊；10—导向板；11—成型站；12—封台站；
13—平台；14—配电、操作盘；15—下料器；16—压紧轮；17—双铝成型压模

（2）辊筒式泡罩包装机　采用的泡罩成型模具和热封模具均为圆筒形。如图 20-14所示。

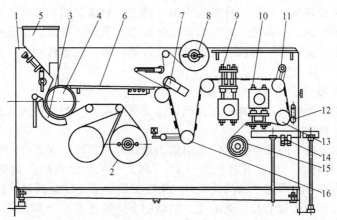

图 20-14　辊筒式泡罩包装机

1—机体；2—薄胶卷筒（成型膜）；3—远红外加热器；4—成型装置；5—料斗；
6—监视平台；7—热封合装置；8—薄膜卷筒（复合膜）；9—打字装置；10—冲裁装置；
11—可调式导向辊；12—压紧辊；13—间歇供给辊；14—输送机；15—废料辊；16—游辊

辊筒式泡罩包装机的特点：①真空吸塑成型、连续包装、生产效率高，适合大批量包装作业；②瞬间封合、线接触、消耗动力小、传导到药片上的热量少，封合效果好；③真空吸塑成型难以控制壁厚、泡罩壁厚不匀、不适合深泡窝成型；④适合片剂、胶囊剂、胶丸等剂型的包装；⑤具有结构简单、操作维修方便等优点。

（3）辊板式泡罩包装机　泡罩成型模具为平板形，热封合模具为圆筒形。如图 20-15所示。

辊板式泡罩包装机的特点：①结合了辊筒式和平板式包装机的优点，克服了两种机型的不足；②采用平板式成型模具，压缩空气成型，泡罩的壁厚均匀、坚固，适合于各种药品包装；③辊筒式连续封合，PVC 片与铝箔在封合处为线接触，封合效果好；④高速打字、压

痕，无横边废料冲裁，高效率，包装材料省，泡罩质量好；⑤上、下模具通冷却水，下模具通压缩空气。

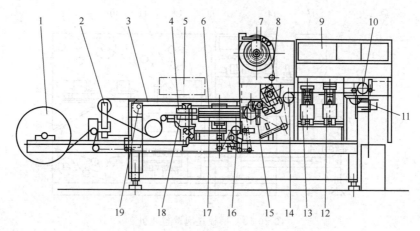

图 20-15　辊板式泡罩包装机

1—PVC支架；2,14—张紧辊；3—充填台；4—成型上模；5—上料机；6—上加热器；
7—铝箔支架；8—热压辊；9—仪表盘；10,19—步进辊；11—冲裁装置；12—压痕装置；
13—打字装置；15—机架；16—PVC送片装置；17—加热工作台；18—成型下模

20.2.3　瓶装设备

瓶装设备能完成理瓶、计数、装瓶、塞纸、理盖、旋盖、贴标签、印批号等工作。许多固体成型药物，如片剂、胶囊剂、丸剂等常以瓶装形式供应于市场。瓶装机一般包括理瓶机构、输瓶轨道、数片头、塞纸机构、理盖机构、旋盖机构、贴签机构、打批号机构、电器控制部分等。

20.2.3.1　计数机构

目前广泛使用的数粒（片、丸）计数机构主要有两类，一类为传统的圆盘计数，另一类为先进的光电计数机构。

（1）圆盘计数机构　圆盘计数机构也叫做圆盘式数片机构，如图 20-16 所示。一个与水平成 30°倾角的带孔转盘，盘上开有几组（3～4 组）小孔，每组的孔数依每瓶的装量数决定。在转盘下面装有一个固定不动的托板 4，托板不是一个完整的圆盘，而具有一个扇形缺口，其扇形面积只容纳转盘上的一组小孔。缺口的下边紧连着一个落片斗 3，落片斗下口直抵装药瓶口。转盘的围墙具有一定高度，其高度要保证倾斜转盘内可存积一定量的药片或胶囊。转盘上小孔的形状应与待装药粒形状相同，且尺寸略大，转盘的厚度要满足小孔内只能容纳一粒药的要求。转盘速度不能过高（约 0.5～2r/min），因为：一则要与输瓶带上瓶子的移动频率匹配；二则如果太快将产生过大离心力，不能保证转盘转动时，药粒在盘上靠自重而滚动。当每组小孔随转盘旋至最低位置时，药粒将埋住小孔，并落满小孔。当小孔随转盘向高处旋转时，小孔上面叠堆的药粒靠自重将沿斜面滚落到转盘的最低处。

为了保证每个小孔均落满药粒和使多余的药粒自动滚落，常需使转盘不是保持匀速旋转。为此利用图 20-16 所示的手柄 8 扳向实线位置，使槽轮 9 沿花键滑向左侧，与拨销 10 配合，同时将直齿轮 7 及小直齿轮 11 脱开。拨销轴受电机驱动匀速旋转，而槽轮 9 则以间歇变速旋转，因此引起转盘抖动着旋转，以利于计数准确。

为了使输瓶带上的瓶口和落片斗下口准确对位，利用凸轮 14 带动一对撞针，经软线传输定瓶器 17 动作，使将到位附近的药瓶定位，以防药粒散落瓶外。

当改变装瓶粒数时，则需更换带孔转盘即可。

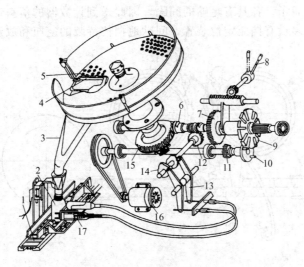

图 20-16　圆盘式数片机构

1—输瓶带；2—药瓶；3—落片斗；4—托板；5—带孔转盘；6—蜗杆；
7—直齿轮；8—手柄；9—槽轮；10—拨销；11—小直齿轮；12—涡轮；
13—摆动杆；14—凸轮；15—大涡轮；16—电机；17—定瓶器

（2）光电计数机构　光电计数机构是利用一个旋转平盘，将药粒抛向转盘周边，在周边围墙开缺口处，药粒将被抛出转盘。如图 20-17 所示，在药粒由转盘滑入药粒溜道 6 时，溜道上设有光电传感器 7，通过光电系统将信号放大并转换成脉冲电信号，输入到具有"预先设定"及"比较"功能的控制器内。当输入的脉冲个数等于人为预选的数目时，控制器向磁铁 11 发生脉冲电压信号，磁铁动作，将通道上的翻板 10 翻转，药粒通过并引导入瓶。

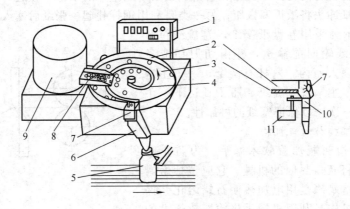

图 20-17　光电计数机构

1—控制器面板；2—围墙；3—旋转平盘；4—回形拨杆；5—药瓶；
6—药粒溜道；7—光电传感器；8—下料溜道；9—料桶；
10—翻板；11—磁铁

对于光电计数装置，根据光电系统的精度要求，只要药粒尺寸足够大（比如大于8mm），反射的光通量足以启动信号转换器就可以工作。这种装置的计数范围远大于模板式计数装置，在预选设定中，根据瓶装要求（如 1～999 粒）任意设定，不需更换机器零件，即可完成不同装量的调整。

20.2.3.2　输瓶机构

在装瓶机上的输瓶机构多是采用直线、匀速、常走的输送带，输送带的走速可调。由理瓶机送到输瓶带上的瓶子，各具有足够的间隔，因此送到计数器的落料口前的瓶子不该有堆积现象。在落料口处多设有挡瓶定位装置，间歇地挡住待装的空瓶和放走装完药物的满瓶。

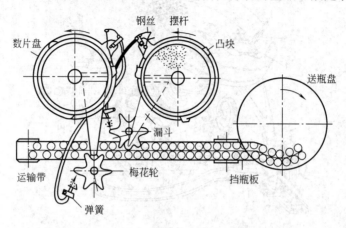

图 20-18　梅花盘间歇旋转输送机构输瓶控制示意

也有许多装瓶机是采用梅花盘间歇旋转输送机构输瓶的，如图 20-18 所示。梅花轮间歇转位、停位准确。数片盘及运输带连续运动，灌装时弹簧顶住梅花轮不运动，使空瓶静止装料，灌装后凸块通过钢丝控制弹簧松开梅花轮使其运动，带走瓶子。

20.2.3.3　塞纸机构

瓶装药物的实际体积均小于瓶子的容积，为防止贮运过程中药物相互磕碰，造成破碎、掉末等现象，常用洁净碎纸条或纸团、脱脂棉等填充瓶中的剩余空间。在装瓶联动机或生产线上单设有塞纸机。

常见的塞纸机构有两类：一类是利用真空吸头，从裁好的纸摞中吸起一张纸，然后转移到瓶口处，由塞纸冲头将纸折塞入瓶；另一类是利用钢钎扎起一张纸后塞入瓶内。

图 20-19 所示为采用卷盘纸塞纸，卷盘纸拉开后，成条状由送纸轮向前输送，并由切刀切成条状，最后由塞杆塞入瓶内。塞杆有两个，一个主塞杆，一个副塞杆。主塞杆塞完纸，瓶子到达下一工位，副塞杆重塞一次，以保证塞纸的可靠性。

20.2.3.4　封蜡机构与封口机构

封蜡机构是指药瓶加盖软木塞后，为防止吸潮，常需用石蜡将瓶口封固的机械。它应包括熔蜡罐及蘸蜡机构，熔蜡罐是用电加热使石蜡熔化并保温的容器，蘸蜡机构是利用机械手将输瓶轨道上的药瓶（已加木塞的）提起并翻转，使瓶口朝下浸入石蜡液面一定深度（2～3mm），然后再翻转到输瓶轨道前，将药瓶放在轨道上。

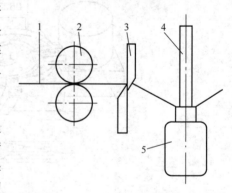

图 20-19　塞纸机构原理
1—条状纸；2—送纸轮；3—切刀；
4—塞杆；5—瓶子

用塑料瓶装药物时，由于塑料瓶尺寸规范，可以采用浸树脂纸封口，利用模具将胶膜纸冲裁后，经加热使封纸上的胶软熔。届时，输送轨道将待封药瓶送至压辊下，当封纸带通过时，封口纸粘于瓶口上，废纸带自行卷绕收拢。

20.2.3.5　拧盖机

无论玻璃瓶或塑料瓶，均以螺旋口和瓶盖连接。拧盖机是在输瓶轨道旁，设置机械手将到位的药瓶抓紧，由上部自动落下扭力扳手（俗称拧盖头）先衔住对面机械手送来的瓶盖，再快速将瓶盖拧在瓶口上，当旋拧至一定松紧时，扭力扳手自动松开，并回升到上停位，这种机构当轨道上没有药瓶时，机械手抓不到瓶子，扭力扳手不下落，送盖机械手也不送盖，直到机械手抓到瓶子时，下一周期才重新开始。

20.3　注射剂包装设备

完成灭菌并通过质量检查的注射剂安瓿可以进入安瓿包装生产线，在此完成安瓿印字、装盒、加说明书、贴标签等操作。印包机应包括开盒机、印字机、装盒关盖机、贴签机等四个单机联动而成。印包生产线的流程如图 20-20 所示。现分述各单机的功能及结构原理。

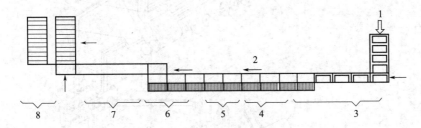

图 20-20　印包生产线流程

1—贮盒输送带；2—传送带；3—开盒区；4—安瓿印字理放区；

5—放说明书；6—关盖区；7—贴签区；8—捆扎区

20.3.1　开盒机

国家标准中安瓿的尺寸是有一定的规定的，因此装安瓿用的纸盒的尺寸、规格也是标准的。开盒机是依照标准纸盒的尺寸设计和动作的。开盒机的结构如图 20-21 所示。

在开盒机上有两个推盒板组件 14、15，它们均受滑轨 16 约束。装在贮盒输送带 13 尽头的推盒板 14 靠大弹簧 A 的作用，可将成摞的纸盒推到与贮盒输送带相垂直的开盒台上去，但平时由与滑板 19 相连的返回钩 18 被脱钩器 21 上的斜爪控制，推盒板并不动作。往复推盒板 15 下面的滑动块 17 受连杆 5 带动，将不停地做往复运动，其往复行程即是一支盒长。受机架上挡板（图中未示出）的作用，往复推盒板每次只推光电管 7 前面的，是一摞中最下面的与开盒台相接触的一只盒子。

当最后一支盒子推走后，光电管 7 发出信号使牵引吸铁 22 动作，脱钩器 21 的斜爪下移，返回钩 18 与脱钩器脱离，大弹簧 A 将带动推盒板 14 推送一摞新的纸盒到开盒台上去。当推盒板 14 向前时，小弹簧 B 将返回钩拉转，钩尖抵到限位销 20 上，同时返回钩另一端与滑动块上的撞轮接触。届时滑动块 17 受连杆 5 作用已开始向后移动，并顶着推盒板 14 后移，返回钩 18 的钩端将滑过脱钩器的销子斜面，将返回钩锁住。当滑动块再向前时，返回钩将静止不动。

在间歇运行的联动线上，经常巧妙地运用类似办法，而省去许多曲柄连杆结构的重复设置。

往复推盒板 15 往复推送一次，翻盒爪在链轮 8 的带动下旋转一周。被推送到开盒台上的纸盒，在翻盒爪 9（一对）的压力作用下，使盒底上翘，并越过弹簧片 11。当翻盒爪转过了头时，盒底的自由下落将受到弹簧片 11 的阻止，只能张着口被下一只盒子推向前方。前进中的盒底在将要脱开弹簧片下落的瞬间，遇到曲线形的翻盒杆 10（图中未能表达清楚）将盒底张口进一步扩大，直到完全翻开，至此开盒机的工作已经完成。翻开的纸盒由另一条输送带送到印字机下，等待印字及印字后装盒。

　　翻盒爪的材料及几何尺寸要求极为严格。翻盒爪需有一定的刚度和弹性，既要能撬开盒口，又不能压坏纸盒，翻盒爪的长度太长，将会使旋转受阻，翻盒爪若太短又不利于翻盒动作。

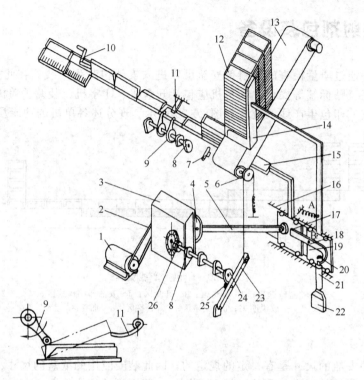

图 20-21　开盒机结构示意图

1—电机；2—皮带轮；3—变速箱；4—曲柄盘；5—连杆；6—飞轮；7—光电管；8—链轮；
9—翻盒爪；10—翻盒杆；11—弹簧片；12—贮盒；13—贮盒输送带；14—推盒板；
15—往复推盒板；16—滑轨；17—滑动块；18—返回钩；19—滑板；20—限位销；
21—脱钩器；22—牵引吸铁；23—摆杆；24—凸轮；25—滚轮；26—伞齿轮；A—大弹簧；B—小弹簧

20.3.2　印字机

　　安瓿印字机在水针剂生产过程中虽不是重要设备，但对实施 GMP 规范来讲同样重要。灌封、检验后的安瓿需在瓶体上用油墨印写清楚药品名称、有效日期、产品批号等，否则不许出厂和进入市场。

　　安瓿印字机除了往安瓿上印字外，还应完成将印好字的安瓿摆放于纸盒里的工序。其结构原理如图20-22所示。两个反向转动的送瓶轮按着一定的速度将安瓿逐只自安瓿盘输送到推瓶板前，即送瓶轮。印字轮的转速及推瓶板和纸盒输送带的前进速度等需要协调，这四者同步运行。作往复间歇运动的推瓶板 11每推送一只安瓿到橡皮印字轮 4 下，也相应地将另一只印好字的安瓿推送到开盖的纸盒 2 槽内。油墨是用人工的方法加到匀墨轮 8 上。通过对滚，由钢质轮 7将油墨滚匀并传送给橡皮上墨轮 6。随之油墨即滚加

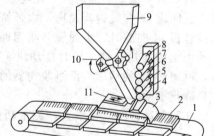

图 20-22　安瓿印字机结构原理

1—纸盒输送带；2—纸盒；3—托瓶板；
4—橡皮印字轮；5—字轮；6—上墨轮；
7—钢质轮；8—匀墨轮；9—安瓿盘；
10—送瓶；11—推瓶板

在字轮 5 上，带墨的钢制字轮再将墨迹传印给橡皮印字轮 4。

由安瓿盘的下滑轨道滚落下来的安瓿将直接落到镶有海绵垫的托瓶板 3 上，以适应瓶身粗细不匀的变化。推瓶板 11 将托瓶板 3 及安瓿同步送至橡皮印字轮 4 下。转动着的印字轮在压住安瓿的同时也拖着其反向滚动，油墨字迹就印到安瓿上了。

由于安瓿与橡皮印字轮滚动接触只占其周长的 1/3，故全部字必须在小于 1/3 安瓿周长范围内布开。通常安瓿上需印有三行字，其中第一、二行是标明厂名、剂量、商标、药名等字样，是用铜板排定固定不变的。而第三行是药品的批号，则需使用活版铅字，准备随时变动调整，这就使字轮的结构十分复杂且需紧凑。

使用油墨印字的缺点是容易产生糊字现象。这需要控制字轮上的弹簧强度适当，方能保证字迹清晰。同时油墨的质量亦十分重要。

而发达国家制药企业为保证印字的质量，多数企业在向玻璃安瓿生产厂订购空安瓿时提出印字要求，玻璃厂根据制药厂订货的要求和规定，用玻璃色釉丝网印刷烧结设备进行印刷，然后将印好字的空安瓿瓶交给订货单位。

20.3.3　贴标签机

图 20-23 所示为完成向装有安瓿的纸盒上贴标签的设备结构示意图。

装有安瓿和说明书的纸盒在传送带前端受到悬空的挡盒板 3 的阻挡不能前进，而处于挡盒板下边的推板 2 在做间歇往复运动。当推板向右运动时，空出一个盒长使纸盒下落在工作台面上。在工作台面上纸盒是一只只相连的，因此推板每次向左运动时推送的是一串纸盒同时向左移动一个盒长。胶水槽 4 内贮有一定液面高度的胶水。由电机经减速后带动的大滚筒回转时将胶水带起，再借助一个中间滚筒可将胶水均布于上浆滚筒 6 的表面上。上浆滚筒 6 与左移过程中的纸盒接触时，自动将胶水滚涂于纸盒的表面上。做摆动的真空吸头 7 摆至上部时吸住标签架上的最下面一张，当真空吸头向下摆动时将标签一端顺势拉下来，同时另一个做摆动的压辊 10 恰从一端将标签贴在纸盒盖上，此时真空系统切断，真空消失。由于推板 2 使纸盒向前移动，压辊的压力即将标签从标签架 8 上拉出并被滚压平贴在盒盖上。

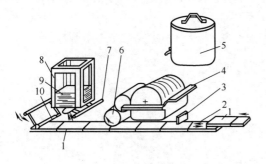

图 20-23　贴标签机结构示意图
1—纸盒；2—推板；3—挡盒板；4—胶水槽；
5—胶水贮槽；6—上浆滚筒；7—真空吸头；
8—标签架；9—标签；10—压辊

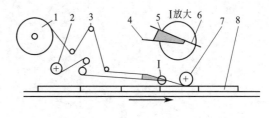

图 20-24　不干胶贴签机原理
1—胶带纸轮；2—背（衬）纸轮；3—中间张紧轮；
4—背纸；5—剥离刃；6—标签纸；
7—压签轮；8—纸盒

当推板 2 右移时，真空吸头及压辊也改为向上摆动，返回原来位置。此时吸头重新又获得真空度，开始下一周期的吸、贴标签动作。

贴标签机的工作要求送盒、吸签、压签等动作协调。两个摆动件的摆动幅度需能微量可调，吸头两端的真空度大小也需各自独立可调，方可保证标签及时吸下，并且不致贴歪。另外也可防止由于真空度过大，或是接真空时太猛而导致的双张标签同时吸下的现象。

现在大量使用不干胶代替胶水，标签直接印制在背面有胶的胶带纸上，并在印刷时预先沿标签边缘划有剪切线，胶带纸的背面贴有连续的背纸（也叫衬纸），所以剪切线并不会使标签与整个胶带纸分离。不干胶贴签机原理如图 20-24 所示。

印有标签的整盘胶带纸装在胶带纸轮上，经过多个中间张紧轮 3，引到剥离刃 5 前。由于剥离刃处的突然转向，刚度大的标签纸保持前伸状态，被压签轮 7 压贴到输送带上不断前进的纸盒面上。背纸是柔韧性较好的纸，被预先引到背纸轮上，背纸轮的缠绕速度应与输送带的前进速度协调，即随着背纸轮直径的变大，其转速需相应降低。

已印好的标签在使用前还需专门打印批号及药品失效期，所以还需另有一套专用设备，称为标签印字机，其功能与机构同于安瓿印字机，只是印字位置不必像安瓿那样准确，纸签的输递比安瓿要麻烦一些，此处不再介绍。

作为安瓿印包的整个工艺内容来看还应包括纸盒捆扎机或大纸箱的封箱设备等。这里也不再一一叙述。

思 考 题

20-1　试述药品包装的作用和功能。

20-2　药品包装机械一般由哪几个部分组成？

20-3　固体制剂的包装有哪几种主要形式？

20-4　片剂包装中，可以采用哪几种计数方法？

20-5　说明泡罩包装机的工艺流程。

20-6　安瓿包装生产线主要由哪些设备组成？

第 21 章 制药工程设计

21.1 制药工程设计的基本要求和工作程序

药品是指用于预防、治疗、诊断人的疾病，有目的地调节人的生理机能并规定有适应证或者功能主治、用法和用量的物质，包括中药材、中药饮片、中成药、化学原料药及其制剂、抗生素、生化药品、放射性药品、血清、疫苗、血液制品和诊断药品等。药品的生产单位必须严格遵守国家食品药品监督管理局颁布的《药品生产质量管理规范》（GMP）标准要求，以确保药品的质量。药品生产按产品形态可以分为两大部分：原料药生产和药物制剂生产。在原料药生产中除成品工序（精制、烘干、包装）外，其他各工序基本上属于化学工业的性质。原料药生产和药物制剂生产都必须按照 GMP 的规范进行。

制药工程设计包括化学原料药、生物药、中药、制剂药和药用包装材料等项目的工程设计，其工艺设计类型包括合成制药工艺、生物制药工艺、中成药工艺和制剂工艺设计。制药工程设计通常是指设计单位或技术人员，根据建设业主的需求，为高质量，高效益地建设生产厂房或生产车间所进行的一系列工程技术活动。制药工程设计质量关系到项目投资、建设速度和经济效益，是一项政策性、技术性极强的工作。

21.1.1 制药工程设计的基本要求

制药工程设计是对化学原料药、生物药、中药、制剂药和药用包装材料的生产厂或生产车间根据各类产品的特点进行合理的工程设计。尽管各类产品的工程设计细则不尽相同，但均遵循下列基本要求。

① 严格执行国家有关规范和规定以及国家食品药品监督管理局《药品生产质量管理规范》（GMP）的各项规范和要求，使制药生产在环境、厂房与设施、设备、工艺布局等方面符合 GMP 要求。

② 选择最合理的工艺路线。即要求最经济地使用资金、原辅材料、动力资源、公用工程和人力。为此，必须对工艺流程和控制参数进行优化工作。

③ 设备选型宜选用先进、成熟、自动化程度较高的设备，核心工艺设备应充分考查、验证。

④ 环境保护、消防、职业安全卫生、节能设计与制药工程设计同步，严格执行国家及地方颁布的法规、法令。

⑤ 对工程实行统一规划的原则，为合理使用工程用地，并结合医药生产的特点，尽可能采用联片生产厂房一次设计，一期或分期建设。

⑥ 公用工程的配套和辅助设施的配备均以满足项目工程生产需要为原则，并考虑与预留设施及发展规划的衔接。

⑦ 为方便对生产车间进行成本核算和生产管理，各车间的水、电、汽、冷量应单独计算。仓库、公用工程设施、备料以及人员生活用室（更衣室）统一设置，按集中管理模式考虑。

总之，制药工程设计是一项政策性、技术性很强的工作，其目的是要保证所建药厂（或车间）符合 GMP 规范及其他技术法规，技术上可行，经济上合理，运行时安全有效，易于操作。

21.1.2 制药工程设计的工作程序

制药工程设计一般可分为三个主要阶段：设计前期工作（包括项目建设书、厂址选择报告、预可行性研究报告和可行性研究报告）、初步设计、施工图设计。

根据中国政府项目建设管理程序，对中国国内项目，设计前期工作和初步设计的主要目的是供政府部门对项目进行立项审批和开工审批用，同时也为业主提供决策依据。初步设计主要侧重于方案，供政府职能部门和业主进行审查与决策用，与基础工程设计内容有很大差别，施工图设计才真正进入具体的工程设计阶段。

设计工作的基本程序见图 21-1。

设计完成后，设计人员对项目建设进行施工技术交底，还要深入现场指导施工，配合解决施工中存在的设计问题，并参与设备安装、调试、试车和竣工验收，直至项目运营。

施工中凡涉及方案问题、标准问题和安全问题变动，都必须首先与设计部门协商，待取得一致意见后，方可改动。因为项目建设的设计方案是经过可行性研究阶段，初步设计阶段和施工图设计阶段研究所确定的，施工中轻易改动，势必会影响到竣工后的使用要求；设计标准的改动涉及项目建设是否合乎 GMP 及其他有关规范和项目投资额度的增减；而安全方面的问题更是至关重要，其中不仅包括厂房、设施与设备结构的安全

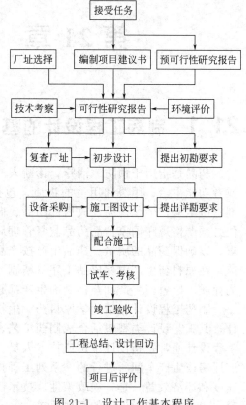

图 21-1 设计工作基本程序

问题，而且也包括洁净厂房设计中建筑、暖通、给排水和电气专业所采取的一系列安全措施，因此都不得随意改动。

整个设计工程的验收是在建设单位的组织下，以设计单位为主，施工单位参加共同进行。

21.2 工程设计的前期工作

工程设计前期工作的目的和任务是对项目建设进行全面分析，研究产品的社会需求和市场、项目建设的外部条件、产品技术成熟程度、投资估算和资金筹措、经济效益评价等，为项目建设提供工程技术、工程经济、产品销售等方面的依据，以期为拟建项目在建设期能最大限度地节省时间和投资，在生产经营时能获得最大的投资效果奠定良好的基础。可以说，设计前期的两项内容——项目建议书和可行性研究报告的目的是一致的，基本任务也相近，只是深度不同。

21.2.1 项目建议书

在设计前期的工作中，项目建议书是投资决策前对项目建设的轮廓设想，提出项目建设的必要性和初步可能性，为开展可行性研究提供依据。国内外都非常重视这一阶段的工作，并称其为决定投资命运的环节。

编报项目建议书内容要完整，文字要简练。要坚持实事求是的原则，对拟建项目的各要素进行认真的调查研究，并据实进行测算分析。

对于新建或技术改造项目，根据工厂建设地区的长远规划，结合本地区资源条件，现有生产能力的分布，市场对拟建产品的需求，社会效益和经济效益，在广泛调查、收集资料、踏勘厂址、基本弄清工程立项的可能性以后，编写项目建议书，向国家主管部门推荐项目。

项目建议书一般包括以下内容。

1. 项目概况

（1）项目名称、项目由来及背景。

（2）项目承办单位和项目投资者的有关情况。即：生产经营内容、生产经营规模、产品销售情况、年上缴税额、自有资金数额、债权债务情况等。

兴办外商投资项目要简述：

① 合营各方概况：合营各方名称、法定地址、法定代表国籍及姓名、资金实力、技术力量等。

② 合营方式（注明合资、合作、独资）。

③ 合营年限。

④ 经营范围。

⑤ 产品销售方向（内销或出口比例）。

（3）简述项目建设的必要性和依据。技术引进项目，要简述技术引进内容（关键设备或技术专利）、拟引进技术设备水平及其国别和厂商。

2. 市场初步预测

（1）产品国内、外市场供需情况的现状和近期、远期需要量及主要消费去向的初步预测。

（2）国内、外相同或可替代产品近几年已有和在建的生产能力、产量情况及变化趋势的初步预测。

（3）近几年产品进出口情况。

（4）产品的销售初步预测，竞争能力和进入国际市场的前景初步估计。

（5）国内、外产品价格的现状及销售价格初步预测。

3. 项目建设初步选址及建设条件

（1）项目建设拟选地址的地理位置、占地范围、占用土地类别（国有、集体所有）和数量、拟占土地的现状及现有使用者的基本情况。

如果不指定建设地点，要提出对占地的基本要求。

（2）项目建设条件。简述能源供应条件、主要原材料供应条件、交通运输条件、市政公用设施配套条件及实现上述条件的初步设想。需进行地上建筑物拆迁的项目，要提出拆迁安置初步方案。

4. 项目建设规模、建设内容

（1）主要产品名称和质量规格；

（2）拟采用的工艺介绍、优缺点及技术来源；

（3）主要设备的选择研究；

（4）合理的经济规模以及达到合理经济规模的可能性；

（5）生产规模；

（6）主要原材料需要量及来源；

（7）总建筑面积及主要单项工程的建筑面积。

5. 环境影响

（1）初步预测拟建项目对环境的影响，指出污染物的种类、有害成分、排放量及排放浓度。

(2) 提出保护环境治理"三废"的措施。

6. 投资估算及资金来源

(1) 项目总投资额。技术引进项目要说明进口技术设备使用外汇数额，建设费用和购置国内设备所需人民币数额；外商投资企业要说明总投资额、注册资本数额、合营各方投入注册资本的比例、出资方式及利润分配方式。

(2) 资金来源。利用银行贷款的项目要将建设期间的贷款利息计入总投资内。利用外资项目要说明外汇平衡方式和外汇偿还办法。

7. 项目进度初步设想

8. 经济效益和社会效益的初步估算

9. 结论

10. 附件

(1) 建设项目拟选位置地形图，标明项目建设占地范围和占地范围内及附近地区地上建筑物现状。

在自有地皮上建设，要附市规划部门对项目建设初步选址意见（规划要点或其他文件）。

(2) 外商投资项目要附以下材料：

① 会计师事务所出具的外商资信证明材料。

② 合营各方的营业执照（复印件）。

③ 合营各方签署的合营意向书（境内单位要有上级主管部门的意见）。

(3) 两个或两个以上境内单位合建的项目要附以下材料：

① 合建各方签署的意向书（要有上级主管部门的意见）。

② 合建各方的营业执照（复印件）。

(4) 其他附件材料。

21.2.2 可行性研究报告

可行性研究是设计前期工作中最重要的步骤，它要为项目的建设提供依据。其主要任务是论证新建或改扩建项目在技术上是否先进、成熟、适用，在经济上是否合理。项目建议书推荐的项目被国家和主管部门接受后，设计部门与业主配合起来，需进一步做好资源、工程地质、水文、气象等资料的收集、研究和实测，进一步落实产品市场、项目资金来源和经济效益评价，对项目产品生产技术的可行性和先进性进行分析、比较，对工程建设的风险进行预测。然后按国家规定的内容编写可行性研究报告。

对于有洁净室的工厂，在进行可行性研究时，从暖通专业的角度主要是着重于建厂条件和厂址选择、项目技术方案及环境保护三个方面的工作，论述厂址的大气环境；确定洁净室的温湿度参数、洁净度级别、净化方案以及热水、冷冻水的数量及来源等；确定废气处理的方案和噪声控制措施；此外，节能问题也应贯彻在上述各项工作之中。

可行性研究的内容涉及面广，一般说来，可行性研究报告主要包括下列内容。

1. 项目概况

(1) 项目名称及项目内容梗概。

(2) 项目承办单位和项目投资者。

兴办外商投资项目要简述：

① 合营各方概况：合营各方名称、法定地址、法定代表国籍及姓名、资金实力、技术力量等。

② 合营方式（注明合资、合作、独资）。

③ 合营年限。

④ 经营范围。

2. 项目建设的必要性

3. 市场预测

① 产品的现状及产品的用途。

② 国内、外相同或同类产品近几年的生产能力、产量情况和变化趋势。

③ 产品进出口情况。

④ 国内、外近期、远期需要量的预测。

⑤ 产品的销售预测、竞争能力和进入国际市场的前景。

⑥ 国内外产品价格的现状。

⑦ 产品价格的稳定性及变化趋势预测。

⑧ 产品价格确定的原则和意见。

4. 项目建设选址及建设条件论证

(1) 项目建设选址的地理位置、占地范围、占用土地类别和数量。

(2) 建设条件论证。

① 地形、工程地质、水文、气象条件论证。

② 供水条件论证。测算供水量，提出供水来源。

③ 能源供应条件论证。测算各种能源消耗量，提出各种能源供应来源。

④ 主要原材料条件论证。测算主要原材料消耗量及供应来源。

⑤ 交通运输条件论证。测算主要能源、原材料和产品的运输量，提出解决方案。

⑥ 拆迁安置方案。

5. 项目规划方案、建设规模和建设内容

(1) 从国家产业政策、行业发展规划、技术政策、产品结构和国家清洁生产的要求出发，结合市场预测情况，进行产品方案的比较和选择。

(2) 扼要说明项目产品名称、规格、生产规模及其确定原则。

(3) 总建设面积，建筑内容。分述各个单项工程的名称及建设面积。

(4) 项目的总平面布置说明。

(5) 工艺技术方案。

论述国内、外工艺技术概况，根据原材料的供应情况，进行工艺技术方案的比较和选择，绘制工艺流程图。进行车间物料平衡和热量平衡计算。定出车间的消耗定额，并与国内、外先进水平比较。

(6) 进行自控方案和主要设备的选型。

选用进口设备或引进国外技术的要说明理由，并说明进口设备或技术的国别、厂商和技术档次。

(7) 管理体制和人员。

项目的全面质量管理机构和劳动定员、组成及来源。

(8) 关于 GMP 实施要求。

说明工程对管理人员、技术人员和生产工人的科学文化知识、GMP 概念等知识结构要求，有关 GMP 专门培训的培训对象、目标，主要内容和步骤，旨在软件方面建立一整套结合国情并能符合 GMP 要求的各项管理系统和制度，使项目无论是硬件还是软件，都能达到先进水平。

6. 项目外部配套建设

(1) 能源供应设施建设方案。如变电站、输变电线路、锅炉房、输气管线等建设方案。

(2) 供水、排水建设方案。

（3）交通和通信设施建设方案。

（4）原材料仓储设施建设方案。

（5）其他配套设施建设方案。

7. 环境保护

（1）阐述建设地区环境现状，如系改扩建工程要说明原有工厂或车间生产情况，污染物排放情况。

（2）所建项目排放污染物的种类（包括废气、废水、废渣、粉尘、噪声、震动、辐射等），外排污染物有害成分，排放量和排放浓度。

（3）排放方式和去向。

（4）三废治理原则和要求。

（5）治理措施或回收综合利用方案的比较及选择。

（6）预计达到的效果。

（7）环保投资，辖区主管环境保护部门对所建项目的环境评估。

8. 职业安全卫生

阐述项目的防爆、防火、防噪、防腐蚀等保安技术及消防措施，确保职工生产安全；说明为保证项目产品达到GMP要求所采取的人净措施和各制剂车间净化区域的洁净度级别及净化措施。

9. 消防

10. 节能、节水

11. 总投资及资金来源

（1）建设项目总投资额（大中型项目要列出静态投资和动态投资，生产经营项目包括固定资产投资和铺底流动资金投资）。

（2）要按建设内容列明主体工程、辅助工程、外部配套工程、其他费用（如配电增容、厂区绿化、勘察、咨询、工程设计、前期准备）的投资额。

（3）要按费用类别列明前期工程费（土地出让金、征地拆迁安置费等）、建安工程费（建筑工程费、设备安装费等），设备购置费和其他费用等（建设期贷款利息、应缴纳的各种税费、不可预见费等）。

（4）资金来源。

（5）外商投资项目要列出注册资本、合营各方投入注册资本的比例、利润及分配方式。

（6）外汇平衡方式。

12. 经济、社会效益

（1）还款期、销售收入、财务内部收益率、财务净现值、投资回收期等财务评价指标的测算。

（2）盈亏平衡分析、敏感性分析等不确定因素分析的结果。

（3）投资总额和资金筹措表、贷款还本付息表、销售收入表、税金表、利润表、财务平衡表、现金流量表、外汇平衡表等经济评价表格。

（4）国民经济效益评价，主要是根据国家公布的社会折现率、影子汇率、影子工资、影子价格等参数，测算项目的经济内部收益率、经济净现值、投资净效益率等。

13. 项目建设周期及工程进度安排

对项目立项、落实资金渠道、可行性研究及论证、初步设计、施工图设计、设备订购、施工、验收设备、竣工和试生产等各阶段提出时间进度安排计划。

14. 结论

综合全部分析，对建设项目的技术可靠性、先进性、经济效益、社会效益、产品市场销售做出结论，对项目的建设和经营风险做出结论，并列述项目建设存在的主要问题。

15. 附件

（1）项目建议书审批文件。

（2）建设项目所在位置地形图，标明项目占地范围和占地范围内及附近地段地上建筑物现状。

（3）项目建设规划总平面布置图。标明交通组织、功能分区、绿化布局、建筑规模（分出层次和面积）。

（4）道路交通、电信、供电、给排水、供气、供热等各种市政配套设施建设管线布置图。

（5）环境影响评价报告。

（6）规划、供电、市政、公用、劳动、卫生、环保等有关部门对可行性研究报告的审查意见。

（7）大中型生产性项目，要附咨询评估机构的评估报告。

（8）其他附件材料。

21.3　初步设计与施工图设计

设计是指依据工程建设目标，运用工程技术和经济方法，对建设工程的工艺、土木、建筑、公用、环境等系统进行综合策划论证、编制建设所需的设计文件，及其相关的活动。

设计是一门涉及科学、技术、经济和方针政策等各方面的综合性的应用技术科学，设计文件是工程建设的依据，所有工程建设都必须经过设计，未有设计的不得进行施工。因此设计是制药厂建设必不可少的重要组成部分。

一个制药厂建设在厂址选定之后，总体布局是否合理，是否符合"GMP"要求的工艺流程，技术是否合理，设备选型是否得当，生产组织是否科学，建设投资是否合适，产品产量、质量能否达到要求，很大程度上决定于设计质量的水平，所以设计工作是一个工程的灵魂，在整个建设中起着举足轻重的作用。

根据国家建设部 2001 年颁布的《工程设计资质分级标准》的规定，药厂的设计工作必须由有化工石化医药行业工程设计资格的单位来进行。国家药品监督管理局也强调了这一点，可见设计工作的重要性。

药厂（车间）的设计一般分为初步设计和施工图设计。国家对医药工程的初步设计和施工图设计内容和深度均有详细的规定。

21.3.1　初步设计

（1）初步设计的主要任务　初步设计是根据已批准的可行性研究报告，对设计对象进行全面的研究，寻求技术上可能、经济上合理、最符合要求的设计方案。从而确定总体工程设计、车间装备设计原则、设计标准、设计方案和重大技术问题。如总工艺流程、产品生产方法、全厂组成、总图布置，水、电、汽、冷的供应方式和用量，关键机械设备及仪表选型、全厂储运方案、消防、职业安全卫生、环境保护综合利用以及车间或单体工程工艺流程和各专业设计方案等，编制出初步设计说明书等文件与工程项目总概算。

初步设计是确定建设项目的投资额、征用土地、组织主要设备及材料的采购、进行施工准备、生产准备以及编制施工图设计的依据；亦是编制施工组织设计、签订建设总承包合同、银行贷款以及实行投资包干和控制建设工程拨款的依据。初步设计包括文字说明、图纸和设计概算三大部分。

（2）开展初步设计的必要条件

① 必须有已批准的可行性研究报告。

② 必须有建设单位提供的工程地质、水文地质勘察报告（初勘）、厂区区域位置图、厂

区地形图、有关的自然条件等基础资料。

③ 必须有建设单位提供的与工程有关的协作协议。

④ 必须有与建设单位签订的设计合同。

（3）初步设计文件的深度　初步设计的深度应满足下列要求：

① 设计方案的比较选择和确定；

② 主要机械设备的订货；

③ 土地征用范围；

④ 基建投资的控制；

⑤ 施工图设计编制；

⑥ 施工组织设计的编制；

⑦ 施工准备。

（4）初步设计文件及内容　初步设计文件主要有初步设计说明书、初步设计图纸、设计表格、计算书和设计技术条件等。其内容主要包括：

① 项目概况；

② 设计依据；

③ 设计指导思想和设计原则；

④ 产品方案及设计规模；

⑤ 生产方法工艺流程；

⑥ 工艺区域布置；

⑦ 物料衡算和热量衡算；

⑧ 工艺机械设备选择与说明；

⑨ 工艺主要原材料及公用系统消耗；

⑩ 工艺过程控制；

⑪ 车间（设备）布置；

⑫ 制剂机械设备；

⑬ 土建；

⑭ 采暖通风与空调公用工程（给排水、电气、供热和外管道等）；

⑮ 原、辅料及成品贮运；

⑯ 车间维修；

⑰ 环境保护；

⑱ 消防；职业安全卫生；

⑲ 节能；

⑳ 项目行政编制及车间定员；

㉑ 工程概算及财务评价；

㉒ 存在问题及处理建议。

21.3.2　施工图设计

（1）施工图设计的主要任务　施工图设计是把初步设计中确定的设计原则和设计方案，根据建筑安装工程或设备制作的需要，进一步具体化。把工程设计各个组成部分的布置和主要施工方法，以图样及文字的形式加以确定，并编制设备、材料明细表。

施工图设计是为了满足建筑工程施工、设备及管道安装、设备的制作及控制工程建设造价的需要。

施工图设计可作为生产准备的依据。

（2）开展施工图设计的必要条件

① 已批准的初步设计和审批意见是施工图设计的主要依据,已批准的初步设计的主要内容不得修改。如总平面布置、主要工艺流程、主要设备选型,建筑面积及标准、总定员、总概算等。如需修改,应经原审批部门批准。

② 必须有建设单位的工程地质、水文地质的勘察报告及厂区地形图。

③ 必须有主要设备的订货资料,图纸及安装说明等。

④ 必须有与建设单位签订的设计合同以及其他有关外部条件的协议文件。

(3) 施工图设计的深度　施工图设计深度主要包括:各种设备、材料的订货、备料;各种非标设备的制作;工程预算的编制;土建、安装工程的要求。

(4) 施工图设计的内容　由文字说明、表格和图纸三部分组成,主要包括:

① 图纸目录;

② 设计说明;

③ 管道及仪表流程图;

④ 设备布置图;

⑤ 设备一览表;

⑥ 设备安装图;

⑦ 设备地脚螺栓表;

⑧ 管道布置图;

⑨ 软管站布置图;

⑩ 管道及管道特性表;

⑪ 管架表;

⑫ 弹簧表;

⑬ 隔热材料表;

⑭ 防腐材料表;

⑮ 综合材料表;

⑯ 设备管口方位表。

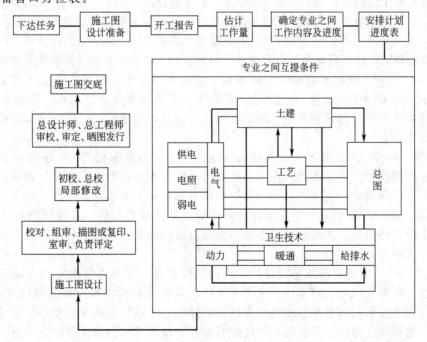

图 21-2　施工图设计基本工作程序

施工图设计是设计部门工作最繁重的一个环节，其基本工作程序如图 21-2 所示。

21.4 厂址选择与总图布置

厂址选择，是指在一定范围内，选择和确定拟建项目建设的地点和区域，并在该区域内具体地选定项目建设的坐落位置。一个工程项目的总图布置，是根据已经确定的原料来源、生产规模、产品方案、厂址地形及地质条件等方面的特点，根据生产工艺流程、技术和功能上的需要及相互关系，从企业的宏观和整体出发，对建设项目的各个组成部分的相互位置及其布置方式等，在设计最初阶段所作出的统筹规划与安排。

21.4.1 厂址选择

厂址选择是基本建设的一个重要环节，选择的好坏对工程的进度、投资数量、产品质量、经济效益以及环境保护等方面具有重大影响。

厂址选择工作在阶段上属于可行性研究的一个组成部分。有条件的情况下，在编制项目建议书阶段就可以开始选厂工作，选厂报告也可先于可行性研究报告提出。

国家法律法规中对厂房选址有明确规定。中国医药工程协会主编的于 2009 年 6 月 1 日开始实施的《医药工业洁净厂房设计规范》中指出医药工业洁净厂房新风口与市政交通干道近基地侧道路红线之间的距离宜大于 50m。

目前，我国制药厂的选厂工作大多采取由建设业主提出，主管部门及政府审批，设计部门参加的组织形式。选厂工作组一般由工艺、土建、供排水、供电、总图运输和技术经济等专业人员组成。

具体选择厂址时，应考虑以下各项因素。

① 环境 GMP 要求：药品生产企业必须有整洁的生产环境。生产环境包括内环境和外环境，外环境对内环境有一定影响。由于药品生产内环境应根据产品质量要求而有净化级别的要求，因此对药品生产内外环境中大气含尘浓度、微生物量应有了解，并从厂址选择、厂房设施和建筑布局等方面进行有效控制，以防止污染药品。从总体上来说，制剂药厂最好选在大气条件良好、空气污染少、无水土污染的地区，尽量避开热闹市区、化工区、风沙区、铁路和公路等污染较多的地区，以使药品生产企业所处环境的空气、场地、水质等符合生产要求。

② 供水 制剂工业用水分非工艺用水和工艺用水两大类。非工艺用水（自来水或水质较好的井水）主要用于产生蒸汽、冷却、洗涤等；工艺用水分为饮用水、纯化水和注射用水。水在药品生产中是保证药品质量的关键因素。因此，药物制剂厂厂址应靠近水量充沛和水质良好的水源。

③ 能源 制药厂生产需要大量的动力和蒸汽。动力的来源有二：一是由电力提供；二是与蒸汽一样由燃料产生。因此，在选择厂址时，应考虑建在电力供应充足和邻近燃料供应的地点，有利于满足生产负荷、降低产品生产成本和提高经济效益。

④ 交通运输 药物制剂工厂应建在交通运输发达的城市郊区，厂区周围有已建成或即将建成的市政道路设施，能提供快捷方便的公路、铁路或水路等运输条件，消防车进入厂区的道路不少于两条。

⑤ 自然条件 主要考虑拟建项目所在地的气候特征（如四季气候特点、日照情况、气温、降水量、汛期、风向、雷暴雨、灾害天气等）是否有利减少基建投资和日常操作费用；地质地貌应无地震断层和基本烈度为 9 度以上的地震；土壤的土质及植被好，无泥石流、滑坡等隐患；地势利于防洪、防涝或厂址周围有集蓄、调节供水和防洪等设施。当厂址靠近江河、湖泊或水库地段时，厂区场地的最低设计标高应高于计算最高洪水位 0.5m。总之，综

合拟建项目所在地的自然条件,可以为整套设计必须考虑的全局性问题提供决策依据。

⑥ 环保 选厂时应注意当地的自然环境条件,对工厂投产后给环境可能造成的影响做出预评价,并得到当地环保部门的认可。选择的厂址应当便于妥善地处理三废(废水、废气、废渣)和治理噪声等。

⑦ 符合在建城市或地区的近、远期发展规划,节约用地,但应留有发展的余地。

⑧ 协作条件 厂址应选择在储运、机修、公用工程(电力、蒸汽、给水、排水、交通、通讯)和生活设施等方面具有良好协作条件的地区。

⑨ 其他 下列地区不宜建厂:有开采价值的矿藏地区;国家规定的历史文物、生物保护和风景游览地;地基允许承受力(地耐力)0.1MPa 以下的地区;对机场、电台等使用有影响的地区。

工艺设计人员从方案设计阶段开始,就应该全面考虑 GMP 对厂房选址的要求,避免在新建厂房进行 GMP 认证时留下后患。

21.4.2 总图布置

确定厂址后,需要根据工程项目的生产品种、规模及有关技术要求缜密考虑和总体解决工厂内部所有建筑物和构筑物在平面和竖向上布置的相对位置,运输网、工程网、行政管理、福利及绿化设施的布置等问题,即进行工厂的总图布置(又称总图运输,总图布局)。

21.4.2.1 厂区划分

一般药厂包含下列组成:主要生产车间(制剂生产车间、原料药生产车间等);辅助生产车间(机修、仪表等);仓库(原料、辅料、包装材料、成品库等);动力(锅炉房、压缩空气站、变电所、配电房等);公用工程(水塔、冷却塔、泵房、消防设施等);环保设施(污水处理、绿化等);全厂性管理设施和生活设施(厂部办公楼、中心化验室、药物研究所、计量站、动物房、食堂、医院等);运输、道路设施(车库、道路等)。

总图设计时,应按照上述各组成的管理系统和生产功能划分为行政区、生活区、生产区和辅助区进行布置。要求从整体上把握这四区的功能分区布置合理,四个区域既不相互影响、人流、物流分开,又要保证相互便于联系、服务以及生产管理。

21.4.2.2 总图布置的原则

进行总图布置时,要遵循国家的方针政策,按照 GMP 要求,结合厂区的地理环境、卫生、防火技术、环境保护等进行综合分析,做到总体布置紧凑有序,工艺流程规范合理,以达到项目投资省,建设周期短,产品生产成本低,经济效益和社会效益高的效果。

具体应考虑以下原则和要求。

① 一般在厂区中心布置主要生产区,而将辅助车间布置在它的附近。

② 生产性质相类似或工艺流程相联系车间要靠近或集中布置。

③ 生产厂房应考虑工艺特点和生产时的交叉感染。例如,兼有原料药物和制剂生产的药厂,原料药生产区布置在制剂生产区的下风侧;青霉素类生产厂房的设置应考虑防止与其他产品的交叉污染。

④ 办公、质检、食堂、仓库等行政、生活辅助区布置在厂前区,并处于全年主导风向的上风侧或全年最小频率风向的下风侧。

⑤ 车库、仓库、堆场等布置在邻近生产区的货运出入口及主干道附近,应避免人、物流交叉,并使厂区内外运输短捷顺直。

⑥ 锅炉房、冷冻站、机修、水站、配电等严重空气噪声及电污染源布置在厂区主导风向的下风侧。

⑦ 动物房的设置应符合国家食品药品监督管理局《实验动物管理办法》等有关规定,布置在僻静处,并有专用的排污和空调设施。

⑧ 危险品库应设于厂区安全位置，并有防冻、降温、消防等措施，麻醉产品、剧毒药品应设专用仓库，并有防盗措施。

⑨ 考虑工厂建筑群体的空间处理及绿化环境布置，符合当地城镇规划要求。

⑩ 考虑企业发展需要，留有余地（即发展预留生产区），使近期建设与远期的发展相结合，以近期为主。

工厂布置设计的合理性很重要，在一定程度上给生产及生产管理、产品质量、质量检验工作带来方便和保证。目前国内不少中小制剂药厂都采用大块式组合式布置，这种布局方式能满足生产并缩短生产工序的路线，方便管理和提高工效，节约用地并能将零星的间隙地合并成较大面积的绿化区。

21.4.2.3 建筑物及构筑物布置

药厂的建设物及构筑物系指其车间、辅助生产设施及行政、生活用房等。进行建筑物及构筑物布置时，应考虑以下几个方面。

(1) 提高建筑系数、土地利用系数及容积率，节约建设用地

$$建筑系数 = \frac{Z+L}{G} \times 100\%$$

$$土地利用系数 = \frac{Z+L+T+D}{G} \times 100\%$$

式中，G 为药厂占地总面积；Z 为建筑物及构筑物的占地面积；L 为露天仓库、堆场等的占地面积；T 为道路等的占地面积；D 为地上、地下的工程管线占地面积。

为满足卫生及防火要求，药厂的建筑系数及土地利用系数都较低。设计中，以保证药品生产工艺技术及质量为前提，合理地提高建筑系数、土地利用系数和容积率，对节约建设用地、减少项目投资有很大意义。

厂房集中布置或车间合并是提高建筑系数及土地利用系数的有效措施之一。例如，生产性质相近的水针剂车间及大输液车间，对洁净、卫生、防火要求相近，可合并在一座楼房内分层（区）生产；片剂、胶囊剂、散剂等固体制剂加工有相近的过程，可按中药、西药类别合并在一层楼层（区）生产。总之，只要符合 GMP 规范要求和技术经济合理，尽可能将建筑物、构筑物加以合并。

设置多层建筑厂房是提高容积率的主要途径。一般可以根据药品生产性质和使用功能，将生产车间组成综合制剂厂房，并按产品特性进行合理分区。例如，在建一个中、西药（其中有头孢类抗生素）制剂厂房，当产品剂型有口服液、外洗剂、固体制剂和粉针剂时，可以按二层建筑进行厂房设计。将中、西药口服液、外洗剂及其配套的制瓶车间布置在综合制剂生产厂房一层；中、西药和头孢类药物固体制剂以及粉针车间布置在生产厂房二层。采用这种方式布局，一方面使制瓶机、制盖机等较为重大的设备布置在底层，利于降低土建造价，另一方面可以将使用有机溶剂的工艺设备和产生粉尘的房间布置在二层，有利于防火防爆处理和减轻粉尘交叉污染，同时也有利于固体制剂车间和粉针车间对相对湿度进行控制。与建成单层单体建筑厂房相比，二层建筑布置大大提高了土地利用系数和建筑容积率。

因此，在占地面积已经规定的条件下，需要根据生产规模考虑厂房的层数。现代化制剂厂以单层厂房较为理想，例如国外各制剂厂房的设计中多采用单层大跨度、无窗厂房。

下面是 GMP 对厂房设计的常规要求：

厂房占厂区总面积 15%；生产车间占建筑总面积 30%；库房占总建筑面积 30%；管理及服务部门占总建筑面积 15%；其他占总建筑面积 10%。

(2) 确保安全卫生，合理确定建筑物间距　决定建筑物间距的因素很多，对药厂来说，主要有防火、防爆、防毒、防尘等防护要求和通风、采光等卫生要求。另外，还有地形地质

条件、交通运输、管线综合等要求。

① 卫生要求　总图布置时，应将卫生要求相近的车间集中布置，将产生粉尘和有害气体的车间布置在厂区的下风侧的边沿地带。因此，就需要向当地气象部门索取全年主导风向和夏季主导风向的资料，对可以在夏季开窗生产的车间，常以夏季主导风向来考虑车间的相互关系。但对质量要求严格及防尘、防毒要求较高的产品，并且全年主导风向与夏季主导风向差别十分明显时，则应以全年主导风向来考虑。同时要注意建筑物的方位，以保证车间有良好的天然采光和自然通风。

按《工业企业设计卫生标准》规定，在厂区布置时应注意：建筑物之间的距离，一般不得小于相对两个建筑物中较高建筑物的高度（由地面到屋檐）；产生有害因素的工业企业与生活区之间，应保持一定的卫生防护距离。卫生防护距离的宽度，应由建设主管部门协同卫生部门、环保部门共同研究确定。在卫生防护距离内，不得建设住房，但必须进行绿化。

② 防火要求　药厂生产使用的有机溶剂、液化石油气等易燃易爆危险品，厂区布置应充分考虑安全布局，严格遵守《建筑设计防火规范》GB 50016—2006 等安全规范和标准的有关规定，重点是防止火灾和爆炸事故的发生。

根据生产使用物质的火灾危险性、建筑物的耐火等级、建筑面积、建筑层数等因素确定建筑物的防火间距。

油罐区、危险品库应布置在厂区的安全地带，生产车间污染及使用液化气、氮、氧气和回收有机溶剂（如乙醇蒸馏）时，则将它们布置在邻近生产区域的单层防火、防爆厂房内。

（3）合理划分厂区，留有发展余地　药物制剂厂的厂区布置要能较好地适应工厂的近、远期规划，留有一定的发展余地。在设计上既要适当考虑工厂的发展远景和标准提高的可能，又要注意今后扩建时不致影响生产以及扩大生产规模的灵活性。

21.4.2.4　人流与物流

掌握人、物分流原则，在厂区设置人流入口和物流入口。人流与货流的方向最好进行相反布置，并将货运出入口与工厂主要出入口分开，以消除彼此的交叉。货运量较大的仓库，堆场应布置在靠近货运大门。车间货物出入口与门厅分开，以免与人流交叉。在防止污染的前提下，应使人流和物流的交通路线尽可能径直、短捷、通畅，避免交叉和重叠。生产负荷中心靠近水、电、汽、冷供应源；有流顺和短捷的生产作业线，使各种物料的输送距离小，减少介质输送距离和耗损；原材料、半成品存放区与生产区的距离要尽量缩短，以减少途中污染。

21.4.2.5　工程管线综合布置

药厂涉的工程管线，主要有生产和生活用的上下水管道、热力管道、压缩空气管道、冷冻管道及生产用的动力管道、物料管道等，另外还有通讯、广播、照明、动力等各种电线电缆。进行总图布置时要综合考虑。一般要求管线之间，管线与建筑物、构筑物之间尽量相互协调，方便施工，安全生产，便于检修。

药厂管线的铺设，有技术夹层、技术夹道或技术竖井布置法、地下埋入法、地下综合管沟法和架空法等几种方式。

21.4.2.6　厂区绿化

按照生产区、行政区、生活区和辅助区的功能要求，规划一定面积的绿化带，在各建（构）筑物四周空地及预留场地布置绿化，使绿化面积最好达 30％以上。绿化以种植草坪为主，辅以常绿灌木和乔木，这样可以减少露土面积，利于保护生态环境，净化空气。厂区道路两旁植上常青的行道树，厂区内不应种植观赏花卉及高大乔木，不能绿化的道路应铺成不起尘的水泥地面，杜绝尘土飞扬。

综上所述，药厂总图布置设计一是遵照项目规划要求，充分考虑厂址周边环境，做到功能分区明确，人、物分流，合理用地，尽量增大绿化面积；二是满足工艺生产要求，做到分区明确，人、物分流，交通便捷。平面布置符合建筑设计防火规范和 GMP 的要求。建筑立面设计简洁、明快、大方，充分体现医药行业卫生、洁净的特点和现代化制剂厂房的建筑风格。

工厂总图布置由于需要条件多，不可能全部满足。因此，需要有丰富的科学知识，足够的工程经验和较高的政策水平，才能编制出合理的工厂总布置图。

图 21-3 所示为某制药厂总平面布置图。

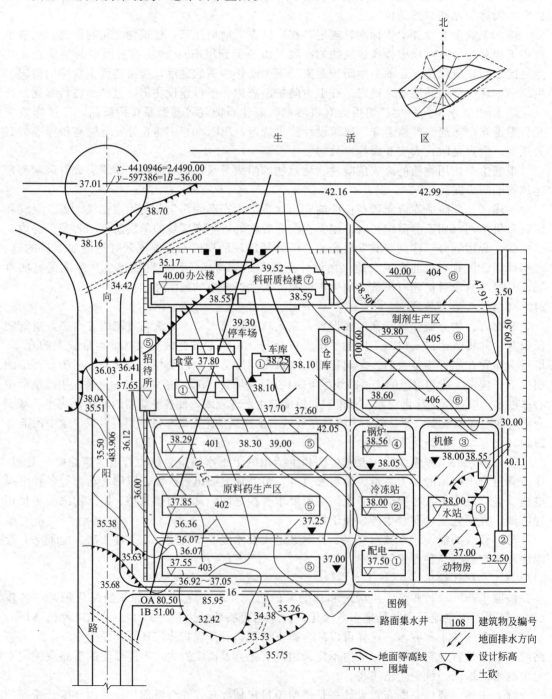

图 21-3　某制药厂总平面布置图

思 考 题

21-1　制剂工程设计的基本要求是什么？

21-2　进行药厂车间设计应以什么为依据？它的具体内容是什么？

21-3　为什么要写可行性研究报告？主要包括哪些内容？

21-4　初步设计的主要任务是什么？

21-5　总图布置的原则是什么？

第 22 章　工艺设计与设备选型

22.1　制药工艺设计的流程

22.1.1　制药工艺过程及制药工艺流程设计的任务

（1）制药工艺过程　所谓工艺就是选择切实可靠的生产技术路线，由原料→半成品→成品的加工过程。一个典型的原料药制药工艺过程一般由六个阶段所组成，如图 22-1 所示。

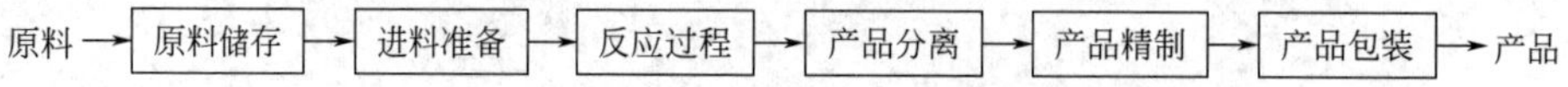

原料 → 原料储存 → 进料准备 → 反应过程 → 产品分离 → 产品精制 → 产品包装 → 产品

图 22-1　制药工艺过程

对于某一具体工艺来说，并不是图中六个阶段都需要，须根据具体情况而定。每一阶段的复杂性取决于工艺的特性。现将上述各阶段分别简介如下。

① 原料贮存　原料贮存的目的是缓冲供应的波动或中断，使原料供应和生产相适应。贮存容量取决于原料的性质，输送的方法及连续供应的程度，一般要求贮存几天或几周的容量。

② 进料的准备　为了向反应阶段进料。由于原料不符合要求，需要进行处理。有的原料纯度不高，通常经过分离提纯；固体原料往往需要破碎、磨细及筛分。

③ 反应　反应是化学制药生产过程的心脏。将原料放至反应器中，按照一定的工艺操作条件，得到合格的产品。在此过程中，也难免生成一些副产物或不希望获得的化合物（杂质）。

④ 产品的分离　反应结束之后，需要将产品、副产品及未反应的物料分离。如果转化率低，未反应物料很多，再送回反应器。在此阶段，副产品也可以与产品分离。

⑤ 产品精制　一般产品需要经过精制，提高质量，成为合格产品，才能满足用户的要求。如果所得到的副产品具有经济价值，也可以经过精制后出售。

⑥ 产品包装　药品包装是药品生产的继续，是对药品施加的最后一道工序。它可以保护药品、便于临床应用、方便流通与销售。

一个工艺过程除了上述的各阶段外，还需要公用工程（水、电、气）及其他附属设施（消防设施、辅助生产设施、办公室、住宅区及化验室等）的配合。

（2）制药工艺流程设计的任务　工艺流程表示由原料到成品过程中物料和能量发生的变化及其流向。工艺流程设计是车间工艺设计的核心，表现在它是车间设计最重要、最基础的设计步骤。因为车间建设的目的在于生产产品，而产品质量的优劣，经济效益的高低，取决于工艺流程的可靠性、合理性及先进性。而且车间工艺设计的其他项目，如工艺设备设计、车间布置设计和管道布置设计等，均受工艺流程约束，必须满足工艺流程的要求而不能违背。

工艺流程设计是工程设计所有设计项目中最先进行的一项设计，但随着车间布置设计及其他专业设计的进展，还要不断地做一些修改和完善，结果几乎是最后完成。在初步设计和施工图设计中，工艺流程设计的任务主要是在初步设计阶段完成。施工图设计阶段只是对初步设计中间审查意见进行修改和完善。

　　由于生产的药物类别和制剂品种不同，一个制药厂通常由若干个生产车间所组成。其中每一个（类）生产车间的生产工段及相应的加工工序不同，完成这些产品生产的设施与设备也有差异，即其车间工艺流程亦不同。因此，只有以车间为单位进行工艺流程设计，才能构成全厂总生产工艺流程图。可以说，车间工艺流程设计是工厂设计的重要组成部分。

　　制药工艺设计的流程一般包括以下几个内容。

　　① 方案设计　其任务是确定生产方法及生产流程，这是全部工艺设计的基础。在通过技术经济评价确定生产方案之后，要经过一定量的化工计算、车间布置设计等工作设计出生产流程。目前，一般是先凭设计者的经验或借鉴有关设计，拟定流程方案，再进行一定计算，最后确定流程。

　　② 物料热量衡算　主要包括物料衡算、热量衡算以及设备计算、设备选型等。在上述计算基础上，绘制物料流程图、主要设备总图和必要部件图，以及带控制点工艺流程图等。

　　③ 车间布置设计　主要任务是确定整个工艺流程中的全部设备在平面和空间中的具体位置，相应地确定厂房或框架的结构形式。车间布置也为土建、采暖、通风、电气、自控、给排水、外管等专业的设计提供依据。

　　④ 管路设计　确定装置的全部管线、阀件、管件以及各种管架的位置，以满足工艺生产的要求。

　　⑤ 提供设计条件　工艺专业设计人员，在各项工艺设计的基础上，必须向其他各类专业人员（土建、电气、采暖、通风、给排水等）提供设计条件，以满足全厂综合性指标的要求。

　　⑥ 编制概算书及编制设计文件　概算书是在初步设计阶段编制的工程投资的概略计算，作为投资者对基本建设进行投资核算的依据。其内容主要包括工厂建筑、设备及安装工程费用等。

　　初步设计阶段与施工设计阶段完成之后，都要编制设计文件，它是设计成果的汇总，是工厂施工、生产的依据。内容主要包括设计说明书、附图（流程图、布置图、设备图、配管图等）和附表（设备一览表、材料汇总表等）。

22.1.2　选择生产方法

　　制药工业生产中，一个工艺过程往往可以通过多种方法来实现。以片剂的制备为例，固体间的混合有搅拌混合、研磨混合与过筛混合等方法；湿法制粒有三步（混合、制粒、干燥）制粒法和一步制粒法；包衣方法有滚转包衣、流化包衣、压制包衣和埋管喷雾滚转包衣等。工艺设计人员只有根据药物的理化性质和加工要求，对上述各工艺过程方案进行全面的比较和分析，才能产生一个合理的片剂制备工艺流程设计方案。

　　对于新产品的工艺流程设计，应在中试放大的有关数据的基础上，与研究生产单位共同进行分析。对比后，研究确定符合生产与质量要求的工艺流程。而原有车间的技术改造，则应在依据原工艺技术的基础上，根据生产工艺技术的发展，装备技术的进步，选择先进的生产工艺与优良的设备，以实现经济效益与质量得到同步提高。

　　需要强调的是，一个优秀的制药工程设计，除了具有正确、合理的生产工艺（流程）外，还要有保证产品质量所需的优良环境，满足各种产品质量要求所需的性能完善的设备与装置、先进的检测手段和完善的生产管理方法。

　　进行方案比较，首先要明确判断依据。制药工程上常用的判据有药物、制剂产品的质量、产品收率、原辅料及包装材料消耗、能量消耗、产品成本、工程投资、环境保护、安全等。药物、制剂工艺流程设计应以采用成熟可靠的技术、提高生产效率、降低投资和设备运行费用等为原则，同时也应综合考虑工艺要求、工厂（车间）所在的地理、气候环境、设备条件和投资能力等因素。

进行方案比较的前提是保持工艺过程的原始信息不变。例如，制剂工艺过程的操作参数，如单位生产能力、工艺操作温度、压力、生产环境（洁净级别、湿度）等原始信息，设计者是不能变更的。设计者只能采用各种工程手段和方法，保证实现工艺规定的操作参数。

设计对象的具体情况是不同的。有些品种已经大规模生产，有些品种尚属于中间试验阶段，也有些品种国内尚未试验和生产，只有文献资料可查。但是不论用于哪种情况，为顺利开展设计工作必须搜集有关生产方法的资料，其内容如下。

① 各种生产方法及其工艺流程。

② 各种生产方法的技术经济比较，包括：产品成本；原料和主要辅料的用量及供应的可能性；水、电、气的用量及其供应；副产品的利用，废水废物的处理；生产技术是否先进，装备简单或复杂；生产自动化、机械化程度；基本建设投资；建筑占地面积和展开面积；主要基建材料用量及其供应的可能性；设备制作的复杂程度及供应的可能性等。

掌握了这些有关生产方法的资料后，就可以着手进行分析。必须对该种产品的现有生产方法、正在试验的新方法以及尚未实现的方法作出全面分析，反复考虑主观和客观的条件，最后找出技术上最先进，经济上最合理，符合我国国情，切实可行的生产方法。

选择生产方法及其工艺流程是极为重要的，因为它决定整个生产在技术上是否先进，经济上是否合理，并为设计好坏的关键性因素。

22.1.3　工艺设计的流程

当生产方法确定后，必须对工艺流程进行技术处理。在考虑工艺流程的技术问题时，应以工业化实施的可行性、可靠性和先进性为基点，综合权衡多种因素，使流程满足生产、经济和安全等诸多方面的要求，实现优质高产、低消耗、低成本、安全等综合目标。

22.1.3.1　工艺流程设计的原则

① 尽可能采用先进设备、先进生产方法及成熟的科学技术成就，以保证产品质量。

②"就地取材"、充分利用当地原料，以便获得最佳的经济效果。

③ 所采用的设备效率高、降低原材料消耗及水电气消耗。以使产品的成本降低。

④ 按 GMP 要求对不同的药物剂型进行分类的工艺流程设计。如口服固体制剂、栓剂等按常规工艺路线进行设计；外洗液、口服液、注射剂（大输液、小针剂）等按灭菌工艺路线进行设计；粉针剂按无菌工艺路线进行设计等。

⑤ β-内酰胺类药品（包括青霉素类、头孢菌素类）按单独分开的建筑厂房进行工艺流程设计。中药制剂和生化药物制剂涉及中药材的前处理、提取、浓缩（蒸发）以及动物脏器、组织的洗涤或处理等生产操作，按单独设立的前处理车间进行前处理工艺流程设计，不得与其制剂生产工艺流程设计混杂。

⑥ 其他如避孕药、激素、抗肿瘤药、生产用毒菌种、非生产用毒菌种、生产用细胞与非生产用细胞、强毒与弱毒、死毒与活毒、脱毒前与脱毒后的制品的活疫苗与灭活疫苗、人血液制品、预防制品的剂型及制剂生产按各自的特殊要求进行工艺流程设计。

⑦ 遵循"三协调"原则即人流物流协调、工艺流程协调、洁净级别协调，正确划分生产工艺流程中生产区域的洁净级别，按工艺流程合理布置，避免生产流程的迂回、往返和人、物流交叉等。

⑧ 充分预计生产的故障，以便即时处理、保证生产的稳定性。

工艺设计的流程依据主要从原料性质、产品质量和品种、生产能力以及今后的发展余地等方面考虑。

22.1.3.2　工艺过程的分类

制药生产过程一般可以分为连续操作、间歇操作和半间歇操作。采用哪一种操作方式，要因地制宜。

（1）连续操作　进料和出料连续不断地流过生产装置，进、出料量相等。

连续操作具有设备紧凑、生产能力大、操作稳定可靠、易于自动控制、成品质量高、符合 GMP 要求、操作运行费用低等一系列优点。因此，生产量大的产品，只要技术上可能，一般都宜采用连续操作方式。例如，国内外自动化程度较高的生产厂家，在水针剂、大输液的生产中，除了灭菌工序外，从洗瓶到灌封以及异物检查到印包都实施了连续化生产操作，大大提高了水针剂、大输液生产的技术水平。又如抗生素粉针剂的生产，一般经过如下过程：粉针剂玻璃瓶的清洗、灭菌和干燥→粉针的充填及盖胶塞→轧封铝盖→半成品检查→粘贴标签→装盒装箱。目前，国外许多公司已有成套粉针剂生产联动线及单元设备，从而实现了上述粉剂生产过程的连续自动化生产，避免了间歇操作时人体接触、空瓶待灌封等对产品带来的污染，提高和保证了产品的生产质量。

（2）间歇操作　在生产操作一开始物料一次投入系统，直到操作过程结束之后，立即将产物一次取出。在投料和出料之间，系统内没有物料量的交换。

间歇操作是我国制剂工业目前采用的主要操作方式。这主要是制剂产品的产量相当小，国产化连续操作设备尚不够成熟，原辅料质量不稳定，技术工艺条件及产品质量要求严格等。从国外制药工业发展情况看，广泛采用先进的连续化操作生产线——联动线是制药工业向专业化、规模化方向发展的必然趋势，也是促进我国制药企业全面实施 GMP 与国际接轨的有效途径。

（3）半间歇操作　操作过程为一次投料，而连续不断地出料，或连续不断加料，而在操作一定时间后一次出料。

在不少的情况下，制剂工业采用联合操作即连续操作和间歇操作的联合。这种组合方式比较灵活，在整个生产过程中，可以有大多数过程采用连续操作，而少数过程为间歇操作的组合方式，也可以大多数过程采用间歇操作，少数为连续操作组成方式。例如片剂的制备工艺过程，制粒为间歇式操作，压片、包衣和包装可以采取连续操作方式。

22.1.3.3　设计工艺流程应考虑的问题

（1）从工艺和技术角度来看　要求工艺流程满足以下要求。

① 尽量采用能使物料和能量有高利用率的连续过程。

② 反应物在设备中的停留时间既要使之反应完全，又要尽可能短。

③ 维持各个反应在最适宜的工艺条件下进行。

④ 设备或器械的设计要考虑到流动形态对过程的影响，也要考虑到某些因素可能变动，如原料成分的变动范围，操作温度的允许范围等。

⑤ 尽可能使设备的构造、反应系统的操作和控制简单、灵敏和有效。

⑥ 及时采用新技术和新工艺。有多种方案可以选择时，选直接法代替多步法，选原料易得路线代替多原料路线，选低能耗方案代替高能耗方案，选接近于常温常压的条件代替高温高压的条件，选污染或废料少的代替污染严重的等，但也要综合考虑。

⑦ 为易于控制和保证产品质量一致，在技术水平和设备材质等允许下，大型单系列优于小型多系列，且便于实现微机控制。

（2）从经济核算、管理、环保和操作安全的角度来看　要求如下。

① 选用小而有效的设备和建筑，以降低投资费用，并便于管理和运输，与此同时，也要考虑到操作、安全和扩建的需要。

② 用各种方法减少不必要的辅助设备或辅助操作。例如利用地形或重力进料以减少输

送机械。

③ 工序和厂房的衔接安排要合理。

④ 创造有职业保护的安全工作环境，减轻体力劳动负担。

⑤ 重视环境保护，做好三废治理。污染处理装置应与生产同时投产。

22.1.3.4　根据生产操作方法确定主要制药过程及机械设备

生产操作方法确定以后，工艺设计人员应该以工业化大规模生产的概念来考虑主要制药过程及机械设备。例如，以间歇式浓配法配制水针剂药液，在实验室操作很简单，只需要玻璃烧杯、玻棒和垂溶漏斗，将原料加入部分溶剂中，加热过滤后再加入剩余溶剂混匀精滤即可。但是这个简单的混合过程在工业化生产中就变得复杂起来，必须考虑下面一系列问题：①带搅拌装置的配料罐；②配制过程是间歇操作，需配置溶剂计量罐，该溶剂若为混合溶剂，情况更复杂；③由车间外供应的原料和溶剂不是连续提供则应考虑输送方式和贮存设备；④用什么方法将溶剂加入溶剂计量罐中，如果采用泵输送，则需配置进料泵；⑤固体原料的加入方法；⑥根据药液的性质及生产规模选择过滤器；确定过滤方式是静压、加压还是减压。

工业化生产中药液的配制工序，至少应确定备有配料罐、溶剂计量罐、溶剂贮槽、进料泵、过滤装置等主要设备。

22.1.3.5　保持主要设备能力平衡，提高设备的利用率

制剂工业生产中，剂型加工过程是工艺的主体，制剂加工设备及机械是主要设备。在设计时，应保持主要设备的能力平衡，提高设备的利用率。若引进成套生产线，则应根据使用药厂的制剂品种、生产规模、生产能力来选定生产联动线的组成形式和由什么型号的单元设备配套组成，以充分发挥各单元设备的生产能力和保证联动线最佳生产效能。

22.1.3.6　确定配合主要制剂过程所需的辅助过程及设备

制剂加工和包装的各单元操作（如粉碎、混合、干燥、压片、包衣、充填、配制、灌封、灭菌、贴签、包装等作业）是制剂生产工艺流程的主体，设计中应以单元操作为中心，确定配合完成这些操作所需的辅助设备、公用工程及设施如厂房、设备、介质（水、压缩空气、惰性气体）及检验方法等，从而建立起完整的生产过程。

例如，包衣过程是片剂车间的主要制剂加工过程之一，除了考虑包衣机本身外，尚需考虑：①片芯进料方式，人工加料还是机械输送；②包衣料液的配制、贮存及加入方式；③包衣锅的动力及鼓风设备；④包衣过程的除尘装置；⑤包衣片的打光处理；⑥操作环境（洁净级别、空气湿度）；⑦包衣设备的清洗保养。

此外，还应考虑的如物料的回收、循环、使用、节能、安全，合理地选择质量检测和生产控制方法等问题。

22.1.4　工艺流程图

初步设计阶段的工艺流程图有生产工艺流程示意图、物料流程图和带控制点的工艺流程图。在施工图设计阶段要进一步对上述流程图进行完善、补充，同时要完成管道仪表流程图。

（1）生产工艺流程示意图　生产工艺流程示意图是用来表示生产工艺过程的一种定性的图纸。在生产路线确定后，物料计算前设计给出。工艺流程示意图一般有工艺流程框图和工艺流程简图两种表示方法。

① 工艺流程框图　工艺流程框图是用方框和圆框（或椭圆框）分别表示单元过程及物料，以箭头表示物料和载能介质流向，并辅以文字说明表示制剂生产工艺过程的一种示意图。它是物料计算、设备选型、公用工程（种类、规格、消耗）、车间布置等项工作的基础，需在设计工作中不断进行修改和完善。如图 22-2 所示为葡萄糖生产工艺流程框图。

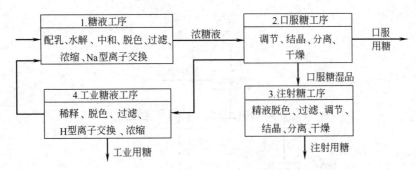

图 22-2　葡萄糖生产工艺流框图

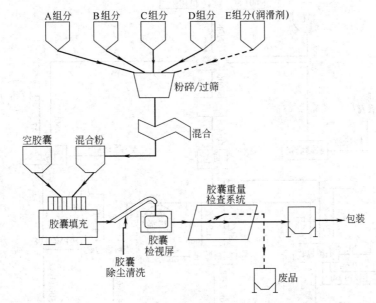

图 22-3　硬胶囊剂生产工艺流程简图

②　工艺流程简图　工艺流程简图由物料流程和设备组成。它包括：以一定几何图形表示的设备示意图；设备之间的竖向关系；全部原辅料、中间体及三废名称及流向；必要的文字注释。如图 22-3 所示为某硬胶囊剂生产工艺流程简图。

（2）物料流程图　工艺流程示意图完成后，开始进行物料衡算，再将物料衡算结果注释在流程中，即成为物料流程图。它说明车间内物料组成和物料量的变化，单位以批（日）计（对间歇式操作）或以小时计（对连续式）。从工艺流程示意图到物料流程图，工艺流程就由定性转为定量。物料流程图是初步设计的成果，需编入初步设计说明书中。

对应于工艺流程示意图，物料流程图亦有两种表示方法：①以方框流程表示单元操作及物料成分和数量；②在工艺流程简图上方列表表示物料组成和量的变化，图中应有设备位号、操作名称、物料成分和数量。

对总体工程设计应附总物料平衡图。

如图 22-4 所示为以第 1 种方式表示的某中药固体制剂车间工艺物料流程图。

图中圆框表示物料及种类，方框表示单元操作名称，在圆框与方框之间的物料流向连线上注明物料量。物料流程图既包括物料由原、辅料转变为制剂产品的来龙去脉（路线），又包括原料、辅料及中间体在各单元操作的类别、数量和物料量的变化。在物料流程图中，整个物料量是平衡的，因此又称物料平衡图，它为后期的设备计算与选型、车间布置、工艺管

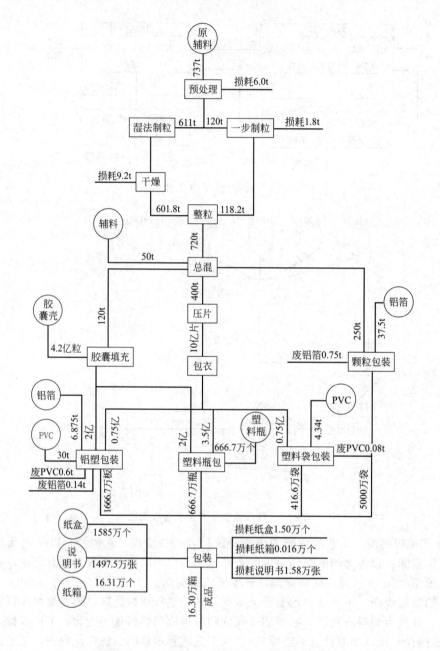

图 22-4　某中药固体制剂车间工艺物料流程图

年工作日 250 天；片剂 5 亿片/年（单班产量），70%瓶包，15%铝塑包装，15%袋装；
胶囊 2 亿粒/年（单班产量），50%瓶包，50%铝塑包装；颗粒剂 5000 万袋/年（双班产量）

道设计等提供计算依据。

　　（3）带控制点的工艺流程图　在初步设计阶段，除了完成工艺计算、确定工艺流程之外，还应确定主要工艺参数的控制方案，所以初步设计阶段在提交物料流程图的同时，还要提交带控制点的工艺流程图。

　　带控制点的工艺流程图一般应画出所有工艺设备、工艺物料管线、辅助管线、阀门、管件以及工艺参数（温度、压力、流量、液位、物料组成、浓度等）的测量点，并表示出自动控制的方案。它是由工艺专业人员和自控专业人员合作完成的。

通过带控制点的工艺流程图，可以比较清楚地了解设计的全貌。

药物制剂工程设计带控制点的工艺流程图绘制，没有统一的规定。从内容上讲，它应由图框、物料流程、图例、设备一览表和图签等组成。

（4）管道仪表流程图　管道仪表流程图在施工图设计阶段完成，是该设计阶段的主要设计成品之一，它反映的是工艺流程设计、设备设计、管道布置设计、自控仪表设计的综合成果。

管道仪表流程图要求画出全部设备，全部工艺物料管线和辅助管线，还包括在工艺流程设计时考虑为开车、停车、事故、维修、取样、备用、再生所设置的管线以及全部的阀门、管件。并要详细标注所有的测量、调节和控制器的安装位置和功能代号，因此，它是指导管路安装、维修、运行的主要档案性资料。

22.2　工艺设备的设计、选型与安装

工艺设备设计、选型与安装是工艺设计的重要内容，所有的生产工艺都必须有相应的生产设备，同时所有的生产设备都是根据生产工艺要求而设计选择确定的。所以设备的设计与选型是在生产工艺确定以后进行。

22.2.1　工艺设备的设计与选型

制药设备可分为机械设备和化工设备两大类，一般说来，原料药生产以化工设备为主，以机械设备为辅；药物制剂生产以机械设备为主（大部分为专用设备），化工设备为辅。

目前制剂生产剂型有针剂、粉针、片剂、胶囊、冲剂、口服液、糖浆、栓剂、膜剂、软膏等多种剂型，每生产一种剂型都需要一套专用生产设备。

制剂专用设备又有两种形式：一种是单机生产，由操作者衔接和运送物料，完成整个生产过程，如片剂、冲剂等基本上是这种生产形式，其生产规模可大可小，比较灵活，容易掌握，但受人的影响因素较大，效率较低；另一种是联动生产线（或自动化生产线），基本上是将原料和包装材料加入，通过机械加工、传送和控制，完成生产。如输液剂、粉针剂等，其生产规模较大，效率高，但操作、维修技术要求较高，对原材料、包装材料质量要求高，一处出毛病就会影响整个联动线的生产。

22.2.1.1　工艺设备设计与选型的步骤

工艺设备设计与选型分两个阶段，第一阶段包括以下内容：①定型机械设备和制药机械设备的选型；②计量贮存容器的计算；③定型化工设备的选型；④确定非定型设备的形式、工艺要求、台数、主要规格；⑤编制工艺设备一览表。

第二阶段是解决工艺过程中的技术问题，例如过滤面积、传热面积、干燥面积以及各种设备的主要规格等。

设备的选型首先要考虑设备的适用性，使用能达到药品生产质量的预期要求，必须充分考虑设计的要求和各种定型设备和标准设备的规格、性能、技术特征、技术参数、使用条件，设备特点、动力消耗、配套的辅助设施、防噪声和减震等有关数据以及设备的价格，此外还要考虑工厂的经济能力和技术素质。必须考虑需要与可能。还要考虑工厂的经济能力和技术素质。

在制剂设备与选型中应注意：①用于制剂生产的配料、混合、灭菌等主要设备和用于原料药精制、干燥、包装的设备，其容量应与生产批量相适应；②对生产中发尘量大的设备如粉碎、过筛、混合、制粒、干燥、压片、包衣等设备应附带防尘围帘和捕尘、吸粉装置，经除尘后排入大气的尾气应符合国家有关规定；③干燥设备进风口应有过滤装置，出风口有防

止空气倒流装置；④洁净室（区）内应尽量避免使用敞口设备，若无法避免时，应有避免污染措施；⑤设备的自动化或程控设备的性能及准确度应符合生产要求，并有安全报警装置；⑥应设计或选用轻便、灵巧的物料传送工具（如传送带、小车等）；⑦不同洁净级别区域传递工具不得混用，C 级洁净室（区）使用的传输设备不得穿越其他较低级别区域；⑧不得选用可能释出纤维的药液过滤装置，否则须另加非纤维释出性过滤装置，禁止使用含石棉的过滤装置；⑨设备外表不得采用易脱落的涂层；⑩生产、加工、包装青霉素等强致敏性、某些甾体药物、高活性、有毒害药物的生产设备必须专用等。

22.2.1.2 制剂专用设备设计与选型的主要依据和设计通则

设备的设计与选型，最终将体现在药厂具体生产中，因此，选型是否合理，是否符合企业工艺生产特点，便于操作、维修，特别是该设备是否符合 GMP 要求，将很大程度影响药厂的 GMP 认证以及今后的生产和进一步发展。

（1）工艺设备设计选型的主要依据

① 设备符合国家有关政策法规，可满足药品生产的要求，保证药品生产的质量，安全可靠，易操作、维修及清洁。

② 设备的性能参数符合国家、行业或企业标准，与国际先进制药设备相比具有可比性，与国内同类产品相比具有明显的技术优势。

③ 具有完整的、符合标准的技术文件。

（2）制药设备 GMP 设计通则的具体内容　制药设备在制药 GMP 这一特定条件下的产品设计、制造、技术性能等方面，应以设备 GMP 设计通则为纲，以推进制药设备 GMP 规范的建立和完善，其具体内容如下。

① 设备的设计应符合药品生产及工艺的要求，安全、稳定、可靠，易于清洗、消毒或灭菌，便于生产操作和维修保养，并能防止差错和交叉污染。

② 设备的材质选择应严格控制。与药品直接接触的零部件均应选用无毒、耐腐蚀，不与药品发生化学变化，不释出微粒，或吸附药品的材质。

③ 与药品直接接触的设备内表面及工作零件表面，尽可能不设计有台、沟及外露的螺栓连接。表面应平整、光滑、无死角，易清洗与消毒。

④ 设备应不对装置之外环境构成污染，鉴于每类设备所产生污染的情况不同，应采取防尘、防漏、隔热、防噪声等措施。

⑤ 在易燃易爆环境中的设备，应采用防爆电器并设有消除静电及安全保险装置。

⑥ 对注射制剂的灌装设备除应处于相应的洁净室内运行外，要按 GMP 要求，局部采用 A 级层流洁净空气和正压保护下完成各个工序。

⑦ 药液、注射用水及净化压缩空气管道的设计应避免死角、盲管。材料应无毒，耐腐蚀。内表面应经电化抛光，易清洗。管道应标明管内物料流向。其制备、贮存和分配设备结构上应防止微生物的滋生和传染。管路的连接宜采用卡箍式连接。

⑧ 当驱动摩擦而产生的微量异物及润滑剂无法避免时，应对其机件部位实施封闭并与工作室隔离，所用的润滑剂不得对药品、包装容器等造成污染。对于必须进入工作室的机件也应采取隔离保护措施。

⑨ 无菌设备的清洗，尤其是直接接触药品的部位和部件必须灭菌，并标明灭菌日期，必要时要进行微生物学的验证。经灭菌的设备应在 3 日内使用，同一设备连续加工同一无菌产品时，每批之间要清洗灭菌；同一设备加工同一非灭菌产品时，至少每周或每生产三批后进行全面清洗。设备清洗除采用一般方法外，最好配备就地清洗（CIP）和就地灭菌（SIP）的洁净、灭菌系统。

⑩ 设备设计应标准化、通用化、系列化和机电一体化。实现生产过程的连续密闭，自

动检测，是全面实施设备 GMP 的要求的保证。

　　此外，涉及压力容器时，除符合上述要求外，还应符合《钢制压力容器》GB 150—1998 有关规定。

22.2.2　工艺设备的安装

　　制剂设备要达到 GMP 要求，工艺设备达标是一个重要方面，其中设备的安装是重要内容。首先设备布局要合理，其安装不得影响产品的质量；安装间距要便于生产操作、拆装、清洁和维修保养，并避免发生差错和交叉污染。同时，设备穿越不同洁净室（区）时，除考虑固定外，还应采用可靠的密封隔断装置，以防止污染。不同的洁净等级房间之间，如采用传送带传递物料时，为防止交叉污染，传送带不宜穿越隔墙，而应在隔墙两边分段传送，对送至无菌区的传动装置必须分段传送。应设计或选用轻便、灵巧的传送工具，如传送带、小车、流槽、软接管、封闭料斗等，以便辅助设备之间的连接。对洁净室（区）内的设备，除特殊要求外，一般不宜设地脚螺栓。对产生噪声、振动的设备，应分别采用消声、隔振装置，改善操作环境。动态操作时，洁净室内噪声不得超过 70dB。设备保温层表面必须平整、光洁，不得有颗粒性物质脱落，表面不得用石棉水泥抹面，宜采用金属外壳保护。设备布局上要考虑设备的控制部分与安置的设备有一定的距离，以免机械噪声对人员的污染损伤，所以控制部分（工作台）的设计应符合人类工程学原理。

思　考　题

22-1　制药工艺设计的基本要求是什么？

22-2　为顺利开展设计工作，选择生产方法时，应搜集哪些资料？

22-3　工艺流程设计的原则是什么？

22-4　工艺设备选型的步骤是什么？

第 23 章 车间布置与管路设计

23.1 车间布置设计

23.1.1 车间布置设计的任务与内容

(1) 车间设计的任务 车间布置设计的任务，就是合理安排全车间的设备及一切辅助设施和配置车间厂房等。车间布置设计是车间工艺设计的两个重要环节之一，它还是工艺专业向其他专业提供开展车间设计的基础资料之一。一个布置不合理的车间，基建时工程造价高，施工安装不便，车间建成后又会带来生产和管理问题，造成人流和物流紊乱、设备维护和检修不便等问题。因此，车间布置设计时应遵守设计程序，按照布置设计的基本原则，进行细致而周密的考虑。

医药工业制剂洁净车间设计除需遵循一般车间常用的设计规范（如《建筑设计防火规范》）和规定外，还需遵照《医药工业洁净厂房设计规范》和《药品生产质量管理规范》(GMP) 进行车间设计。

药厂车间一般由以下几部分组成：

① 生产设施 包括各工序的操作间、控制室、原材料、辅料、包装材料、成品等库房及控制室等。

② 生产辅助设施 包括除尘、通风室、动力房、配电房、机修房、化验室、空调室等。

③ 生活、行政设施 包括车间办公室、会议室、更衣室、卫生间等。

④ 其他特殊用房 车间布置设计就是把上述各设施、车间各工段进行组合布置，并对车间内各设备进行布置和排列。

(2) 车间设计的内容 车间布置设计分初步设计和施工图设计两个阶段，这两个阶段进行的内容和深度是不相同的。

在初步设计阶段，由于处于设计的初始阶段，能为车间布置设计提供的资料有限，并且也不完全准确。在这个阶段，工艺设计人员根据工艺流程图、设备一览表、工厂总平面布置图，配电、控制室、生活行政辅助设施的要求以及物料贮存和运输情况等资料画出车间的布置草图，提供给建筑设计专业人员做厂房建筑的初步设计。在工艺设计人员取得建筑设计图后，再对车间布置草图进行修改，然后画出初步设计阶段的车间平面、立面布置图。

初步设计阶段的车间布置设计应包括以下内容：①按《药品生产质量管理规范》确定车间各工序的洁净等级；②生产工序、生产辅助设施、生活行政辅助设施的平面、立面布置；③车间场地和建筑物、构筑物的位置和尺寸；④设备的平面、立面布置；⑤通道系统、物料运输设计；⑥安装、操作、维修的平面和空间设计。

初步设计阶段的车间布置设计的成品是一组平、立面布置图，列入初步设计的设计文件中。

施工图设计阶段的车间布置设计是在初步设计车间布置图的基础上进行的，初步设计批准后，各专业要进一步对车间布置进行研究并进行空间布置的配合，全面考虑土建、仪表、电气、暖通、供排水等专业与机修、安装操作等各方面的需要，最后得到一个能满足各方面要求的车间布置。在这一阶段，由于设备设计、管路设计均已进行，因而设备尺寸、管口方位、管道走向、电机及仪表安装位置等均可由各专业设计人员协商提供，电气、仪表、暖通、供排水、工艺管路等设计工作的进行也为最后落实车间布置提供了十分全面、详尽的资料，经多方协商研究、修改和增删，最后得到施工图设计阶段的车间布置图。

施工图设计阶段布置设计的内容如下：①落实初步设计车间布置的内容；②确定设备管口和仪表接口的方位和标高；③物料与设备移动、运输设计；④确定与设备安装有关的建筑物尺寸；⑤确定设备安装方案；⑥安排管路、仪表、电气管线的走向，确定管廊位置。

施工图阶段的布置设计，必须有所订设备制造厂返回的设备图（列出地脚螺栓，外形尺寸，主要管口方位、重量等）作依据，才能成为最后成品。

施工图设计阶段车间布置的成品是最终的车间布置平面、立面、吊顶平面图，列入施工图阶段的设计文件中。

23.1.2　车间的总体布置

车间布置设计既要考虑车间内部的生产、辅助生产、管理和生活的协调，又要考虑车间与厂区供水、供电、供热和管理部分的呼应，使之成为一个有机整体。

根据生产规模和生产特点，厂区面积、厂区地形和地质等条件考虑厂房的整体布置，厂房组成形式有集中式和单体式。药物制剂车间多采用集中式布置。

厂房的平面形状和长宽尺寸，既要满足工艺的要求，又要考虑土建施工的可能性和合理性。简单的平面外形容易实现工艺和建筑要求的统一，因此，车间的体型通常采用长方形、L形、T形、M形和Ⅱ形，尤以长方形为多。这些形状，从工艺要求上看，有利于设备布置，能缩短管线，便于安装，有较多可供自然采光和通风的墙面；从土建上看，占地较节省，有利于建筑构件的定型化和机械化施工。

工业厂房有单层、双层或单层和多层结合的形式。这几种形式主要根据工艺流程的需要综合考虑占地和工程造价，具体选用。

厂房的高度主要决定于工艺、安装和检修要求，同时也要考虑通风、采光和安全要求。车间底层的室内标高宜高出室外地坪 0.5～1.5m。如有地下室，可充分利用，将冷热管、动力设备、冷库、活性污水灭活等优先布置在地下室内。

根据投资省、上马快、能耗少、工艺路线紧凑等要求，参考国内外新建的符合 GMP 厂房的设计，制剂车间以建造单层大框架、大面积的厂房最为合适；同时可设计成以大块玻璃为固定窗的无开启窗的厂房。其优点：①大跨度的厂房，柱子减少，有利于按区域概念分隔厂房，分隔房间灵活、紧凑、节省面积，便于以后工艺变更、更新设备或进一步扩大产量；②外墙面积最少，能耗少（这对严寒地区或高温地区更显有利），受外界污染也少；③车间布局可按工艺流程布置得合理紧凑，生产过程中交叉污染、混杂的机会也最少；④投资省、上马快，尤其对地质条件较差的地方，可使基础投资减少；⑤设备安装方便；⑥物料，半成品及成品的输送，有条件采用机械化输送，便于联动化生产，有利于人流物流的控制和便于安全疏散等。

不足之处是占地面积大，容积率低。

制剂多层厂房以条形厂房为当前生产厂房的主要形式。这种多层厂房具有占地少，节约用地，采用自然通风和采光容易，生产线布置比较容易，对剂型较多的车间可减少相互干扰，物料利用位差较易输送，车间运行费用低等优点，这在老厂改造、扩建时可能只能采用此种体型。但多层厂房的不足主要表现如下：①平面布置上必然增加水平联系走廊及垂直运输电梯、楼梯等，这就增加了建筑面积，有效面积减小，建筑载荷高，造价高，同时也给按不同洁净度分区的建筑和使用带来难度；②层间运输不便，运输通道位置制约各层合理布置；③人员净化路程长，增加人员净化室个数与面积；④管路系统复杂，增加敷设难度；

⑤在疏散、消防及工艺调整等方面受到约束；⑥竖向通道对药品增加了污染的风险。

目前制剂厂这两种厂房都有建设和使用，也有将两种形式结合起来建设成大跨度多层厂房的。

23.1.3 制剂车间的洁净分区

根据生产工艺和产品质量的要求，制剂生产车间的环境可划分为一般生产区、控制区和洁净区。一般生产区系指无洁净度要求的生产区域及辅助区域等；控制区系指虽非洁净区，但对洁净度或菌落数有一定要求的生产区域及辅助区域；洁净区系指有较高洁净度或菌落数要求的生产区域。

23.1.4 各种制剂生产工艺流程框图和环境区域划分

不同的生产品种和剂型，其生产洁净度的级别划分不同，常见各种剂型的生产工艺流程方框图如下。

(1) 固体制剂　固体制剂包括片剂、胶囊剂和颗粒剂，其前处理是相同的：合格原辅料经物净处理后由气闸进入物料存放间经称量、粉碎、筛分、配料、混合、制粒、整理、总混。在总混后，可分为三种不同的处理方式：做片剂则经压片、包衣、内、外包装等工序，经检测合格后入库；胶囊剂则将总混后物料去胶囊填充，经抛光处理后去内外包；做颗粒剂则是将总混后物料直接去颗粒包装，进入外包程序，片剂和颗粒剂的内包形式有铝塑包装、铝铝包装、瓶包等形式。固体制剂生产工艺流程方框图及环境区域划分如图 23-1 所示。

(2) 可灭菌小针　合格原辅料经物净处理后由气闸进入物料存放间经称量，称量后原辅料按规定配比加入配料罐配制成符合要求的料液，经 $0.2\mu m$ 除菌过滤检测合格后备用；安瓿瓶经清洗、烘干、灭菌后，在无菌条件下灌入规定量的料液，拉丝封口后去灭菌检漏柜灭菌检漏后经灯检、外包装，检验合格后成品入库。可灭菌小针生产工艺流程方框图及环境区域划分如图 23-2 所示。

(3) 可灭菌大输液　可灭菌大容量注射剂由于其用量大又直接进入血液，故质量要求较高，生产工艺及洁净级别要求与可灭菌小容量注射液有所不同。合格原辅料经物净处理后由气闸进入物料存放间经称量，称量后原辅料按规定配比加入配料罐配制成符合要求的料液，经 $0.2\mu m$ 除菌过滤检测合格后备用；玻璃瓶经清洗、烘干、灭菌，胶塞经灭菌后，在无菌条件下灌入规定量的料液，压塞后去轧盖，轧盖后输液瓶通过灭菌柜灭菌检漏后经灯检、外包装，检验合格后成品入库。可灭菌大输液生产工艺流程方框图及环境区域划分如图 23-3 所示。

(4) 冻干粉针剂　合格原辅料经物净处理后由气闸进入物料存放间经称量，称量后原辅料按规定配比加入配料罐配制成符合要求的料液，经 $0.2\mu m$ 除菌过滤，检测合格后备用；西林瓶经清洗、烘干、灭菌，胶塞经灭菌后，在无菌条件下灌入规定量的料液，半压塞后装盘去冻干机冻干、压塞，半成品经轧盖、灯检、外包装，检验合格后成品入库。冻干粉针剂生产工艺流程方框图及环境区域划分如图 23-4 所示。

(5) 喷雾剂　合格原辅料经物净处理后由气闸进入物料存放间经称量，称量后原辅料按规定配比加入配料罐配制成符合要求的微乳的油相料液，料液经超声处理、冷藏、过滤，经过滤检测合格后灌入规定量的料液，经压塞后去灯检、外包装，检验合格后成品入库。喷雾剂生产工艺流程方框图及环境区域划分如图 23-5 所示。

(6) 滴丸剂　合格原辅料经物净处理后由气闸进入洁净区，原料配制后经移动式保温桶送到滴丸制备间备用。药液经加热、搅匀，得到合格于滴丸的混合液，后送至滴丸机料斗，经制丸、定型、离心脱油，经挑选后的合格滴丸去内包后送至外包间经装盒、装箱、检验合格后入库存放。滴丸剂生产工艺流程方框图及环境区域划分如图 23-6 所示。

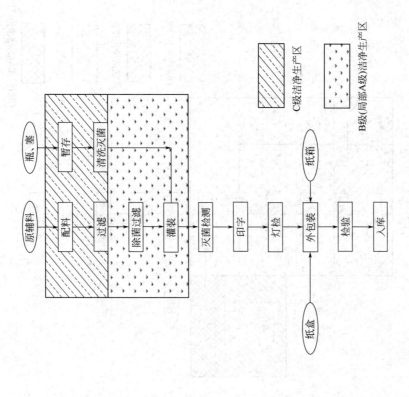

图 23-2　可灭菌小针生产工艺流程方框图及环境区域划分

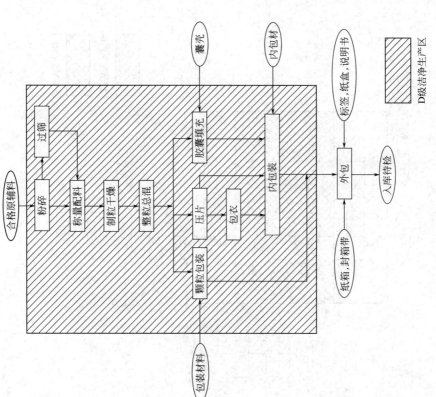

图 23-1　固体制剂生产工艺流程方框图及环境区域划分

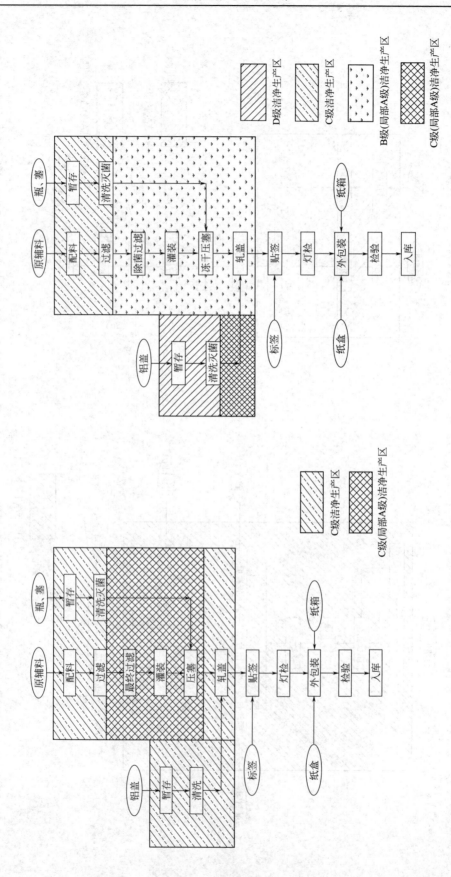

图 23-4 冻干粉针剂生产工艺流程方框图及环境区域划分

图 23-3 可灭菌大输液生产工艺流程方框图及环境区域划分

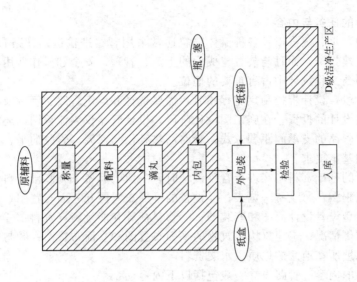

图 23-6 滴丸剂生产工艺流程方框图及环境区域划分

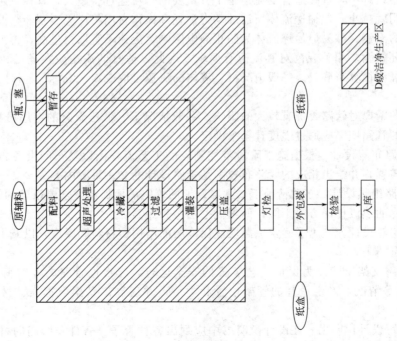

图 23-5 喷雾剂生产工艺流程方框图及环境区域划分

23.2　车间管路设计

23.2.1　管路设计的任务与内容

在药品生产中，水、蒸汽以及各种流体物料通常采用管路来输送。管路布置是否合理，不仅影响装置的基建投资，而且与装置建成后的生产、管理、安全和操作费用密切相关。因此，管路设计在制药工程设计中占有重要的地位。

在初步设计阶段，设计带控制点流程图时，需要选择和确定管路、管件及阀件的规格和材料，并估算管路设计的投资；在施工图设计阶段，设计管路仪表流程图，还需确定管沟的断面尺寸和位置，管路的支承间距和方式，管路的热补偿与保温，管路的平、立面位置及施工、安装、验收的基本要求。

（1）管路设计的基础资料　在进行管路设计时，一般已具备下列基础资料：①施工阶段带控制点的工艺流程图；②设备一览表；③设备的平面布置图和立面布置图；④定型设备样本或安装图，非定型设备设计简图和安装图；⑤物料衡算和能量衡算资料；⑥水、蒸汽等总管路的走向、压力等情况；⑦建（构）筑物的平面布置图和立面布置图；⑧与管路设计有关的其他资料，如厂址所在地区的地质、水文资料等。

（2）管路设计的内容　管路设计一般包括以下内容。

① 选择管材　管材可根据被输送物料的性质和操作条件来选取。适宜的管材应具有良好的耐腐蚀性能，且能满足制药行业洁净度要求。

② 管路计算　根据物料衡算结果以及物料在管内的流动要求，通过计算，合理、经济地确定管径是管路设计的一个重要内容。对于给定的生产任务，流体流量一般是已知的，选择适宜的流速后即可计算出管径。

在管路设计中，选择适宜的流速是十分重要的。流速选得越大，管径就越小，购买管子所需的费用就越小，但输送流体所需的动力消耗和操作费用将增大。制药行业流体流速还受相关规范的限制，如易燃易爆流体为防止静电影响，流速不宜取得过高，再如纯化水、注射水等的循环管路，相关规范对其流速有要求。因此，适宜的流速应在满足相关规范的前提下，通过经济衡算来确定。一般情况下，液体的流速可取 $0.5 \sim 3\mathrm{m/s}$，气体的流速可取$10 \sim 30\mathrm{m/s}$。

管子的壁厚对管路投资有较大的影响。一般情况下，低压管路的壁厚可根据经验选取，压力较高的管路壁厚应通过强度计算来确定。

③ 管路布置设计　根据施工阶段带控制点的工艺流程图以及车间设备布置图，对管路进行合理布置，并绘出相应的管路布置图是管路设计的又一重要内容。

④ 管路绝热设计　多数情况下，常温以上的管路需要保温，常温以下的管路需要保冷。保温和保冷的热流传递方向不同，但习惯上均称为保温。

管路绝热设计就是为了确定保温层或保冷层的结构、材料和厚度，以减少装置运行时的热量或冷量损失。

⑤ 管路支架设计　为保证工艺装置的安全运行，应根据管路的竖向荷载及横向荷载（动荷载）等情况，确定适宜的管架位置和类型，并编制出管架数据表、材料表和设计说明书。

⑥ 编写设计说明书　在设计说明书中应列出各种管子、管件及阀门的材料、规格和数量，并说明各种管路的安装要求和注意事项。

可见，管路计算和管路布置设计均是管路设计的重要内容。有关管路计算的内容在相关课程中已有详细介绍，故此处不再重复。本节简要介绍管路布置设计。

23.2.2　管路、阀门和管件

23.2.2.1　管路

（1）常用管子

① 钢管　钢管包括焊接（有缝）钢管和无缝钢管两大类。

焊接钢管通常由碳钢板卷焊而成，以镀锌管较为常见。焊接钢管的强度低，可靠性差，常用作水、压缩空气、蒸汽、冷凝水等流体的输送管路。

无缝钢管可由普通碳素钢、优质碳素钢、普通低合金钢、合金钢等材料热轧或冷轧（冷拔）而成，其中冷轧无缝钢管的外径和壁厚尺寸较热轧的精确。无缝钢管品质均匀、强度较高，常用于高温、高压以及易燃、易爆和有毒介质的输送。

② 有色金属管　在药品生产中，铜管和黄铜管、铅管和铅合金管、铝管和铝合金管都是常用的有色金属管。例如，铜管和黄铜管可用作换热管或真空设备的管路，铅管和铅合金管可用来输送 15％～65％ 的硫酸，铝管和铝合金管可用来输送浓硝酸、甲酸、乙酸等物料。

③ 非金属管　非金属管包括无机非金属管和有机非金属管两大类。玻璃管、搪玻璃管、陶瓷管等都是常见的无机非金属管，橡胶管、聚丙烯管、硬聚氯乙烯管、聚四氟乙烯管、耐酸酚醛塑料管、玻璃钢管、不透性石墨管等都是常见的有机非金属管。

非金属管通常具有良好的耐腐蚀性能，在药品生产中有着广泛的应用。在使用中应注意非金属管的机械性能和热稳定性。

（2）管路连接

① 卡套连接　卡套连接是小直径（≤40mm）管路、阀门及管件之间的一种常用连接方式，具有连接简单、拆装方便等优点，常用于仪表、控制系统等管路的连接。

② 螺纹连接　螺纹连接也是一种常用的管路连接方式，具有连接简单、拆装方便、成本较低等优点，常用于小直径（≤50mm）低压钢管或硬聚氯乙烯管路、管件、阀门之间的连接。缺点是连接的可靠性较差，螺纹连接处易发生渗漏，因而不宜用作易燃、易爆和有毒介质输送管路之间的连接。

③ 焊接　焊接是药品生产中最常用的一种管路连接方法，具有施工方便、连接可靠、成本较低的优点。凡是不需要拆装的地方，应尽可能采用焊接。所有的压力管路，如煤气、蒸汽、空气、真空等管路应尽量采用焊接。

④ 法兰连接　法兰连接常用于大直径、密封性要求高的管路连接，也可用于玻璃管、塑料管、阀门、管件或设备之间的连接。法兰连接的优点是连接强度高，密封性能好，拆装比较方便。缺点是成本较高。

⑤ 承插连接　承插连接常用于埋地或沿墙敷设的给排水管，如铸铁管、陶瓷管、石棉水泥管等与管或管件、阀门之间的连接。连接处可用石棉水泥、水泥砂浆等封口，用于工作压力不高于 0.3MPa、介质温度不高于 60℃ 的场合。

⑥ 卡箍连接　该法是将金属管插入非金属软管，并在插入口外，用金属箍箍紧，以防介质外漏。卡箍连接具有拆装灵活、经济耐用等优点，常用于临时装置或洁净物料管路的连接。

（3）管路的热补偿　管路的安装都是在常温下进行的，而在实际生产中被输送介质的温度通常不是常温，此时，管路会因温度变化而产生热胀冷缩。当管路不能自由伸缩时，其内部将产生很大的热应力。

为减弱或消除热应力对管路的破坏作用，在管路布置时应考虑相应的热补偿措施。一般情况下，管路布置应尽可能利用管路自然弯曲时的弹性来实现热补偿，即采用自然补偿。有热补偿作用的自然弯曲管段又称为自然补偿器，如图 23-7 所示。

实践表明，使用温度低于 100℃ 或公称直径不超过 50mm 的管路一般可不考虑热补偿。

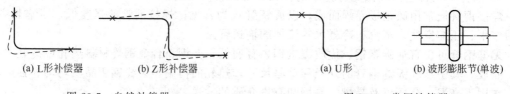

(a) L形补偿器　　(b) Z形补偿器　　　　　　　(a) U形　　(b) 波形膨胀节(单波)

图 23-7　自然补偿器　　　　　　　　　图 23-8　常用补偿器

当自然补偿不能满足要求时，应考虑采用补偿器补偿。补偿器的种类很多，图 23-8 为常用的 U 形和波形膨胀节补偿器。

U 形补偿器通常由管子弯制而成，在药品生产中有着广泛的应用。U 形补偿器具有耐压可靠、补偿能力大、制造方便等优点。缺点是尺寸和流动阻力较大。此外，U 形补偿器在安装时要预拉伸（补偿热膨胀）或预压缩（补偿冷收缩）。

波形膨胀节补偿器常用 0.5～3mm 的不锈钢薄板制成，其优点是体积小、安装方便。缺点是不耐高压。波形补偿器主要用于大直径低压管路的热补偿。当单波补偿器的补偿量不能满足要求时，可采用多波补偿器。

（4）管路油漆及颜色

① 彻底除锈后的管路表层应涂红丹底漆两遍，油漆一遍；② 需保温的管路应在保温前涂红丹底漆两遍，保温后再在外表面上油漆一遍；③ 敷设于地下的管路应先涂冷底子油一遍，再涂沥青一遍，然后填土；④ 不锈钢或塑料管路不需涂漆。

常见管路的油漆颜色如表 23-1 所示。

表 23-1　常见管路的油漆颜色

介　质	颜　色	介　质	颜　色	介　质	颜　色
一次用水	深绿色	冷凝水	白色	真空	黄色
二次用水	浅绿色	软水	翠绿色	物料	深灰色
清下水	淡蓝色	污下水	黑色	排气	黄色
酸性下水	黑色	冷冻盐水	银灰色	油管	橙黄色
蒸汽	白点红圈色	压缩空气	深蓝色	生活污水	黑色

23.2.2.2　阀门

（1）常用阀门

① 旋塞阀　旋塞阀的结构如图 23-9 所示。旋塞阀具有结构简单、启闭方便快捷、流动阻力较小等优点。旋塞阀常用于温度较低、黏度较大的介质以及需要迅速启闭的场合，但一般不适用于蒸汽和温度较高的介质。由于旋塞很容易铸上或焊上保温夹套，因此可用于需要保温的场合。此外，旋塞阀配上电动、气动或液压传动机构后，可实现遥控或自控。

② 球阀　球阀的结构如图 23-10 所示。球阀体内有一可绕自身轴线作 90° 旋转的球形阀瓣，阀瓣内设有通道。球阀结构简单，操作方便，旋转 90° 即可启闭。球阀的使用压力比旋塞阀高，密封效果较好，且密封面不易擦伤，可用于浆料或黏稠介质。

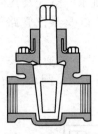

图 23-9　旋塞阀

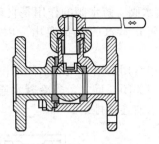

图 23-10　球阀

③ 闸阀　闸阀的结构如图 23-11 所示。闸阀体内有一与介质的流动方向相垂直的平板阀芯，利用阀芯的升起或落下可实现阀门的启闭。闸阀的优点是不改变流体的流动方向，因而流动阻力较小。闸阀主要用作切断阀，常用作放空阀或低真空系统阀门。闸阀一般不用于流量调节，也不适用于含固体杂质的介质。闸阀的缺点是密封面易磨损，且不易修理。

④ 截止阀　截止阀的结构如图 23-12 所示。截止阀的阀座与流体的流动方向垂直，流体向上流经阀座时要改变流动方向，因而流动阻力较大。截止阀结构简单，调节性能好，常用于流体的流量调节，但不宜用于高黏度或含固体颗粒的介质，也不宜用做放空阀或低真空系统阀门。

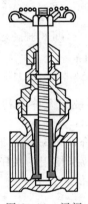

图 23-11　闸阀

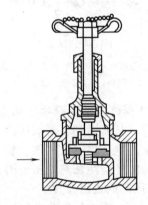

图 23-12　截止阀

⑤ 止回阀　止回阀的结构如图 23-13 所示。止回阀体内有一圆盘或摇板，当介质顺流时，阀盘或摇板即升起打开；当介质倒流时，阀盘或摇板即自动关闭。因此，止回阀是一种自动启闭的单向阀门，用于防止流体逆向流动的场合，如在离心泵吸入管路的入口处常装有止回阀。止回阀一般不宜用于高黏度或含固体颗粒的介质。

(a)升降式

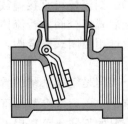

(b)摇板式

图 23-13　止回阀

⑥ 疏水阀　疏水阀的作用是自动排除设备或管路中的冷凝水、空气及其他不凝性气体，同时又能阻止蒸汽的大量逸出。因此，凡需蒸汽加热的设备以及蒸汽管路等都应安装疏水阀。

生产中常用的圆盘式疏水阀如图 23-14 所示。当蒸汽从阀片下方通过时，因流速高、静压低，阀门关闭；反之，当冷凝水通过时，因流速低、静压降甚微，阀片重力不足以关闭阀片，冷凝水便连续排出。

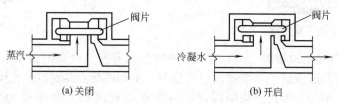

图 23-14　圆盘式疏水阀

除冷凝水直接排入环境外，疏水阀前后都应设置切断阀。切断阀首先应选用闸阀，其次是选用截止阀。疏水阀与前切断阀之间应设过滤器，以防水垢等脏物堵塞疏水阀。疏水阀常成组布置，如图 23-15 所示。

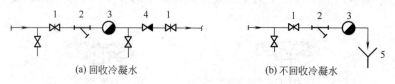

图 23-15　疏水阀的成组布置

1—闸阀；2—Y 形过滤器；3—疏水阀；4—止回阀；5—敞口排水口

⑦ 减压阀　减压阀体内设有膜片、弹簧、活塞等敏感元件，利用敏感元件的动作可改变阀瓣与阀座的间隙，从而达到自动减压的目的。

减压阀仅适用于蒸汽、空气、氮气、氧气等清净介质的减压，但不能用于液体的减压。此外，在选用减压阀时还应注意其减压范围，不能超范围使用。减压阀一般都成组布置，图 23-16 所示为蒸汽减压阀的成组布置。

⑧ 安全阀　安全阀内设有自动启闭装置。当设备或管路内的压力超过规定值时阀即自动开启以泄出流体，待压力回复后阀又自动关闭，从而达到保护设备或管路的目的。

安全阀的种类很多，以弹簧式安全阀最为常用（见图 23-17）。当流体可直接排放到大气中时，可选用全启式安全阀；若流体不允许直接排放，则应选用封闭式安全阀，将流体排放到总管中。

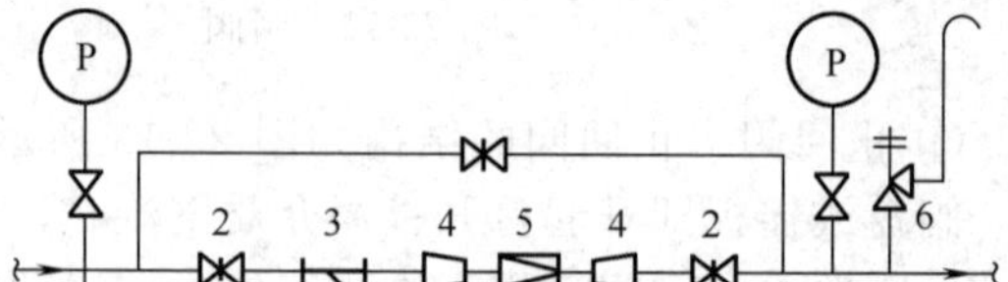

图 23-16　蒸汽减压阀的成组布置

1—疏水阀；2—闸阀；3—Y 形过滤器；4—异径管；5—减压阀；6—弹簧式安全阀

（2）阀门选择　阀门是管路系统的重要组成部件，流体的流量、压力等参数均可用阀门来调节或控制。阀门的种类很多，结构和特点各异。根据操作工况的不同，可选用不同结构和材质的阀门。一般情况下，阀门可按以下步骤进行选择。

① 根据被输送流体的性质以及工作温度和工作压力选择阀门材质。阀门的阀体、阀杆、

阀座、压盖、阀瓣等部位既可用同一材质制成，也可用不同材质分别制成，以达到经济、耐用的目的。

② 根据阀门材质、工作温度及工作压力，确定阀门的公称压力。

③ 根据被输送流体的性质以及阀门的公称压力和工作温度，选择密封面材质。密封面材质的最高使用温度应高于工作温度。

④ 确定阀门的公称直径。一般情况下，阀门的公称直径可采用管子的公称直径，但应校核阀门的阻力对管路是否合适。

⑤ 根据阀门的功能、公称直径及生产工艺要求，选择阀门的连接形式。

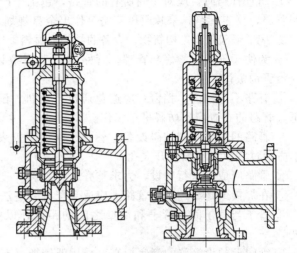

(a) 有提升把手及上下调节圈　(b) 无提升把手,有反冲盘及下调节圈

图 23-17　弹簧式安全阀

⑥ 根据被输送流体的性质以及阀门的公称直径、公称压力和工作温度等，确定阀门的类别、结构形式和型号。

23.2.2.3　管件

管件是管与管之间的连接部件，延长管路、连接支管、堵塞管路、改变管路直径或方向等均可通过相应的管件来实现，如利用法兰、活接头、内牙管等管件可延长管路，利用各种弯头可改变管路方向，利用三通或四通可连接支管，利用异径管（大小头）或内外牙（管衬）可改变管径，利用管帽或管堵可堵塞管路等。图 23-18 所示为常用管件。

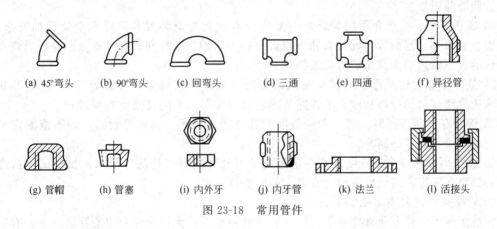

(a) 45°弯头　　(b) 90°弯头　　(c) 回弯头　　(d) 三通　　(e) 四通　　(f) 异径管

(g) 管帽　　(h) 管塞　　(i) 内外牙　　(j) 内牙管　　(k) 法兰　　(l) 活接头

图 23-18　常用管件

23.2.3　管路布置设计

23.2.3.1　管路布置的一般原则

管路的布置设计首先应保证安全、正常生产和便于操作、检修，其次应尽量节约材料及投资，并尽可能做到整齐和美观以创造美好的生产环境。

由于制药厂的产品品种繁多，操作条件不一（如高温、高压、真空及低温等）和输送的介质性质复杂（如易燃、易爆、有毒、有腐蚀性等），因此对管路的布置难以作出统一的规定，须根据具体的生产特点结合设备布置、建筑物和构筑物的情况以及非工艺专业的安排进行综合考虑。下面给出管路布置设计的一般原则。

① 布置管路时，应对车间所有的管路，包括生产系统管路，辅助生产系统管路，电缆、照明管路，仪表管路，采暖通风管路等作出全盘规划，各安其位。

② 应了解建筑物，构筑物、设备的结构和材料，以便进行管路固定的设计（设置管架）。

③ 为便于安装、检修和管理，管路尽量架空敷设。必要时可沿地面敷设或埋地敷设，也可沿管沟敷设。

④ 管路不应挡门、挡窗；应避免通过电动机、配电盘、仪表盘的上空；在有吊车的情况下，管路的布置应不妨碍吊车工作。

⑤ 管路的布置不应妨碍设备、管件、阀门、仪表的检修。塔和容器的管路不可从人孔正前方通过，以免影响打开人孔。

⑥ 管路应成列平行敷设，力求整齐，美观。

⑦ 在焊接或螺纹连接的管路上应适当配置一些法兰或活接头，以利安装、拆卸和检修。

⑧ 管子与管子间，管子和墙壁之间的距离，以能容纳活接头或法兰以及能进行检修为度。

⑨ 管廊上敷设管路的管底标高：采用低管架（不通行处）时，不小于 0.3m；采用中管架时不小于 2m；采用高管架时，若排管下面不布置机、泵，最下层管路一般不低于 3.2m，若下面布置机、泵，则不低于 4m；当管路通过公路，不低于 4.5m，通过铁路不低于 6m，通过工厂主要交通干线时一般标高取 5m。

⑩ 当管路需要穿过墙或楼板时，要由工艺专业向土建专业提请预留孔或预埋套管。管子应尽量集中敷设，在穿过墙壁或楼板时，尤应注意。

⑪ 阀门和仪表的安装高度主要考虑操作的方便和安全，下列的数据可供参考。

| 阀门（截止阀、闸阀和旋塞等） | 1.2m | 安全阀 | 2.2m |
| 温度计 | 1.5m | 压力计 | 1.6m |

⑫ 输送有毒或有腐蚀性介质的管路，不得在人行道上空设置阀件、伸缩器、法兰等，以免管路泄漏时发生事故。

⑬ 输送易燃、易爆介质的管路，一般应设有防火安全装置和防爆安全装置如安全阀、防爆膜、阻火器、水封等。此类管路不得敷设在生活间，楼梯间和走廊等处。易燃易爆和有毒介质的放空管应引至高出邻近建筑物处。

⑭ 某些不能耐较高温度的材料制成的管路（如聚氯乙烯管、橡胶管等），应避开热管路。输送冷流体（如冷冻盐水）的管路与热流体（如蒸汽）的管路应相互避开。

⑮ 管路穿过防爆区时，管子和隔板间的孔隙应用水泥、沥青等封固，如不能固定地封住，可采用填料函式的结构。

⑯ 长距离输送蒸汽的管路应在一定距离处安装分离器以排除冷凝水。长距离输送液化气体的管路在一定距离处应装设垂直向上的膨胀器。

⑰ 管路排列的基本原则如下。

垂直面排列：热介质管路在上，冷介质的管路在下；无腐蚀性介质的管路在上，有腐蚀性介质的管路在下；小管路应尽量支承在大管路上方或吊在大管路下方；气体管路在上，液体管路在下；不经常检修的管路在上，检修频繁的管路在下；高压介质管路在上，低压介质管路在下；保温管路在上，不保温管路在下；金属管路在上，非金属管路在下。

水平面排列（室内沿墙敷设）：大管路靠墙，小管路在外；常温管路靠墙，热管路在外；支架少的靠墙，支架多的在外；不经常检修的管路靠墙，经常检修的管路在外；高压管路靠墙，低压管路在外。

⑱ 坡度 气体和易流动的物料为 0.003～0.005，含固体结晶或黏度较大的物料，坡度取大于或等于 0.01。

⑲ 管沟底层坡度不应小于 0.002，沟底应尽可能高于地下水位。

⑳ 弯管的弯曲半径 碳钢管采用冷弯时，$DN15\sim25$mm 的管子，弯曲半径取 $2.5\sim3.5D$（D 为管子外径）；对 $DN32\sim100$mm 的管子，弯曲半径取 $3.5\sim4D$，采用热弯时，弯曲半径约为 $3\sim4D$。焊接弯头的弯曲半径推荐用 $1.5D$。不锈钢管：$DN15\sim100$mm 的不锈钢管一般都采用冷弯，弯曲半径约为 $3.5\sim4D$。

23.2.3.2 洁净厂房内的管路布置

洁净厂房内的管路布置除应遵守一般化工车间管路布置的有关规定外，还应遵守如下布置原则。

① 洁净厂房的管路应布置整齐。应尽量缩短洁净室内的管路长度，并减少阀门、管件及支架数量。

② 洁净室内公用系统主管应敷设在技术夹层、技术夹道或技术竖井中，但主管上的阀门、法兰和螺纹接头以及吹扫口、放净口和取样口则不宜设在技术夹层、技术夹道或技术竖井内。

③ 从洁净室的墙、楼板或硬吊顶穿过的管路，应敷设在预埋的不锈钢套管中，套管内的管路不得有焊缝、螺纹或法兰。管路与套管之间的密封应可靠。

④ 穿过软吊顶的管路，不应穿过龙骨，以免影响吊顶的强度。

⑤ 排水主管不应穿过有洁净要求的房间，洁净区的排水总管顶部应设排气罩，设备排水口应设水封装置，以防室外窨井污气倒灌至洁净区。

⑥ 有洁净要求的房间应尽量少设地漏，B 级无菌区室内不应设地漏。有洁净要求的房间所设置的地漏，应采用带水封、格栅和塞子的全不锈钢内抛光的洁净室地漏。

⑦ 管路、阀门及管件的材质既要满足生产工艺要求，又要便于施工和检修。管路的连接方式常采用安装、检修和拆卸均较为方便的卡箍连接。

⑧ 法兰或螺纹连接所用密封垫片或垫圈的材料以聚四氟乙烯为宜，也可采用聚四氟乙烯包覆垫或食品橡胶密封圈。

⑨ 纯水、注射用水及各种药液的输送常采用不锈钢管或无毒聚乙烯管。引入洁净室的支管宜用不锈钢管。输送低压液体物料常用无毒聚乙烯管，这样既可观察内部料液的情况，又有利于拆装和灭菌。

⑩ 输送无菌介质的管路应有可靠的灭菌措施，且不能出现无法灭菌的"盲区"。输送纯水、注射用水的主管宜布置成环形，以避免出现"盲管"等死角。

⑪ 洁净室内的管路应根据其表面温度及环境状态（温度、湿度）确定适宜的保温形式。热管路保温后的外壁温度不应超过 40℃，冷管路保冷后的外壁温度不能低于环境的露点温度。此外，洁净室内管路的保温层应加金属保护外壳。

思 考 题

23-1 两个设计阶段的设备布置图有何不同？

23-2 药厂洁净室布置的原则是什么？试述各类制剂车间的洁净度级别。

23-3 片剂车间在平面上有什么特点？

23-4 简述药厂管路设计的主要内容。

23-5 管路连接的方式有几种？

23-6 管路布置应考虑哪些因素？

第24章 洁净厂房设计

24.1 洁净室的特点、分类和作用原理

根据 GMP 精神，药品的质量不是靠最后的药品检验检测出来的，而是确确实实生产出来的，所以 GMP 是着眼于生产的全过程，从管结果变为管因素。

空气洁净是实现 GMP 的一个重要因素。同时应该看到空气洁净技术并不是实施 GMP 的唯一决定因素，而是一个必要条件。没有成熟的先进的处方和工艺，再有怎样高的空气洁净度级别，也是生产不出质量好的药品的。

24.1.1 洁净室的特点

因为引进室外新鲜空气、实行空气调节，是现代制药生产车间必要的条件，所以，在对制药过程可能带来的各种尘、菌污染当中，来自室外空气的可达 10^5 粒/L（$\geqslant 0.5\mu m$ 的微粒）数量级以上，而来自人、建筑等（工艺尘除外）占 3×10^3 粒/L，仅占前者 3%，最多也在 10% 以下。所以各种尘、菌污染中空气的污染是主要矛盾。而在空气之外的污染中，人的发尘发菌又是主要的，活动时每人（穿洁净工作服）发尘（$\geqslant 0.5\mu m$）约为 0.5×10^6 粒/min（静止时，发尘量相当于活动时的 1/3~1/5），发菌量为 150~1000 个/min。人戴口罩发菌量与不带口罩发菌量之比为 1:7~1:14。人的发菌量与发尘量之比约为 1:500~1:1000。室内各种表面的发尘量与人的发尘量相比，8m² 地面所代表的室内各表面的发尘量相当于一个人静止时的发尘量。所以在空气之外的污染中，人的发尘发菌量将占到 80%~90%，而来源于建筑物是次要的，占 10%~15%。在来源于建筑物的尘菌中，地面当然占绝大多数。

GMP 所应用的空气洁净技术，就是由处理空气的空调净化的设备、输送空气的管路系统和用来进行生产的洁净环境——洁净室三大部分构成。

首先，由送风口向室内送入干净空气，室内产生的尘菌被干净空气稀释后强迫其由回风口进入系统的回风管路，在空调设备的混合段和从室外引入的经过过滤处理的新风混合，再经过空调机处理后又送入室内。室内空气如此反复循环，就可以在相当一个时期内把污染控制在一个稳定的水平上。

因此，可以看出，作为空气洁净技术主体的洁净室具有以下三大特点。

① 洁净室是空气的洁净度达到一定级别的可供人活动的空间，其功能是能控制微粒的污染。

这表明洁净室的洁净不是一般的干净，而是达到了一定的空气洁净度级别。在我国制药行业，最低级别是 D 级；洁净室只能达到一定的洁净度级别还不够，例如，经过很长时间才能达到就很难满足实用要求，必须具有控制微粒污染、抵抗外界干扰的能力，体现在有一个合理的满足实用的自净时间。

② 洁净室是一个多功能的综合整体。多功能体现在以下两方面。

a. 多专业——建筑、空调、净化、纯水、纯净气体……

以纯净气体来说，工艺用气体也是要经过净化处理的。有一家一次性注射器生产厂，在注塑车间由于外方设计的工艺用压缩空气没有经过特殊的净化处理，每次产品成型时，机器排出大量未净化的压缩空气，会污染到成型的产品。所以，与药品或与兽药直接接触的干燥用空气、压缩空气和惰性气体应经净化处理，符合生产要求。

b. 多参数——空气洁净度、细菌浓度以及空气的量（风量）、压（压力）、声（噪声）、光（照度）等。

③ 对于洁净室的质量来说，在重要性方面，设计、施工和运行管理通常各占 1/3，也就是说洁净室本身也是通过从设计到管理的全过程来体现其质量的，这也符合 GMP 的控制全过程的精神。

24.1.2 洁净室的分类和作用原理

（1）按用途分类

① 工业洁净室 以无生命微粒的控制为对象。主要控制无生命微粒对工作对象的污染，其内部一般保持正压。它适用于精密工业（精密轴承等）、电子工业（集成电路等）、宇航工业（高可靠性）、化学工业（高纯度）、原子能工业（高纯度、高精度、防污染）、印刷工业（制版、油墨、防污染）和照相工业（胶片制版）等部门。

② 生物洁净室 以有生命微粒的控制为对象，又可分为以下两类。

a. 一般生物洁净室，主要控制有生命微粒对工作对象的污染。同时其内部材料要能经受各种灭菌剂侵蚀，内部一般保持正压。实质上这是一种结构和材料允许作灭菌处理的工业洁净室，可用于制药工业（高纯度、无菌制剂）、食品工业（防止变质、生霉）、医疗设施（手术室、各种制剂室、调剂室）、动物实验设施（无菌动物饲育）和研究实验设施（理化、洁净实验室）等部门。

b. 生物学安全洁净室，主要控制工作对象的有生命微粒对外界和人的污染，内部保持负压，用于研究实验设施（细菌学生物学洁净实验室）和生物工程（重组基因、疫苗制备）。

根据上述分类可以清楚地看出，工业洁净室和生物洁净室都要应用清除空气中微粒的原理，因此本质上它们是一样的。略微不同的是，对于附着于表面上的微粒，工业洁净室一般用擦净的办法就可以大大减少表面上的微粒数量，而生物洁净室因为是针对有生命微粒，而一般的擦洗可能给有生命微粒带来水分和营养，反而能促进其繁殖，增长其数量。因此，对生物洁净室来说，必须用表面消毒的办法（用消毒液擦拭）来取代一般的擦拭。认识这一点不同，就知道对于药厂的生物洁净室来说，在日常管理措施上不至于认为有了洁净室就万事大吉了。

（2）按气流流型分类 气流流型就是气流轨迹的形式。按此可作以下分类。

① 单向流洁净室 在整个洁净室工作区（一般定义为距地 1.5～0.7m 的空间）的横截面上通过的气流为单向流。单向流，就是流向单一、速度均匀、没有涡流的气流流动。过去也曾称为层流。

② 非单向流洁净室（也称乱流洁净室） 在整个洁净室工作区的横截面上通过的气流为非单向流。非单向流（乱流），就是方向多变、速度不均、伴有涡流的气流流动，习惯称乱流。

③ 辐流洁净室 在整个洁净室的纵断面上通过的气流为辐流。辐流，就是风口出流为辐射状不交叉的气流流动。辐流也被称为矢流、径流。

④ 混合流洁净室 在整个洁净室内既有乱流又有单向流。混合流，就是同时独立存在乱流和单向流两种不应互扰的气流流动的总称。混合流不是一种独立的气流流型。

24.2　洁净室的平面布置

24.2.1　制药洁净车间布置的一般要求

（1）尽量减少建筑面积　有洁净等级要求的车间，不仅投资较大，而且水、电、汽（气）等经常性运行费用也较高。一般情况下，厂房的洁净等级越高，投资、能耗的成本就越大。因此，在满足工艺要求的前提下，应尽量减少洁净厂房的建筑面积。例如，可布置在一般生产区（无洁净等级要求）进行的操作不要布置在洁净区内进行，可布置在低等级洁净区内进行的操作不要布置到高等级洁净区内进行，以最大限度地减少洁净厂房尤其是高等级洁净厂房的建筑面积。

（2）防止污染或交叉污染

① 在满足生产工艺要求的前提下，要合理布置人员和物料的进出通道，其出入口应分别独立设置，并避免交叉、往返。

② 应尽量减少洁净车间的人员和物料出入口，以利于全车间洁净度的控制。

③ 进入洁净室（区）的人员和物料应有各自的净化用室和设施，其设置要求应与洁净室（区）的洁净等级相适应。

④ 洁净等级不同的洁净室之间的人员和物料进出，应设置防止交叉污染的设施。

⑤ 若物料或产品会产生气体、蒸汽或喷雾物，则应设置防止交叉污染的设施。

⑥ 进入洁净厂房的空气、压缩空气和惰性气体等均应按工艺要求进行净化。

⑦ 输送人员和物料的电梯应分开设置，且电梯不宜设在洁净区内，必须设置时，电梯前应设气闸室或其他防污染设施。

⑧ 根据生产规模的大小，洁净区内应分别设置原料存放区、半成品区、待验品区、合格品区和不合格品区，以最大限度地减少差错和交叉污染。

⑨ 不同药品、规格的生产操作不能布置在同一生产操作间内。当有多条包装线同时进行包装时，相互之间应分隔开来或设置有效地防止混淆及交叉污染的设施。

⑩ 更衣室、浴室和厕所的设置不能对洁净室产生不良影响。

⑪ 无菌生产的 A/B 级洁净区内禁止设置水池和地漏。在其他洁净区内，水池或地漏应当有适当的设计、布局和维护，并安装易于清洁且带有空气阻断功能的装置以防倒灌。同外部排水系统的连接方式应当能够防止微生物的侵入。

（3）合理布置有洁净等级要求的房间

① 洁净等级要求相同的房间应尽可能集中布置在一起，以利于通风和空调的布置。

② 洁净等级要求不同的房间之间的联系要设置防污染设施，如气闸、风淋室、缓冲间及传递窗等。

③ 在有窗的洁净厂房中，一般应将洁净等级要求较高的房间布置在内侧或中心部位。

（4）管路尽可能暗敷　洁净室内的管路很多，如通风管路、上下水管路、蒸汽管路、压缩空气管路、物料输送管路以及电气仪表管线等。为满足洁净室内的洁净等级要求，各种管路应尽可能采用暗敷。明敷管路的外表面应光滑，水平管线宜设置技术夹层或技术夹道，穿越楼层的竖向管线宜设置技术竖井。此外，管路的布置应与通风夹墙、技术走廊等结合起来考虑。

（5）室内装修应有利于清洁　洁净室内的装修应便于进行清洁工作。洁净室内的地面、墙壁和顶层表面均应平整光滑、无裂缝、不积聚静电，接口应严密、无颗粒物脱落，并能经受清洗和消毒。墙壁与地面、墙壁与墙壁、墙壁与顶棚等的交界连接处宜做成弧形或采取其他措施，以减少灰尘的积聚，并有利于清洁工作。

（6）设置安全出入口　工作人员需要经过曲折的更衣通道才能进入洁净室内部，因此，必须考虑发生火灾或其他事故时工作人员的疏散通道。

洁净厂房的耐火等级不能低于二级，洁净区（室）的安全出入口不能少于两个。无窗的厂房应在适当位置设置门或窗，以备消防人员出入和车间工作人员疏散。

安全出入口仅作应急使用，平时不能作为人员或物料的通道，以免产生交叉污染。

24.2.2　分区

制药生产车间的环境可划分为一般生产区、控制区和洁净区。

按对空气洁净度要求的程度，可以将平面化分为三个区：

洁净区：达到一定洁净度要求，包括洁净室、洁净内走廊。

准洁净区：达到一定洁净度或只有洁净送风要求，包括人身净化、物料净化、净化外走廊。

辅助区：没有级别要求，也无洁净送风要求，包括空调净化机房、技术夹层、纯水站、气体净化站等。

在上述前两个区内，应尽量只设置必要的生产设备及辅助设施，尽量减少洁净面积，控制洁净室层高，以降低投资和能耗。

但是洁净区与准洁净区内也应设置足够的与生产车间洁净度级别相适应的卫生通道和生活设施，并设置一定的安全出入口，这些是不能太省的。此外，要有足够的中间贮存和中转面积。例如片剂车间一定要有足够的中贮和清洗面积，以减少混药和乱堆放。这也有一个发展余地问题，如车间中中转面积太少，当产量不断增加后，导致车间内各处都是料桶，既不美观又不便管理。但中转面积太大又造成浪费，所以应在工艺生产的安排上尽量周转快，并且改进贮桶形式和方法，以降低中转面积和洁净要求。

又如若省去称量室，则为人为差错开了方便之门。因为这就只能在配料岗位旁称量，使剩余的原辅料就地存放，稍有疏忽就酿成差错。国内就发生过以"安坦"（苯海索）当"丙谷胺"投料，造成胃病患者服药后精神异常的案例。

特别要强调的是，建筑上应充分考虑回风口、回风道的位置与面积，建筑面积再紧也要为此留一点余地。

在辅助区中应考虑管井和吊顶空间，以利管路安排和整洁。

24.2.3　隔离

分区是平面规划上防止污染和交叉污染的有效措施之一，隔离也是这种有效措施之一，特别是防止由空气流动引起的污染和交叉污染的有效措施之一。

根据空气洁净技术原理，隔离的概念可以归结为三种：

物理隔离——利用平面规划时设置的抗渗性屏障，对可能引起污染和交叉污染的空气流动进行物理阻隔。

静态隔离——即压差隔离。在平面规划时，把需正压或负压大的房间设在端头或中心。

动态隔离——即流动气流隔离。在平面规划时，在有常开洞口的区域考虑动态隔离。

（1）静态隔离　通过在两个相邻区域之间建立压差，可防止污染由于某种因素的带动而通过区域间的缝隙或开门瞬间，由低压一侧进入高压一侧。

洁净室的静压差实质上是在该室门窗关闭条件下，定量空气通过门窗等缝隙向外（内）渗透的阻力。缝隙越小，渗过定量空气需要的压差 Δp 越大，此时通过缝隙的速度也越大，如图 24-1 所示，如通过某小缝隙时在 5Pa 压差下的渗透量和某大缝隙在 1Pa 压差下的渗透量若相同，则通过小缝隙的速度将要大 2.23 倍。

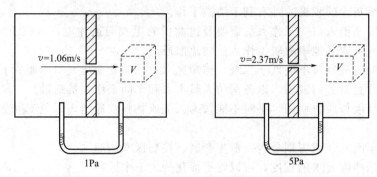

图 24-1　静压差的物理概念

或者反过来说：缝隙越小，在定压差下，通过缝隙的流量越小。可见在 $\Delta p = 5Pa$ 时，透过图中缝隙的渗透速度可达 2.37m/s，则另一面的空气要想渗过该缝隙，必须有大于 2.37m/s 的速度，这是很难遇到的，如图 24-2 所示。

（2）动态隔离　对于一个常开的洞口来说，要靠压差来抵挡洞口另一侧的污染是不现实的，例如，一个 0.2m×0.2m 的洞口，当其两侧房间维持 5Pa 压差时（见图 24-2），通过该洞口从一边流向另一边的空气量将达到 416m³/h，对于不是很大的房间来说，多补充这样多的新风是很困难的。

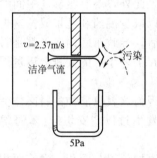
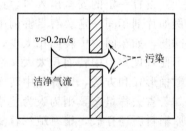

图 24-2　正压抵挡污染从缝隙的入侵　　　　图 24-3　洞口外流气流速度的作用

当在平面规划时，必须在相邻区域间开这样的洞口时，德国最早提出的流动空气抵抗污染的概念可以被用于这种场合。而最近则被国际标准 ISO 明确用于隔离污染，并提出通过孔洞的气流速度应大于 0.2m/s。以上要点可用图 24-3 表示。要注意这一气流速度是不适用于开门这种情况的。之所以采用 0.2m/s 是因为除去另一侧直接向洞口吹风外，正常的气流流动速度一般不超过 0.2m/s，另一侧靠正常气流流动速度是不容易穿过有速度大于 0.2m/s 的外流气流的洞口而进入另一侧的。

假定此洞口仍为 0.2m×0.2m，则保持 0.2m/s 的外流气流速度，两侧只需约 0.04Pa 的压差。

如果在防止来自洞口外的污染的同时还要防止来自于另外相邻区域的缝隙的污染，则上述的正压差是微不足道的，此时要考虑抵挡缝隙渗透的污染，对洞口采取其他措施。

24.2.4　人员净化

在洁净厂房内众多的污染源中，人是主要的污染源之一，尤其是工作人员在洁净环境中的活动，会明显地增加洁净环境的污染程度。洁净环境内工作人员的发尘量与其衣着情况、不同的动作形式和幅度以及洁净服的内着服装的材质等因素有关。工作人员所散发的尘粒，一般是辐射状向外扩散，距离人体越近，空气中含尘浓度越高。在水平单向流洁净室内，人体活动造成下风侧的污染，在非单向流洁净室内，人体活动时造成周围环境的污染。

　　为了在操作中尽量减少人活动产生的污染，人员在进入洁净区之前，必须更换洁净服，有的还要淋浴、消毒或者空气吹淋。这些措施即"人员净化"，简称"人净"。

　　具体来说，平面上的"人净"布置包括以下几个部分：更衣（含鞋）、盥洗、缓冲。

　　（1）更衣　按照我国 GMP 的要求，工作服的选材、式样及穿戴方式应与生产操作和空气洁净度等级要求相适应，并不得混用。洁净工作服的质地应光滑、不产生静电、不脱落纤维和颗粒性物质。无菌工作服必须包盖全部头发、胡须及脚部，并能阻隔人体脱落物。不同空气洁净度等级使用的工作服，应当分别清洗整理，必要时消毒灭菌。洁净区所用工作服的清洗和处理方式应当能够保证其不携带有污染物，不会污染洁净区。应当按照相关操作规程进行工作服的清洗、灭菌，洗衣间最好单独设置。

　　人员净化程序一般分为两部分，即总更衣和净化更衣。人员进入厂房，先在总更衣区脱下户外穿着的鞋子或套以鞋套，通过换鞋凳进入更衣区，将换下的外出服及携带的物品存入更衣柜，换上工厂统一工作服及工作鞋、帽进入一般生产区。需要进入医药洁净区的人员再通过不同空气洁净度等级洁净区的人员净化用室，更换相应的洁净工作服。总更衣区可设置厕所、浴室及休息室等。

　　（2）盥洗　手是交叉污染的媒介，人员在接触工作服之前洗手是十分必要的。操作中直接用手接触洁净零件、材料的人员可以戴洁净手套或在洁净室内洗手。

　　洗净的手不可用普通毛巾擦抹，因为普通毛巾易产生纤维尘，最好的办法是热风吹干，电热自动烘手器就是一种较好的选择。

　　洁净区设置厕所不仅容易使洁净室受到污染，还会影响洁净室（区）的压差控制，所以最好不要在洁净厂房的人员净化用室的范围内设厕所，如果确需在人员净化用室内设置时，应设在盥洗室之前，厕所前增设前室，供如厕前更衣、换鞋用，同时室内应连续排风，以免臭气、湿气进入洁净区。

　　（3）缓冲　缓冲的目的是进一步补充人净措施，防止因人的进入而把污染带入，造成交叉污染。

　　一般的洁净度不同的洁净室（区）之间，通常并没有交叉污染问题，则不必要设专门的缓冲设施，平时的压差就是防止污染、维持洁净度级别的一种有效手段，甚至采用组织管理措施也可达到这一目的。当人或物从非洁净区进入洁净区时，则应当通过缓冲设施，即只有在非洁净室与洁净室之间才要设置缓冲设施。

　　缓冲设施可以是气闸室、空气吹淋室或缓冲室。

　　气闸室指具有两扇互锁功能门的密封空间，设置于两个或好几个房间之间，例如不同洁净度级别的房间。其目的是在有人、物需要出入这些房间时，气闸可把各房间之间的气流加以控制。气闸应分别按人用及物用设计使用。

　　可见，这样一个气闸室仅是一间门可联锁不能同时开启的房间。不送洁净风的这种房间最多起缓冲作用，然而这样的缓冲也不能有效防止外界污染入侵，因为当进入这个气闸室时，外界脏空气已经随人的进入而进入，当人再开第二道门进入洁净室时，又把已遭污染的气闸室的空气带入洁净室。

　　空气吹淋室是利用喷嘴吹出的高速气流使衣服抖动起来，从而把衣服表面沾的尘粒吹掉的设备。其原理如图 24-4 所示。

　　洁净室设置空气吹淋室的作用如下。

　　① 在一定风速、一定吹淋时间的条件下，空气吹淋室对清除人员身上的灰尘有明显效果。

　　空气吹淋室使用效果的测定结果表明，人员经空气吹淋与不经空气吹淋的散尘量是不同的，空气吹淋有一定的效果，空气吹淋室的吹淋效果大体是：对于≥0.5μm 的尘粒去除率为 10%～30%，对于≥5μm 的尘粒约为 15%～35%。

② 吹淋室具有气闸的作用，能防止外部空气进入洁净室，并使洁净室维持正压状态。

③ 吹淋室除了有一定净化效果外，它作为洁净区与准洁净区的一个分界，还具有警示性的心理作用，有利于规范洁净室人员在洁净室内的活动。

垂直单向流洁净室由于自净能力强，无紊流影响，人员散尘能迅速被回风带走而不致污染产品质量，所以可以不设空气吹淋室，但仍需设气闸室。

当设空气吹淋室时，应在吹淋室旁设通道，可使下班人员和检修人员的进出不必通过吹淋室，起到保护空气吹淋设备和方便检修期间设备、工具的进出。

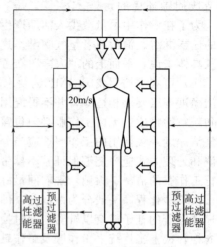

图 24-4　空气吹淋室原理

缓冲室就是为了防止进门时带进污染的设施，它位于两间洁净室之间。

缓冲室可以有几个门，但同一时间内只能有一个门开启，此门关好，才允许开别的门。如果仅仅如此，则属于气闸室，而缓冲室还必须送洁净风，使其洁净度达到将进入的洁净室所具有的级别。

24.2.5　物料净化

各种物件在送入洁净区前必须经过净化处理，简称"物净"。

有的物件只需一次净化，有的需二次净化。一次净化不需室内环境的净化，可设于非洁净区内，二次净化要求室内也具备一定的洁净度，故宜设于洁净区内或与洁净区相邻。

物料路线与人员路线应尽可能分开；如果物料与人员只能在同一处进入洁净厂房，也必须分门而入，物料并先经粗净化处理；对于生产流水性不强的场合，在物料路线中间可设中间库；如果生产流水性很强，刚采用直通式物料路线。

具体来说，平面上的"物净"布置包括以下几个部分，即脱包、传递和传输。

（1）脱包　脱包室可分为脱外包装和脱内包装。

脱外包室由于会抖落很多微粒，所以它是最大的污染源，故应设在洁净室外侧，脱外包室内应有吸尘装置，吸尘装置的排气口应安有超净滤袋。室内只设排风，或既有净化送风、消毒措施，又有排风，但都应对洁净区保持负压或零压，如果污染危险性大，则对入口方向也应保持负压。

脱内包室一般在洁净区内，应有净化送风，并对洁净区保持负压，有时还可设紫外灯照射消毒。

（2）传递　传递主要是指在洁净室之间作为物件的短暂非连续的传送。传递主要靠传递窗。

传递窗是设在室间墙壁上的两面有门的箱体。两侧门上设窗，能看见内部和两侧；两侧门上设连锁装置，确保两侧门不能同时开启；传递窗内尺寸可适应搬运物料的大小及重量，气密性好并有必要的强度；根据用途的不同可设置室内灯或杀菌设施。

如果在传递中有发生严重交叉污染的可能，则可用净化型传递窗。这种传递窗内有净化空气循环，并对所传递一方保持相对负压。

（3）传输　传输主要是指在洁净室之间作物料、物件的长时间连续的传送。传输主要靠传送带以及物料电梯。

由传送带造成的污染或交叉污染，主要来自传送带自身的"沾尘带菌"和带动空气造成的空气污染。按照我国 GMP 的规定，除传送带本身能连续灭菌（如隧道式灭菌设备）外，传送带不得在 A/B 级洁净区与低级别洁净区之间穿越。向 A/B 级洁净区的物料传输，只能用分段传送带传送。

24.2.6　防止昆虫进入

昆虫是造成污染特别是交叉污染的一个重要因素，除了在门口设置灭虫灯外，还可采取以下两个措施：

（1）隔离带　在平面上可在车间外墙之外约 3m 宽内的范围禁止种草种花，而改铺水泥地面，或者"挖地三尺"做成几十厘米深和宽的沟，内抹水泥，填以卵石，也可以有排水。由于其中存不下水，甚至还可经常喷洒药液。南方雨水多的地方，沟下部可垫砂层，兼设排水，再铺卵石，则昆虫既不能在内生存，也很难穿越如此长距离的隔离带，而达到阻止其爬进车间的目的。

（2）空气幕　在车间的外门窗安装好之后，即在入门处外侧安装空气幕并投入运转，还应做到先开空气幕后开门和先关门后关空气幕，这将比灭虫灯更能阻止昆虫飞入车间。如在幕下安挂轻柔的条状膜片，随风飘动，则效果更好。

24.2.7　安全疏散

（1）洁净厂房的特点

① 空间密闭，如有火灾发生，则对于疏散和扑救极为不利。同时由于热量无处泄漏，火源的热辐射经四壁反射使室内迅速升温，大大缩短全室各部位材料达到燃点的时间。

当厂房外墙无窗时，室内发生的火灾往往一时不容易被外界发现，发现后也不容易选定扑救突破口。

② 平面布置曲折，增加了疏散路线上的障碍，延长了安全疏散的距离和时间。

③ 若干洁净室都通过风管彼此串通，当火灾发生，特别是火势初起未被发现而又继续通风的情况下，风管成为烟、火迅速外窜，殃及其余房间的重要通道。

（2）防火分区　根据《建筑设计防火规范》和《洁净厂房设计规范》，洁净厂房的耐火等级不应低于二级，一般钢筋混凝土框架结构均满足二级耐火等级的要求。

根据火灾危险性，生产分为甲、乙、丙、丁四类，制药行业的原料药生产中大量使用汽油、乙醇等有机溶剂的厂房，如青霉素提炼厂房、强力霉素提炼厂房等都属于甲类。按火灾危险类别，在平面布置上可确定防火分区的最大允许建筑面积，见表 24-1。

表 24-1　防火分区的最大允许建筑面积

		单层厂房/m²	多层厂房/m²
二级耐火	甲类	3000	2000
	乙类	4000	3000
	丙类	8000	4000

（3）疏散距离　厂房内由最远工作地点至安全出口的最大距离即疏散距离，见表 24-2。

表 24-2　疏散距离

生产类别	耐火等级	单层厂房/m	多层厂房/m
甲	一、二级	30	25
乙	一、二级	75	50
丙	一、二级	80	60

火灾发生后，半小时内温升极快，不燃结构的火灾初起阶段持续时间约在 5～20min 之

内，起火点尚在局部燃烧，火势不稳，有中断的可能。因而这段时间对于人员疏散、抢救物资极为重要。

考虑人群在平地行走速度约为 16m/min，楼梯上为 10m/min，附加途中的障碍，若控制疏散距离为 50m，约可在 4min 内疏散完毕。当然这还需要有明显的引导标志和紧急照明。

疏散距离就是确定安全出口位置的根据。

（4）安全出口　医药工业洁净厂房每一生产层、每一防火分区或每一洁净区的安全出口数目不应少于两个，但符合下列要求的可设一个：①甲、乙类生产厂房或生产区建筑面积不超过 100m²，且同一时间内的生产人数不超过 5 人；②丙、丁、戊类生产厂房，应符合现行国家标准《建筑设计防火规范》GB 50016d 的有关规定。安全出口应分散并在不同方向、最好是相对方向上布置，从生产地点至安全出口不得经过曲折的人员净化路线。人净入口不应作安全出口。

安全出口的门在消防报警时不能锁，应从里面能开启。

（5）消防口　无窗厂房应在适当位置设门或窗，作为供消防人员进入的消防口。当门窗间距大于 80m 时，则也应在这段外墙的适当位置设消防口，其宽度不小于 750mm，高度不小于 1800mm，并有明显标志。

（6）门的开启方向　按《洁净厂房设计规范》规定，除去洁净区内洁净室的门应向洁净度高或压力高的一侧开启即一般均向内开启外，洁净区与非洁净区的门或通向室外的门（含安全门）均应向外即向疏散方向开启。安全疏散门不应采用吊门、转门、侧拉门、卷帘门及电控自动门。

24.3　净化空调系统

24.3.1　净化空调系统的特征及划分

（1）净化空调系统的特征　洁净室用净化空调系统与一般空调系统相比有如下特征。①净化空调系统所控制的参数除一般空调系统的室内温、湿度之外，还要控制房间的洁净度和压力等参数，并且温度、湿度的控制精度较高。②净化空调系统的空气处理过程除热、湿处理外，必须对空气进行预过滤、中间过滤、末端过滤等。③洁净室的气流分布、气流组织方面，要尽量限制和减少尘粒的扩散，减少二次气流和涡流，使洁净的气流不受污染，以最短的距离直接送到工作区。④为确保洁净室不受室外污染或邻室的污染，洁净室与室外或邻室必须维持一定的压差（正压或负压），最小压差在 5Pa 以上，这就要求一定的正压风量或一定的排风。⑤净化空调系统的风量较大（换气次数一般 10 次至近百次），相应的能耗就大，系统造价也就高。⑥净化空调系统的空气处理设备、风管材质和密封材料根据空气洁净度等级的不同都有一定的要求；风管制作和安装后都必须严格按规定进行清洗、擦拭和密封处理等。⑦净化空调系统安装后应按规定进行调试和综合性能检测，达到所要求的空气洁净度等级；对系统中的高效过滤器及其安装质量均应按规定进行检漏等。

（2）净化空调系统的划分　洁净室用净化空调系统应按其所生产产品的工艺要求确定，一般不应按区域或简单地按空气洁净度等级划分。净化空调系统的划分原则如下。①一般空调系统、两级过滤的送风系统与净化空调系统要分开设置。②运行班次、运行规律或使用时间不同的净化空调系统要分开设置。③产品生产工艺中某一工序或某一房间散发的有毒、有害、易燃易爆物质或气体对其他工序或房间产生有害影响或危害人员健康或产生交叉污染等，应分别设置净化空调系统。④温度、湿度的控制要求或精度要求差别较大的系统宜分别设置。⑤单向流系统与非单向流系统要分开设置。⑥净化空调系统的划分宜照顾送、回风和排风管路的布置，尽量做到布置合理、使用方便，力求减少各种风管管路交叉重叠；必要时，对系统中个别房间可按要求配置温度、湿度调节装置。

24.3.2　净化空调系统的分类

净化空调系统一般可分为集中式和分散式两种类型。集中式净化空调系统是净化空调设备（如加热器、冷却器、加湿器、粗中效过滤器、风机等），集中设置在空调机房内，用风管将洁净空气送给各个洁净室。分散式净化空调系统是在一般的空调环境或低级别净化环境中，设置净化设备或净化空调设备，如净化单元、空气自净器、层流罩、洁净工作台等。

24.3.3　集中式净化空调系统

（1）单风机系统和双风机系统　单风机净化空调系统的基本形式如图 24-5 所示。单风机系统的最大优点是空调机房占用面积小。但相对双风机系统而言，其风机的压头大，噪声、振动大。采用双风机可分担系统的阻力，此外，在药厂等生物洁净室，洁净室需定期进行灭菌消毒，采用双风机系统在新风、排风管路设计合理时，调整相应的阀门，使系统按直流系统运行，便可迅速带走洁净室内残留的刺激性气体，图 24-6 所示为双风机净化空调系统。

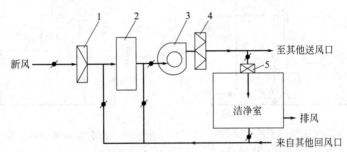

图 24-5　单风机净化空调系统示意图
（当仅采用一次回风时，空气处理室也可设在风机出口段）
1—粗效过滤器；2—温湿度处理室；3—风机；
4—中效过滤器；5—高效过滤器

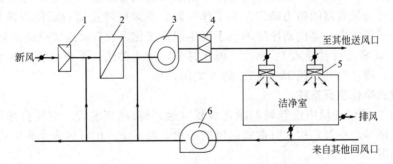

图 24-6　双风机净化空调系统示意图
1—粗效过滤器；2—温湿度处理室；3—送风机；
4—中效过滤器；5—高效过滤器；6—回风机

（2）风机串联系统和风机并联系统　在净化空调系统中，通常空气调节所需风量远远小于净化所需风量，因此洁净室的回风绝大部分只需经过过滤就可再循环使用，而无需回至空调机组进行热、湿处理。为了节省投资和运行费，可将空调和净化分开，空调处理风量用小风机，净化处理风量用大风机，然后将两台风机再串联起来构成风机串联的送风系统。其示意如图 24-7 所示。

当一个空调机房内布置有多套净化空调系统时，可将几套系统并联，并联系统可公用一

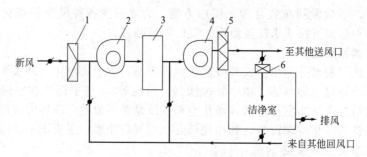

图 24-7　风机串联净化空调系统示意图

1—粗效过滤器；2—温湿处理风机；3—温湿度处理室；
4—净化循环总风机；5—中效过滤器；6—高效过滤器

套新风机组，并联系统运行管理比较灵活，几台空调设备还可以互为备用以便检修。其示意如图 24-8 所示。

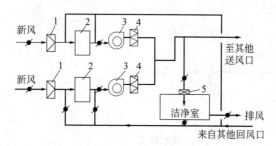

图 24-8　风机并联净化空调系统示意图

1—粗过滤器；2—温湿度处理室；3—风机；
4—中效过滤器；5—高效过滤器

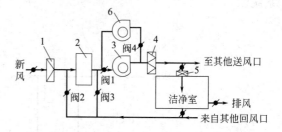

图 24-9　设有值班风机的净化空调系统示意图

1—粗效过滤器；2—温湿度处理室；3—正常运行风机；
4—中效过滤器；5—高效过滤器；6—值班风机

设有值班风机的净化空调系统也是风机并联的一种形式，所谓值班风机，就是系统主风机并联一个小风机。其风量一般按维持清净室正压和送风管路漏损所需空气量选取，风压按在此风量运行时送风管路的阻力确定。非工作时间，主风机停止运行而值班风机投入运行，使洁净室维持正压状态，室内洁净度不至于发生明显变化。设有值班风机的净化空调系统如图 24-9 所示，正常运行时，阀 1、阀 2、阀 3 打开，阀 4 关闭；下班后正常风机停止运行，值班风机运行，阀 4 打开，阀 1、阀 2、阀 3 关闭。

24.3.4　分散式净化空调系统

① 在集中空调的环境中设置局部净化装置（微环境/隔离装置、空气自净器、层流罩、洁净工作台、洁净小室等）构成分散式送风的净化空调系统。也可称为半集中式净化空调系统，其示意如图 24-10 所示。

② 在分散式柜式空调送风的环境中设置局部净化装置（高效过滤器送风口、高效过滤器风机机组、洁净小室等）构成分散式送风的净化空调系统。其示意如图 24-11 所示。

24.3.5　净化方案

（1）全室净化　以集中净化空调系统，在整个房间内造成具有相同洁净度环境的净化处理方式，叫全室净化。这是洁净技术中最早发展起来的一种方式，并且现在也仍然被采用。这种方式适合于工艺设备高大，数量很多，且室内要求相同洁净度的场所。但是这种方式投资大、运行管理复杂、建设周期长。

（2）局部净化　以净化空调器或局部净化设备（如洁净工作台、栅式垂直层流单元、层流罩等），在一般空调环境中造成局部区域具有一定洁净度级别环境的净化处理方式叫局部

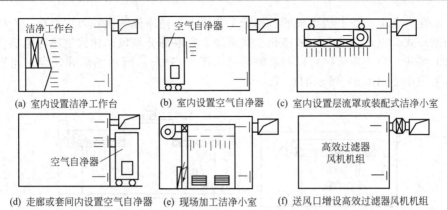

(a) 室内设置洁净工作台　　(b) 室内设置空气自净器　　(c) 室内设置层流罩或装配式洁净小室

(d) 走廊或套间内设置空气自净器　(e) 现场加工洁净小室　(f) 送风口增设高效过滤器风机机组

图 24-10　分散式净化空调系统的基本形式（一）

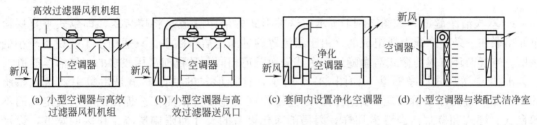

(a) 小型空调器与高效过滤器风机机组　(b) 小型空调器与高效过滤器送风口　(c) 套间内设置净化空调器　(d) 小型空调器与装配式洁净室

图 24-11　分散式净化空调系统的基本形式（二）

净化。这种方式适合于生产批量较小或利用原有厂房进行技术改造的场所。目前，应用最广泛的是全室净化与局部净化相结合的净化处理方式，这是洁净技术发展中产生的净化方式，它既能保证室内具有一定洁净度，又能在局部区域实现高洁净度环境，从而达到既满足生产对高洁净度环境的要求，又节约能源的双重目的。例如，需要 A 级洁净度的操作工段，当生产批量较小时，只要在洁净度较低的乱流洁净室内，利用洁净工作台或层流罩等局部净化设备，就能实现全室净化与局部净化相结合的净化方式。

（3）洁净隧道　以两条层流工艺区和中间的乱流操作活动区组成隧道形洁净环境的净化处理方式叫洁净隧道。这是全室净化与局部净化相结合的典型，是目前推广采用的净化方式，也被称为第三代净化方式。

① 分类　按照组成洁净隧道的设备不同，洁净隧道可分为以下几种形式。

a. 台式洁净隧道　如图 24-12 所示，这种形式的洁净隧道是将洁净工作台相互连接在一起，并取消中间的侧壁，组成生产需要的隧道型生产线。当工艺要求垂直层流时，可选用垂直层流工作台。当工艺要求水平层流时，则选用水平层流工作台。这种净化方式较全室净化更易保证局部空间的高洁净度，并由于工作台相互连接，可以减少或防止交叉污染。此外，对建筑的要求比较简单，只要求具备乱流洁净室的环境即可。其缺点是洁净工作台的尺寸固定，使操作面缺

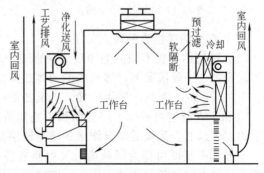

图 24-12　台式洁净隧道

乏足够的灵活性，工艺设备必须适应工作台的尺寸，调整起来也不大方便。

b. 棚式洁净隧道　如图 24-13 所示，这种形式的洁净隧道是将洁净棚，即棚式垂直层

流单元串联在一条生产线上所组成的。根据工艺要求，洁净棚的面积可以变化，空气可以全部为室内循环式，也可连通集中式净化空调系统，吸取部分新风。棚式洁净隧道适合于工艺设备较大的场所。当工业管路可以明装时，采用图 24-13(a) 所示的形式，当工业管路必须暗装时，采用图 24-13(b) 所示的形式。

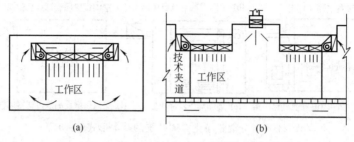

图 24-13　棚式洁净隧道

　　c. 罩式洁净隧道　如图 24-14 所示，这种形式的洁净隧道是将层流罩，即罩式垂直层流单元串联在一条生产线上所组成的。由于层流罩的进深比洁净棚小，只适用于工艺设备较小的场所。空气循环方式与棚式洁净隧道和台式洁净隧道相同，是目前采用较多的一种洁净隧道。

　　d. 集中送风式洁净隧道　如图 24-15 所示，这种形式的洁净隧道是由集中式送风系统的满布高效过滤器的静压箱所组成的。层流工作区的宽度可依照工艺提出的要求确定，而不像台式、棚式和罩式洁净隧道那样，因局部净化设备的尺寸而限制层流工作区的宽度，设计可以更为灵活。采用这种形式时，回风可以通过技术夹道，也可像图 24-15 这样，在乱流操作活动区设置地沟。此外，工业管路可布置在工作区的沿壁板一侧，排风管接至地沟。

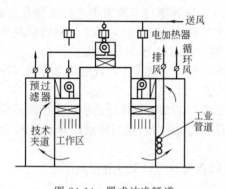

图 24-14　罩式洁净隧道

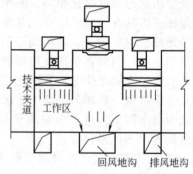

图 24-15　集中送风式洁净隧道

　　② 特点　洁净隧道的特点如下。

　　a. 在隧道内造成不同的洁净度，从而充分利用了不同洁净气流的特性，最大限度地满足工艺要求。一般情况下，隧道内的两侧是高洁净度的层流工作区，中间是乱流的操作活动区。工艺区连成一条线，使用方便，人员的活动也不会引起交叉污染。

　　b. 由于在隧道内减少了层流面积，基建费用和运行费用要比全室净化的垂直层流洁净室节约 1/3 以上。乱流活动操作区的净高较层流工艺区高得多，能满足人员舒适感的要求。

　　c. 技术夹道既可作为回风道，又可布置各种工业管路，安装工艺辅助设备。组成洁净隧道的局部净化设备（洁净工作台、洁净棚和层流罩等）、工业管路以及工艺辅助设备的维修均可在技术夹道内进行。由于技术夹道相对于洁净隧道为负压，因此，维修工作不会引起洁净隧道的污染，维修工作可在不停止工艺生产的情况下进行。

　　洁净隧道所需的局部净化设备、顶棚、壁板、回风口及门窗等构件，可以标准化、模数化，由专业工厂加工生产，在现场组装。同时，洁净隧道可以迅速拆装，重新组合，为工艺变化提供了方便。

d. 洁净隧道可以按一定规模配置净化空调系统，因此空调系统可通用化、系列化，从而可以大大缩短设计周期。

e. 一般情况下，洁净隧道对于建筑方面的要求比较简单，只要具备乱流洁净室的环境，即可满足要求。

24.4 空气洁净设备

24.4.1 空气过滤器

空气过滤器是空气洁净技术的主要设备，也是创造空气洁净环境不可缺少的设备。

(1) 按过滤效率分类 我国于 1992 年和 1993 年分别颁布了空气过滤器（GB/T 14295—93）和高效空气过滤器（GB 13554—92）两个国家标准（目前最新标准分别为 GB/T 14295—2008 和 GB 13554—2008），将此类过滤器分为 5 种类别，如表 24-3 所列。

表 24-3 我国空气过滤器分类

项 目	额定风量下的效率/%	20%额定风量下的效率/%	额定风量下的初阻力/Pa	备 注
粗效	粒径≥5μm,80>η≥20	—	≤50	效率为大气尘计数效率
中效	粒径≥1μm,70>η≥20	—	≤80	
高中效	粒径≥1μm,99>η≥70	—	≤100	
亚高效	粒径≥0.5μm,99.9>η≥95	—	≤120	
高效 A	η≥99.9	—	≤190	A、B、C 三类效率为钠焰法效率；D 类效率为计数效率；C、D 类出厂要检漏
B	η≥99.99	η≥99.99	≤220	
C	η≥99.999	η≥99.999	≤250	
D	粒径≥0.1μm,η≥99.999	粒径≥0.1μm,η≥99.999	≤280	

根据过滤器的过滤效率分类，通常可分为粗效、中效、高中效、亚高效和高效空气过滤器等，按过滤效率的分类方法是人们比较熟悉和常用的方法，现简述如下。

① 粗效过滤器 从主要用于首道过滤器考虑，应该截留大微粒，主要是 5μm 以上的悬浮性微粒和 10μm 以上的沉降性微粒以及各种异物，防止其进入系统，所以粗效过滤器的效率以过滤 5μm 为准。

② 中效过滤器 由于其前面已有预过滤器截留了大微粒，它又可作为一般空调系统的最后过滤器和高效过滤器的预过滤器，所以主要用以截留 1～10μm 的悬浮性微粒，它的效率即以过滤 1μm 为准。

③ 高中效过滤器 可以用作一般净化程度的系统的末端过滤器，也可以为了提高系统净化效果，更好地保护高效过滤器，而用作中间过滤器，所以主要用以截留 1～5μm 的悬浮性微粒，它的效率也以过滤 1μm 为准。

④ 亚高效过滤器 既可以作为洁净室末端过滤器使用，达到一定的空气洁净度级别，也可以作高效过滤器的预过滤器，进一步提高和确保送风洁净度，还可以作为新风的末级过滤，提高新风品质。所以，和高效过滤器一样，它主要用以截留 1μm 以下的亚微米级的微粒，其效率即以过滤 0.5μm 为准。

⑤ 高效过滤器 它是洁净室的最主要的末级过滤器，以实现 0.5μm 的各洁净度级别为目的，但其效率习惯以过滤 0.3μm 为准。如果进一步细分，若以实现 0.1μm 的洁净度级别为目的，则效率就以过滤 0.1μm 为准，这习惯称为超高效过滤器。

（2）按过滤材料的不同分类

① 滤纸过滤器　这是洁净技术中使用最为广泛的一种过滤器，目前滤纸常用玻璃纤维、合成纤维、超细玻璃纤维以及植物纤维素等材料制作。根据过滤对象的不同，采用不同的滤纸制作成 $0.3\mu m$ 级的普通高效过滤器或亚高效过滤器，或作成 $0.1\mu m$ 级的超高效过滤器。

② 纤维层过滤器　这是用各种纤维填充制成的过滤层，所采用的纤维有天然纤维，是一种自然形态的纤维如羊毛、棉纤维等；化学纤维，采用化学的方法改变原料的性质制作的纤维；人造纤维（物理纤维），采用物理的方法将纤维从原材料分离的纤维，其原料性质没有改变。纤维层过滤器属于低填充率的过滤器，阻力降较少，通常用作中等效率的过滤器。应用无纺布工艺制作的纤维层制造的过滤器就是一例。

③ 泡沫材料过滤器　是一种采用泡沫材料的过滤器，此类过滤器的过滤性能与其孔隙率关系密切，但目前国产泡沫塑料的孔隙率控制困难，各制造厂家制作的泡沫材料的孔隙率差异很大，制成的过滤器性能不稳定，所以现在很少使用了。

24.4.2　洁净工作台

洁净工作台是一种设置在洁净室内或一般室内，可根据产品生产要求或其他用途的要求，在操作台上保持高洁净度的局部净化设备。主要由预过滤器、高效过滤器、风机机组、静压箱、外壳、台面和配套的电器元器件组成。

从气流形式对洁净工作台进行分类，通常分为水平单向流和垂直单向流；从气流在循环角度上分为直流式和循环式；按用途分类，可分为通用型和专用型等。图 24-16 所示为普通型洁净工作台结构，通常为 $0.3\mu m$ 或 $0.5\mu m$，A 级。因洁净工作台内产生的污染物不会排向室内，这类工作台使用广泛，但不宜用于要求操作者不能遮挡作业面的场所。在实际使用中，根据用途的不同，可按使用单位的要求设计制作各种类型的专用洁净工作台，如化学处理用洁净工作台、实验室用洁净工作台，此类工作台通常采用垂直单向流方式，工作台内设

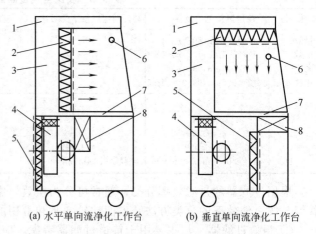

(a) 水平单向流净化工作台　　(b) 垂直单向流净化工作台

图 24-16　普通型洁净工作台结构

1—外壳；2—高效过滤器；3—静压箱；4—风机机组；
5—预过滤器；6—日光灯；7—台面板；8—电器元件

有给水（纯水或自来水）排风装置等；储存保管用洁净工作台，通常应根据储存物品性质、隔板形式等分别采用垂直单向流或水平单向流以及是否需设排风装置等；还有灭菌操作洁净工作台，带温度控制的洁净工作台等。

不论何种洁净工作台以及其用途的不同，它都应具备以下基本的功能要求。

① 采用足够的送风量、合适的气流流型，选择可靠的过滤装置，确保所需的空气洁净度等级；②工作台内操作面上的气流分布应均匀，可调；③有排风装置时，应选用必要的排气处理装置或技术措施，达到对室内外的环境不污染或达到允许的排放要求；④噪声低、振动小，满足相关标准、规范的要求；⑤操作面相关表面光滑、平整、无凹凸、防止积尘；⑥工作台内的过滤器拆装方便；⑦工作台的工作和空气洁净度以及其他特殊要求等宜采用自动控制进行操作，至少应装设必要的显示仪表显示工作台的工作状态。

24.4.3　层流罩

层流罩是垂直单向流的局部洁净送风装置，局部区域的空气洁净度可达 A 级或更高级

别的洁净环境，洁净度的高低取决于高效过滤器的性能。层流罩按结构分为有风机和无风机，前回风型和后回风型；按安装方式分为立（柱）式和吊装式。其基本组成有外壳、预过滤器、风机（有风机的）、高效过滤器、静压箱和配套电器、自控装置等，图 24-17 所示为有风机层流（单向流）罩，它的进风一般取自洁净厂房内，亦可取自技术夹层，但其构造将会有所不同，设计时应予注意。图 24-18 所示为无风机层流罩，主要由高效过滤器和箱体组成，其进风取自净化空调系统。

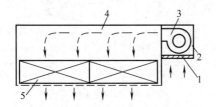

图 24-17　有风机层流罩示意图

1—预过滤器；2—负压箱；3—风机；
4—静压箱；5—高效过滤器

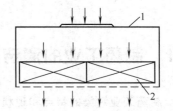

图 24-18　无风机层流罩示意图

1—箱体；2—高效过滤器

层流罩的出风速度多数在 0.35～0.5m/s，噪声≤62dB（A）。其单体外形尺寸一般为 700mm×1350mm～1300mm×2700mm，层流罩可单体使用，也可多个单体拼装组成洁净隧道或局部洁净工作区，以适应产品生产的需要，图 24-19 所示为层流（单向流）罩的结构形式。

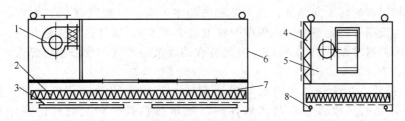

图 24-19　层流罩结构形式

1—风机机组；2—高效过滤器；3—保护网；4—预过滤器；
5—负压箱；6—外壳；7—正压箱；8—日光灯

思　考　题

24-1　GMP 对厂房平面布局的要求怎样？举例说明。

24-2　空气洁净度级别相同的房间之间，有无压差要求？

24-3　试举例说明防止交叉污染的措施。

24-4　人身净化程序是否都有洁净度要求？换鞋、脱衣、更衣各环节的设计应遵循什么原则？为什么？

24-5　举出可作为缓冲设施的例子。

24-6　实际使用中，空气吹淋室效果不佳，有哪些原因？

24-7　火灾发生后，最有利的抢救时间有多长？为什么？

24-8　最佳的疏散距离是多少？为什么？

第25章 清洁生产与末端治理技术

25.1 制药工业的清洁生产

25.1.1 制药工业污染的特点和现状

(1) 制药工业污染的特点 制药厂排出的污染物通常具有毒性、刺激性和腐蚀性，这也是工业污染的共同特征。此外，化学制药厂的污染物还具有数量少、组分多、变动性大、间歇排放、pH 不稳定、化学需氧量高等特点。这些特点与防治措施的选择有直接的关系。

① 数量少、品种类繁多、更新速度快、涉及的化学反应复杂。制药工业对环境的污染主要来自于原料药的生产。原料药的生产规模通常较小，因此排出的污染物的数量一般不大。但所用原材料繁杂，而且有相当一部分原材料是易燃、易爆的危险品或是有毒有害物质，除原材料引起的污染问题外，其工艺环节收率不高（一般只有 30% 左右，有时甚至更低，有时因为染菌等问题整个生产周期的料液将会废弃），这样，往往是几吨、几十吨甚至是上百吨的原材料才制造出 1t 成品，因此造成的废液、废气、废渣相当惊人，严重影响了周边环境。

② 间歇排放。由于药品生产的规模通常较小，因此化学制药广大多采用间歇式生产方式，污染物的排放自然也是间歇性的。间歇排放是一种短时间内高浓度的集中排放，而且污染物的排放量、浓度、瞬时差异都缺乏规律性，这给环境带来的危害要比连续排放严重得多。此外，间歇排放也给污染的治理带来了不少困难。如生物处理法要求流入废水的水质、水量比较均匀，若变动过大，会抑制微生物的生长，导致处理效果显著下降。

③ pH 不稳定。制药厂排放的废水，有时呈强酸性，有时呈强碱性，pH 很不稳定，对水生生物、构筑物和农作物都有极大的危害。在生物处理或排放之前必须进行中和处理，以免影响处理效果或者造成环境污染。

④ 化学需氧量高。制药厂产生的污染物一般以有机污染物为主，其中有些有机物能被微生物降解，而有些则难以被微生物降解。因此，一些废水的化学需氧量很高，但生化需氧量却不一定很高。对废水进行生物处理前，一般先要进行生物可降解性试验，以确定废水能否用生物法处理。对于那些浓度高而又不易被生物氧化的废水要另行处理，如萃取、焚烧等。否则，经生物处理后，出水中的化学需氧量仍会高于排放标准。

(2) 我国制药工业污染的现状 制药厂尤其是化学制药厂是环境污染较为严重的企业。从原料药到药品，整个生产过程都有造成环境污染的因素。据不完全统计，全国药厂每年排放的废气量约 10 亿立方米（标准状态），其中含有害物质约 10 万吨；每天排放的废水量约 50 万立方米；每年排放的废渣量约 10 万吨，对环境的危害十分严重。近年来，通过工艺改革、回收和综合利用等方法，在消除或减少危害性较大的污染物方面已做了大量的工作。用于治理污染的投资也逐年增加，各种治理污染的装置相继在各药厂投入运行。然而，由于化学制药工业环境保护的历史较短，以及污染的治理难度较大等原因，致使防治污染的速度远远落后于制药工业的发展速度。从总体上看，制药行业的污染仍然十分严重，治理的形势相当严峻。全行业污染治理的程度也不平衡，条件好的制药厂已达二级处理水平，即全厂大部分污染得到了妥善的处理；但仍有相当数量的制药厂仅仅是一级处理，甚至还有一些制药厂没能做到清污分流。个别制药企业的法制观念不强，环保意识不深，随意倾倒污染物的现象时有发生，对环境造成了严重的污染。

25.1.2　清洁生产的定义

药品的生产过程既是原料的消耗过程和产品的形成过程，也是污染物的产生过程。药品所采取的生产工艺决定了污染物的种类、数量和毒性。因此，防治污染首先应从合成路线入手，尽量采用那些污染少或没有污染的清洁生产工艺，改造那些污染严重的落后生产工艺，以消除或减少污染物的排放。其次，对于必须排放的污染物，要积极开展综合利用，尽可能化害为利。最后才考虑对污染物进行无害化处理。

清洁生产是指不断采取改进设计、使用清洁的能源和原料、采用先进的工艺技术与设备、改善管理、综合利用等从源头削减的措施，提高资源利用效率，减少或者避免生产、服务和产品使用过程中污染物的产生和排放，以减轻或者消除对人类健康和环境的危害。清洁生产的定义包含两层含义：一是清洁生产的内容；二是清洁生产的目的。清洁生产的内容有"改进设计"、"使用清洁的原料和能源"、"采用先进的工艺技术与设备"、"综合利用"及"改善管理"，除"改善管理"外，其他内容所涉及的均为清洁生产技术。

清洁生产技术的基本特点如下。

① 原料转化率高及废物产生量小。生产的设计者和经营者都希望原料100％转化成产品，但由于原料的纯度不可能做到100％，其转化率也不可能做到100％，即使对使用纯料的机械加工行业而言，也总会剩余一些边角废料。对于化学制药工业来讲，由于大多数化学反应是可逆的，要做到原料的100％转化更是可望不可即。废物就是未反应的原料、中间产品或终产品。一般来说，原料的转化率越高，废物的产生量就越少。清洁技术的第一特点就是要具有原料的转化率高、废物的产生量少。

② 工艺流程或生产周期短。对于以化学反应为主的化学制药来说，工艺流程的长短是非常重要的。工艺流程越长，涉及的化学反应越多，导致的原料损失就越大，产生的废物就越多，且基建与设备的投资就越大。

③ 生产装置规模大。生产装置和设备的大型化绝不是数字的简单加和，需要采用许多新技术。生产装置和设备的规模大小与能耗、物耗、产率、产污有着直接关系。

④ 自动化程度高。自动化程度高，不仅仅是为了节省人力，更重要的是能够在选择的优化工艺条件下自动操作，以最少的原料获取最多最好的产品，即取得最大的利润，产生最少的废物。

⑤ 化学反应速度快。大多数化学反应不但具有可逆性，而且反应速度慢，甚至于慢到看不出反应的进行。为了加快化学反应速度，要使用催化剂。催化剂的品质和性能是决定化学反应速度的关键。

⑥ 能量消耗少。清洁生产技术不但要求较少的物耗，而且要求较少的能耗。同样的技术消耗的能量不同，除了技术本身的原因外，还有管理方面的问题。

从我国环境保护和清洁生产的发展历程可知，在20世纪90年代之前，虽然也提出了"预防为主，防治结合"、"采用无废少废工艺"的口号，也开展了"清洁文明工厂"活动，但从整体上来讲，我国的污染防治工作主要还是停留在废物处理上，在绝大多数人心目中环保工作就是废物处理工作。只有到20世纪90年代后期，清洁生产才逐渐形成一整套理论与方法，并得到逐步实施，这时才可以说是清洁生产战略的开始。为了区分三废处理与清洁生产，把三废处理称为"末端治理"，而把生产过程中的污染物削减称为清洁生产，把三废处理技术称为末端治理技术，把清洁生产中采用的技术称为清洁生产技术。

清洁生产技术与末端治理技术之间的最大区别在于其产生的结果。末端治理技术带来的是环境效益，而清洁生产技术带来的不仅是良好的环境效益，而且还有巨大的经济效益。

25.1.3 清洁生产与末端治理的比较

从上述清洁生产的定义，可以看到：清洁生产是要引起研究开发者、生产者、消费者也就是全社会对于工业产品生产及使用全过程对环境影响的关注。使污染物产生量、流失量和治理量达到最小，资源充分利用，是一种积极、主动的态度。而末端治理把环境责任只放在环保研究、管理等人员身上，仅仅把注意力集中在对生产过程中已经产生的污染物的处理上。具体对企业来说只有环保部门来处理这一问题，所以总是处于一种被动的、消极的地位。侧重末端治理的主要问题表现在以下方面。

① 污染控制与生产过程控制没有密切结合起来，资源和能源不能在生产过程中得到充分利用。

任一生产过程中排出的污染物实际上都是物料，如农药、染料生产收率都比较低，这不仅对环境产生极大的威胁，同时也严重地浪费了资源。国外农药生产的收率一般为70%，而我国只有50%～60%，也就是1t产品比国外多排放100～200kg的物料。因此改进生产工艺及控制，提高产品的收率，可以大大削减污染物的产生，不但增加了经济效益，与此同时也减轻了末端治理的负担。因此污染控制应该密切地与生产过程控制相结合，末端控制的环保管理总是处于被动的局面，资源不仅不能充分利用，浪费的资源还要消耗其他的资源和能源去进行处理，这是很不合理的。

② 污染物产生后再进行处理，处理设施基建投资大，运行费用高。

"三废"处理与处置往往只有环境效益而无经济效益，因而给企业带来沉重的经济负担，使企业难以承受。目前各企业投入的环保资金除部分用于预处理的物料回收、资源综合利用等项目外，大量的投资用来进行污水处理场等项目的建设。由于没有抓住生产全过程控制和源削减，生产过程中污染物产生量很大，所以需要污染治理的投资很大，而维持处理设施的运行费用也非常可观。

根据废水水质、处理工艺流程及基础设施情况不同，处理水1t/h需要基建投资2～6万元。据统计：处理1t化工废水需要1～4元，而去除1kg COD则往往需要2～6元。目前许多企业由于种种原因，使物料流失严重，提高了物耗和产品成本，已经造成经济损失，而流失到环境中的物料还需要很高的费用去处理、处置。使企业受到双重的经济负担。

③ 现有的污染治理技术还有局限性，使得排放的"三废"在处理、处置过程中对环境还有一定的风险性。

如废渣堆存可能引起地下水污染，废物焚烧会产生有害气体，废水处理产生含重金属污泥及活性污泥等，都会对环境带来二次污染。但是末端治理与清洁生产两者并非互不相容，也就是说推行清洁生产还需要末端治理，这是由于：工业生产无法完全避免污染的产生，最先进的生产工艺也不能避免产生污染物；用过的产品还必须进行最终处理、处置。因此清洁生产和末端治理永远长期并存。只有共同努力，实施生产全过程和治理污染过程的双控制才能保证环境最终目标的实现。

清洁生产与末端治理的比较见表25-1。

表 25-1　清洁生产与末端治理的比较

比较项目	清洁生产系统	末端治理(不含综合利用)
思考方法	污染物消除在生产过程中	污染物产生后再处理
产生时代	20 世纪 80 年代末期	20 世纪 70～80 年代
控制过程	生产全过程控制,产品生命周期全过程控制	污染物达标排放控制
控制效果	比较稳定	受产污量影响处理效果
产污量	明显减少	间接可推动减少
排污量	减少	减少
资源利用率	增加	无显著变化
资源耗用	减少	增加(治理污染消耗)
产品产量	增加	无显著变化
产品成本	降低	增加(治理污染费用)
经济效益	增加	减少(用于治理污染)
治理污染费用	减少	随排放标准严格,费用增加
污染转移	无	有可能
目标对象	全社会	企业及周围环境

25.2　清洁生产的实施

25.2.1　相关规定

在《中华人民共和国清洁生产促进法》中明确规定如下内容。

① 新建、改建和扩建项目应当进行环境影响评价,对原料使用、资源消耗、资源综合利用以及污染物产生与处置等进行分析论证,优先采用资源利用率高以及污染物产生量少的清洁生产技术、工艺和设备。

② 企业在进行技术改造过程中,应当采取以下清洁生产措施:采用无毒、无害或者低毒、低害的原料,替代毒性大、危害严重的原料;采用资源利用率高、污染物产生量少的工艺和设备,替代资源利用率低、污染物产生量多的工艺和设备;对生产过程中产生的废物、废水和余热等进行综合利用或者循环使用;采用能够达到国家或者地方规定的污染物排放标准和污染物排放总量控制指标的污染防治技术。

③ 产品和包装物的设计,应当考虑其在生命周期中对人类健康和环境的影响,优先选择无毒、无害、易于降解或者便于回收利用的方案。企业应当对产品进行合理包装,减少包装材料的过度使用和包装性废物的产生。

④ 建筑工程应当采用节能、节水等有利于环境与资源保护的建筑设计方案、建筑和装修材料、建筑构配件及设备。建筑和装修材料必须符合国家标准。

⑤ 企业应当在经济技术可行的条件下对生产和服务过程中产生的废物、余热等自行回收利用或者转让给有条件的其他企业和个人利用。

⑥ 企业应当对生产和服务过程中的资源消耗以及废物的产生情况进行监测,并根据需要对生产和服务实施清洁生产审核。

污染物排放超过国家和地方规定的排放标准或者超过经有关地方人民政府核定的污染物排放总量控制指标的企业,应当实施清洁生产审核。

使用有毒、有害原料进行生产或者在生产中排放有毒、有害物质的企业,应当定期实施清洁生产审核,并将审核结果报告所在地的县级以上地方人民政府环境保护行政主管部门和经济贸易行政主管部门。

25.2.2　具体措施

清洁生产的实施可以从加强内部管理、改进生产工艺、废物回收利用、替换原材料等方面入手,分步实施。

例如,对化工企业清洁生产审计中发现各企业废物产生的原因及其相应的清洁生产实施方案见表25-2。

表 25-2　废物产生原因及相应清洁生产实施方案

废物产生原因	清洁生产实施方案
原材料贮运管理 (1)原料质量不稳定,杂质多,造成物料消耗高,催化剂中毒副产物多 (2)原料贮运管理不当,物料损失率高 (3)设备备品备件质量差,阀门内漏,压盖不严,造成泄漏 (4)使用有毒物料,工作环境差,废物污染严重	原材料改变 (1)加强原料质量控制,实行精料政策,进行原料提纯加工,提高原材料品质 (2)加强原料进出厂计量和贮运管理,将原料在厂内加工,改进包装运输方式,贮槽加溢流报警装置,减少原料流失 (3)加强备件质量检验和改进采购程序,杜绝不合格备品进厂,定期进行检查维修 (4)改变产品配方,替代有毒原材料,加强员工健康监护
工艺技术设备和操作 (1)生产工艺落后,流程过长,能耗高,收率低,废物产生量大 (2)设备器材陈旧,造成物料泄漏和事故停车 (3)仪表系统老化,计量不准,工艺指标不能及时调控,造成原料浪费和产品不合格 (4)设备管线布局不合理,管路控制阀门少,无法消除局部泄漏 (5)设备选型不当,大马拉小车;设备热效率低,能源浪费严重 (6)催化剂使用多年,活性下降,产品收率低,副产物多 (7)水、电、气公用工程供应不稳定,夏季制冷系统达不到工艺要求,造成事故停车和废物产生 (8)工艺靠手工控制,自动监控不及时,工艺参数温度、压力、流量等不能控制在最佳状况下 (9)市场需求变化造成产品品种改变,增加设备清洗次数,增大废水、废溶剂产生量	工艺技术改进和优化操作 (1)改革生产工艺,采用无废/低废工艺,局部改进工艺技术,使用高效反应器,分离精制技术等 (2)更新设备,定期进行预防性维护保养 (3)仪表改造与更新,加强仪表设备管线维修保养,及时校正 (4)适当调整管线布局,使之有序化,增添必要的控制仪表和阀门,提高自控水平 (5)改换设备,节电降耗或安装变频器,降低能耗,进行余热回收提高热效率 (6)更换或采用新型高效催化剂提高反应效率 (7)改造制冷系统,增加制冷设备,加强调度,保证水、电、气供应,消除废物产生 (8)增加必要的仪器仪表,实现生产自动控制,优化工艺条件 (9)合理安排生产,改进清洗程序,减少设备清洗次数
生产管理与维护 (1)员工不重视安全环保,清洁生产意识差,不注意节水节能 (2)工人不按要求操作,工艺条件控制不稳,物料称量不准确,劳动纪律松懈 (3)设备管线跑、冒、滴、漏严重,生产、生活用水长流,浪费大 (4)工人违章操作,安全意识差,事故发生频繁	强化内部管理 (1)加强清洁生产教育,提高责任心 (2)严格工艺控制和操作条件,按操作规程操作,加强岗位责任制和培训 (3)严格巡回检查和设备维护,及时消除跑、冒、滴、漏现象 (4)将生产经济指标、能源、资源消耗与个人奖金挂钩,定期进行员工技术培训,提高员工素质
废物回收利用 (1)工艺冷却水和蒸汽冷凝液直接排放 (2)冷凝系统不凝气,真空系统安全排放,设备挥发性有机物释放,工艺粉尘无组织排放 (3)固体废物和蒸馏残液存放处置不当	废物厂内回收利用 (1)实行清污分流,间接冷却水循环使用 (2)采取吸收吸附措施,回收有用物质的循环利用,采用专用集尘装置,分别收集粉尘回用于生产 (3)采取防渗、防扬散措施,厂内进行再资源化

25.2.2.1　强化内部管理

在实施过程中强化内部管理是十分重要的,对生产过程、原料贮存、设备维修和废物处置的各个环节都可以强化管理，这是一种花钱少、容易实施的做法。

（1）物料装卸、贮存与库存管理　检查评估原料、中间体和产品及废物的贮存和转运设施，采用适当程序可以避免化学品的泄漏、火灾、爆炸和废物的生产。这些程序包括：①对使用各种运输工具（铲车、拖车、运输机械等）的操作工人进行培训，使他们了解器械的操作方式、生产能力和性能；②在每排贮料桶之间留有适当、清晰空间，以便直观检查其腐蚀和泄漏情况；③包装袋和容器的堆积应尽量减少翻裂、撕裂、戳破和破裂的机会；④将料桶抬离地面，防止由于泄漏或混凝土"出汗"引起的腐蚀；⑤不同化学物料贮存应保持适当间隔，以防止交叉污染或者万一泄漏时发生化学反应；⑥除转移物料时，应保持容器处于密闭状态；⑦保证贮料区的适当照明。

实施库存管理，适当控制原材料、中间产品、成品以及相关的废物流已被工业部门看成是重要的废物消减技术。在很多情况下，废物就是过期的、不合规划的、沾污了的或不需要的原料、泄漏残渣或损坏的制成品，这些废料的处置费用不仅包括实际处置费，而且包括原料或产品损失，这可能给任何公司都造成很大的经济负担。

控制库存的方法包括从简单改变订货程序直到实施及时制造技术，可以有效地消减三种由于库存控制不当生产的废物源，即过量的、过期的和不再使用的原材料。

物料控制包括原料、产品和工艺废物的贮存及其在工艺和装置附近的输送。适当的物料控制程序将保证原料避免泄漏或受到沾污进入生产工艺中，以保证原料在生产过程中有效使用，防止残次品及废物的产生。

（2）改进操作方式，合理安排操作次序　用间歇（分批）方式生产产品对废物的产生有重要影响，而批量生产的量和周期对废物的产生也有重要影响。例如，设备清洗废物与清洗次数直接相关，要减少设备清洗次数，应尽量加大每批配料的数量或者一批接一批地配制相同的产品，避免相邻两批配制之间的清洗。

这种办法可能需要调整安排生产操作次序和计划，因而会影响到原料、成品库存和装运。

（3）改进设备设计和维护，预防泄漏的发生　物料的泄漏会生产废物，预防措施主要有：①在装置设计时和试车以后进行危险性评价研究，以便对操作和设备设计提出改进意见，减少泄漏的可能性；②对容器、贮槽、泵、压缩机和工艺设备以及管线适当进行设计并保持经常性维护保养；③在贮槽上安装溢流报警器和自动停泵装置，定期检查溢流报警器；④保持贮槽和容器外形完好无损；⑤对现有装料、卸料和运输作业制定安全操作规程；⑥铺砌收容泄漏物的护堤；⑦安装联锁装置，阻止物料流向已装满的贮槽或发生泄漏的装置；⑧增强操作人员对泄漏严重后果的认识。

（4）废物分流　在生产源进行清污分流可减少危险废物处置量。①将危险废物与非危险废物分开。当将非危险废物与危险废物混在一起时，它们将都成为危险废物，因而不应使两者混合在一起，以便减少需处置的危险废物量，并大大节省费用。②按废物中所含污染物、危险废物分离开，避免相互混合。③将液体废物和固体废物分开，可减少废物体积并简化废水处理。例如，含有较多固体物的废液可经过过滤，将滤液送去废水处理厂，滤饼可再生利用或填埋处置。④清污分流　将接触过物料的污水与未接触物料的废水（间接冷却水）分开，清水可循环利用，仅将污水进行处理。

（5）提高员工素质与建立激励机制等人事管理措施

① 制定废物减量计划。企业的废物减量计划应说明全部危险废物的生产量和种类、产生源、管理方法及费用以及企业对废物减量的政策目标、废物减量措施、实施日期、实施减量后预期结果等。

② 职工培训计划。有效的废物减量计划必须与职工培训计划相结合，通过培训使职工

了解如何监测泄漏和物料流失，对工艺操作工和维修人员应当给予如何减少废物方法的培训。

③ 实行奖励制度，鼓励职工减少废物量的积极性和主动性。建立奖励制度，鼓励职工提出合理化建议，根据实施后的效益，给予精神和物质奖励。

④ 财务管理策略。实行费用分摊将废物处理处置费用分摊给产生废物的车间和部门，而不是由全公司一般管理费用中列支，从而使废物产生部门清楚地认识到废物处理费用对其车间成本的影响，刺激他们减少废物量。

25.2.2.2 工艺技术改革

改革工艺技术是预防废物产生的最有效方法之一，通过工艺改革可以预防废物产生，增加产品产量和收率，提高产品质量，减少原材料和能源消耗，但是工艺技术改革通常比强化内部管理需要投入更多人力和资金，因而实施起来时间较长，通常只有在加强内部管理之后才进行研究。

工艺技术改革主要采取如下四种方式。

① 生产工艺改革　改革生产工艺，减少废物生产是指开发和采用低废和无废生产工艺和设备来替代落后的老工艺，提高反应收率和原料利用率，消除或减少废物。

采用高效催化剂提高选择性和产品收率，也可提高产量、减少副产物生成和污染物排放量。

② 工艺设备改进　通过工艺设备改造或重新设计生产设备来提高生产效率，减少废物量。

③ 工艺控制过程的优化　在不改变生产工艺或设备条件下，进行操作参数的调整，优化操作条件常常是最容易而且便宜的减废方法。

大多数工艺设备都是使用最佳工艺参数（如温度、压力和加料量）设计的，以取得最高的操作效率，因而，在最佳工艺参数下操作，避免生产控制条件波动和非正常停车可大大减少废物量。

此外，采用自动控制系统监测调节工作操作参数，维持最佳反应条件，加强工艺控制，可增加生产量、减少废物和副产物的产生。在间歇操作中，使用自动化系统代替手工处置物料，通过减少操作工失误，降低了产生废物及泄漏的可能性。

25.2.2.3 原料的改变

原料改变包括：①原材料替代（指用无毒或低毒原材料代替有毒原材料）；②原料提纯净化（即采用精料政策，使用高纯物料代替充配粗料）。

25.2.2.4 产品的改变

① 产品性能改善　生产厂家可通过改变一种产品的性能减少产品最终使用时产生的废物。

② 产品配方改变　新产品的设计应充分考虑其环境兼容性，即产品是否使用稀有原材料，是否含有害物质，是否消耗太多能源，是否容易再生利用。

25.2.2.5 废物的厂内再生利用技术

废物再生利用主要有以下两种方式。

① 废物利用与重复利用　将废物加工后送回原生产工艺或其他生产工艺作为替代原料或配料。

② 再生回收　是指从废物中再生回收有价值的原材料并作为产品出售。

需要指出的是，废物再生利用应注意以下两点：①首先考虑将废物在本厂内就地回收利用，尽量不将废物运出工厂回用，这样可避免运输中和厂外不适当处置可能对环境造成危害，废物既可直接返回原生产工艺中再利用，也可以用于其他工艺；②尽可能考虑全厂集中回收，一个工厂可能有许多车间和工艺产生废溶剂，如果在厂内每个产生废溶剂单元装置上都建立废物回收装置，经济上可能不合算，但如果安装一套集中精馏装置可能在经济上具有优越性；例如在我国制药行业采用的酒精回收装置。

25.2.3　中草药制药的清洁生产

中草药常规的提取方法有热提取法、浸泡提取法等提取工艺，这些工艺操作复杂、提取时间长、有效成分收率低，产生大量的废液、废渣，因此必须在中草药的提取过程中采用清洁生产技术，才能提高提取收率、减轻废物处理负担。

25.2.3.1　银杏有效成分提取工艺

银杏又名白果，是最古老的中生代的稀有植物之一，是我国特有的树种，主要生长在湖北和河南等地。银杏中含有黄酮类、萜内酯类及银杏酚酸等活性成分，对中枢神经系统、血液循环系统、呼吸系统和消化系统等有较强的生理活性；同时有抗菌消炎、抗过敏、消除自由基等作用。

目前银杏有效成分的提取多采用溶剂提取法：以 60% 的丙酮作为提取溶剂，经过一系列的过程得到产品 EGB761，提取物经测定，含灰分约为 0.25%，重金属约为 20μg/g。此类工艺的共同特点是：需要进行长时间的提取，多次的洗涤、过滤和萃取，工艺路线长；消耗了大量的有机溶剂，劳动强度大，生产成本高；收率低，工艺过程参数控制较难，产品的质量较差；生产过程中产生大量的废液和废渣，对环境污染大，给企业带来较大的环境污染治理负担；产品中含有重金属和有机溶剂的残余，会给用药人带来毒副作用。

为克服上述在生产、消费以及后期治理中存在的缺点，人们一直在研究寻找一种新途径来提取银杏的有效成分，下面介绍的是超临界流体萃取银杏有效成分工艺。

超临界萃取工艺为：取绿色银杏叶干燥、粉碎，经过预处理后，分装到萃取器中压紧密封，打开萃取器、分离器和系统的其他加热装置，进行整个系统的预热，同时设定萃取分离所需的温度，打开二氧化碳的进气开关，启动压缩机，使压力达到萃取的要求时，保持一定时间；打开分离用的进气阀，进行分离操作；当压力稳定为 10MPa 时，进行脱除银杏酚酸和叶绿素等杂质的过程；当压力大于 10MPa 并稳定时，进行银杏叶有效成分的萃取分离和收集，同时进行萃取产物的测定。

将超临界萃取方法与溶剂萃取法进行比较可以看出：①超临界萃取的萃取率达到 3.4%，比溶剂萃取法高 2 倍，大大提高了收率；②超临界萃取工艺流程短，萃取分离一次完成，萃取操作时间约为 2h，比溶剂萃取法萃取时间（24h）缩短了 11 倍，提高了效率；③银杏有效成分质量高于国际上公认标准，银杏黄酮含量达到 28%，银杏内酯含量达到 7.2%；④超临界萃取方法采用了二氧化碳为萃取介质，萃取操作在 35～40℃ 之间进行，保持了银杏叶有效成分的天然品质；⑤没有重金属和有毒溶剂的残留。

25.2.3.2　甘露醇提取工艺

甘露醇为渗透性利尿药，并可用于脑瘤、脑外伤、脑水肿所致颅压升高，静滴 20% 溶液可降低颅内压，也可防治急性水尿症等。传统生产工艺为水重结晶-离子交换工艺，该工艺流程复杂，劳动强度大，而且甘露醇的提取率低，耗汽量大，生产成本高。以组合膜法工艺提取甘露醇，动力消耗降低 1/3，蒸汽消耗降低 2/3，收率从 6% 升高到 7.8% 以上，缩短了工艺流程，减轻了劳动强度，提高了成品质量。

结合离子交换膜法生产甘露醇，工业生产过程如图 25-1 所示。

海带浸泡液含甘露醇 1% 左右，经预处理去除糖胶、有机杂质、悬浮物及其他杂质，反渗透进行甘露醇溶液的预浓缩，可进一步净化海带液，并浓缩至甘露醇含量为 3%～6%。浓缩液在离子交换膜电渗析装置中除去 95% 的盐，离子交换后浓缩得到甘露醇产品。

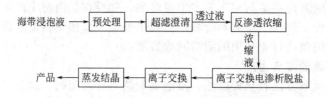

图 25-1　甘露醇离子交换膜法生产提取工艺

25.2.4　抗生素制药的清洁生产

抗生素是微生物、植物、动物在其生命过程中产生（或利用化学、生物或生化方法）的化合物，具有在低浓度下选择性地抑制或杀灭其他种微生物或肿瘤细胞能力的化学物质，是人类控制感染性疾病、保障身体健康及防治动植物病害的重要化疗药物。抗生素发酵是通过微生物将培养基中某些分解产物合成具有强大抗菌或抑菌作用的药物，它一般都是采用纯种在好氧条件下进行的。抗生素的生产以微生物发酵法进行生物合成为主，少数也可用化学合成方法生产。

但是，目前在抗生素的筛选和生产、菌种选育等方面仍存在着许多技术难点，从而出现原料利用率低、废水中残留抗生素含量高等诸多问题，造成严重的环境污染和原材料及能源的不必要的浪费。抗生素生产要耗用大量粮食，分离过程（特别是溶剂萃取法）要消耗大量有机溶剂，一般来说，每生产 1kg 抗生素需耗粮 25～100kg；同时，抗生素生产耗电量约占总成本的 75%。

（1）抗生素废水来源及水质特征　以粮食或糖蜜为主要原料生产抗生素生产工艺流程如图 25-2 所示。生产工艺包括微生物发酵、过滤、萃取结晶、化学方法提取、精制等过程。

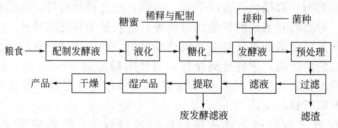

图 25-2　抗生素生产工艺流程

因此，抗生素生产工艺的主要废水来自以下几个方面：

① 提取工艺的结晶废母液，抗生素生产的提取可采用沉淀法、萃取法、离子交换法等工艺，这些工艺提取抗生素后的废母液、废流出液等污染负荷高，属高浓度有机废水；

② 中浓度有机废水，主要是各种设备的洗涤水、冲洗水；

③ 冷却水。

此外，为提高药效，还将发酵法制得的抗生素用化学、生物或生化方法进行分子结构改造而制成各种衍生物，即半合成抗生素，其生产过程的后加工工艺中包括有机合成的单元操作，可能排出其他废水。

从抗生素的制药的生产原料及工艺特点中可以看出，该类废水成分复杂，有机物浓度高，溶解性和胶体性固体浓度高，pH 值经常变化，温度较高，带有颜色和气味，悬浮物含量高，含有难降解物质和有抑菌作用的抗生素，并且有生物毒性等。

（2）抗生素制药清洁生产

① 抗生素废料的综合利用　抗生素生产的主要原料为豆粉饼、玉米浆、葡萄糖、麸质粉等，经接入菌种进行发酵产生各种抗生素，然后再经固液分离，滤液进一步提取抗生素，

滤渣即为药渣。药渣及处理污水的活性污泥都含有较高含量的蛋白质，可以生产高效有机肥废料或饲料添加剂。

　　② 抗生素清洁生产　从抗生素制药废水的水质特点可以看出，该种废水的生物处理具有一定的难度。因此，在对该类废水进行处理时，应尽可能考虑将整个生产过程实现清洁生产，使进入废水处理前的水质得到改善，既可以减少污染，又降低污水的处理费用。

　　事实上，抗生素废水中的物质大都是原料的组分，综合利用原料资源提高原料转化率始终是清洁生产技术的一个重要方向，因此需要对原料成分进行分析，并建立组分在生产过程中的物料平衡，掌握它们的流向，以实现对原料的"吃光榨尽"；同时生产用水也要合理节约，一水多用，采用合理的净水技术。

　　生产工艺和设备的改进是一个关键性的问题，工艺改进主要是在原有发酵工艺的基础上，采用新技术使工艺水平大大提高。所采用的新技术主要应用于三个方面：①工艺改进、新药研制和菌种改造，加强原料的预处理，提高发酵效率，减少生产用水，降低发酵过程中可能出现的染菌等工艺问题；②逐渐采用无废少废的设备，淘汰低效多废的设备；③菌种改造主要利用基因工程原理及技术。

25.3　末端治理技术

25.3.1　废水处理技术

　　在采用新技术、改变生产工艺和开展综合利用等措施后，仍可能有一些不符合现行排放标准的污染物需要进行处理。因此，必须采用科学的处理方法，对最后无法利用又必须排出的污染物进行无害化处理。

　　在药厂产生的污染物中，以废水的数量最大，种类最多，危害最严重，对生产可持续发展的影响也最大，它是制药企业污染物无害化处理的重点和难点。

　　（1）废水的污染控制指标　水质指标是表征废水性质的参数。对废水进行无害化处理，控制和掌握废水处理设备的工作状况和效果，必须定期分析废水的水质。表征废水水质的指标很多，比较重要的有 pH、悬浮物（SS）、生化需氧量（BOD）、化学需氧量（COD）等指标。

　　pH 是反映废水酸碱性强弱的重要指标。它的测定和控制，对维护废水处理设施的正常运行，防止废水处理及输送设备的腐蚀，保护水生生物和水体自净化功能都有重要的意义。处理后的废水应呈中性或接近中性。

　　悬浮物是指废水中呈悬浮状态的固体，是反映水中固体物质含量的一个常用指标，可用过滤法测定，单位为 mg/L。

　　生化需氧量是指在一定条件下，微生物氧化分解水中的有机物时所需的溶解氧的量，单位为 mg/L。微生物分解有机物的速度和程度与时间有直接关系。实际工作中，常在 20℃ 的条件下，将废水培养 5d，然后测定单位体积废水中溶解氧的减少量，即 5d 生化需氧量作为生化需氧量的指标，以 BOD_5 表示。BOD 反映了废水中可被微生物分解的有机物的总量，其值越大，表示水中的有机物越多，水体被污染的程度也就越高。

　　化学需氧量是指在一定条件下，用强氧化剂氧化废水中的有机物所需的氧的量，单位为 mg/L。我国的废水检验标准规定以重铬酸钾作氧化剂，标记为 COD_{Cr}。COD 与 BOD 均可表征水被污染的程度，但 COD 能够更精确地表示废水中的有机物含量，而且测定时间短，不受水质限制，因此常被用作废水的污染指标。COD 和 BOD 之差表示废水中没有被微生物分解的有机物含量。

（2）废水处理方法

① 清污分流　　清污分流是指将清水（如间接冷却用水、雨水和生活用水等）与废水（如制药生产过程中排出的各种废水）分别用各自不同的管路或渠道输送、排放或贮留，以利于清水的循环套用和废水的处理。排水系统的清污分流是非常重要的。制药工业中清水的数量通常超过废水的许多倍，采取清污分流，不仅可以节约大量的清水，而且可大幅度降低废水量，提高废水的浓度，从而大大减轻废水的输送负荷和治理负担。

除清污分流外，还应将某些特殊废水与一般废水分开，以利于特殊废水的单独处理和一般废水的常规处理。例如，含剧毒物质（如某些重金属）的废水应与准备生物处理的废水分开；含氰废水、硫化合物废水以及酸性废水不能混合等。

② 废水处理级数　　按处理程度划分，废水可分为一级、二级和三级处理。

一级处理通常是采用物理方法或简单的化学方法除去水中的漂浮物和部分处于悬浮状态的污染物，以及调节废水的 pH 等。通过一级处理可减轻废水的污染程度和后续处理的负荷。一级处理具有投资少、成本低等特点，但在大多数场合，废水经一级处理后仍达不到国家规定的排放标准，需要进行二级处理，必要时还需进行三级处理。因此，一级处理常作为废水的预处理。

二级处理主要指生物处理法。废水经过一级处理后，再经过二级处理，可除去废水中的大部分有机污染物，使废水得到进一步净化。二级处理适用于处理各种含有机污染物的废水。废水经二级处理后，BOD_5 可降至 20～30mg/L，水质一般可以达到规定的排放标准。

三级处理是一种净化要求较高的处理，目的是除去二级处理中未能除去的污染物，包括不能被微生物分解的有机物、可导致水体富营养化的可溶性无机物（如氮、磷等）以及各种病毒、病菌等。三级处理所使用的方法很多，如过滤、活性炭吸附、臭氧氧化、离子交换、电渗析、反渗透以及生物法脱氮除磷等。废水经三级处理后，BOD_5 可从 20～30mg/L 降至 5mg/L 以下，可达到地面水和工业用水的水质要求。

③ 废水处理的基本方法　　废水处理的实质就是利用各种技术手段，将废水中的污染物分离出来，或将其转化为无害物质，从而使废水得到净化。废水处理技术很多，按作用原理一般可分为物理法、化学法、物理化学法和生物法。

物理法是利用物理作用将废水中呈悬浮状态的污染物分离出来，在分离过程中不改变其化学性质，如沉降、气浮、过滤、离心、蒸发、浓缩等。物理法常用于废水的一级处理。

化学法是利用化学反应原理来分离、回收废水中各种形态的污染物，如中和、凝聚、氧化和还原等。化学法常用于有毒、有害废水的处理，使废水达到不影响生物处理的条件。

物理化学法是综合利用物理和化学作用除去废水中的污染物，如吸附法、离子交换法和膜分离法等。近年来，物理化学法处理废水已形成了一些固定的工艺单元，得到了广泛的应用。

生物法是利用微生物的代谢作用，使废水中呈溶解和胶体状态的有机污染物转化为稳定、无害的物质，如 H_2O 和 CO_2，等。生物法能够去除废水中的大部分有机污染物，是常用的二级处理法。

上述每种废水处理方法都是一种单元操作。由于制药废水的特殊性，仅用一种方法一般不能将废水中的所有污染物除去。在废水处理中，常常需要将几种处理方法组合在一起，形成一个处理流程。流程的组织一般遵循先易后难、先简后繁的规律，即首先使用物理法进行预处理，以除去大块垃圾、漂浮物和悬浮固体等，然后再使用化学法和生物法等处理方法。对于某种特定的制药废水，应根据废水的水质、水量、回收有用物质的可能性和经济性以及排放水体的具体要求等情况确定适宜的废水处理流程。

25.3.2　废气处理技术

药厂排出的废气具有种类繁多、组成复杂、数量大、危害严重等特点，必须进行综合治理，以免危害操作者的身体健康，造成环境污染。按所含主要污染物的性质不同，化学制药厂排出的废气可分为 3 类，即含尘（固体悬浮物）废气、含无机污染物废气和含有机污染物废气。含尘废气的处理实际上是一个气、固两相混合物的分离问题，可利用粉尘密度较大的特点，通过外力的作用将其分离出来；而处理含无机或有机污染物的废气则要根据所含污染物的物理性质和化学性质，通过冷凝、吸收、吸附、燃烧、催化等方法进行无害化处理。

（1）含尘废气处理技术　药厂排出的含尘废气主要来自粉碎、碾磨、筛分、压片、胶囊填充及粉针分装等机械过程所产生的粉尘，以及锅炉燃烧所产生的烟尘等。常用的除尘方法有 3 种，即机械除尘、洗涤除尘和过滤除尘。

机械除尘是利用机械力（重力、惯性力、离心力）将固体悬浮物从气流中分离出来。常用的机械除尘设备有重力沉降室、惯性除尘器、旋风除尘器等。

机械除尘设备具有结构简单、易于制造、阻力小和运转费用低等特点，但此类除尘设备只对大粒径粉尘的去除效率较高，而对小粒径粉尘的捕获率很低。为了取得较好的分离效率，可采用多级串联的形式，或将其作为一级除尘使用。

洗涤除尘又称湿式除尘，它是用水（或其他液体）洗涤含尘气体，利用形成的液膜、液滴或气泡捕获气体中的尘粒，尘粒随液体排出，气体得到净化。常用的洗涤除尘设备有填料式洗涤除尘器等。

洗涤除尘器的结构比较简单，设备投资较少，操作维修也比较方便。洗涤除尘过程中，水与含尘气体可充分接触，有降温增湿和净化有害有毒废气等作用，尤其适合高温、高湿、易燃、易爆和有毒废气的净化。洗涤除尘的明显缺点是除尘过程中要消耗大量的洗涤水，而且从废气中除去的污染物全部转移到水中，因此必须对洗涤后的水进行净化处理，并尽量回用，以免造成水的二次污染。此外，洗涤除尘器的气流阻力较大，因而运行费用较高。

过滤除尘是使含尘气体通过多孔材料，将气体中的尘粒截留下来，使气体得到净化。目前，我国使用较多的是袋式除尘器。

袋式除尘器结构简单，使用灵活方便，可以处理不同类型的颗粒污染物，尤其对直径在 $0.1\sim20\mu m$ 范围内的细粉有很强的捕集效果，除尘效率可达 90%～99%，是一种高效除尘设备。但袋式除尘器的应用要受到滤布的耐温和耐腐蚀等性能的限制，一般不适用于高温、高湿或强腐蚀性废气的处理。

各种除尘装置各有其优缺点。对于那些粒径分布范围较广的尘粒，常将两种或多种不同性质的除尘器组合使用。

（2）含无机物废气处理技术　化学制药厂排放的废气中，常见的无机污染物有氯化氢、硫化氢、二氧化硫、氮氧化物、氯气、氨气和氰化氢等，这一类废气的主要处理方法有吸收法、吸附法、催化法和燃烧法等，其中以吸收法最为常用。

吸收是利用气体混合物中不同组分在吸收剂中的溶解度不同，或者与吸收剂发生选择性化学反应，从而将有害组分从气流中分离出来的过程。吸收过程一般需要在特定的吸收装置中进行。吸收装置的主要作用是使气液两相充分接触，实现气液两相间的传质。用于气体净化的吸收装置主要有填料塔、板式塔和喷淋塔。

（3）含有机物废气处理技术　根据废气中所含有机污染物的性质、特点和回收的可能性，可采用不同的净化和回收方法。目前，含有机污染物废气的一般处理方法主要有冷凝法、吸收法、吸附法、燃烧法和生物法。

冷凝法是通过冷却的方法使废气中所含的有机污染物凝结成液体而分离出来。吸收法可用于处理有机污染物含量较低或沸点较低的废气，并可回收获得一定量的有机化合物。吸附法是将废气与大表面多孔性固体物质（吸附剂）接触，使废气中的有害成分吸附到固体表面上，从而达到净化气体的目的。燃烧法是在有氧的条件下，将废气加热到一定的温度，使其中的可燃污染物发生氧化燃烧或高温分解而转化为无害物质。生物法处理废气的原理是利用微生物的代谢作用，将废气中所含的污染物转化成低毒或无毒的物质。

25.3.3 废渣处理技术

药厂废渣是在制药过程中产生的固体、半固体或浆状废物，是制药工业的主要污染源之一。在制药过程中，废渣的来源很多。如活性炭脱色精制工序产生的废活性炭，铁粉还原工序产生的铁泥，锰粉氧化工序产生的锰泥，废水处理产生的污泥，以及蒸馏残渣、失活催化剂、过期的药品、不合格的中间体和产品等。一般地，药厂废渣的数量比废水、废气的少，污染也没有废水、废气的严重，但废渣的组成复杂，且大多含有高浓度的有机污染物，有些还是剧毒、易燃、易爆的物质。因此，必须对药厂废渣进行适当的处理，以免造成环境污染。

（1）回收和综合利用 废渣中有相当一部分是未反应的原料或反应副产物，是宝贵的资源。因此，在对废渣进行无害化处理前，应尽量考虑回收和综合利用。许多废渣经过某些技术处理后，可回收有价值的资源。例如，废催化剂是化学制药过程中常见的废渣，制造这些催化剂要消耗大量的贵金属，从控制环境污染和合理利用资源的角度考虑，都应对其进行回收利用。再如，铁泥可以制备氧化铁红或磁芯，锰泥可以制备硫酸锰或碳酸锰，废活性炭经再生后可以回用，硫酸钙废渣可制成优质建筑材料等。从废渣中回收有价值的资源，并开展综合利用，是控制污染的一项积极措施。这样不仅可以保护环境，而且可以产生显著的经济效益。

（2）废渣处理技术 经综合利用后的残渣或无法进行综合利用的废渣，应采用适当的方法进行无害化处理。由于废渣的组成复杂，性质各异，故废渣的治理还没有像废气和废水的治理那样形成系统。目前，对废渣的处理方法主要有化学法、焚烧法、热解法和填埋法等。

化学法是利用废渣中所含污染物的化学性质，通过化学反应将其转化为稳定、安全的物质，是一种常用的无害化处理技术。焚烧法是使被处理的废渣与过量的空气在焚烧炉内进行氧化燃烧反应，从而使废渣中所含的污染物在高温下氧化分解而破坏，是一种高温处理和深度氧化的综合工艺。热解法是在无氧或缺氧的高温条件下，使废渣中的大分子有机物裂解为可燃的小分子燃料气体、油和固态碳等。填埋法是将一时无法利用、又无特殊危害的废渣埋入土中，利用微生物的长期分解作用而使其中的有害物质降解。

25.4 噪声控制技术

制药企业的噪声来源很多，且强度较高。如电动机、水泵、离心机、粉碎机、制冷机、通风机等设备运转时都会产生噪声，这些噪声通常在80dB左右，甚至超过100dB。

噪声也是一种污染。50～80dB的噪声会使人感到吵闹、烦躁，并能影响睡眠，使人难以熟睡。80dB以上的噪声会使人的工作效率下降，并损害身心健康。

在我国《洁净厂房设计规范》中，不仅明确提出了洁净室内洁净度、温度和湿度的要求，还明确提出洁净室内的噪声级，应符合下列要求。

① 动态测试时，洁净室内的噪声级不应超过70dB。

② 空态测试时，乱流洁净室的噪声级不宜大于60dB；层流洁净室的噪声级不应大于65dB。由于技术经济条件限制，或噪声大于70dB对生产无影响时，噪声级可适当放宽，但不宜大于75dB，上述噪声级是指在室内每一个工作点人耳位置（人离开）的测量值。

噪声的控制技术很多，常用的有吸声、隔声、消声和减振。

25.4.1　吸声

吸声是将多孔性吸声材料（或结构）衬贴或悬挂在厂房内，当声波射至吸声材料的表面时，可顺利进入其孔隙，使孔隙中的空气和材料细纤维产生振动，由于摩擦和黏性阻力，声能转化为热能而被消耗掉，从而使厂房内的噪声降低。常用的吸声材料有玻璃棉、矿渣棉、石棉绒、甘蔗板、泡沫塑料和微孔吸声砖等。

应当指出，只有在厂房的内壁较为光滑而坚硬的情况下，采取吸声措施才会有明显的降噪效果。若厂房内壁已有一定的吸声量，则再采取吸声措施往往收效甚微。由于吸声仅能减弱反射声的作用，其最大限度是将反射声降为零，因此，吸声措施的降噪量不超过 15dB，一般仅为 4~10dB。

25.4.2　隔声

隔声是采用隔声材料或构件将噪声的传播途径隔断，使其不能进入受声区域，从而起到降低受声区域噪声的作用。

隔声是控制噪声的重要措施之一，在实际工程中的常用形式有隔声室、隔声罩和隔声屏等。

25.4.3　消声

消声是控制气流噪声的常用措施，其方法是在管路上或进、排气口处安装消声器。消声器是一种阻止噪声传播而又允许气流通过的特殊装置，其基本要求是结构性能好（结构简单、体积小、重量轻、使用寿命长）、消声量大、流动阻力小。

消声器的形式很多，比较常用的有阻性消声器、抗性消声器和阻抗复合消声器等。

阻性消声器是利用吸声材料消耗声能而达到降低噪声的目的，其方法是将吸声材料固定在气流通道内壁或按一定的方式在管路中排列起来。阻性消声器适用于中、高频噪声的消声，尤其对刺耳的高频噪声有突出的消声效果。

抗性消声器是利用共振器、扩张孔、穿孔屏一类的滤波元件消耗声能而达到降低噪声的目的，适用于中、低频噪声的消声，图 25-3 所示为几种常见的抗性消声器。

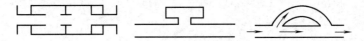

图 25-3　常见的抗性消声器

阻抗复合消声器是综合阻性消声器和抗性消声器的特点，通过适当的结构将二者复合起来而构成。此类消声器对较宽频率范围内的噪声都能起到良好的消声效果。

25.4.4　减振

设备运转时产生的振动传给基础后，将以弹性波的形式由设备基础沿建筑结构向四周传播，并产生声。

避免刚性连接是减震消声的基本方法。例如，在设备和基础之间加装弹簧或橡胶减振器，以消除设备与基础间的刚性连接，可削弱设备振动产生的噪声。消除管路之间的刚性连接可削弱噪声沿管路的传播，如风机的进出口与风管间采用帆布接头连接，水泵的进出口和水管间采用可曲挠的合成橡胶接头连接，均能有效地削弱噪声沿管路的传

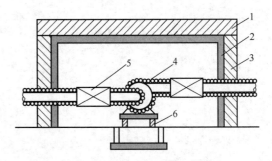

图 25-4　风机噪声防治方案示意图
1—隔声屋顶；2—吸声材料；3—隔声墙；
4—阻尼材料；5—消声器；6—减震器

播。此外，在风管、水管等管路的吊卡、穿墙处均应采取相应的防振措施，以防振动沿管路向外传递。

在防治噪声的工程实践中，往往要综合运用多种噪声控制技术。图 25-4 所示为某风机的噪声防治方案示意图，图中的阻尼材料可使震动迅速衰减。该方案综合运用了吸声、隔声、消声和减振等噪声控制技术。

思 考 题

25-1　制药工业污染的特点是什么？

25-2　什么是清洁生产？说明实施清洁生产的意义。

25-3　实施清洁生产主要采取哪些措施？

25-4　为什么在实施清洁生产的同时，还要进行末端治理？

25-5　简述末端治理技术的分类和主要方法。

25-6　简述噪声控制技术的主要方法。

附录 制药设备分类

		反应设备： 实现物质转化的设备	生化反应器	发酵设备
				培养罐
			化学反应设备	
		结晶设备： 通过冷却或其他方式，使溶液中的溶质析出形成晶体的设备	卧式结晶器	
			立式结晶器	三足离心机
		离心机： 利用机械旋转产生的离心力实现悬浮液、乳浊液及其他物料的分离或浓缩的机械	过滤离心机	直联式三足离心机
				立式锥篮离心机
				上悬式离心机
				卧式刮刀卸料离心机
				卧式活塞推料离心机
				螺旋卸料过滤离心机
1	原料药设备及机械： 实现生物、化学物质转化，利用动、植、矿物制取医药原料的工艺设备及机械			螺旋卸料沉降离心机
			沉降离心机	旁滤式离心机
				分离机
				三足式沉降离心机
				刮刀卸料沉降离心机
			螺旋卸料沉降-过滤离心机	
			高速离心机	
			密闭离心机	
			医用低速离心机	
			低速冷冻离心机	
		过滤机： 用于进行过滤操作的机械和设备	微孔过滤设备	微孔薄膜过滤设备
				管式过滤设备
			板层式过滤设备	
			转鼓真空过滤机	外滤面转鼓真空过滤机
				密闭式转鼓真空过滤机
			圆盘真空过滤机	
			转台真空过滤机	
			带式真空过滤机	
			板框压滤机	
			叶滤机	

1 原料药设备及机械：实现生物、化学物质转化,利用动、植、矿物制取医药原料的工艺设备及机械	萃取设备：利用溶剂分离液体混合物中组分或分离固体混合物中组分的设备	提取罐	
		动态提取罐	
		提取浓缩罐	
		超临界萃取设备	
	蒸馏设备：对液体混合物利用其挥发度不同,进行分离组分的设备	分子蒸馏设备	
		蒸馏釜	
		精馏塔	
	换热器：利用温度差进行热交换的设备	管壳式换热器	固定管板式换热器
			浮头式换热器
			填料函式换热器
			U 形管式换热器
		板式换热器	板翅式换热器
			螺旋板式换热器
	蒸发设备：将溶液中溶剂汽化而部分地被除去,使溶液浓缩的设备	升膜式蒸发器	
		降膜式蒸发器	
		多效蒸发器	
		刮板式薄膜蒸发器	离心式刮板薄膜蒸发器
			固定式刮板薄膜蒸发器
		离心式薄膜蒸发器	
		外循环式蒸发器	
		板式蒸发器	
		热泵蒸发器	
		真空浓缩罐	
		敞开式浓缩罐	
	干燥设备：利用加热或低温升华方式,对含湿药物或容器进行干燥的设备	气流干燥器	
		热风循环烘箱	
		圆盘干燥机	
		喷雾干燥器	
		流化床沸腾干燥器	
		振动干燥机	
		带式翻板干燥机	
		冷冻干燥机	
		双锥回转式真空干燥机	
		搅拌干燥机	
		真空干燥机	
		隧道烘箱	
		微波干燥器	
		远红外干燥器	
		真空振动流化干燥机	
		声波干燥器	
		热泵干燥器	

1	原料药设备及机械： 　　实现生物、化学物质转化，利用动、植、矿物制取医药原料的工艺设备及机械	筛分设备： 　　对粉粒药物进行筛分的机械	破碎振动筛分机	
			卧式滚筒筛分机	
			振荡式筛分机	
			旋涡式筛分机	
			往复式筛分机	
		贮存设备： 　　贮存液体或气体的容器	立式平底平盖容器	
			立式平盖锥底容器	
			立式椭圆形封头容器	
			卧式无折边球形封头容器	
			卧式椭圆形封头容器	
		灭菌设备： 　　采用灭菌源，对药物或容器进行灭菌的设备	培养基连消塔	
			维持罐	
			卧式灭菌箱	
		隧道式灭菌干燥箱： 　　经洗涤后的药用玻璃容器连续输入具有空气净化装置的隧道箱体内进行干燥与高温灭菌的设备		
2	制剂机械： 　　将药物制成各种剂型的机械与设备	片剂机械： 　　将原料药与辅料经混合、造粒、压片、包衣等工序制成各种形状片剂的机械与设备	混合机	槽形混合机
				锥形混合机
				回转式混合机
			制粒机	湿法制粒机
				干法制粒机
				沸腾制粒器
				整粒机
			压片机	单冲压片机
				旋转式压片机
				高速旋转式压片机
				自动高速旋转式压片机
				粉末压制机
			包衣机	荸荠式包衣机
				高效包衣机
		水针剂机械： 　　将药液制作成安瓿针剂的机械和设备	安瓿割圆机	
			安瓿清洗机	直线式安瓿清洗机
				安瓿超声波清洗机
			安瓿隧道式灭菌干燥机	
			安瓿灌封机	直线式安瓿拉丝灌封机
				旋转式安瓿拉丝灌封机
				安瓿洗灌封机
			安瓿洗、烘、灌、封联动机	
			安瓿灭菌检漏设备	
			安瓿灭菌检漏设备	
			安瓿擦洗机	

2 制剂机械： 将药物制成各种剂型的机械与设备	抗生素粉、水针剂机械： 将粉末药物或药液制作成玻璃瓶抗生素粉、水针剂的机械与设备	抗生素玻璃瓶理瓶机	
		抗生素玻璃瓶清洗机	卧式抗生素玻璃瓶清洗机
			立式抗生素玻璃瓶清洗机
			行列式抗生素玻璃瓶清洗机
			抗生素玻璃瓶超声波清洗机
		抗生素玻璃瓶隧道式灭菌干燥机	
		抗生素玻璃瓶分装机	抗生素玻璃瓶螺杆分装机
			抗生素玻璃瓶气流分装机
			抗生素玻璃瓶水剂灌装机
		抗生素玻璃瓶塞塞机	
		抗生素玻璃瓶轧盖机	滚压式抗生素玻璃瓶轧盖机
			开合式抗生素玻璃瓶轧盖机
		抗生素玻璃瓶封蜡机	
		抗生素粉针生产联动线	
		抗生素玻璃瓶胶塞洁净设备	卧式抗生素玻璃瓶胶塞清洗机
			多功能抗生素玻璃瓶胶塞处理机
		抗生素瓶铝盖清洗机	
	输液剂机械： 将无菌药液灌封于输液容器内，制成大剂量注射剂的机械与设备	玻璃瓶输液剂设备	玻璃输液瓶理瓶机
			玻璃输液瓶清洗机
			玻璃输液瓶灌封机
			玻璃输液瓶充氮机
			玻璃输液瓶塞胶塞机
			玻璃输液瓶翻塞机
			玻璃输液瓶塞塞、翻塞机
			玻璃输液瓶轧盖机
			玻璃输液瓶洗、灌、封生产联动线
			玻璃输液瓶胶塞清洗机
			玻璃瓶输液剂灭菌箱
		塑料容器输液剂设备	塑料输液袋灌封机
			塑料输液瓶成形灌封机
	硬胶囊剂机械： 将药物充填于空心胶囊内的制剂机械设备	硬胶囊充填机	台式硬胶囊充填机
			半自动硬胶囊充填机
			全自动硬胶囊充填机
		胶囊重量选择机	
		胶囊、药片磨光机	
	软胶囊(丸)剂机械： 将药液包裹于明胶膜内的制剂机械与设备	明胶液设备	溶胶锅
			明胶液桶
		软胶囊药液配料设备	胶体磨
			药液桶
		软胶囊制造机	滚模式软胶囊压制机
			软胶囊输送机
			转笼式软胶囊定型干燥机
			滚模式软胶囊生产联动线
			滴制式软胶囊(丸)制造机
		软胶囊清洗机	
		废胶囊绞碎机	

2	制剂机械： 　将药物制成各种剂型的机械与设备	丸剂机械： 　将药物细粉或浸膏与赋形剂混合，制成丸剂的机械与设备	离心式包衣制粒机	
			制丸机	小蜜丸机
				大蜜丸机
			丸剂干燥机	
			滴丸机	
			擦丸机	
			选丸机	
		软膏剂机械： 　将药物与基质混匀，配成软膏，定量灌装于软管内的制剂机械与设备	制膏机	滚辗式制膏机
				真空均质制膏机
			软膏灌封机	金属软管灌封机
				塑料软管灌封机
		栓剂机械： 　将药物与基质混合，制成栓剂的机械与设备	基质熔融罐	
			冷挤压制栓机	
			热熔式制栓机	
			栓壳成形灌封机	
		口服液剂机械： 　将药液制作成口服液剂的机械与设备	玻璃口服液瓶清洗机	旋转式玻璃口服液瓶清洗机
				玻璃口服液瓶超声波清洗机
			玻璃口服液瓶隧道式灭菌干燥机	
			口服液剂灌封机	直线式口服液剂灌封机
				回转式口服液剂灌封机
			玻璃口服液瓶轧盖机	
			玻璃瓶口服液剂生产联动线	
			塑料口服液瓶成形灌封机	
		药膜剂机械： 　将药物浸渗或分散于多聚物薄膜内的制剂机械与设备	纸型药膜机	
			纸型膜分格包装机	
			制膜机	
			制膜包装机	
		气雾剂机械： 　将药液和抛射剂灌注于耐压容器中，制作成药物以雾状喷出的制剂机械与设备	气雾剂灌封机组	药液灌装机
				喷雾阀门轧口机
				抛射剂压装机
				稳定泵
			旋转式气雾剂联合灌装机	
			气雾剂冷灌装机	
		滴眼剂机械： 　将药液制作成滴眼药剂的机械与设备	滴眼瓶、胶帽清洗设备	玻璃滴眼瓶清洗设备
				塑料滴眼瓶清洗设备
				滴眼瓶胶帽清洗器
			滴眼剂灌装设备	
			塑料滴眼瓶成形灌封机	

2	制剂机械： 　将药物制成各种剂型的机械与设备	酊水、糖浆剂机械： 　将药液制作成酊水、糖浆剂的机械与设备	焦糖液制造设备	
			清糖浆制造设备	熔糖罐
				清糖浆专用过滤器
			药液配料设备	溶药罐
				高压均质泵
			糖浆配制罐	
			酊水、糖浆灌装机	直线式液体灌装机
				旋转式液体灌装机
			塞内塞机	
			旋盖机	
3	药用粉碎机械： 　用于药物粉碎（含研磨）并符合药品生产要求的机械	机械式粉碎机： 　以机械方式为主，对药物进行粉碎的机器	齿式粉碎机	
			锤式粉碎机	锤片式粉碎机
				锤块式粉碎机
			刀式粉碎机	刀式多级粉碎机
				斜刀多级粉碎机
				组合立刀粉碎机
				立式侧刀粉碎机
			涡轮式粉碎机	
			压磨式粉碎机	
			铣削式粉碎机	
		气流粉碎机： 　通过粉碎室内的喷嘴把压缩空气（或其他介质）形成气流束变成速度能量，促使药物之间产生强烈的冲击、摩擦达到粉碎的机器		
		研磨机： 　通过研磨体、头、球等介质的运动对药物进行研磨，使药物研磨成超细度混合物的机器	球磨机	
			乳钵研磨机	
			胶体磨	
		低温粉碎机： 　经低温（最低温度−70℃）处理，对药物进行粉碎的机器		
4	饮片机械： 　对天然药用动物、植物、矿物进行选、洗、润、切、烘、炒、煅等方法制取中药饮片的机械	洗药机： 　通过翻滚、碰撞、刷、喷射等方法用水对药物进行清洗的机器		
		润药机： 　对药物浸润，使其软化的机器		
		切药机： 　对原药进行均匀切制的机器	往复式切药机	
			旋转式切药机	

4	饮片机械： 对天然药用动物、植物、矿物进行选、洗、润、切、烘、炒、煅等方法制取中药饮片的机械	筛选机： 对药物及饮片进行筛选的机器	
		炒药机： 药物放入加热容器进行均匀烘、炒药的机器	滚筒式炒药机
			立式炒药机
5	制药用水设备： 采用各种方法制取制药用水的设备	列管式多效蒸馏水机： 采用列管式升膜或降膜的多效蒸发，制取注射用水的设备	
		盘管式多效蒸馏水机： 采用盘管式多效蒸发，制取注射用水的设备	
		热压式蒸馏水机： 利用动力对二次蒸汽进行压缩、循环蒸发，制取注射用水的设备	
		板式多效蒸馏水机： 采用板片组成的多效蒸发、制取注射用水的设备	
		离子交换设备： 采用离子交换树脂制取去离子水的设备	
		电渗析设备： 利用电场作用，经离子交换膜制取制药用水的设备	
		反渗透设备： 采用极精密的膜为介质进行过滤，制取制药用水的设备	
6	药品包装机械： 完成药品包装过程以及与包装过程相关的机械与设备	药用包装机械： 完成药品计量、充填（灌装）、容器的封口、印字、贴标签、装盒等全部或部分功能的机械与设备	药用充填机
			转盘式计数充填机
			履带式计数充填机
			电子计数充填机
			药用定量充填机
			量杯式充填机
			柱塞式液体灌装机
		药用容器塞封机	塞纸机
			塞棉机
			塞内塞机
			塞塞封蜡机
			封蜡机
			封盖机
			旋盖机
			轧盖机

续表

药品包装机械：完成药品包装过程以及与包装过程相关的机械与设备	药用包装机械：完成药品计量、充填（灌装）、容器的封口、印字、贴标签、装盒等全部或部分功能的机械与设备	药用印字机	安瓿印字机
6			安瓿印字装盒机
			安瓿印字包装机
			制盒安瓿印字包装机
			药片印字机
			胶囊印字机
			药片、胶囊印字机
		药用贴标签机	不干胶贴标签机
			黏浆式贴标签机
		药用包装容器成型充填封口机	带状包装机
			制袋包装机
			蜡壳包装机
			塑料制瓶充填包装机
			药用泡罩包装机
		多功能药用瓶装包装机	微丸瓶装机
			小丸剂瓶装机
			片（丸）剂瓶装机
		单机联动瓶装包装线	片、丸、胶囊剂瓶装自动包装线
			液体灌装自动包装线
		药用袋装包装机	
		药用装盒包装机	泡罩板装盒机
			通用装盒机
			小软管装盒机
		药用裹包机	药品收缩包装机
			玻璃纸包装机
		药用捆合包装机	
		药用玻璃瓶清洗机	半自动药用玻璃瓶清洗机
			机械式药用玻璃瓶清洗机
			超声波药用玻璃瓶清洗机
	药用相关包装机械：制造药用包装容器、包装材料的机械与设备	药用玻璃容器制造机	卧式拉管生产线
			安瓿制造设备
			药用玻璃瓶制造设备
		药用塑料容器制造机	塑料瓶制造机
			塑料盖制造机
			药用塑料管膜制造机
		药用金属容器制造机	药用铝管制造机
			其他药用金属容器制造机
		空心胶囊制造机	溶胶锅
			明胶液桶
			空心胶壳制造生产线

		硬度测定仪： 　测定片剂硬度的仪器	
7	药物检测设备： 　检测各种药物制品或半制品质量的仪器与设备	溶出试验仪： 　测定片剂、胶囊等药物释放度的仪器	
		除气仪： 　用于溶解介质除气的设备,是溶出仪的配套仪器	
		崩解仪： 　测定片剂崩解时限的仪器	
		栓剂崩解器： 　测定栓剂融变时限的设备	
		脆碎仪： 　检测片剂的机械稳定性、抗磨性、耐滚轧、碰撞性等物理性能的设备	
		检片机： 　检查片剂外观质量的机器	
		金属检测仪： 　检测药物中金属杂质含量的仪器	
		冻力仪： 　检测胶囊明胶冻力值及胶冻制品硬度的设备	
		安瓿注射液异物检查设备： 　检查安瓿注射液内异物的设备	安瓿注射液异物检测仪
			安瓿注射液异物半自动检查机
			安瓿注射液异物自动检查机
		玻璃瓶输液异物半自动检查机： 　利用光照投影放大原理,目测输液内异物大小,并能剔除废品的机器	
		塑料瓶输液检漏器： 　利用高压放电原理;检测塑料瓶输液密封性的设备	
		铝塑泡罩包装检测器： 　铝塑泡罩包装件在真空状态下进行检测密封性能的设备	

8	其他制药机械设备： 　执行非主要制药工序的有关机械与设备	局部层流装置： 　能除去空气中尘埃和细菌,适用于局部洁净度要求并能移动的空气净化装置	
		就地清洗、灭菌设备： 　对药用制剂生产设备和包装设备等进行就地清洗、消毒灭菌的设备	
		理瓶机： 　能整理和排列瓶子,并调节输瓶速度的机器	
		输瓶机： 　将药用瓶、罐等容器自动地从上工序输送到下工序的输送机	
		垂直输箱机： 　将货物或箱子提升或下降的输送装置	
		送料装置： 　利用机械方式或真空方式进行输送药物的装置	
		打、喷印装置： 　在药品包装材料、包装容器、标签上打印或喷印字码与标记的装置	安瓿色标机
			标签批号印字机
			纸盒批号印字机
		说明书折叠机： 　能自动将堆码的说明书分张取出,并进行折叠的机器	
		充气装置： 　将二氧化碳、氮气等气体充入已装药物的容器内,以置换容器内部空气的装置	
		振荡落盖器： 　采用电磁振荡原理,使胶塞或铝盖自动排列、下落的装置	
		掀盖装置： 　将铝盖掀压在瓶口上的机器	

参 考 文 献

[1] GB/T 15692. 1~9—1995. 制药机械名词术语.

[2] 国家药品监督管理局办公室编. 药品监督管理政策法规汇编（一）. 北京：中国医药科技出版社，1999.

[3] 朱世斌等. 药品生产质量管理工程. 北京：化学工业出版社，2001.

[4] 朱盛山. 药物制剂工程. 北京：化学工业出版社，2002.

[5] 张绪峤. 药物制剂设备与车间工艺设计. 北京：中国医药科技出版社，2000.

[6] 曹光明. 中药工程学. 第 2 版. 北京：中国医药科技出版社，2001.

[7] 邓海根. 制药企业 GMP 管理实用指南. 北京：中国计量出版社，2000.

[8] 陈国桓. 化工机械基础. 北京：化学工业出版社，2006.

[9] 蒋作良. 药厂反应设备及车间工艺设计. 北京：中国医药科技出版社，2001.

[10] 林肇琦. 有色金属材料学. 沈阳：东北工学院出版社，1991.

[11] 竺海量. 金属材料基础. 长沙：湖南科学技术出版社，1981.

[12] 殷风仕，姜学波等. 非金属材料学. 北京：机械工业出版社，1998.

[13] 郑明新. 工程材料. 第 2 版. 北京：清华大学出版社，1991.

[14] 濮良贵，纪名刚. 机械设计. 第 7 版. 北京：高等教育出版社，2001.

[15] 张绪峤. 药物制剂设备与车间工艺设计. 北京：中国医药科技出版社，2000.

[16] 申永胜. 机械原理教程. 北京：清华大学出版社，1999.

[17] 尚久浩. 自动机械设计. 第 2 版. 北京：中国轻工业出版社，2003.

[18] 唐敬麟. 破碎与筛分机械设计选用手册. 北京：化学工业出版社，2001.

[19] 赵宗艾. 药物制剂机械. 北京：化学工业出版社，1998.

[20] 单熙滨. 制药工程. 北京：北京大学医学出版社，1998.

[21] 毕殿洲. 药剂学. 第 4 版. 北京：人民卫生出版社，2003.

[22] 余国琮. 化工机械手册. 中卷. 北京：化学工业出版社，2003.

[23] 袁一. 化学工程师手册. 北京：机械工业出版社，2001.

[24] 中国石化集团上海工程有限公司. 化工工艺设计手册. 第 4 版. 下册. 北京：化学工业出版社，2009.

[25] 屠锡德，张均寿，朱家璧. 药剂学. 第 3 版. 北京：人民卫生出版社，2002.

[26] 韩丽. 实用中药制剂新技术. 北京：化学工业出版社，2002.

[27] 陶珍东，郑少华. 粉体工程与设备，北京：化学工业出版社，2003.

[28] 陆斌. 药剂学. 北京：中国医药科技出版社，2003.

[29] 刘协舫，郑晓，丁应生，罗陈. 食品机械. 武汉：湖北科学技术出版社，2002.

[30] 张裕中. 食品加工技术装备. 北京：中国轻工业出版社，2002.

[31] 平其能. 现代药剂学. 北京：中国医药科技出版社，1998.

[32] 王志祥. 制药工程学. 北京：化学工业出版社，2003.

[33] 张洪斌. 药物制剂工程技术与设备. 北京：化学工业出版社，2003.

[34] 国家医药管理局科教司组编. 制药化工过程及设备. 上海：上海科学普及出版社，1994.

[35] GB 151—1999. 钢制管壳式换热器.

[36] 顾芳珍，陈国桓. 化工设备设计基础. 天津：天津大学出版社，1994.

[37] GB 150—1998. 钢制压力容器.

[38] 聂清德. 化工设备设计. 北京：化学工业出版社，1991.

[39] 徐匡时. 药厂反应设备及车间工艺设计. 北京：化学工业出版社，1981.

[40] 郑津洋，董其伍，桑芝富. 过程设备设计. 北京：化学工业出版社，2001.

[41] Svarovsky L. Solid-Liquid Separation. 3rd ed. London：Butterworths，1990.

[42] Mattesn M S，Orr C. Filtration Principles and Practice. 2nd ed. New York：Marcel Dekker，1987.

[43] 韩丽. 实用中药制剂新技术. 北京：化学工业出版社，2002.

[44] 徐莲英，侯世祥. 中药制药工艺技术解析. 北京：人民卫生出版社，2003.

[45] 高宏. 常用制剂机械. 北京：人民卫生出版社，2003.

[46] 李为民，金波，冯毅凡. 中药现代化与超临界流体萃取技术. 北京：中国医药科技出版社，2002.

[47] 宋慧婷，李淑芬. 超临界流体技术在中药现代化生产中的研究进展. 湖北大学学报（自然科学版），2003. 25
     (3)：237.

[48] 庞志强. 多功能提取罐的构造及在中药生产中的应用. 木薯精细化工. 2002 (1)：42.

[49] Vinatoru M，Toma M，Filip P，et al. Ultrasonic reactor dedicated to the extraction of bioactive principles from plants. Romanian Patent. 98-01010A.

[50] 刘茉娥. 膜分离技术. 北京：化学工业出版社，2000.

[51] [德] R. Rautenbach. 膜工艺. 王乐夫译. 北京：化学工业出版社，1998.

[52] 李宽宏. 膜分离过程及设备. 重庆：重庆大学出版社，1989.

[53] 徐南平，邢为红，赵宜红. 无机膜分离技术与应用. 北京：化学工业出版社，2003.

[54] 任建新. 膜分离技术及其应用. 北京：化学工业出版社，2003.

[55] 梁世中. 生物工程设备. 北京：中国轻工出版社，2002.

[56] Mullin J W. Crystallization. 3rd ed. Oxford：Butterworth-Heinemann，1992.

[57] Mersmann A. Crystallization Technology Handbook. New York：Marcel Dekker，1994.

[58] 路秀林，王者相. 塔设备. 北京：化学工业出版社，2004.

[59] 杨村，于宏奇，冯武文. 分子蒸馏技术. 北京：化学工业出版社，2003.

[60] 潘永康主编. 现代干燥技术. 北京：化学工业出版社，1998.

[61] 徐成海，张世伟，关奎之. 真空干燥. 北京：化学工业出版社，2004.

[62] 金国森. 干燥设备. 北京：化学工业出版社，2002.

[63] 王喜忠，于才渊，周才君. 喷雾干燥. 北京：化学工业出版社，2003.

[64] 刘协舫，郑晓，丁应生，罗陈. 食品机械. 武汉：湖北科学技术出版社，2002.

[65] 庄越，曹宝成，萧瑞祥. 实用药物制剂技术. 北京：人民卫生出版社，1998.

[66] 陆斌. 药剂学. 北京：中国医药科技出版社，2003.

[67] 邝生鲁. 化学工程师技术全书. 北京：化学工业出版社，2002.

[68] 黄璐，王保国. 化工设计. 北京：化学工业出版社，2001.

[69] 傅启民. 化工设计. 合肥：中国科学技术大学出版社，1995.

[70] 徐莲英，侯世祥. 中药制药工艺技术解析. 北京：人民卫生出版社，2003.

[71] 许钟麟. 药厂洁净室设计、运行与 GMP 认证. 上海：同济大学出版社，2002.

[72] 陈霖新. 洁净厂房的设计与施工. 北京：化学工业出版社，2003.

[73] 涂光备等. 制药工业的洁净与空调. 北京：中国建筑工业出版社，1999.

[74] 许钟麟. 空气洁净技术原理. 第 3 版. 北京：科学出版社，2003.

[75] 郭斌，庄源益. 清洁生产工艺. 北京：化学工业出版社，2003.

[76] 杨红森. 旋转式压片机强制加料系统的使用性与常见问题分析. 机电信息，2007，32：30-32.

[77] 陈露真. 从 Interpack 看压片机的发展. 机电信息，2008，32：5-10.

[78] 伍善根. 压片机的远程监测与远程诊断技术的探索与应用. 医药工程设计，2008，29 (1)：41-44.

[79] 伍善根. 当前国外压片机及压片技术的创新与研究. 医药工程设计，2007，28 (1)：46-50.

[80] 庞玉申. 浅谈压片机和模具的选型与使用. 机电信息，2009，23：34-37.

[81] 陈林书. 流化制粒包衣设备的原理、组成及操作技术. 第十一届全国干燥会议论文集. 北京，2007.

[82] 陈箐清，吕慧侠，周建平. 包衣设备的研究进展. 机电信息，2009，17：26-31.

[83] 谢自成. 国外几种小容量注射剂生产设备发展概况. 机电信息，2003，6：33-36.

[84] 陈箐清，吕慧侠，姜慧，周建平. 注射给药生产设备最新研究. 机电信息，2009，11：13-19.

[85] 梁志兴. 李耀星. 注射剂卡式瓶包装的发展趋势. 医药工程设计，2008，29 (3)：63-66.

[86] 梁志兴. 小剂量注射剂卡式瓶包装生产工艺研究. 医药工程设计，2008，29 (6)：29-31.

[87] 汪浩. 预充式注射剂车间生产工艺及设备简介. 医院工程设计，2006，27 (4)：11-13.

[88] 赵淮. 包装机械选用手册. 上册. 北京：化学工业出版社，2001.

[89] 李永安. 药品包装实用手册. 北京：化学工业出版社，2003.

[90] 孙凤兰，马喜川. 包装机械概论. 北京：印刷工业出版社，1998.

[91] 许林成. 包装机械原理与设计. 上海：上海科学技术出版社，1998.

[92] 中华人民共和国建设部，中华人民共和国国家质量监督检验检疫总局. 建筑设计防火规范 (GB 50016—2006). 北京：中国计划出版社，2006.

[93] 中华人民共和国住房和城乡建设部，中华人民共和国国家质量监督检验检疫总局. 医药工业洁净厂房设计规范 (GB 50457—2008). 北京：中国计划出版社，2008.

[94] 中国医药质量管理协会. 药品生产质量管理规范及应用指南. 北京：中国医药科技出版社，2011.